智能系统与技术丛书

U0149863

AIGC原理与实践

零基础学大语言模型、扩散模型和多模态模型

吴茂贵 ● 著

Principle and Practice of AIGC

机械工业出版社
CHINA MACHINE PRESS

图书在版编目（CIP）数据

AIGC 原理与实践：零基础学大语言模型、扩散模型和多
模态模型 / 吴茂贵著. —北京：机械工业出版社，2024.5
（智能系统与技术丛书）
ISBN 978-7-111-75331-5

Ⅰ．① A… Ⅱ．①吴… Ⅲ．①人工智能 Ⅳ．① TP18

中国国家版本馆 CIP 数据核字（2024）第 057522 号

机械工业出版社（北京市百万庄大街22号　邮政编码100037）
策划编辑：杨福川　　　　责任编辑：杨福川　陈　洁
责任校对：梁　园　张　征　责任印制：任维东
河北鹏盛贤印刷有限公司印刷
2024年6月第1版第1次印刷
186mm×240mm・27.75印张・603千字
标准书号：ISBN 978-7-111-75331-5
定价：129.00元

电话服务　　　　　　　　网络服务
客服电话：010-88361066　机 工 官 网：www.cmpbook.com
　　　　　010-88379833　机 工 官 博：weibo.com/cmp1952
　　　　　010-68326294　金 书 网：www.golden-book.com
封底无防伪标均为盗版　　机工教育服务网：www.cmpedu.com

前　言

为什么写这本书

随着科技的快速发展，人工智能已逐渐成为我们生活和工作的核心驱动力。在众多人工智能技术中，生成式人工智能（AIGC）独树一帜，它以强大的生成能力和对复杂任务的理解能力为特征，实现了人工智能的巨大突破。

AIGC的发展历程虽然短暂，但已取得了令人瞩目的成果。它在自然语言处理、图像生成、音乐创作等领域的应用已经十分广泛，而变分自编码、生成对抗网络、注意力机制、大语言模型、扩散模型和多模态模型等新兴技术的快速发展，使得AIGC的应用前景更加广阔。鉴于此，我编写了本书，为对AIGC感兴趣的读者提供学习参考。

本书全面介绍AIGC的原理和应用，旨在为读者提供实用的指导，帮助读者在实践中掌握其技术和方法，并启发读者在AIGC领域取得更多的新突破。

本书主要内容

本书系统地介绍了AIGC的各方面内容，从基础知识到应用实践，从基本原理到案例分析，力求通过简洁明了的语言、清晰生动的例子，引导读者逐步掌握AIGC的精髓。

本书共13章，主要内容如下：

第1章为AIGC概述，简要介绍AIGC的主要技术、生成模型与判别模型、表示学习等。

第2章为深度神经网络，主要介绍如何用PyTorch构建深度神经网络，以及常见的神经网络架构（如卷积神经网络、循环神经网络等）、归一化方法、权重初始化方法及优化算法等。

第3章为变分自编码器，介绍变分自编码器的原理及训练技巧。

第 4 章为生成对抗网络，介绍生成对抗网络的概念、原理和训练过程，同时介绍生成对抗网络面临的问题及改进方向。

第 5 章为 StyleGAN 模型，介绍 StyleGAN 模型的架构，以及如何实现 StyleGAN 模型等。

第 6 章为风格迁移，介绍 DeepDream 模型，以及风格迁移的原理及应用。

第 7 章为注意力机制，阐述注意力机制的基本原理、常见的注意力机制算法和应用场景。

第 8 章为 Transformer 模型，介绍 Transformer 模型的架构，以及如何用 PyTorch 实现 Transformer 模型。

第 9 章为大语言模型，介绍几种常见大语言模型（如 GPT、BERT 等）的概念、基本原理和实现方法，以及它们在自然语言处理领域中的应用。

第 10 章为 ChatGPT 模型，介绍 ChatGPT 的核心技术，如指令微调、人类反馈强化学习、Codex 等的基本原理及应用。

第 11 章为扩散模型，阐述扩散模型的基本原理以及如何使用 PyTorch 从零开始编写 DDPM（去噪概率模型）。

第 12 章为多模态模型，介绍 CLIP、Stable Diffusion、DALL·E 等多模态模型的基本原理和实现方法，以及它们在图像和自然语言处理等领域中的应用。

第 13 章为 AIGC 的数学基础，介绍矩阵的基本运算、随机变量及其分布、信息论、推断、强化学习等。

勘误和支持

书中代码和数据可以通过访问 https://github.com/Wumg3000/feiguyunai 下载。

由于我的水平有限，书中难免出现错误或不准确的地方，恳请读者批评指正。读者有任何问题，可以通过邮件（wumg3000@163.com）反馈，还可加 QQ（799038260）进行在线交流。非常感谢你的支持和帮助。

致谢

在本书的写作过程中，得到很多同事、朋友、老师和同学的支持，在此表示诚挚的谢意！

感谢刘未昕、张粤磊、张魁等同事对整个环境的搭建和维护，感谢博世王冬的鼓励和支持！

最后，感谢我的爱人赵成娟，她在繁忙的教学工作之余为我审稿，提出了不少改进意见或建议。

吴茂贵

CONTENTS

目　　录

第 1 章

AIGC 概述

生成式人工智能（Artificial Intelligence Generated Content，AIGC）已经成为继专业生成内容（Professional Generated Content，PGC）和用户生成内容（User Generated Content，UGC）之后的一种新型内容创作方式。狭义的 AIGC 是利用 AI 自动生成内容的生产方式。广义的 AIGC 可以看作像人类一样具备创造能力的 AI 技术，即生成式 AI，它可以基于训练数据和生成算法模型，自主生成新的文本、图像、代码、音乐、视频、3D 交互内容等。

1.1 AIGC 的主要技术

AIGC 的发展源于早期基于概率模型和规则系统的方法，但受规则的限制。随着深度学习的兴起，深度神经网络和变分自编码器等模型取得重要突破。然后，生成对抗网络（Generative Adversarial Network，GAN）引入对抗训练机制，实现了更逼真的生成样本。Transformer 模型通过自注意力机制改进了序列数据建模，开创了新思路。接着，生成式预训练 Transformer（Generative Pre-trained Transformer，GPT）基于 Transformer 模型，通过预训练和微调解决了自然语言处理（Natural Language Processing，NLP）任务，ChatGPT扩展了 GPT。最后，ChatGPT 和稳定扩散（Stable Diffusion）等模型进一步推动了 AIGC的发展，取得了新突破。总体而言，AIGC 在各个领域都取得了显著进展，并展现了巨大的潜力。AIGC 相关技术的发展历程如图 1-1 所示。

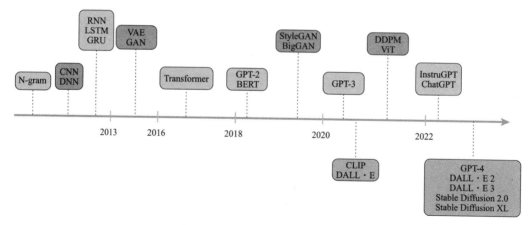

图 1-1　AIGC 相关技术的发展历程

1.1.1　语言生成方面的技术

在自然语言处理中，最早的生成句子的方法是使用 N-gram 语言模型学习词的分布，然后搜索最佳序列。但这种方法不能有效地适应长句子。为了解决这个问题，循环神经网络（Recurrent Neural Network，RNN）被引入语言建模任务中，它允许对相对较长的依赖关系进行建模。尤其是长短期记忆（Long Short-Term Memory，LSTM）和门控循环单元（Gated Recurrent Unit，GRU），在训练中它们利用门控机制来控制记忆，极大地提升了长距离依赖效率。不过，训练时只能从左到右或从右到左，无法并行处理，此外，词之间的距离稍长一些，它们之间的依赖性也将大大降低。

2017 年由谷歌研发团队提出的 Transformer 模型，解决了循环神经网络的问题。Transformer 模型基于一种自注意力机制，使模型能够注意到输入序列中的不同部分。它能够更好地处理长期的依赖关系，因此，在广泛的 NLP 任务中提高了性能。Transformer 模型的另一个特性是具有高度并行性，并允许数据有效规避归纳偏置（Inductive Bias）。这些特性使得 Transformer 非常适合作为大规模的预训练模型，并能够适应不同的下游任务。

Transformer 模型自引入 NLP 以来，由于其并行性和学习能力，成为自然语言处理的主流选择。一般来说，基于 Transformer 的预训练语言模型可以根据其训练任务分为两类：遮掩语言模型和自回归语言模型。

1）遮掩语言模型。遮掩语言模型（Masked Language Model，MLM）是指在训练过程中，随机遮掩一部分输入文本中的单词或字符，让模型预测被遮掩部分的单词或字符。遮掩语言模型的输入是整个句子，而遮掩部分的位置是通过特殊的遮掩标记表示的。通过预测被遮掩位置的单词或字符，模型能够学习到文本中不同位置之间的依赖关系和语义信息。BERT 就是典型的遮掩语言模型。

2）自回归语言模型。自回归语言模型（Autoregressive Language Model，ALM）通过计算给定前文条件下当前词的概率，生成下一个可能的词或序列，它是从左到右的语言模型。与遮掩语言模型不同，自回归语言模型更适用于生成式任务。GPT 就是典型的自回归语言模型。

1.1.2 视觉生成方面的技术

在计算机视觉（Computer Vision，CV）中，在深度学习算法出现之前，传统的图像生成算法使用了纹理合成和纹理映射等技术。这些算法基于手工设计的特征，并且在生成复杂多样的图像方面能力有限。随着卷积神经网络（Convolutional Neural Network，CNN）的引入，CV 领域迎来爆发式增长。

2013 年，提出变分自编码器，尤其是 2014 年提出生成对抗网络，它们在各种应用中取得了令人瞩目的成绩，成为人工智能领域的里程碑。

随后生成扩散模型如去噪扩散概率模型（Denoising Diffusion Probabilistic Model，DDPM）、DALL·E、Stable Diffusion 等也被开发出来，这些模型对图像生成过程进行更细粒度的控制，并能够生成高质量的图像。

Transformer 后来应用于 CV 领域，Vision Transformer（ViT）和 Swin Transformer 进一步发展了这一概念，将 Transformer 体系结构与视觉组件相结合，使 Transformer 能够应用于基于图像的下游系统。

1.1.3 多模态方面的技术

生成模型在不同领域的发展遵循不同的路径，但最终出现了交集——Transformer 模型。

除了对单模态的优化外，这种交叉也使来自不同领域的模型能够融合在一起，以执行多模态任务。多模态领域的进展得益于扩散模型（Diffusion Model）的应用，以 DALL·E 2、DALL·E 3、Stable Diffusion 2.0、Stable Diffusion XL 等模型为代表。扩散模型是一种从噪声中生成图像的深度学习技术。该技术的背后，是更精准理解人类语义的预训练模型以及文本与图像统一表示模型 CLIP（Contrastive Language-Image Pre-training，对比学习语言 – 图像预训练）的支撑。

CLIP、DALL·E、Stable Diffusion 等模型为多模态模型，如图 1-2 所示。这些模型将 Transformer 模型与视觉组件相结合，允许在大量文本和图像数据上进行训练。由于在预训练中结合了视觉和语言知识，可以说，Transformer 的出现让图像生成变得更具想象力。

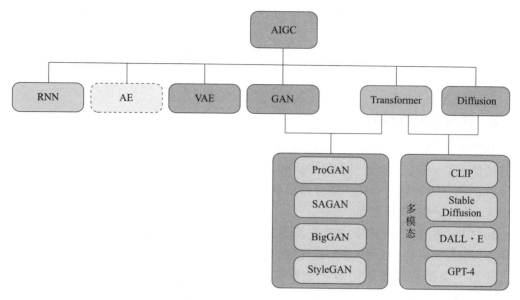

图 1-2   AIGC 中的多模态模型

1.2   生成模型与判别模型

什么是生成模型？它与机器学习中有监督、无监督学习有哪些异同？接下来就这些问题进行说明。

1.2.1   生成模型

一个好的生成模型应该能实现以下两个目标。

- 基本功能：能够还原参与训练的样本，实现模仿功能。
- 创新功能：如果输入为图像，通过生成模型，能够生成原数据没有但与输入图像相似的图像；如果输入为语句，通过生成模型，能够生成输入语句的摘要或对答短语等信息。

图 1-3 为生成模型的架构图。

生成模型的数学表示如下：

输入：观察数据 x。

输出：生成模型估计的观察数据的分布函数 $p(x)$。$p(x)$ 通常认为是高斯混合模型，高斯混合分布具有一个重要特性，即它可以拟合任何分布。如果观察数据中含标签 y，则生成模型的输出就是 $p(x|y)$。

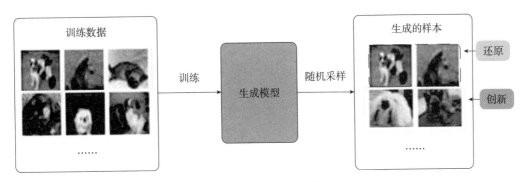

图 1-3 生成模型的架构图

1.2.2 判别模型

判别模型与机器学习的有监督学习相似，输入数据除图像外，还需要对应图像的类别标签，如图 1-4 所示。

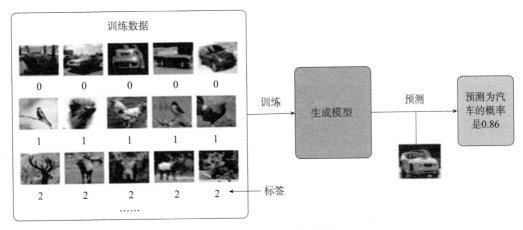

图 1-4 判别模型的架构图

判别模型的数学表示如下：

输入：观察值 x，标签 y。

学习参数：模型参数 w。

输出：判别模型 $\max_{w} p(y \mid x, w)$。

1.3 生成模型的原理

生成模型是一种用于生成新样本的模型，可以模拟给定输入数据的概率分布。以下从生成模型的框架、概率表示和目标函数等方面进行说明。

1.3.1　生成模型的框架

假设有一组观察数据 $x = \{x_1, x_2, \cdots, x_n\}$，这组观察数据通过一个规则来生成，这个规则不妨称为 p_{data}，图1-5 左边为数据分布样本点，图1-5 右边为由随机采样得到的分布曲线。

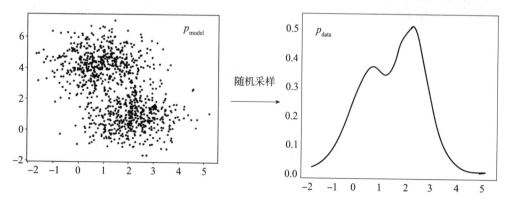

图1-5　生成模型的框架示意

一般情况下，生成观察数据的规则（即分布函数 p_{data}）是未知的，我们只能看到一组观察数据，如一组样本，这些样本可以是一组样本点或一组图像等。

接下来我们的目标就是通过观察数据 x 构建一个模型 p_{model}，用模型 p_{model} 去模仿或逼近 p_{data}。如果实现了这个目标，我们就可以从模型 p_{model} 采样生成观察数据，且生成的观察数据好像是从 p_{data} 提取的。

构建模型 p_{model} 后，如何衡量模型 p_{model} 的优劣呢？如果满足以下两个条件说明 p_{model} 建模成功。

1）从模型 p_{model} 生成的采样与输入数据很逼真，或就像是从 p_{data} 生成的结果。

2）由模型 p_{model} 生成的点，除模仿功能外，还应该有创新功能，即可以生成一些观察数据中没有但与观察数据有几分相似的新数据。

如何基于观察数据 x 来构建满足以上要求的模型 p_{model} 呢？接下来我们从底层逻辑进行说明。

1.3.2　生成模型的概率表示

如何从一组观察数据中学到符合要求的模型 p_{model}？模型 p_{model} 可看作一条曲线，如图1-5 右图所示。而神经网络可以拟合任何一条曲线，为此我们可以通过神经网络来构建模型 p_{model}。假设一组样本构成的数据集为 χ，神经网络的参数集为 θ（如可表示神经网络中权重参数 w 及偏置 b 等），我们要求的分布函数可表示为：

$$p(\chi; \theta)$$

(1.1)

对于给定的观察数据 x，参数 θ 的似然函数（即在参数化的模型中观察到的样本数据的概率，第 13 章有进一步的说明）为：

$$\mathcal{L}(x;\theta) = p(x;\theta) \tag{1.2}$$

如果数据集 χ 由一组独立同分布的样本 x 构成，即 $\chi = \{x_1, x_2, \cdots, x_n\}$，则数据集 χ 的似然函数可表示为：

$$\mathcal{L}(\chi;\theta) = \prod_{i=1}^{n} p(x_i;\theta) \tag{1.3}$$

由于概率乘积的计算难度较大，我们一般采用对数似然函数：

$$\log\mathcal{L}(\chi;\theta) = \sum_{i=1}^{n} \log p(x_i;\theta) \tag{1.4}$$

1.3.3　生成模型的目标函数

参数化建模的目标就是找到最合理的参数 θ'，最大化数据集 χ 观测值的似然性。这种参数估计的方法称为极大似然估计。

由此可得，生成模型的目标函数就是最大化数据集 χ 的对数似然：

$$\begin{aligned}
\theta' &= \underset{\theta}{\arg\max} \log\mathcal{L}(\chi;\theta) \\
&= \underset{\theta}{\arg\max} \sum_{i=1}^{n} \log p(x_i;\theta)
\end{aligned} \tag{1.5}$$

在生成模型中，概率分布 $p(x;\theta)$ 中的 x 往往是高维的，它对应的分布往往很复杂，求其解析解不现实。不过，任何一个数据的分布都可以看作若干高斯分布的叠加。如图 1-6 所示，生成样本的模型 p_{data} 由两个高斯分布叠加所得。

要求生成模型 p_{model} 或 $p(x;\theta)$，这里参数集为 $\{\alpha_k, \mu_k, \sigma_k\}$，$k=1,2$，代入目标函数，可得：

$$\begin{aligned}
\theta' &= \underset{\theta}{\arg\max} \sum_{i=1}^{n} \log p(x_i;\theta) \\
&= \underset{\theta}{\arg\max} \sum_{i=1}^{n} \log \sum_{k=1}^{2} \alpha_k N\left(\mu_k, \sigma_k^2\right)
\end{aligned} \tag{1.6}$$

由于对数中含有连加，无法直接求出其解析解，需要另辟蹊径。但我们可以采用迭代方法，如 EM 算法（详细内容可参考第 13 章）、变分推断、GAN、扩散模型（Diffusion）等来近似目标函数，后续章节将详细介绍这些方法。

观察数据如果是高维的，其背后的分布往往非常复杂，而且因为高维，其样本数据显得非常稀疏。在这种情况下，如何有效地学习到观察数据背后的规则或分布就显得非常重要，其中涉及一个核心概念——表示学习。表示学习也是深度学习的重要内容，更是生成

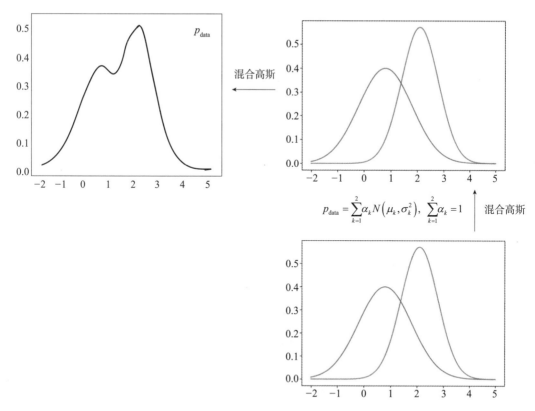

图 1-6　两个高斯分布叠加可得 p_{data} 分布

模型的核心内容之一。

当分布难以计算时，在一些算法中也经常使用最大化证据下界（Evidence Lower BOund，ELBO）来近似最大化 $\log p(x)$。在变分推断中，我们的目的是寻找一个 $q_\theta(x)$ 去最小化 KL 散度，根据推导我们发现 $D_{\text{KL}} = -\text{ELBO} + \log p(x)$，而 $p(x)$ 不依赖于 $q_\theta(x)$，因此寻找最大化 KL 散度等价于最小化 ELBO。而由于先验分布和似然分布的形式较为简单，ELBO 的计算是较为容易的，具体推断过程可参考第 13 章。

1.3.4　生成模型的挑战及解决方法

生成模型面临的挑战主要包括以下几个方面：第一，语言的多样性和复杂性使模型生成准确、流畅的语句变得困难；第二，生成模型往往需要处理长期依赖性，避免产生不连贯或重复的内容；第三，生成模型需要具备一定的语义理解和推理能力，以便生成合理、具有逻辑的输出；第四，生成模型还需要解决数据稀缺性的问题，因为高质量的训练数据往往难以获取；第五，在实际应用中，生成模型需要平衡生成新颖、有创造力的内容与符合客户需求的准确性和可解释性之间的关系。解决这些挑战的方法具体如下。

（1）生成模型的选择

选择适合处理高维数据的生成模型，如生成对抗网络、变分自编码器等。不同的生成模型对于不同类型的数据有着各自的优势。

（2）使用流形学习

流形学习是一种非线性降维的方法，它可以将高维数据映射到低维流形空间中。通过在流形空间中建模和学习数据分布，可以更有效地找到满意的一小部分数据。

（3）数据增强

通过对原始数据进行合理的变换和扩充，增加样本的多样性和数量，可以帮助生成模型更好地捕捉数据的分布，从而提供更多样的数据，进一步增加数据的多样性并改善模型的泛化能力。

（4）引入先验知识

如果对数据有先验知识或领域知识，可以将这些信息融入生成模型中，从而提高模型性能和生成效果。

（5）优化模型结构和参数

调整生成模型的结构和参数，使用更复杂的网络架构或优化算法来提升模型对高维数据的建模能力。

（6）采样策略

在高维样本空间中，采样方法对于生成模型至关重要。可以尝试使用更加智能和高效的采样策略，以确保生成模型能够有效地探索整个样本空间。

总之，解决在高维样本空间中找到满意的一小部分数据的挑战需要结合降维技术、流形学习、先验知识、对抗生成网络和数据增强等方法，并根据具体任务来选择合适的策略。

1.4　表示学习

表示学习（Representation Learning）的原理涉及数据的降维、特征提取和重构等技术。通过降维，可以将高维数据映射到一个更低维的空间，同时保留最重要的信息。特征提取则是指从原始数据中提取有意义的特征或表示，使得数据更容易被分类或聚类。重构是指从学习到的表示还原出原始数据，以确保学到的表示包含足够的信息。

在深度学习中，表示学习是指通过无监督学习或自监督学习的方式，将原始数据转换为更加有意义和可处理的表示形式。这些表示形式可以是低维稠密向量、分层结构或时间序列等，有助于提取出数据中的高级特征和结构。

表示学习的常见方法和原理如下：

（1）自编码器

自编码器（AutoEncoder，AE）通过将输入数据压缩成低维编码，再将其重构为与原始数据尽可能相似的输出，来学习有效的数据表示。自编码器包括编码器和解码器两个部分，编码器用于压缩数据，解码器用于重建数据。

（2）变分自编码器

变分自编码器（Variational AutoEncoder，VAE）是一种生成模型，它通过学习数据的概率分布来实现表示学习。VAE 使用编码器将数据映射到潜在空间中的分布参数，然后使用解码器从该概率分布中采样并生成与原始数据相似的输出。VAE 通过最大化观测数据和潜在变量之间的边缘似然来学习潜在空间的概率分布，从而实现对数据的生成、重构和插值等。

（3）卷积神经网络

卷积神经网络（Convolutional Neural Network，CNN）主要用于图像处理领域，通过使用多层卷积和池化层来提取图像中的局部特征和全局特征。CNN 通过逐层堆叠特征提取层，逐渐形成高级抽象的表示。

（4）生成对抗网络

生成对抗网络由生成器和判别器两个模型组成。生成器试图生成逼真的数据，而判别器试图区分生成的数据和真实数据。通过对抗的过程，生成器逐渐改进生成样本的质量，判别器则提高区分能力，最终生成器可以生成与真实数据类似的样本。

（5）时序模型

时序模型（Sequential Model）主要用于处理时间序列数据，包括循环神经网络和长短期记忆网络等。时序模型能够处理具有时间相关性的数据，将历史信息编码到当前表示中，更好地捕捉数据中的时序模式。

（6）Transformer 模型

Transformer 模型是一种基于自注意力机制的模型，主要应用于序列到序列的任务，如机器翻译、摘要生成等。Transformer 模型通过多层编码器和解码器的堆叠，利用自注意力机制同时考虑输入序列的所有位置信息，有效地捕捉输入序列的上下文关系。Transformer 在处理长序列数据和并行计算上具有优势，被广泛应用于自然语言处理领域。

这些表示学习方法在深度学习中具有重要意义，可以有效地提取数据中的有用信息，改善任务的性能，并推动深度学习在各个领域的应用。

1.4.1　表示学习的直观理解

表示学习一般指模型自动从数据中抽取特征或者表示的方法，是模型自动学习的过程。表示学习的重点是自动学习，它与传统机器学习中的特征工程（Feature Engineering）不同，特征工程主要指对于数据的人为处理提取，如处理缺失值、特征选择、类型转换、维度压缩等预处理手段。表示学习与特征工程的区别如图 1-7 所示。

近年来，以深度学习为代表的表示学习技术非常火热，在图像处理、语音识别和自然语言处理等领域获得广泛关注。那么，到底什么是表示学习呢？

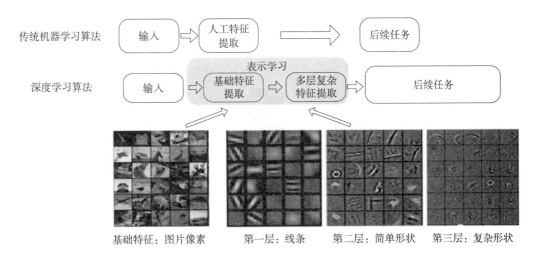

图 1-7 表示学习与特征工程的区别

在深度学习领域，表示是指通过模型的参数，采用何种形式、何种方式来表示模型的输入数据。表示学习的基本思路是不依赖于人工经验，自动地找到对于输入数据更好的表达，以方便后续任务。表示学习有很多种形式，比如卷积神经网络参数的有监督训练是一种有监督的表示学习形式，自编码器、受限玻尔兹曼机（RBM）、GPT、BERT 等参数的无监督预训练是一种无监督的表示学习形式，词嵌入及预训练模型等之后再进行有监督微调是一种半监督的表示学习形式。

表示学习是对输入数据的简明表达，其目的就是方便后续任务。人类的表示学习处处都存在，如图 1-8 所示，"你找小张去火车站接小刘"这个过程就是一个典型的表示学习过程，同时说明了表示学习的主要目的。

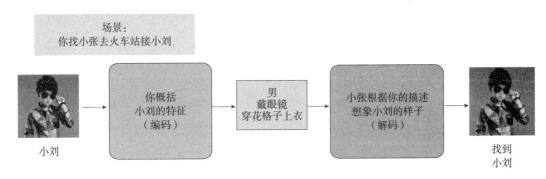

图 1-8 表示学习的直观理解

你向小张描述小刘的主要特征，而小张基于你的描述，在脑海中想象小刘的样子，最后在火车站找到小张，从维度角度来看，就是一个高维到低维再到高维的过程。

这个模型架构就是典型的自编码器的架构，很多生成模型（如 AE、VAE、Transformer、Diffusion 等）都采用类似的架构。图 1-9 为自编码器的架构。

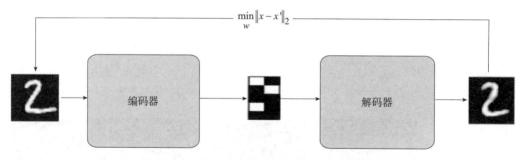

$$\min_{w}\|x - x\|_2$$

图 1-9   自编码器的架构

1.4.2   表示学习的常用方式

在表示学习中，表示的对象是指待学习的数据，可以是图片、文本、音频等不同类型的数据。这些数据在原始形式下可能很难直接被计算机有效地理解和处理，因为它们可能是高维度、复杂且包含噪声的。表示学习的目标就是找到一种更加有意义和表征性强的表示形式，将原始数据转换为计算机更容易处理的形式。

在表示学习中，可以根据学习的方式和特点将表示分为多种类型。以下是一些常见的表示方式。

（1）整数表示

整数表示（Integer Representation）将类别特征映射为整数值。例如，对于颜色特征，可以将"红色"表示为 0，"蓝色"表示为 1，依此类推。但需要注意的是，这种表示方式会引入一个假象的顺序关系，因此在某些情况下可能不适用。

（2）独热编码表示

独热编码表示（One-Hot Encoding Representation）将类别特征映射为只有一个元素为 1、其余元素都为 0 的一个二进制向量。每个类别都对应一个唯一的向量。独热编码适用于没有顺序关系的类别特征。

（3）分布式表示

分布式表示（Distributed Representation）将数据表示为其所属分布的参数。常见的方法包括使用均值和方差表示高斯分布，使用概率密度函数或累积分布函数表示离散分布。

（4）连续表示

连续表示（Continuous Representation）是与整数或独热编码等离散表示相对的一种表示方式，它将数据表示为连续的实数向量。在连续表示中，数据在特征空间中可以形成连续的流形结构，使得相似的数据在表示空间中更加接近。深度学习中的神经网络通常使用连续表示。

（5）词嵌入表示

词嵌入表示（Word Embedding Representation）是一种将离散的词语转换为低维实数向

量的表示方法。它通过学习词语之间的语义关系，将具有相似语义的词语在向量空间中映射到相近的位置。词嵌入具有两个重要特点：一是能够保留词语的语义信息，比如上下文和语义相似性；二是能够捕捉词语之间的线性关系，比如类比关系。这些特点使得词嵌入在自然语言处理等领域中得到广泛应用。

1.4.3 表示学习与特征工程的区别

表示学习和特征工程是机器学习中两个相关但又有所不同的概念。它们之间的区别可从以下 3 个方面进行说明。

（1）定义

表示学习是一种自动学习数据的优质表示或特征的方法，它通过学习数据本身的表征来提取更有意义、更高层次的特征。这些表示可以是低维的、稠密的向量，能够捕捉到数据中的有用信息，为后续的学习任务打好基础。

特征工程是指通过人为的方式对原始数据进行转换和提取，以生成更有信息量和判别性的特征。特征工程依赖于人类领域知识和直觉，目的是将数据转换为机器学习算法更容易理解和处理的形式。

（2）目标

表示学习的目标是学习到数据的最佳表示或特征，以便为后续的机器学习任务提供更好的输入，同时通过自动学习提取到的特征来捕捉数据中的潜在结构和关系。

特征工程的目标是基于领域知识和对问题的理解，通过人为构造和选择特征来提高机器学习模型的准确性和泛化能力，从而改善算法的性能。

（3）自动化

表示学习是一种自动学习方法，它可以通过训练算法来自动地学习数据的最佳表示。表示学习算法能够自主提取和学习特征，不需要人为设定和构造特征，从而减少了人工干预和依赖。

特征工程需要人为地根据问题和数据的特点进行特征的构造和选择。特征工程的过程需要人们运用领域知识和经验来判断哪些特征是有用的，以及如何将原始数据转换为特征。

总的来说，表示学习是一种自动学习数据优质表示或特征的方法，它通过学习数据的表征来提取更高层次的特征，减少了对人工特征工程的依赖。而特征工程则是通过人工构造和选择特征来改善机器学习算法的性能，它依赖于领域知识和人类直觉。表示学习更注重自动化和学习的能力，而特征工程更注重特征的构造和选择的能力。在实际应用中，表示学习和特征工程往往可以结合使用，以获得更好的特征表示和模型性能。

1.4.4 图像的表示学习

图像的表示学习是指通过机器学习方法，将图像转换成更有意义、更高层次的特征表示的过程。在图像的表示学习中，主要包括以下 3 个方面的内容：输入、使用方法和输出。

（1）输入

图像表示学习的输入通常是一张或一批图像，这些图像可以是彩色图像（RGB 格式）或灰度图像。每张图像由像素组成，每个像素代表图像的一个点，而彩色图像由红、绿、蓝三个通道的像素值组成。因此，对于彩色图像，其输入数据通常是一个三维数组，而对于灰度图像，输入数据是一个二维数组。

（2）使用方法

图像的表示学习有多种方法，常见的方法如下。

1）卷积神经网络。卷积神经网络是一类特别适用于图像处理的神经网络结构，通过多层卷积和池化层来逐步提取图像的特征表示。

2）自编码器。自编码器是一种无监督学习方法，通过学习将输入图像编码成低维表示，再将其解码还原成原始图像，以促使模型学习到更有意义的特征表示。

3）生成对抗网络。生成对抗网络是一种通过两个对抗性的神经网络（生成器和判别器）共同学习，使得生成器可以生成逼真图像的方法。其中，生成器也可以用来提取图像特征。

4）预训练模型。在大规模图像数据上预训练好的模型，如 ImageNet 数据集上训练的模型，可以迁移学习到其他任务或数据集上，从而得到更好的图像特征表示。

（3）输出

图像表示学习的输出是经过学习得到的图像特征表示，通常是一个向量或矩阵。这些特征表示在机器学习任务中可以作为输入，用于分类、目标检测、图像生成等任务。通过图像表示学习，模型可以学习到更加抽象和语义丰富的特征，从而提高了图像处理任务的性能。

总的来说，图像的表示学习是一种将图像转换为有意义特征表示的技术，通过不同的方法可以得到高质量的图像特征，这些特征可以应用于各种图像处理任务中。

1.4.5　文本的表示学习

传统的语言模型通常把学习得到的上下文信息用词向量或词嵌入的方式保存，这些方法虽然简单，但适用范围、泛化能力都非常有限。为了解决这个问题，Transformer 模型被引入大语言模型中。Transformer 模型是一种基于自注意力机制的深度学习模型，它可以直接建模和处理序列数据，而不需要像传统的语言模型那样先将输入序列转化为词向量或词嵌入。在获取该表征之后，只需要在不同的下游 NLP 任务中添加一个轻量级的输出层，如单层 MLP，进行微调即可。

文本的表示学习是指通过机器学习方法，将文本数据转换成更有意义、更高层次的特征表示的过程。在文本的表示学习中，主要包括 3 个方面的内容：输入、使用方法和输出。

（1）输入

文本表示学习的输入通常是一段或一批文本，比如一句话、一篇文章或一个文本文档。在处理文本时，首先需要将文本转换成计算机可以理解的形式，即将文本转换成数值向量。

这个转换过程被称为文本嵌入（Text Embedding）。通常，可以将文本表示为词嵌入序列或句子嵌入（Sentence Embedding）向量。

1）词嵌入：将文本中的每个词映射到一个固定维度的向量，每个维度表示一个语义特征。常见的词嵌入模型包括 Word2Vec、GloVe（Global Vectors for word representation）和 FastText 等。

2）句子嵌入：将整个句子映射到一个向量，表示整个句子的语义信息。句子嵌入可以通过词嵌入的组合、循环神经网络、长短期记忆网络、Transformer 等方法得到。

（2）使用方法

文本的表示学习有多种方法，其中一些常见的方法如下。

1）Bag-of-Words（词袋模型）：将文本看作词的无序集合，将每个词表示为一个独热向量，文本向量为所有词向量的加和。这种方法忽略了词序信息，适用于简单的文本分类任务。

2）Word2Vec：通过训练神经网络，将每个词映射为一个稠密的向量，捕捉词之间的语义关系。Word2Vec 适用于词的相似度计算、词的聚类和文本分类等任务。

3）RNN 和 LSTM：通过循环神经网络或长短期记忆网络，对整个句子进行建模，并得到句子嵌入。这些方法可以处理变长的文本输入，适用于文本分类、情感分析等任务。

4）Transformer：使用自注意力机制，能够并行处理文本序列，捕捉全局依赖关系，适用于各种文本任务，在机器翻译领域表现尤为出色。

（3）输出

文本表示学习的输出是经过学习得到的文本特征表示，通常是一个向量或矩阵。这些特征表示在机器学习任务中可以作为输入，用于文本分类、情感分析、机器翻译、问答系统等各种 NLP 任务。通过文本表示学习，模型可以学习到更加抽象和语义丰富的文本特征，从而提高了文本处理任务的性能。

总的来说，文本的表示学习是一种将文本数据转换为有意义特征表示的技术，通过不同的方法可以得到高质量的文本特征，这些特征可以应用于各种 NLP 任务中。

1.4.6 多模态的表示学习

单模态的表示学习负责将信息表示为计算机可以处理的数值向量或者进一步抽象为更高层的特征向量；而多模态表示学习利用多模态之间的互补性，剔除模态间的冗余性，从而学习到更好的特征。

联合表示（Joint Representation）：将多个模态的信息一起映射到一个统一的多模态向量空间。CLIP 和 DALL·E 使用简单的联合表示，如图 1-10 左图所示。

协同表示（Coordinated Representations）：将多模态中的每个模态分别映射到各自的表示空间，但映射后的向量之间满足一定的相关性约束（例如迁移学习使用协同表示），如图 1-10 右图所示。

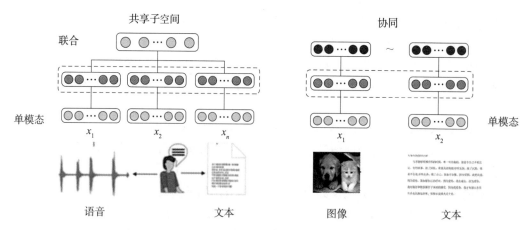

图 1-10   多模态中的表示学习

在概率模型中，好的表示可以捕捉所观察到的输入数据的潜在变量的后验分布（可表示为 $p(z|x)$，其中 x 为输入数据，z 为潜在变量），也可以作为有监督预测器的输入。

表示学习实现了对实体和关系的分布式表示，具有显著提升计算效率、有效缓解数据稀疏、实现异质信息融合三大优势，对于知识库的构建、推理和应用具有重要意义。

1.4.7   表示学习的融合技术

表示学习中融合技术的应用非常广泛，如 Transformer 模型中的输入嵌入与位置编码的融合、ResNet 模型中的残差连接、DenseNet 网络中的拼接、Stable Diffusion 模型使用的图像嵌入与单词嵌入的融合等。

在表示学习中，表示融合是指将来自不同模态的特征进行整合，生成一个共享的表示空间。表示融合的目标是融合不同模态的信息，使融合后的表示能够更好地表达和处理跨模态的任务。下面介绍几种常见的表示融合方法以及它们的原理、优缺点。

1. 串行融合

原理：将不同模态的特征串行连接在一起，形成一个长向量作为输入。

优点：简单、易实现，适用于特征维度较低的情况。

缺点：丢失了不同模态之间的交互信息，忽略了模态之间的关联及依赖性，性能可能受限。

2. 并行融合

原理：将不同模态的特征分别处理后，再进行融合。

在 Transformer 中，词嵌入和位置编码器可以被认为是一种并行融合的方式。在这个过程中，输入序列首先被转化为特征向量（称为嵌入向量），然后与位置信息进行编码。具体而言，Transformer 的嵌入层先将输入序列中的每个元素进行嵌入操作，将其映射到一个特定维度的向量空间中，这个操作可以同时对输入序列中的所有元素进行。这个过程可以看作将不同的输入序列转化为不同的特征向量，用于捕捉输入序列的语义和语法信息。位置编码器将位置信息与嵌入向量相加，以提供关于词语在句子中位置的信息。这个过程也是并行进行的，每个嵌入向量都会与相应的位置编码进行相加，从而融合位置信息和语义信息。通过将嵌入向量和位置编码进行并行操作，Transformer 能够同时考虑输入序列的语义信息和位置信息，以产生上下文感知的表示。这种并行融合机制有助于提高 Transformer 在NLP 任务中的性能，例如机器翻译、文本生成等。

优点：可以同时利用不同模态的信息，能够更好地保留不同模态的关键特征。

缺点：可能存在信息冗余和模态依赖的问题，需要依靠特征选择或注意力机制进行调整。

3. 加权融合

原理：给不同模态的特征赋予权重，使用一组权重对特征进行加权融合。

优点：可以灵活地控制不同模态在融合后的表示中的贡献度。

缺点：需要提前设定权重，如果权重设置不合理，可能会导致信息不平衡或丢失关键特征。

4. 共享融合

原理：通过共享网络层或参数，将不同模态的特征提取器和融合器整合到一个统一的模型中。

优点：能够充分利用不同模态之间的交互和关联，学习到更丰富的表示。

缺点：模型复杂度较高，容易受到过拟合的影响，需要更多的计算资源和训练数据。

5. 注意力融合

原理：通过注意力机制，在融合过程中对不同模态特征赋予不同的权重，根据其重要性动态调整融合程度。

优点：能够自动学习不同模态特征的关注程度，提高模型对关键信息的捕捉能力。

缺点：需要额外的计算开销，模型复杂度较高。

每种表示融合方法都有其独特的优势和限制，选取哪种方法取决于具体的任务需求和数据特点。在实际应用中，常常需要根据实验结果进行模型选择和调整，以获得最佳的表示融合效果。

1.4.8　如何衡量表示学习的优劣

表示学习是从原始数据中自动地学习到高层次的抽象表示。这些抽象表示可以捕捉到数据的关键特征和结构，从而为后续的机器学习任务提供更好的支持。表示学习的优劣可以通过以下指标进行衡量。

- 可解释性。好的表示应该能够提供对数据的有意义的解释和理解，使得人们能够更好地理解数据内在的规律和含义。
- 可区分性。好的表示应该能够将同类数据样本聚集在一起，并将不同类数据样本区分开来，从而更好地支持分类和聚类等任务。
- 可扩展性。好的表示应该适用于不同类型的数据和不同规模的数据集，并能够从大量的数据样本中学习到具有普遍性的表示。
- 适应性。好的表示应该能够在新的任务和数据下保持良好的泛化能力，即使只有少量的新数据样本。

如何学习到好的表示？可以采取以下方法。

1）监督学习。使用带有标签的数据来训练模型，例如卷积神经网络（CNN）和循环神经网络（RNN）等。

2）无监督学习。利用无标签的数据进行模型训练，例如自编码器和变分自编码器等。

3）半监督学习。同时使用有标签和无标签的数据进行训练，结合有监督和无监督方法。

4）迁移学习。利用已有领域的知识来帮助表示学习，例如使用预训练的神经网络模型进行特征提取。

5）强化学习。通过与环境的交互及试错来逐步优化表示学习。

在实际应用中，根据具体任务和数据特点选择合适的表示学习方法和评价指标，可以更好地学习到好的表示。

1.5　表示学习的逆过程

在深度学习中，表示学习通常采用分布式表示或嵌入方式。分布式表示是指将输入数据转化为高维空间中的向量表示，这些向量捕捉了数据的语义信息。嵌入方式是指通过学习，将高维的离散数据映射到低维的连续向量空间中。

表示学习的逆嵌入（De-Embedding）是指将嵌入向量转化回原始离散数据的过程。在深度学习中，可以使用逆映射函数来实现表示学习的逆过程。逆映射函数通常是一个神经网络模型，将嵌入向量作为输入，输出对应的原始离散数据，如图 1-11 所示。

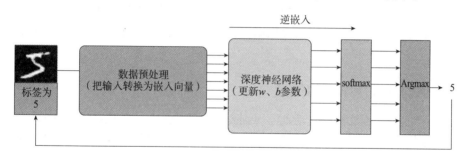

图 1-11　分类任务的嵌入与逆嵌入示意

为了实现表示学习的逆过程，需要在训练过程中同时学习嵌入和逆映射函数。具体做法是：使用损失函数等来捕捉原始样本和它的嵌入向量之间的关系，通过优化损失函数，使得嵌入向量在低维空间中聚集到对应的原始数据点附近，从而实现表示学习的逆过程。

需要注意的是，表示学习的逆过程中可能存在信息丢失的问题，因为将低维嵌入向量映射回高维离散数据可能会引入一定的不确定性。因此，在实际应用中，需要权衡维度约减和信息保留之间的平衡，并根据具体任务的需求来采用合适的表示学习方法。

在 Transformer 模型中，输入通常会经过一个嵌入层进行转换，将输入的离散化符号（如单词、字符或其他离散数据）映射为连续的低维向量表示，这个过程称为嵌入。

而输出的表示学习的逆过程实际上是对网络最后一层输出的操作，将网络输出的连续向量表示映射回原始的离散化符号。在 Transformer 模型中，输出通常是一系列连续向量，这些向量表示输入序列中各个位置的特征。对于不同的任务，输出的处理方式可能有所不同。

对于常见的序列到序列任务（如机器翻译或文本生成），Transformer 模型通常会在输出端引入 softmax 层。softmax 函数可以将连续向量转换成概率分布，使得每个位置的输出可以解释为对应词汇表中不同符号的概率。然后，根据概率分布来生成最终的输出符号序列，详细转换过程如图 1-12 所示。

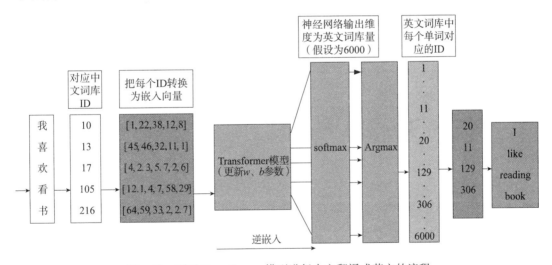

图 1-12　利用 Transformer 模型进行中文翻译成英文的流程

在训练过程中，我们使用真实的目标序列与模型输出之间的差异（通常使用交义熵损失）来优化模型参数。在预测阶段，我们通常使用贪婪搜索或束搜索等技术来根据模型输出的概率分布选择最可能的符号，从而生成输出序列。需要注意的是，在某些应用中，输出可能不是离散的符号序列，而是连续值的回归问题。在这种情况下，经过逆嵌入过程输出的结果不需要特别处理，直接使用模型输出的连续向量即可。

　　总之，在 Transformer 模型中，输入通过嵌入层转换为连续向量表示，输出通过 softmax 函数等操作将连续向量映射回离散化符号或进行其他任务的处理。这些步骤共同构成了 Transformer 模型的完整流程，使其在各种序列建模任务中表现出色。

　　表示学习类似于编码器 - 解码器中的编码器，但两者不完全一致。编码器是深度学习中的一种常见表示学习方法，它将输入数据转换为高维特征表示。表示学习是一个更广泛的概念，旨在从原始数据中学习有用的表示或特征，这些表示可以用于不同的任务，如分类、聚类、生成等。编码器通常是表示学习的一个组成部分，它可以用于学习数据的表示，但表示学习还包括其他方法和技术，如降维、自编码器、生成对抗网络等。因此，编码器只是表示学习中的一种特定实现方式。

　　表示学习的逆过程可以简单地理解为从学习到的表示中恢复原始数据，类似于解码器的功能，但两者不完全一致。

第 2 章

深度神经网络

深度神经网络（Deep Neural Network，DNN）是一种受到人类神经系统启发的人工神经网络结构，用于机器学习和人工智能任务。它们由多层神经元组成，通常包括输入层、隐藏层和输出层。

深度神经网络的核心思想是通过学习来自数据的特征和模式，从而实现各种任务，如图像识别、语音识别、自然语言处理等。每个神经元接收来自前一层神经元的输入，并通过加权和激活函数来产生输出。

深度神经网络的层级结构使得它可以捕捉和表示数据的抽象特征，从低级特征（如边缘和纹理）到高级特征（如物体和语义信息）。

深度神经网络有不同的类型，包括卷积神经网络、循环神经网络和前馈神经网络等。其中，卷积神经网络适合处理图像数据，循环神经网络适合处理序列数据，前馈神经网络则可以应用于各种任务。深度神经网络的训练需要大量的数据和计算资源，同时需要精心设计的网络结构和训练算法，以确保其能够正确地学习和处理各种数据。

2.1 用 PyTorch 构建深度神经网络

本节将介绍如何使用 PyTorch 构建深度神经网络需要的模块，如 nn.Module、nn.functional 等，以及构建深度神经网络的主要步骤。

2.1.1 神经网络的核心组件

神经网络看起来很复杂，节点多、层数多、参数更多，但核心部分或组件不多。把这些组件确定后，这个神经网络基本就确定了。这些核心组件包括如下几个部分。

- 层：神经网络的基本结构，将输入张量转换为输出张量。
- 模型：层构成的网络。
- 损失函数：参数学习的目标函数，通过最小化损失函数来学习各种参数。
- 优化器：如何使损失函数最小，这就涉及优化器。

当然，这些核心组件不是独立的，它们之间、它们与神经网络其他组件之间有着密切关系。为便于大家理解，我们把这些关键组件及相互关系用图 2-1 表示。

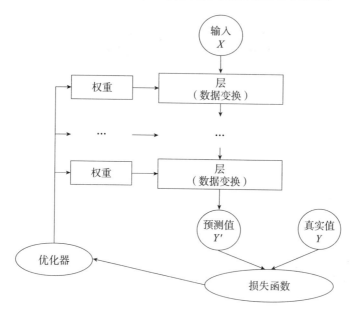

图 2-1　神经网络关键组件及相互关系示意图

多个层链接在一起构成一个模型或网络，输入数据通过这个模型转换为预测值。预测值与真实值共同构成损失函数的输入，损失函数输出损失值（损失值可以是距离、概率值等），该损失值用于衡量预测值与目标结果的匹配或相似程度。优化器利用损失值更新权重参数，目标是使损失值越来越小。这是一个循环过程，当损失值达到一个阈值或循环次数达到指定次数时，循环结束。

接下来利用 PyTorch 的 nn 工具箱，构建一个神经网络实例。nn 工具箱中对这些组件都有现成的包或类，可以直接使用，非常方便。

2.1.2　构建神经网络的主要工具

使用 PyTorch 构建神经网络的主要工具（或类）及相互关系如图 2-2 所示。

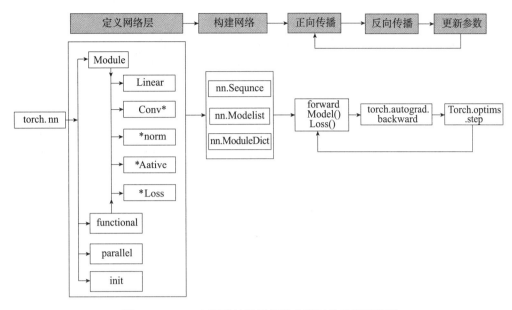

图 2-2 PyTorch 实现神经网络的主要工具及相互关系

从图 2-2 可知，可以基于 Module 类或函数（nn.functional）构建网络层。nn 中的大多数层（layer）在 functional 中都有与之对应的函数。nn.functional 中的函数与 nn.Module 中的 layer 的主要区别是后者继承自 Module 类，可自动提取可学习的参数，而 nn.functional 更像是纯函数。

（1）nn.Module

前面我们使用 autograd 及 Tensor 实现机器学习实例时，需要做不少设置，如对叶子节点的参数 requires_grad 设置为 True，然后调用 backward，再从 grad 属性中提取梯度。对于大规模的网络，autograd 过于底层和烦琐。为了简单、有效地解决这个问题，nn 是一个有效工具。它是专门为深度学习设计的一个模块，而 nn.Module 是 nn 的一个核心数据结构。nn.Module 可以是神经网络的某个层，也可以是包含多层的神经网络。在实际使用中，最常见的做法是继承 nn.Module，生成自己的网络或层。nn 中已实现了绝大多数层，包括全连接层、损失层、激活层、卷积层、循环层等。这些层都是 nn.Module 的子类，能够自动检测到自己的参数，并将其作为学习参数，且针对 GPU 运行进行了 CuDNN 优化。

（2）nn.functional

nn 中的层，一类是继承了 nn.Module，其命名一般为 nn.Xxx（第一个字母是大写），如 nn.Linear、nn.Conv2d、nn.CrossEntropyLoss 等。另一类是 nn.functional 中的函数，其名称一般为 nn.functional.xxx，如 nn.functional.linear、nn.functional.conv2d、nn.functional.cross_entropy 等。从功能来说，两者相当，基于 nn.Module 能实现的层也可以基于 nn.functional 实现，反之亦然，而且两者性能方面也没有太大差异。

不过在具体使用时，两者还是有区别的，具体如下。

1）nn.Xxx 继承于 nn.Module，nn.Xxx 需要先实例化并传入参数，然后以函数调用的方式调用实例化的对象并传入输入数据。它能够很好地与 nn.Sequential 结合使用，而 nn.functional.xxx 无法与 nn.Sequential 结合使用。

2）nn.Xxx 不需要自己定义和管理 weight、bias 参数；而 nn.functional.xxx 需要自己定义 weight、bias 参数，每次调用的时候都需要手动传入 weight、bias 等参数，不利于代码复用。

3）dropout 操作在训练和测试阶段是有区别的，使用 nn.Xxx 方式定义 dropout，在调用 model.eval() 之后，自动实现状态的转换，而使用 nn.functional.xxx 却无此功能。

总的来说，两种功能都是相同的，但 PyTorch 官方推荐：有学习参数的（如 conv2d、linear、batch_norm、dropout 等）情况采用 nn.Xxx 方式；没有学习参数的（如 maxpool、loss func、activation func 等）情况采用 nn.functional.xxx 或者 nn.Xxx 方式。对于激活函数，我们采用无学习参数的 F.relu 方式来实现，即 nn.functional.xxx 方式。

2.1.3　构建模型

使用 PyTorch 实现神经网络的关键就是选择网络层，构建模型，然后选择损失函数和优化器。在 nn 工具箱中，可以直接引用的网络很多，有全连接层、卷积层、循环层、归一化层、激活层等。

PyTorch 构建模型大致有以下两种方式。

1）继承 nn.Module 基类来构建模型。

2）使用 PyTorch Lightning 来构建模型。

2.1.4　训练模型

构建模型（假设为 model）后，接下来就是训练模型。PyTorch 训练模型主要包括加载和预处理数据集、定义损失函数、定义优化算法、循环训练模型、循环测试或验证模型、可视化结果等步骤。

（1）加载和预处理数据集

加载和预处理数据集可以使用 PyTorch 的数据处理工具，如 torch.utils 和 torchvision 等，这些工具将在第 4 章中详细介绍。

（2）定义损失函数

定义损失函数可以通过自定义方法或使用 PyTorch 内置的损失函数，如回归使用的 nn.MSELoss()、分类使用的 nn.BCELoss 等损失函数，更多内容可参考 2.9 节。

（3）定义优化算法

PyTorch 常用的优化算法都封装在 torch.optim 中，其设计灵活，可以扩展为自定义的优化算法。所有的优化算法都是继承了基类 optim.Optimizer，并实现了自己的优化步骤。

最常用的优化算法就是梯度下降法及其变种，具体将在 2.10 节详细介绍，这些优化算法大多使用梯度更新参数。

如使用 SGD 优化器时，可设置为 optimizer = torch.optim.SGD(params,lr = 0.001)。

（4）循环训练模型

1）设置为训练模式：model.train()。调用 model.train() 会把所有的 module 设置为训练模式。

2）梯度清零：optimizer. zero_grad()。在默认情况下，梯度是累加的，需要手工把梯度初始化或清零，调用 optimizer.zero_grad() 即可。

3）求损失值：y_prev=model(x)，loss=loss_fun(y_prev,y_true)。

4）自动求导，实现梯度的反向传播：loss.backward()。

5）更新参数：optimizer.step()。

（5）循环测试或验证模型

1）设置为测试或验证模式：model.eval()。调用 model.eval() 会把所有的 training 属性设置为 False。

2）在不跟踪梯度模式下计算损失值、预测值等：with.torch.no_grad()。

（6）可视化结果

下面通过实例来说明如何使用 nn 来构建网络模型、训练模型。

说明：如果模型中有 BN（Batch Normalization，批归一化）层和 dropout 层，需要在训练时添加 model.train()，在测试时添加 model.eval()。其中，model.train() 用于确保 BN 层使用每一批数据的均值和方差进行训练，而 model.eval() 用于确保 BN 使用全部训练数据的均值和方差进行评估；而对于 dropout 层，model.train() 用于随机取一部分网络连接来训练更新参数，而 model.eval() 则利用到了所有网络连接进行评估。

2.2　用 PyTorch 实现神经网络实例

前面介绍了使用 PyTorch 构建神经网络的一些组件、常用方法和主要步骤等，本节通过利用神经网络对手写数字进行识别的实例，来说明如何借助 nn 工具箱来实现一个神经网络，并对神经网络有一个直观的了解。在这个基础上，后续我们将对 nn 的各模块进行详细介绍。实例环境使用 PyTorch 2.0，使用 GPU 或 CPU，源数据集为 MNIST。主要步骤如下。

- 利用 PyTorch 内置函数 MNIST 下载数据。
- 利用 torchvision 对数据进行预处理，调用 torch.utils 建立一个数据迭代器。
- 可视化源数据。
- 利用 nn 工具箱构建神经网络模型。
- 实例化模型，并定义损失函数及优化器。

- 训练模型。
- 可视化结果。

神经网络的结构如图 2-3 所示。

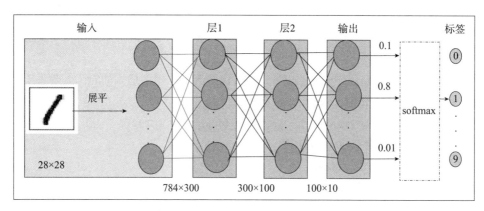

图 2-3　神经网络结构

使用两个隐含层，每层使用 ReLU 激活函数，输出层使用 softmax 激活函数，最后使用 torch.max(out,1) 找出张量输出最大值对应索引作为预测值。

2.2.1　准备数据

1）导入必要的模块。

```python
import numpy as np
import torch
# 导入 PyTorch 内置的 MNIST 数据
from torchvision.datasets import MNIST
# 导入预处理模块
import torchvision.transforms as transforms
from torch.utils.data import DataLoader
# 导入 nn 及优化器
import torch.nn.functional as F
import torch.optim as optim
from torch import nn
```

2）定义一些超参数。

```python
# 定义一些超参数
train_batch_size = 64
test_batch_size = 128
learning_rate = 0.01
num_epoches = 20
```

```
num_workers=8
momentum = 0.5
```

3）下载数据并对数据进行预处理。

```
# 定义预处理函数
transform = transforms.Compose([transforms.ToTensor(),transforms.Normalize([0.5], [0.5])])
# 下载数据,并对数据进行预处理
train_dataset = MNIST('../data/', train=True, transform=transform, download=False)
test_dataset = MNIST('../data/', train=False, transform=transform)
# 得到一个生成器
train_loader = DataLoader(train_dataset, batch_size=train_batch_size,
shuffle=True,num_workers=num_workers)
test_loader = DataLoader(test_dataset, batch_size=test_batch_size, shuffle=False,
num_workers=num_workers)
```

说明：

- transforms.Compose 可以把一些转换函数组合在一起。
- Normalize([0.5], [0.5]) 对张量进行归一化，这里两个 0.5 分别表示对张量进行归一化的全局平均值和方差。因图像是灰色的，则只有一个通道，如果有多个通道，需要有多个数字，如三个通道，应该是 Normalize([m1,m2,m3], [n1,n2,n3])。
- download 参数控制是否需要下载，如果 ./data 目录下已有 MNIST，可选择 False。
- 用 DataLoader 得到生成器，可节省内存。
- torchvision 及 data 为 PyTorch 的数据预处理工具。

2.2.2　可视化源数据

对数据集中的部分数据进行可视化，代码如下：

```
import matplotlib.pyplot as plt
%matplotlib inline
examples = enumerate(test_loader)
batch_idx, (example_data, example_targets) = next(examples)
fig = plt.figure()
for i in range(6):
  plt.subplot(2,3,i+1)
  plt.tight_layout()
  plt.imshow(example_data[i][0], cmap='gray', interpolation='none')
  plt.title("Ground Truth: {}".format(example_targets[i]))
  plt.xticks([])
  plt.yticks([])
```

运行结果如图 2-4 所示。

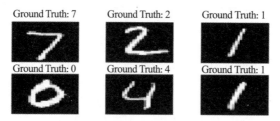

图 2-4　MNIST 源数据示例

2.2.3　构建模型

数据预处理之后，我们开始构建网络来创建模型。

（1）构建网络

```
class Net(nn.Module):
    """
    使用 Sequential 构建网络,Sequential() 函数的功能是将网络的层组合到一起
    """
    def __init__(self, in_dim, n_hidden_1, n_hidden_2, out_dim):
        super(Net, self).__init__()
        self.flatten = nn.Flatten()
        self.layer1 = nn.Sequential(nn.Linear(in_dim,n_hidden_1),nn.BatchNorm1d(n_hidden_1))
        self.layer2 = nn.Sequential(nn.Linear(n_hidden_1, n_hidden_2),nn.BatchNorm1d(n_hidden_2))
        self.out = nn.Sequential(nn.Linear(n_hidden_2, out_dim))

    def forward(self, x):
        x=self.flatten(x)
        x = F.relu(self.layer1(x))
        x = F.relu(self.layer2(x))
        x = F.softmax(self.out(x),dim=1)
        return x
```

（2）实例化网络

```
# 检测是否有可用的 GPU, 有则使用, 否则使用 CPU
device = torch.device("cuda:0" if torch.cuda.is_available() else "cpu")
# 实例化网络
model = Net(28 * 28, 300, 100, 10)
model.to(device)
# 定义损失函数和优化器
criterion = nn.CrossEntropyLoss()
optimizer = optim.SGD(model.parameters(), lr=lr, momentum=momentum)
```

2.2.4　训练模型

这里使用 for 循环进行迭代来训练模型。首先，用训练数据来训练模型，然后用测试数据来验证模型的准确性。

（1）训练模型

```
# 开始训练
losses = []
acces = []
eval_losses = []
eval_acces = []
writer = SummaryWriter(log_dir='logs',comment='train-loss')
for epoch in range(num_epochs):
    train_loss = 0
    train_acc = 0
    model.train()
    # 动态修改参数学习率
    if epoch%5==0:
        optimizer.param_groups[0]['lr']*=0.9
        print("学习率 :{:.6f}".format(optimizer.param_groups[0]['lr']))
    for img, label in train_loader:
        img=img.to(device)
        label = label.to(device)
        # 正向传播
        out = model(img)
        loss = criterion(out, label)
        # 反向传播
        optimizer.zero_grad()
        loss.backward()
        optimizer.step()
        # 记录误差
        train_loss += loss.item()
        # 保存 loss 的数据与 epoch 数值
        writer.add_scalar('Train', train_loss/len(train_loader), epoch)
        # 计算分类的准确率
        _, pred = out.max(1)
        num_correct = (pred == label).sum().item()
        acc = num_correct / img.shape[0]
        train_acc += acc
    losses.append(train_loss / len(train_loader))
    acces.append(train_acc / len(train_loader))
```

```
    # 在测试集上检验效果
    eval_loss = 0
    eval_acc = 0
    #net.eval()  # 将模型改为预测模式
    model.eval()
    for img, label in test_loader:
        img=img.to(device)
        label = label.to(device)
        img = img.view(img.size(0), -1)
        out = model(img)
        loss = criterion(out, label)
        # 记录误差
        eval_loss += loss.item()
        # 记录准确率
        _, pred = out.max(1)
        num_correct = (pred == label).sum().item()
        acc = num_correct / img.shape[0]
        eval_acc += acc
    eval_losses.append(eval_loss / len(test_loader))
    eval_acces.append(eval_acc / len(test_loader))
print('epoch: {}, Train Loss: {:.4f}, Train Acc: {:.4f}, Test Loss: {:.4f}, Test
Acc: {:.4f}'.format(epoch, train_loss / len(train_loader), train_acc / len(train_
loader), eval_loss / len(test_loader), eval_acc / len(test_loader)))
```

最后 5 次迭代的结果如下：

```
学习率:0.006561
epoch: 15, Train Loss: 1.4681, Train Acc: 0.9950, Test Loss: 1.4801, Test Acc: 0.9830
epoch: 16, Train Loss: 1.4681, Train Acc: 0.9950, Test Loss: 1.4801, Test Acc: 0.9833
epoch: 17, Train Loss: 1.4673, Train Acc: 0.9956, Test Loss: 1.4804, Test Acc: 0.9826
epoch: 18, Train Loss: 1.4668, Train Acc: 0.9960, Test Loss: 1.4798, Test Acc: 0.9835
epoch: 19, Train Loss: 1.4666, Train Acc: 0.9962, Test Loss: 1.4795, Test Acc: 0.9835
```

这个神经网络的结构比较简单，只用了两层，且没有使用 dropout 层，迭代 20 次，测试准确率达到 98% 左右，效果还不错，但仍有提升空间。如果采用 cnn、dropout 等层，应该还可以提升模型性能。

（2）可视化训练及测试损失值

```
plt.title('train loss')
plt.plot(np.arange(len(losses)), losses)
plt.legend(['Train Loss'], loc='upper right')
```

运行结果如图 2-5 所示。

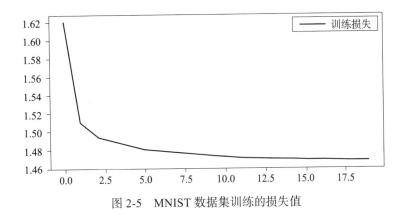

图 2-5 MNIST 数据集训练的损失值

2.3 用 PyTorch Lightning 实现神经网络实例

PyTorch Lightning 是类似于 Keras 的一个库，是为 PyTorch 深度学习框架提供高级抽象的轻量级库。它旨在简化训练和推理过程的开发和管理，使用户能够更专注于模型设计和实验。

PyTorch Lightning 基于 PyTorch，并提供了一组模板代码和工具，使得构建训练循环、日志记录、自动分布式训练、灵活的配置和模型验证等任务更加容易。特别是神经网络，使其更易于理解，同时为创建可扩展的深度学习模型提供了广泛的可能性，这些模型可以很容易地在分布式硬件上运行。

使用 PyTorch Lightning，可以避免编写样板代码并重复实现训练循环。只需定义模型、数据加载器和优化器，PyTorch Lightning 将会自动处理训练和验证过程。此外，可以通过简单的继承和重写来定制化和扩展功能，使其适应特定的项目需求。

PyTorch Lightning 的安装代码如下：

```
pip install pytorch-lightning
```

PyTorch Lightning 的主要优势如下。

1）高级抽象。PyTorch Lightning 提供了一组高级抽象的模块，如 LightningModule 和 LightningDataModule，可以帮助用户快速构建模型和数据加载器。用户只需要定义模型的核心逻辑，而不再需要编写整个训练循环的代码。

2）组织逻辑清晰。PyTorch Lightning 通过将训练过程分解为训练步骤、验证步骤和测试步骤等模块，使得代码组织更加清晰。模型训练逻辑放在 training_step 中，验证逻辑放在 validation_step 中，测试逻辑放在 test_step 中。这样的分解可以提高代码的可读性和可维护性。

3）自动优化。PyTorch Lightning 提供了自动优化的功能，可以根据用户定义的优化器、损失函数和学习率调度器等进行自动的梯度计算、参数更新和学习率调整。用户只需要在模型中指定相关参数，而不需要手动编写优化和更新过程的代码。

4）分布式训练支持。PyTorch Lightning 对分布式训练提供了良好的支持。用户可以通过设置训练器的 accelerator 参数为 ddp、dp 或 ddp2 等来启用分布式训练，框架会自动处理数据并行、模型并行和梯度同步等细节。

5）提供实用工具。PyTorch Lightning 提供了一些实用工具，如自动模型检查点保存、可视化训练过程、集成 TensorBoard 和 Comet 等，可以简化训练过程的管理和监控。

总之，PyTorch Lightning 是一个旨在简化和加速 PyTorch 模型训练流程的框架，它提供了高级抽象、自动优化、分布式训练支持等功能，帮助用户更加方便地开发和维护深度学习模型。

接下来将 2.2 节的实例用 PyTorch Lightning 来实现，使用的数据及网络结构完全一致，只是添加了保存及恢复训练模型的部分代码。

（1）导入必要的模块

导入 pytorch-lighting（简称为 pl）模块及 Trainer。

```
import pytorch_lightning as pl
from pytorch_lightning import Trainer
```

（2）定义 LightningModule

构建模型的步骤和优化器的配置是由模型类中的方法来定义的，而不是编写循环，在这种情况下，可以定义数据加载程序的工作。PyTorch Lightning 是一个非常灵活的工具。

```
class Pytorch_Lightning_MNIST_Classifier(pl.LightningModule):
  def __init__(self):
    super().__init__()
    # 定义神经网络的结构
    self.layers = nn.Sequential(
      nn.Flatten(),
      nn.Linear(28 * 28 * 1, 300),
      nn.ReLU(),
      nn.Linear(300, 100),
      nn.ReLU(),
      nn.Linear(100, 10)
    )
    # 构建损失函数
    self.loss_func = nn.CrossEntropyLoss()
  def forward(self, x):
    return self.layers(x)
  # 定义超参数
```

```
def training_step(self, batch, batch_idx):
    x, y = batch
    pred = self.layers(x)
    loss = self.loss_func(pred, y)
    self.log('train_loss', loss)
    return loss
    # 配置测试参数
def test_step(self, batch, batch_idx):
    x, y = batch
    pred = self.layers(x)
    loss = self.loss_func(pred, y)
    pred = torch.argmax(pred, dim=1)
    accuracy = torch.sum(y == pred).item() / (len(y) * 1.0)
    self.log('test_loss', loss, prog_bar=True)
    self.log('test_acc', torch.tensor(accuracy), prog_bar=True)
    output = dict({
        'test_loss': loss,
        'test_acc': torch.tensor(accuracy),
}))
    return output
    # 配置优化器的参数
def configure_optimizers(self):
    optimizer = torch.optim.Adam(self.parameters(), lr=1e-4)
    return optimizer
```

其中，def init_(self) 用于定义网络架构；def forward(self, x) 用于定义推理、预测的正向传播；def training_step(self, batch, batch_idx) 用于定义训练循环部分；def configure_optimizers(self) 用于定义优化器。Lightning Module 定义的是一个系统而不是单纯的网络架构。

（3）创建 pl.Trainer 对象

接下来创建一个 pl.Trainer 对象，用于配置训练器的参数，如使用的 GPU 数量、最大训练轮数以及模型保存回调等。最后，通过调用 trainer.fit() 和 trainer.test() 等方法开始训练和测试流程。

```
# 初始化 Trainer 模型和功能
model = Pytorch_Lightning_MNIST_Classifier()
# 定义模型的回调函数
ckpt_callback = pl.callbacks.ModelCheckpoint(
    monitor='train_loss',
    save_top_k=1,
```

```
     mode='min'
)
# 定义提取终止的条件
early_stopping = pl.callbacks.EarlyStopping(monitor = 'train_loss',
                patience=3,
                mode = 'min')
# 创建一个 pl.Trainer 对象
trainer = pl.Trainer(accelerator="auto",devices=1,callbacks = [ckpt_callback,early_
stopping],max_epochs=EPOCHS)
# 训练模型
trainer.fit(model, train_loader)
# 测试模型
trainer.test(model,test_loader)
```

trainer 是自动化的，包括：

- 循环迭代 Epoch and batch iteration。
- 自动调用 optimizer.step()、backward、zero_grad()。
- 自动调用 .eval()、enabling/disabling grads。
- 权重加载、保存模型及日志等。
- 支持单机多卡、多机多卡等方式。

（4）装载模型

装载保存的模型代码如下：

```
model_clone = model.load_from_checkpoint(trainer.checkpoint_callback.best_model_
path)
trainer_clone = pl.Trainer(accelerator="auto",devices=1,max_epochs=3)
result = trainer_clone.test(model_clone,test_loader)
print(result)
```

运行结果如图 2-6 所示。

Test metric	DataLoader 0
test_acc	0.9521999955177307
test_loss	0.16526885330677032

图 2-6　装载保存的模型测试结果

（5）把 PyTorch 转换为 PL 格式的代码

前面介绍了 PyTorch 两种编码方式，一种是较详细的编程方法，另一种是类似 Keras 的简约方式，图 2-7 说明如何把 PyTorch 代码转换为 PL 格式的代码。

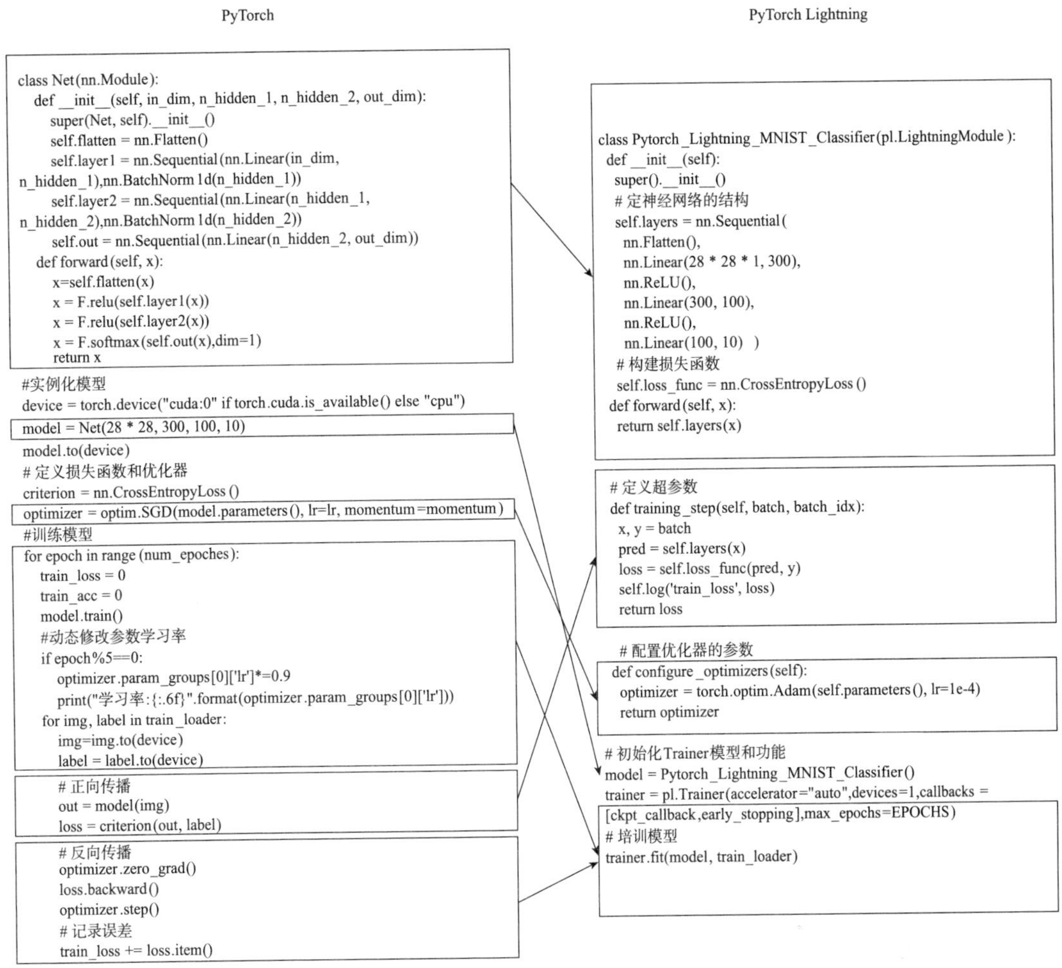

PyTorch   PyTorch Lightning

```
class Net(nn.Module):
    def __init__(self, in_dim, n_hidden_1, n_hidden_2, out_dim):
        super(Net, self).__init__()
        self.flatten = nn.Flatten()
        self.layer1 = nn.Sequential(nn.Linear(in_dim,
n_hidden_1),nn.BatchNorm1d(n_hidden_1))
        self.layer2 = nn.Sequential(nn.Linear(n_hidden_1,
n_hidden_2),nn.BatchNorm1d(n_hidden_2))
        self.out = nn.Sequential(nn.Linear(n_hidden_2, out_dim))
    def forward(self, x):
        x=self.flatten(x)
        x = F.relu(self.layer1(x))
        x = F.relu(self.layer2(x))
        x = F.softmax(self.out(x),dim=1)
        return x
```

```
#实例化模型
device = torch.device("cuda:0" if torch.cuda.is_available() else "cpu")
```

```
model = Net(28 * 28, 300, 100, 10)
```

```
model.to(device)
# 定义损失函数和优化器
criterion = nn.CrossEntropyLoss ()
```

```
optimizer = optim.SGD(model.parameters (), lr=lr, momentum=momentum )
```

```
#训练模型
for epoch in range(num_epoches):
    train_loss = 0
    train_acc = 0
    model.train()
    #动态修改参数学习率
    if epoch%5==0:
        optimizer.param_groups[0]['lr']*=0.9
        print("学习率:{:.6f}".format(optimizer.param_groups[0]['lr']))
    for img, label in train_loader:
        img=img.to(device)
        label = label.to(device)
```

```
    # 正向传播
    out = model(img)
    loss = criterion(out, label)
```

```
    # 反向传播
    optimizer.zero_grad()
    loss.backward()
    optimizer.step()
    # 记录误差
    train_loss += loss.item()
```

```
class Pytorch_Lightning_MNIST_Classifier(pl.LightningModule ):
    def __init__(self):
        super().__init__()
        # 定神经网络的结构
        self.layers = nn.Sequential(
            nn.Flatten(),
            nn.Linear(28 * 28 * 1, 300),
            nn.ReLU(),
            nn.Linear(300, 100),
            nn.ReLU(),
            nn.Linear(100, 10)   )
        # 构建损失函数
        self.loss_func = nn.CrossEntropyLoss ()
    def forward(self, x):
        return self.layers(x)
```

```
    # 定义超参数
    def training_step(self, batch, batch_idx):
        x, y = batch
        pred = self.layers(x)
        loss = self.loss_func(pred, y)
        self.log('train_loss', loss)
        return loss
```

```
    # 配置优化器的参数
    def configure_optimizers(self):
        optimizer = torch.optim.Adam(self.parameters (), lr=1e-4)
        return optimizer
```

```
# 初始化Trainer模型和功能
model = Pytorch_Lightning_MNIST_Classifier()
trainer = pl.Trainer(accelerator="auto",devices=1,callbacks =
[ckpt_callback,early_stopping],max_epochs=EPOCHS)
# 培训模型
trainer.fit(model, train_loader)
```

图 2-7 把 PyTorch 转换为 PL 代码的对应关系

2.4 构建卷积神经网络

卷积神经网络（Convolutional Neural Network，CNN）是一种深度学习模型，专门用于处理具有类似网格结构的数据，例如图像和音频。它在图像识别、计算机视觉和自然语言处理等领域取得了重大成功。CNN 的核心思想是通过卷积层、池化层和全连接层来逐层提取特征并进行分类。卷积层通过滤波器（也称为卷积核）在输入数据上滑动，计算局部区域的特征映射。池化层则用于减小特征图的尺寸，并保留重要的信息。全连接层在提取特征后，将其映射到不同的类别上，进行分类。

2.4.1　全连接层

1. 全连接层的优点

（1）灵活性

全连接层可以建立图像中任意像素之间的连接，并学习到更加复杂的特征和关系。

（2）特征组合

全连接层可以通过权重的学习，将输入特征进行线性或非线性的组合，从而提取更高级别的抽象特征。

（3）高度可解释性

由于每个神经元与前一层所有神经元相连，全连接层具有较高的可解释性，可以直观地理解每个神经元对应的特征。

2. 全连接层的缺点

（1）参数量大

全连接层需要大量的连接权重参数，尤其是在输入较大的情况下，导致模型过于复杂，容易过拟合。

（2）忽略了空间信息

全连接层无法保留输入数据的空间结构信息，而仅仅考虑特征之间的线性组合。

（3）计算量大

全连接层需要对整个输入数据进行矩阵乘法运算，计算量较大。

2.4.2　卷积层

卷积层是卷积神经网络的核心层，而卷积又是卷积层的核心。卷积，直观理解就是两个函数的一种运算，这种运算也被称为卷积运算。

（1）卷积层的优点

1）参数共享。卷积层使用相同的权重对整个输入进行卷积操作，可以用较少的参数表示丰富的特征，减少了模型的复杂性和过拟合风险。

2）保留空间信息。卷积层在进行卷积操作时，保留了输入数据的空间结构信息，使得模型能够捕捉到局部特征和空间关系。

3）计算效率高。卷积操作可以通过卷积核的重复使用和局部计算来减少计算量，尤其适用于大规模图像数据处理。

（2）卷积层的缺点

1）局部感受野。卷积操作仅考虑局部区域的信息，并不会直接获取全局信息，对于全局特征的提取相对较弱。

2）空间分辨率下降。卷积池化操作会导致特征图的尺寸减小，可能导致一定的空间信息损失。

3）参数共享的限制。虽然参数共享可以减少参数量，但也限制了模型学习到更复杂的特征和关系。

下面通过具体实例来加深理解。图 2-8 就是一个简单的二维空间卷积运算示例，虽然简单，但是包含了卷积的核心内容。

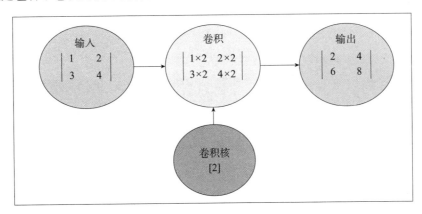

图 2-8　二维空间卷积运算示例

在图 2-8 中，输入和卷积核都是张量，卷积运算就是用卷积分别乘以输入张量中的每个元素，然后输出一个代表每个输入信息的张量。接下来我们把输入、卷积核推广到更高维空间，输入由 2×2 矩阵拓展为 5×5 矩阵，卷积核由一个张量拓展为一个 3×3 矩阵，如图 2-9 所示。这时该如何进行卷积运算呢？

a）图像大小为5×5

b）偏置为0，
卷积核大小为3×3

c）特征图大小为3×3

图 2-9　卷积神经网络卷积运算

图 2-9c 中的 4 是图 2-9a 左上角的 3×3 矩阵与卷积核矩阵的对应元素相乘后的汇总结果，如图 2-10 所示。

图 2-10c 中的 4 由表达式 $1 \times 1 + 1 \times 0 + 1 \times 1 + 0 \times 0 + 1 \times 1 + 1 \times 0 + 0 \times 1 + 0 \times 0 + 1 \times 1$ 得到。

当卷积核在输入图像中右移一个元素时，便得到图 2-11。

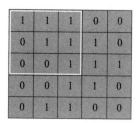

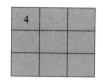

a）图像大小为5×5　　　　　b）偏置为0，　　　　　c）特征图大小为3×3
　　　　　　　　　　　　　卷积核大小为3×3

图 2-10　对应元素相乘后的结果

a）图像大小为5×5　　　　　b）偏置为0，　　　　　c）特征图大小为3×3
　　　　　　　　　　　　　卷积核大小为3×3

图 2-11　卷积核往右移动一格

图 2-11c 中的 3 由表达式 $1×1+1×0+0×1+1×0+1×1+1×0+0×1+1×0+1×1$ 得到。

卷积核窗口从输入张量的左上角开始，从左到右、从上到下滑动。当卷积核窗口滑动到一个新位置时，包含在该窗口中的部分张量与卷积核张量进行按元素相乘，得到的张量再求和得到一个单一的标量值，输入（假设为 X，其大小为 (X_w, X_h)）与卷积核（假设为 K，其大小为 (K_w, K_h)）运算后的输出矩阵的大小为：

$$(X_w - K_w + 1, X_h - K_h + 1)$$

由此得出了这一位置的输出张量值，如图 2-12 所示。

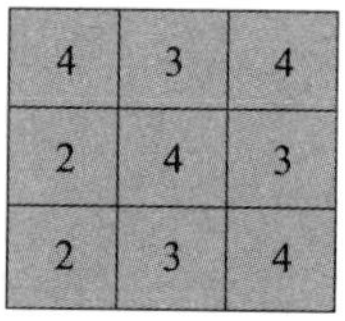

用卷积核中每个元素乘以对应输入矩阵中的对应元素，原理还是一样，但输入张量为 5×5 矩阵，而卷积核为 3×3 矩阵，得到一个 3×3 矩阵。这里首先就要解决如何对应的问题。把卷积核作为输入矩阵上的一个移动窗口，通过移动与所有元素对应，对应问题就迎刃而解了。这个卷积运算过程可以用 PyTorch 代码实现。

图 2-12　输出结果

1）定义卷积运算函数。

```python
def cust_conv2d(X, K):
    """实现卷积运算"""
    # 获取卷积核大小
    h, w = K.shape
    # 初始化输出值 Y
    Y = torch.zeros((X.shape[0] - h + 1, X.shape[1] - w + 1))
```

```
# 实现卷积运算
for i in range(Y.shape[0]):
    for j in range(Y.shape[1]):
        Y[i, j] = (X[i:i + h, j:j + w] * K).sum()
return Y
```

2）定义输入及卷积核。

```
X = torch.tensor([[1.0,1.0,1.0,0.0,0.0], [0.0,1.0,1.0,1.0,0.0],
[0.0,0.0,1.0,1.0,1.0],[0.0,0.0,1.0,1.0,0.0],[0.0,1.0,1.0,0.0,0.0]])
K = torch.tensor([[1.0, 0.0,1.0], [0.0, 1.0,0.0],[1.0, 0.0,1.0]])
cust_conv2d(X, K)
```

运行结果如下：

```
tensor([[4., 3., 4.],
        [2., 4., 3.],
        [2., 3., 4.]])
```

那么，如何确定卷积核？如何在输入矩阵中移动卷积核？在移动过程中，如果超越边界应该如何处理？这种因移动可能带来的问题将在后续章节详细说明。

2.4.3　卷积核

卷积核是整个卷积过程的核心，从名字就可以看出它的重要性。比较简单的卷积核（也称为过滤器）有垂直卷积核（Vertical Filter）、水平卷积核（Horizontal Filter）、索贝尔卷积核（Sobel Filter）等。这些卷积核能够检测图像的水平边缘、垂直边缘，增强图像中心区域权重等。下面通过一些图来说明卷积核的具体作用。

1. 卷积核的作用

（1）垂直边缘检测

卷积核对垂直边缘的检测的示意图如图 2-13 所示。

这个卷积核是 3×3 矩阵（卷积核一般是奇数阶矩阵），其特点是第 1 列和第 3 列有数值，第 2 列为 0。经过这个卷积核的作用后，就把原数据垂直边缘检测出来了。

（2）水平边缘检测

卷积核对水平边缘的检测的示意图如图 2-14 所示。

这个卷积核也是 3×3 矩阵，其特点是第 1 行和第 3 行有数值，第 2 行为 0。经过这个卷积核的作用后，就把原数据水平边缘检测出来了。

（3）对图像的水平边缘、垂直边缘检测

卷积核对图像的水平边缘检测、垂直边缘检测的对比效果图如图 2-15 所示。

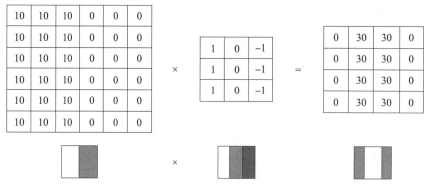

图 2-13　卷积核对垂直边缘的检测

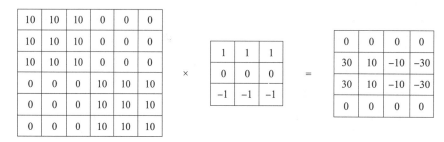

图 2-14　卷积核对水平边缘的检测

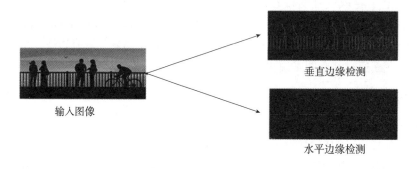

图 2-15　卷积核对图像的水平边缘检测、垂直边缘检测的对比效果图

　　以上这些卷积核比较简单，在深度学习中，卷积核的作用不仅在于检测垂直边缘、水平边缘等，还可以检测其他边缘特征。

2. 如何确定卷积核

　　如何确定卷积核呢？卷积核类似于标准神经网络中的权重矩阵 W，W 需要通过梯度下降算法反复迭代求得。同样，在深度学习中，卷积核也需要通过模型训练求得。卷积神经网络的主要目的就是计算出这些卷积核的数值。确定得到了这些卷积核后，卷积神经网络的浅层网络也就实现了对图像所有边缘特征的检测。

以图 2-14 为例，给定输入 X 及输出 Y，根据卷积运算，通过多次迭代可以得到卷积核的近似值。

（1）定义输入和输出

```
X = torch.tensor([[10.,10.,10.,0.0,0.0,0.0], [10.,10.,10.,0.0,0.0,0.0], [10.,10.,10.,0.0,0.0,0.0],[10.,10.,10.,0.0,0.0,0.0],[10.,10.,10.,0.0,0.0,0.0],[10.,10.,10.,0.0,0.0,0.0]])
    Y = torch.tensor([[0.0, 30.0,30.0,0.0], [0.0, 30.0,30.0,0.0],[0.0, 30.0,30.0,0.0],[0.0, 30.0,30.0,0.0]])
```

（2）训练卷积层

```
# 构造一个二维卷积层，它具有 1 个输出通道和形状为（3，3）的卷积核
conv2d = nn.Conv2d(1,1, kernel_size=(3, 3), bias=False)
# 这个二维卷积层使用四维输入和输出格式（批量大小，通道，高度，宽度），
# 其中批量大小和通道数都为 1
X = X.reshape((1, 1, 6, 6))
Y = Y.reshape((1, 1, 4, 4))
lr = 0.001 # 学习率
#定义损失函数
loss_fn = torch.nn.MSELoss()
for i in range(400):
    Y_pre = conv2d(X)
    loss=loss_fn(Y_pre,Y)
    conv2d.zero_grad()
    loss.backward()
    # 迭代卷积核
    conv2d.weight.data[:] -= lr * conv2d.weight.grad
    if (i + 1) % 100 == 0:
        print(f'epoch {i+1}, loss {loss.sum():.4f}')
```

（3）查看卷积核

```
conv2d.weight.data.reshape((3,3))
```

运行结果如下：

```
tensor([[ 1.2232, -0.1614, -1.0800],
        [ 0.8695, -0.1122, -1.2032],
        [ 0.9073,  0.2736, -0.7168]])
```

这个结果与图 2-13 中的卷积核就比较接近了。

假设卷积核已确定，卷积核如何对输入数据进行卷积运算呢？下面将进行详细介绍。

2.4.4　步幅

如何对输入数据进行卷积运算？回答这个问题之前，我们先回顾一下图 2-9。在图 2-9a 中，左上方的小窗口实际上就是卷积核，其中 × 后面的值就是卷积核的值。如第 1 行 ×1、×0、×1 对应卷积核的第 1 行 [1 0 1]。图 2-9c 的第 1 行第 1 列的 4 是如何得到的呢？就是由 5×5 矩阵中由前 3 行、前 3 列构成的矩阵各元素乘以卷积核中对应位置的值，然后累加得到的，即 $1×1+1×0+1×1+0×0+1×1+1×0+0×1+0×0+1×1=4$。那么，如何得到图 2-9c 中第 1 行第 2 列的值呢？我们只要把图 2-9a 中小窗口往右移动一格，然后进行卷积运算即可。以此类推，最终得到完整的特征图的值，如图 2-16 所示。

a）图像大小为5×5　　b）偏置为0，卷积核　　c）特征图大小为3×3
　　　　　　　　　　　　大小为3×3

图 2-16　通过卷积运算生成的数据

小窗口（实际上就是卷积核）在图 2-9a 中每次移动的格数（无论是自左向右移动，还是自上向下移动）称为步幅（stride），在图像中就是跳过的像素个数。在上面的示例中，小窗口每次只移动一格，故参数 stride=1，这个参数也可以是 2 或 3 等其他数值。如果是 2，则每次移动时就跳 2 格或 2 个像素，如图 2-17 所示。

每次移动2格
stride=2

图 2-17　stride 为 2 时的示意图

在小窗口移动过程中，卷积核的值始终保持不变。也就是说，卷积核的值在整个过程中是共享的，所以又把卷积核的值称为共享变量。卷积神经网络采用参数共享的方法大大降低了参数的数量。

参数 stride 是卷积神经网络中的一个重要参数，在用 PyTorch 具体实现时，stride 参数格式为单个整数或两个整数的元组（分别表示在 height 和 width 维度上的值）。

在图 2-11 中，如果小窗口继续往右移动 2 格，那么卷积核将移到输入矩阵之外，如图 2-18 所示。此时该如何处理呢？具体处理方法就涉及下节要讲的内容——填充（padding）了。

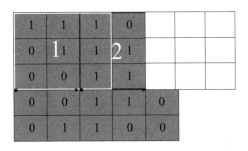

图 2-18　小窗口移到输入矩阵外

2.4.5　填充

当输入图像与卷积核不匹配或卷积核超过图像边界时，可以采用边界填充的方法，即把图像尺寸进行扩展，扩展区域补 0，如图 2-19 所示。当然也可以不扩展。

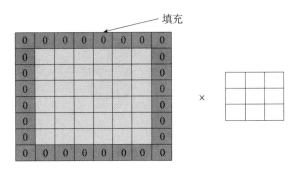

图 2-19　采用边界填充方法对图像进行扩展

根据是否扩展可将填充方式分为 Same、Valid 两种。采用 Same 方式时，对图像扩展并补 0；采用 Valid 方式时，不对图像进行扩展。具体如何选择呢？在实际训练过程中，一般选择 Same 方式，因为使用这种方式不会丢失信息。设补 0 的圈数为 p，输入数据大小为 n，卷积核大小为 f，步幅大小为 s，则有：

$$p = \frac{f-1}{2} \tag{2.1}$$

卷积后的矩阵大小为 $\frac{n+2p-f}{s}+1$。 $\tag{2.2}$

2.4.6　多通道上的卷积

前面对卷积在输入数据、卷积核的维度上进行了扩展，但输入数据、卷积核都是单一的。从图像的角度来说，二者都是灰色的，没有考虑彩色图像的情况。在实际应用中，输入数据往往是多通道的，如彩色图像就是 3 通道，即 R、G、B 通道。此时应该如何实现卷积运算呢？我们分别从多输入通道和多输出通道两方面来详细讲解。

1. 多输入通道

3 通道图像的卷积运算与单通道图像的卷积运算基本一致，对于 3 通道的 RGB 图像，其对应的卷积核算子同样也是 3 通道的。例如一个图像是 3×5×5 的，3 个维度分别表示通道数（channel）、图像的高度（height）、宽度（weight）。卷积过程是将每个单通道（R，G，B）与对应的卷积核进行卷积运算，然后将 3 通道的和相加，得到输出图像的一个像素值。具体过程如图 2-20 所示。

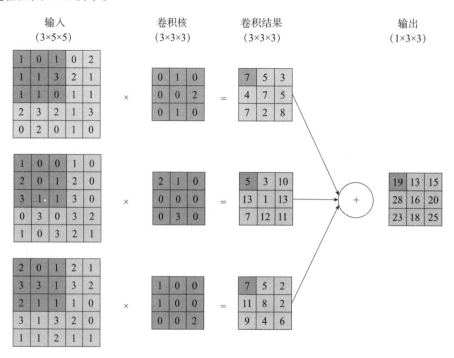

图 2-20　多输入通道的卷积运算过程示意图

下面用 PyTorch 实现图 2-20 多输入通道的卷积运算过程。

（1）定义多输入通道的卷积运算函数

```
def corr2d_mutil_in(X,K):
    h,w = K.shape[1],K.shape[2]
    value = torch.zeros(X.shape[0] - h + 1,X.shape[1] - w + 1)
    for x,k in zip(X,K):
        value = value + cust_conv2d(x,k)
    return value
```

（2）定义输入数据

```
X = torch.tensor([[[1.,0.,1,0.,2.],[1,1,3,2,1],[1,1,0,1,1],[2,3,2,1,3],[0,2,0,1,0]],
                  [[1.,0.,0,1.,0.],[2,0,1,2,0],[3,1,1,3,0],[0,3,0,3,2],[1,0,3,2,1]],
```

```
                [[2.,0.,1.,2.,1.],[3,3,1,3,2],[2,1,1,1,0],[3,1,3,2,0],[1,1,2,1,1]]])
K = torch.tensor([[[0.0,1.0,0.0],[0.0,0.0,2.0],[0.0,1.0,0.0]],
                [[2.0,1.0,0.0],[0.0,0.0,0.0],[0.0,3.0,0.0]],
                [[1.0,0.0,0.0],[1.0,0.0,0.0],[0.0,0.0,2.0]]])
```

（3）计算

```
corr2d_mutil_in(X,K)
```

运行结果如下：

```
tensor([[19., 13., 15.],
        [28., 16., 20.],
        [23., 18., 25.]])
```

2. 多输出通道

为了实现更多边缘检测，可以增加更多卷积核组。图 2-21 就是两组卷积核：卷积核 1 和卷积核 2。这里的输入为 $3 \times 7 \times 7$，经过与两个 $3 \times 3 \times 3$ 的卷积核（步幅为 2）的卷积运算，

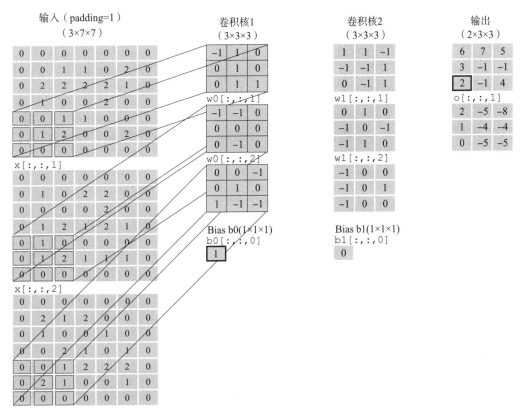

图 2-21　多输出通道的卷积运算过程示意图

得到的输出为 $2 \times 3 \times 3$。另外，我们也会看到图 2-21 中的补零填充（Zero Padding）是 1，也就是在输入元素的周围补 0。补零填充对于图像边缘部分的特征提取是很有帮助的，可以防止信息丢失。最后，不同卷积核组卷积得到不同的输出，个数由卷积核组决定。

把图 2-21 一般化，写成矩阵的方式为图 2-22 所示。

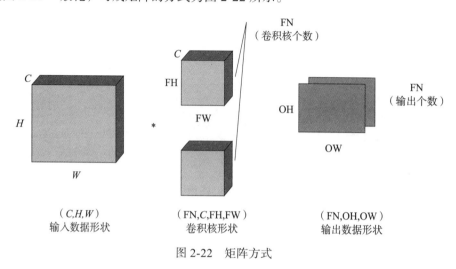

图 2-22　矩阵方式

3. 1×1 卷积核

1×1 卷积核在很多经典网络结构中都有使用，如 Inception 网络、ResNet 网络、YOLO 网络和 Swin-Transformer 网络等。在网络中增加 1×1 卷积核有以下主要作用。

（1）增加或降低通道数

如果卷积的输出、输入都是一个二维数据，那么 1×1 卷积核的意义不大，它是完全不考虑像素与周边其他像素的关系的。如果卷积的输出、输入是多维矩阵，则可以通过 1×1 卷积的不同通道数，增加或减少卷积后的通道数。

（2）增加非线性

1×1 卷积核利用后接的非线性激活函数，可以在保持特征图尺度不变的前提下大幅增加非线性特性，使网络更深，同时提升网络的表达能力。

（3）跨通道信息交互

使用 1×1 卷积核可以增加或减少通道数，也可以组合来自不同通道的信息。图 2-23 为通过 1×1 卷积核改变通道数的例子。

上述过程可以用 PyTorch 实现，代码如下。

（1）生成输入及卷积核数据

```
X = torch.tensor([[[1,2,3],[4,5,6],[7,8,9]],
                  [[1,1,1],[1,1,1],[1,1,1]],
                  [[2,2,2],[2,2,2],[2,2,2]]])
```

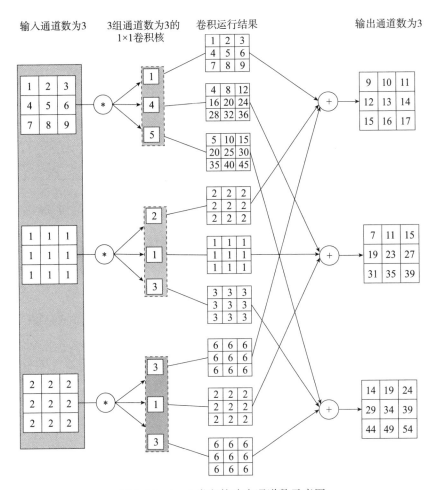

图 2-23 1×1 卷积核改变通道数示意图

```
K = torch.tensor([[[[1]],[[2]],[[3]]],
                  [[[4]],[[1]],[[1]]],
                  [[[5]],[[3]],[[3]]]])
print(K.shape) ##torch.Size([3, 3, 1, 1])
```

（2）定义卷积函数

```
def corr2d_multi_in_out(X,K):
    return torch.stack([corr2d_mutil_in(X,k) for k in K])


corr2d_multi_in_out(X,K)
```

运行结果如下：

```
tensor([[[ 9., 10., 11.],
        [12., 13., 14.],
        [15., 16., 17.]],

       [[ 7., 11., 15.],
        [19., 23., 27.],
        [31., 35., 39.]],

       [[14., 19., 24.],
        [29., 34., 39.],
        [44., 49., 54.]]])
```

2.4.7　激活函数

卷积神经网络与标准的神经网络类似，为保证非线性，也需要使用激活函数，即在卷积运算后，把输出值另加偏移量输入激活函数，作为下一层的输入，如图 2-24 所示。

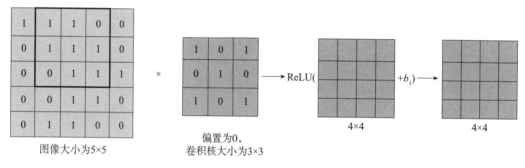

图像大小为5×5　　　　偏置为0，
卷积核大小为3×3

图 2-24　卷积运算后的输出值加偏移量输入激活函数 ReLU

常用的激活函数有 torch.nn.functional.sigmoid、torch.nn.functional.ReLU、torch.nn.functional.softmax、torch.nn.functional.tanh、torch.nn.functional.dropout 等。类对象方式的激活函数有 torch.nn.sigmoid、torch.nn.ReLU、torch.nn.softmax、torch.nn.tanh、torch.nn.dropout 等。

2.4.8　卷积函数

卷积函数是构建神经网络的重要支架，通常 PyTorch 的卷积运算是通过 nn.Conv2d 来完成的。下面先介绍 nn.Conv2d 的参数，然后介绍如何计算输出的形状。

1. nn.Conv2d 函数

nn.Conv2d 函数的定义如下。

```
nn.Conv2d(
    in_channels: int,
    out_channels: int,
    kernel_size: Union[int, Tuple[int, int]],
```

```
    stride: Union[int, Tuple[int, int]] = 1,
    padding: Union[int, Tuple[int, int]] = 0,
    dilation: Union[int, Tuple[int, int]] = 1,
    groups: int = 1,
    bias: bool = True,
    padding_mode: str = 'zeros',
)
```

主要参数说明如下。

- in_channels(int)：输入信号的通道。
- out_channels(int)：卷积产生的通道。
- kernel_size(int or tuple)：卷积核的尺寸。
- stride(int or tuple, optional)：卷积步长。
- padding(int or tuple, optional)：输入的每一条边补充 0 的层数。
- dilation(int or tuple, optional)：卷积核元素之间的间距。
- groups(int, optional)：控制输入和输出之间的连接。groups=1，输出是所有的输入的卷积；groups=2，此时相当于有并排的两个卷积层，每个卷积层计算输入通道的一半，并且产生的输出是输出通道的一半，随后将这两个输出连接起来。
- bias(bool, optional)：如果 bias=True，则添加偏置。其中参数 kernel_size、stride、padding、dilation 可以是一个整型（int）数值，此时卷积的 height 和 width 值相同，也可以是一个 tuple 数组，tuple 的第一维度表示 height 的数值，tuple 的第二维度表示 width 的数值。
- padding_mode：有 4 种可选模式，分别为 zeros、reflect、replicate、circular，默认为 zeros，也就是零填充。

2. 输出形状

卷积函数 nn.Conv2d 参数中输出形状的计算公式如下：

Input：$(N, C_{in}, H_{in}, W_{in})$

Output：$(N, C_{out}, H_{out}, W_{out})$

$$H_{out} = \frac{H_{in} + 2 \times padding[0] - dilation[0] \times (kernel\_size[0] - 1) - 1}{stride[0]} + 1 \qquad (2.3)$$

$$W_{out} = \frac{W_{in} + 2 \times padding[1] - dilation[1] \times (kernel\_size[1] - 1) - 1}{stride[1]} + 1 \qquad (2.4)$$

weight：(out_channels, $\frac{in\_channels}{groups}$, kernel_size[0], kernel_size[1])

当 groups=1 时

```
conv = nn.Conv2d(in_channels=6, out_channels=12, kernel_size=1, groups=1)
conv.weight.data.size()  # torch.Size([12, 6, 1, 1])
```

当 groups=2 时

```
conv = nn.Conv2d(in_channels=6, out_channels=12, kernel_size=1, groups=2)
conv.weight.data.size() #torch.Size([12, 3, 1, 1])
```

当 groups=3 时

```
conv = nn.Conv2d(in_channels=6, out_channels=12, kernel_size=1, groups=3)
conv.weight.data.size() #torch.Size([12, 2, 1, 1])
```

注意：in_channels、groups 必须是整数，否则报错。

2.4.9 转置卷积

转置卷积（Transposed Convolution）在一些文献中也称为反卷积（deconvolution）或部分跨越卷积（Fractionally-strided Convolution）。何为转置卷积？它与卷积又有哪些不同？

通过卷积的正向传播的图像一般会越来越小，类似于下采样（downsampling）。而卷积的反向传播实际上就是一种转置卷积，类似于上采样（upsampling）。

1. 转置卷积的直观理解

图 2-25 为 $s=1$、$p=0$、$k=3$ 的转置卷积运算示意图。

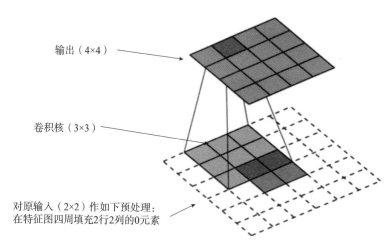

图 2-25　转置卷积运算示意图（一）

图 2-26 为 $s=2$、$p=0$、$k=3$ 的转置卷积运算示意图。

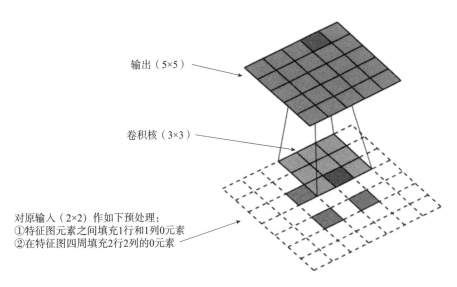

输出（5×5）

卷积核（3×3）

对原输入（2×2）作如下预处理：
①特征图元素之间填充1行和1列0元素
②在特征图四周填充2行2列的0元素

图 2-26 转置卷积运算示意图（二）

图 2-25 和图 2-26 中的输出是如何得到的呢？可根据给定的 s、p、k 进行简单推导：

- 在输入特征图元素间填充 s-1 行和列的 0 值。
- 在输入特征图四周填充 k-p-1 列和行的 0 值。
- 做正常卷积运算（步长为 1，填充为 0）。此时不需要再对特征图进行填充了，直接进行步长为 1、padding 为 0 的卷积运算。

接下来我们介绍 PyTorch 对转置卷积输出形状的计算公式。

2. 转置卷积输出形状的计算公式

假设转置卷积的参数为：

```
torch.nn.ConvTranspose2d(in_channels, out_channels, kernel_size, stride=1,
padding=0, output_padding=0, groups=1, bias=True, dilation=1, padding_mode='zeros',
device=None, dtype=None)
```

假设输入的大小为 i，即 $H=W=i$，其中 dilation、output_padding 的默认值分别为 1 和 0，为便于计算，取 dilation=1，则转置卷积的输出大小（假设 $H=W$）为：

$$H = \text{stride} \times (i-1) - 2 \times (\text{padding} + \text{kernel\_size}) + \text{output\_padding} \qquad (2.5)$$

根据式（2.5）可计算图 2-25 和图 2-26 的输出大小。

图 2-25 的参数为 s=1、p=0、k=3，原输入大小为 i=2，由此可得转置卷积的输出大小为：

$$H=s \times (i-1)-2 \times p+k=1-0+3=4$$

图 2-26 的参数为 s=2、p=0、k=3，原输入大小为 i=2，由此可得转置卷积的输出大小为：

$$H=s \times (i-1)-2 \times p+k=2-0+3=5$$

3. 转置卷积的应用示例

转置卷积主要用于变分自编码、生成式对抗网络 GAN、目标检测和语义分割等。图 2-27 为使用转置卷积的一个示例，它是一个上采样过程。

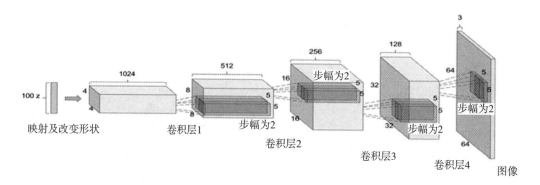

图 2-27　转置卷积示例

4. 转置卷积的 PyTorch 实现

情况 1：将输入 x 先进行卷积运算，然后再使用转置卷积，使最后的输出形状与输入形状一致。

```
conv = nn.Conv2d(3, 8, 3, stride=2, padding=1)
Dconv = nn.ConvTranspose2d(8, 3, 3, stride=2, padding=1)
x = torch.randn(1, 3, 5, 5)
feature = conv(x)
print(feature.shape)
# out : torch.Size([1, 8, 3, 3])
y = Dconv(feature)
print(y.shape)
# out : torch.Size([1, 3, 5, 5])
```

情况 2：将输入 x 先进行卷积运算，然后再使用转置卷积，使最后的输出形状与输入形状一致。这里用到了参数 output_padding，这个参数主要用于调整输出分辨率。

```
conv = nn.Conv2d(3, 8, 3, stride=2, padding=1)
Dconv = nn.ConvTranspose2d(8, 3, 3, stride=2, padding=1, output_padding=1)
x = torch.randn(1, 3, 6, 6)
feature = conv(x)
print(feature.shape) #[1, 8, 3, 3]
y = Dconv(feature)
print(y.shape)
# out : [1,3,6,6]
```

通过转置卷积后的特征图大小为：

$$H = s \times (\text{feature 的大小} - 1) - 2p + k + \text{output\_padding}$$
$$= 2(3-1) - 2 \times 1 + 3 + 1 = 6$$

2.4.10 特征图与感受野

输出的卷积层有时被称为特征图（Feature Map），因为它可以被视为一个输入映射到下一层的空间维度的转换器。在 CNN 中，对于某一层的任意元素 x，其感受野（Receptive Field）是指在正向传播期间可能影响 x 计算的所有元素（来自所有先前层）。

注意，感受野的覆盖率可能大于某层输入的实际区域大小。让我们用图 2-28 为例来解释感受野。感受野是卷积神经网络每一层输出的特征图上的像素点在输入图像上映射的区域大小。通俗来说，感受野是特征图上的一个点对应输入图上的区域。

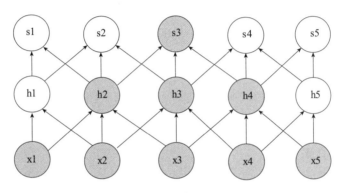

图 2-28 感受野

由图 2-28 可以看出，经过几个卷积层之后，特征图逐渐变小，一个特征所表示的信息量越来越多，如 s3 表示了 x1、x2、x3、x4、x5 的信息。

2.4.11 卷积层如何保留图像的空间信息

通过卷积层的介绍可知，卷积层通过卷积操作来保留输入数据的空间信息。在卷积操作中，使用一个固定大小的滤波器（也称为卷积核或卷积窗口）与输入数据进行逐元素乘积并求和的操作，这个滤波器以一定的步长在整个输入数据上进行滑动。

通过这种卷积操作，卷积层可以从局部区域中提取特征，并保留空间结构信息。在滤波器的不同位置，卷积操作会提取不同的局部特征。通过滑动步长的调整，可以在不同位置上进行卷积操作，从而将整个输入数据的空间信息编码到输出特征图中。

例如，假设有一个 3×3 的灰度图像作为输入，如下所示：

1 2 3

4 5 6

7 8 9

我们使用一个 2×2 的滤波器以步长为 1 对整个图像进行滑动，执行卷积操作。卷积操作的公式为：

$$output[i, j] = sum(input[i:i+2, j:j+2] * filter)$$

其中，input[i:i+2, j:j+2] 表示图像中以 (i, j) 为左上角的 2×2 区域，filter 表示滤波器。

对于这个例子，如果使用滤波器大小为 [1, 1; 1, 1]，则卷积操作的结果为：

1+2+4+5 = 12   2+3+5+6 = 16

4+5+7+8 = 24   5+6+8+9 = 28

即得到输出特征图：

12 16

24 28

从上述例子可以看出，卷积操作保留了图像的空间信息。具体来说，输出特征图的每个单元格中的值都来自输入图像中对应位置及其周围的值的线性组合。这意味着，输出特征图中的每个元素都对应于输入图像的一个局部区域，从而保留了图像的空间结构。

此外，通过调整滑动步长，可以在整个输入图像上进行卷积操作，进一步提取全局空间信息。通过堆叠多个卷积层，深层卷积神经网络可以从低级的图像特征逐步提取出高级的语义特征，以更好地理解和处理图像。这些特征保留了图像的空间信息作为后续任务的输入。

2.4.12　现代经典网络

1. ResNet 模型

2015 年，何恺明推出的 ResNet 在 ISLVRC 和 COCO 上超越所有选手，获得冠军。ResNet 在网络结构上做了一大创新，即采用残差网络结构，而不再简单地堆积层数，为卷积神经网络提供了一个新思路。残差网络的核心思想可以概括为：通过将两个连续的卷积层的输出作为下一层的输入来实现信息传递，单元结构如图 2-29 所示。

其完整网络结构如图 2-30 所示。

通过引入残差实现恒等映射（Identity Mapping），相当于一个梯度高速通道，使训练更简洁，且避免了梯度消失问题，由此可以得到很深层的网络，如网络层数由 GoogLeNet 的 22 层发展到 ResNet 的 152 层。

ResNet 模型具有如下特点。

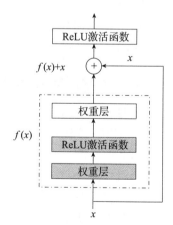

图 2-29　ResNet 残差单元结构

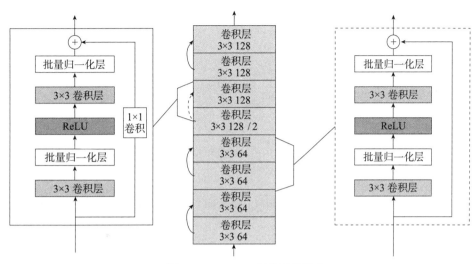

图 2-30　ResNet 完整网络结构

● 层数非常深，已经超过百层。
● 引入残差单元来解决退化问题。

2. DenseNet 模型

ResNet 模型极大地改变了参数化深层网络中函数的方式，DenseNet（稠密网络）在某种程度上可以说是 ResNet 的逻辑扩展，其每一层的特征图是后面所有层的输入。DenseNet 网络结构如图 2-31 所示。

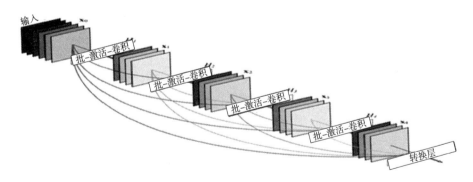

图 2-31　DenseNet 网络结构

ResNet 和 DenseNet 的主要区别如图 2-32 所示（阴影部分）。

由图 2-32 可知，ResNet 和 DenseNet 的主要区别在于，DenseNet 的输出是连接（如图 2-32b 中的 [,] 表示），而不是 ResNet 的简单相加。

DenseNet 主要由两部分构成：稠密块（Dense Block）和过渡层（Transition Layer）。前者定义如何连接输入和输出，后者则控制通道数量、特征图的大小等，使其不会太复杂。

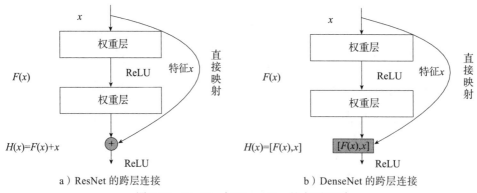

a）ResNet 的跨层连接   b）DenseNet 的跨层连接

图 2-32 ResNet 与 DenseNet 的主要区别

3. U-Net 网络

U-Net 网络结构如图 2-33 所示。

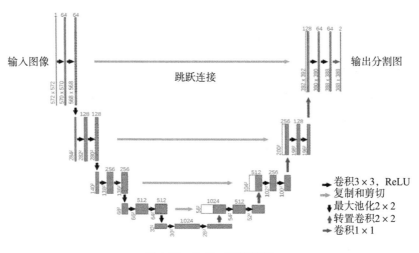

图 2-33 U-Net 网络结构

1）由图 2-33 可以看到，输入是 572×572 的，但是输出变成了 388×388，这说明经过网络以后，输出的结果和原图不是完全对应的，这在计算 loss 和输出结果时都可以得到体现。

2）朝右的箭头（除跳跃连接方向）代表 3×3 的卷积操作，并且 stride 是 1，填充策略是 Valid，因此，每个该操作以后，特征图的大小会减 2。

3）朝下的箭头代表 2×2 的最大池化操作，需要注意的是，此时的填充策略也是 Valid（Same 策略会在边缘填充 0，保证特征图的每个值都会被取到，Valid 会忽略掉不能进行下去的池化操作，而不是进行填充），这就会导致如果池化之前特征图的大小是奇数，那么就会损失一些信息。

4）朝上的箭头代表 2×2 的转置卷积操作，操作会将特征图的大小乘以 2，共包含 4 次上采样过程。

5）跳跃连接方向代表复制和剪切操作，可以发现，在同一层左边的最后一层要比右边的第一层要大一些，这就导致想要利用浅层的特征，就要进行一些剪切，也导致了最终的输出是输入的中心某个区域。

6）输出的最后一层使用 1×1 的卷积层做了分类。

下面用 PyTorch 来实现 U-Net 网络。

1）定义一个由两个卷积层构成的卷积块。

```python
class conv_block(nn.Module):
    def __init__(self, in_channels, out_channels, padding=0):
        super().__init__()
        self.conv = nn.Sequential(
            nn.Conv2d(in_channels, out_channels, kernel_size=3,stride=1,padding=padding),
            nn.BatchNorm2d(out_channels),
            nn.ReLU(inplace=True),
            nn.Conv2d(out_channels, out_channels, kernel_size=3,stride=1,padding=padding),
            nn.BatchNorm2d(out_channels),
            nn.ReLU(inplace=True)
        )
    def forward(self,x):
        x = self.conv(x)
        return x
```

2）定义下采样模块，这里的下采样包括最大池化下采样和连续的两个"卷积（3×3）+ ReLU 激活函数"。

```python
class DownSample(nn.Module):
    def __init__(self, in_channels, out_channels, padding=0):
        super().__init__()
        self.maxpool_conv = nn.Sequential(
            nn.MaxPool2d(kernel_size=2, stride=2),
            conv_block(in_channels, out_channels, padding=padding)
        )
    def forward(self, x):
        return self.maxpool_conv(x)
```

3）定义上采样模块，这里的上采样包括转置卷积上采样，并与左侧对应编码器的特征图拼接（concatenation），之后进行连续的两个"卷积（3×3）+ReLU 激活函数"。

```python
class UpSample(nn.Module):
    def __init__(self, in_channels, out_channels, concat=0):
```

```python
        super().__init__()
        """
        concat=0 -> do center crop
        concat=1 -> padding decoder feature map
        concat=2 -> padding=1 in conv_block
        """
        self.concat = concat
        if self.concat not in [0, 1, 2]:
            raise Exception('concat not in list of [0, 1, 2]')
        if self.concat == 2:
            padding = 1
        self.up = nn.ConvTranspose2d(in_channels, in_channels // 2, kernel_size=2, stride=2)
        self.conv = conv_block(in_channels, out_channels, padding=padding)

    def forward(self, x, x_copy):
        x = self.up(x)
        if self.concat == 0:
            B, C, H, W = x.shape
            x_copy = torchvision.transforms.CenterCrop([H, W])(x_copy)
        elif self.concat == 1:
            diffY = x_copy.size()[2] - x.size()[2]
            diffX = x_copy.size()[3] - x.size()[3]
            x = F.pad(x, [
                diffX // 2, diffX - diffX // 2,
                diffY // 2, diffY - diffY // 2
                ])
        # 按通道维度进行拼接
        x = torch.cat([x_copy, x], dim=1)
        return self.conv(x)
```

4）构建 U-Net 模型。

```python
class UNet(nn.Module):
    def __init__(self, n_channels, n_classes, concat=0):
        super().__init__()
        self.n_channels = n_channels
        self.n_classes = n_classes
        self.concat = concat
        if concat == 2:
            padding = 1
        else:
            padding = 0
        expansion = 2
```

```
        inplanes = 64
    chns = [inplanes, inplanes*expansion, inplanes*expansion**2, inplanes*
expansion**3, inplanes*expansion**4]
        self.inc = conv_block(n_channels, chns[0], padding)
        self.down1 = DownSample(chns[0], chns[1], padding)
        self.down2 = DownSample(chns[1], chns[2], padding)
        self.down3 = DownSample(chns[2], chns[3], padding)
        self.down4 = DownSample(chns[3], chns[4], padding)
        self.up1 = UpSample(chns[-1], chns[-2], concat)
        self.up2 = UpSample(chns[-2], chns[-3], concat)
        self.up3 = UpSample(chns[-3], chns[-4], concat)
        self.up4 = UpSample(chns[-4], chns[-5], concat)
        self.outc = nn.Conv2d(chns[-5], n_classes, kernel_size=1)
    def forward(self, x):
        e1 = self.inc(x)
        e2 = self.down1(e1)
        e3 = self.down2(e2)
        e4 = self.down3(e3)
        e5 = self.down4(e4)
        x = self.up1(e5, e4)
        x = self.up2(x, e3)
        x = self.up3(x, e2)
        x = self.up4(x, e1)
        logits = self.outc(x)
        return logits
```

5）用测试数据测试模型。

```
if __name__ == "__main__":
    x = torch.rand(size=(8, 3, 224, 224))
    net =  UNet(3,10,2)
    out = net(x)
    print(out.size())
    #torch.Size([8, 10, 224, 224])
```

2.4.13　可变形卷积

可变形卷积（Deformable Convolution）是一种改进的卷积操作，可以在卷积过程中对输入特征图进行形变。可变形卷积的核心思想是通过引入偏移量来调整卷积核的采样位置，从而适应目标对象的形变和旋转等情况。在 DragGAN 中，可变形卷积被用来替代传统的卷积操作，以更好地处理图像中存在的形变和旋转等情况。具体来说，DragGAN 中可变形卷积的实现包括以下几个步骤：

1）利用一个额外的可学习参数矩阵来预测每个像素点的偏移量。

2）通过将当前卷积层的采样位置根据偏移量进行位移，实现卷积核中心坐标的动态调整，即可获得可变形卷积的输出结果。

3）将可变形卷积的输出结果传递给下一层网络进行处理。通过引入可变形卷积，DragGAN 可以更加准确地捕捉目标对象的形变和旋转等细节信息，从而进一步提高模型的表现力和生成效果。

2.5 构建循环神经网络

循环神经网络（Recurrent Neural Network，RNN）是一类在序列数据分析中常用的人工神经网络。与传统的前馈神经网络不同，RNN 具有记忆功能，可以处理输入数据的序列关系。RNN 的核心思想是引入循环结构，使得网络在处理每个序列元素时都能考虑前面的信息。这使得 RNN 在自然语言处理、语音识别、时间序列预测等任务中表现出色。

然而，传统的 RNN 也存在一些问题，例如难以处理长序列、梯度消失和梯度爆炸等。为了解决这些问题，出现了一些改进的循环神经网络结构，如长短时记忆网络（LSTM）和门控循环单元（GRU）。这些结构在一定程度上缓解了 RNN 的限制，使得网络能够更好地捕捉长序列的信息和建模序列之间的依赖关系。

2.5.1 从神经网络到有隐含状态的循环神经网络

我们先回顾一下有隐含层的多层感知机。设隐含层的激活函数为 f。给定一个小批量样本 $X \in \mathbb{R}^{n \times d}$，其中批量大小为 n，输入维度为 d，则隐含层的输出 $H \in \mathbb{R}^{n \times h}$ 通过式（2.6）计算：

$$H = f\left(XW_{xh} + b_h\right) \tag{2.6}$$

其中，$W_{xh} \in \mathbb{R}^{d \times h}$ 是隐含层权重参数，$b_h \in \mathbb{R}^{1 \times h}$ 是偏置参数，h 是隐藏单元的数目。将隐藏变量 H 用作输出层的输入。输出层由式（2.7）给出：

$$O = HW_{hm} + b_m \tag{2.7}$$

其中，m 是输出个数，$O \in \mathbb{R}^{n \times m}$ 是输出变量，$W_{hm} \in \mathbb{R}^{h \times m}$ 是权重参数，$b_m \in \mathbb{R}^{1 \times m}$ 是输出层的偏置参数。如果是分类问题，我们可以用 sigmoid 或 softmax 函数来计算输出类别的概率分布。以上运算过程可用图 2-34 表示。

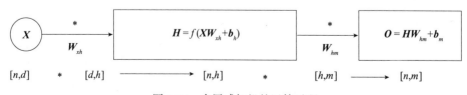

图 2-34 多层感知机的运算过程

其中，*表示内积，[*n,d*] 表示形状大小。

有隐含状态的循环神经网络的结构如图 2-35 所示。

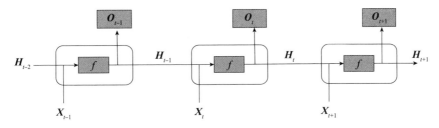

图 2-35　有隐含状态的循环神经网络的结构

每个时间步的详细处理逻辑如图 2-36 所示。

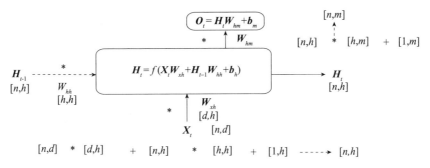

图 2-36　循环神经网络每个时间步的详细处理逻辑

假设矩阵 X、W_{xh}、H 和 W_{hh} 的大小分别为 (2,3)、(3,4)、(2,4) 和 (4,4)。我们将 X 乘以 W_{xh}，将 H 乘以 W_{hh}，然后将这两个乘法的结果相加，最后利用广播机制加上偏移量 $b_h(1,4)$，得到一个大小为 (2,4) 的 H_t 矩阵。

假设矩阵 W_{hm} 和 b_m 的大小分别为 (4,2)、(1,2)，可得大小为 (2,2) 的 O_t 矩阵。具体实现过程如下：

```
import torch
import torch.nn.functional as F
## 计算 H_t, 假设激活函数为 ReLU
X, W_xh = torch.normal( 0, 1,(2, 3)), torch.normal( 0, 1,(3, 4))
H, W_hh = torch.normal( 0, 1,(2, 4)), torch.normal( 0, 1,(4, 4))
B_h= torch.normal( 0, 1,(1, 4))
H1=torch.matmul(X, W_xh) + torch.matmul(H, W_hh)+B_h
H_t=F.relu(H1)
## 计算 O_t, 输出激活函数为 softmax
W_hm=torch.normal( 0, 1,(4, 2))
B_m= torch.normal( 0, 1,(1, 2))
O=torch.matmul(H_t, W_hm) +B_m
```

```
O_t=F.softmax(O,dim=-1)
print("H_t 的形状: {},O_t 的形状: {}".format(H_t.shape,O_t.shape))
```

运行结果如下：

```
H_t 的形状: torch.Size([2, 4]),O_t 的形状: torch.Size([2, 2])
```

当然，也可以先对矩阵进行拼接，再进行运算，结果是一样的。

沿列（axis=1）拼接矩阵 X 和 H，得到形状为（2,7）的矩阵 $[X,H]$，沿行（axis=0）拼接矩阵 W_{xh} 和 W_{hh}，得到形状为（7,4）的矩阵 $\begin{bmatrix} W_{xh} \\ W_{hh} \end{bmatrix}$。再将这两个拼接的矩阵相乘，最后与 b_h 相加，我们得到与上面形状相同的 (2,4) 的输出矩阵。

```
H01=torch.matmul(torch.cat((X, H), 1), torch.cat((W_xh, W_hh), 0)) + B_h
H02=F.relu(H01)
### 查看矩阵 H_t 和 H02
print("-"*30+" 矩阵 H_t"+"-"*30)
print(H_t)
print("-"*30+" 矩阵 H02"+"-"*30)
print(H02)
```

运行结果如下：

```
------------------------------ 矩阵 H_t------------------------------
tensor([[0.0000, 0.0000, 0.0825, 1.8822],
        [0.2298, 0.0000, 0.0000, 0.0000]])
------------------------------ 矩阵 H02------------------------------
tensor([[0.0000, 0.0000, 0.0825, 1.8822],
        [0.2298, 0.0000, 0.0000, 0.0000]])
```

2.5.2　使用循环神经网络构建语言模型

前面我们介绍了语言模型，如果使用 N 元语法实现，会非常麻烦，效率也不高。语言模型的输入一般为序列数据，而处理序列数据是循环神经网络的强项之一。那么，如何使用循环神经网络构建语言模型呢？

为简化起见，假设文本序列"知识就是力量"分词后为 ["知"，"识"，"就"，"是"，"力"，"量"]，把这个列表作为输入，时间步长为 6，使用循环神经网络就可构建一个语言模型，如图 2-37 所示。

其中，每个时间步输出的激活函数为 softmax，利用交叉熵损失计算模型输出（预测值）和标签之间的误差。

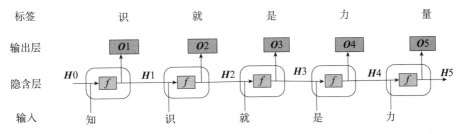

图 2-37 使用循环网络构建语言模型示意图

2.5.3 多层循环神经网络

循环神经网络也与卷积神经网络一样，可以横向拓展（增加时间步或序列长度），也可以纵向拓展成多层循环神经网络，如图 2-38 所示。

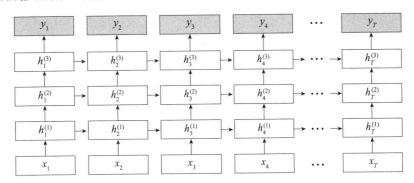

图 2-38 多层循环神经网络结构

2.5.4 现代经典循环神经网络

1. LSTM

目前最流行的一种解决 RNN 的短时记忆问题的方案称为长短时记忆网络（Long Short-Term Memory，LSTM）。LSTM 最早由 Hochreiter 和 Schmidhuber（1997）提出，它能够有效解决信息的长期依赖，避免梯度消失或爆炸。事实上，LSTM 就是专门为解决长期依赖问题而设计的。与传统 RNN 相比，LSTM 在结构上的独特之处是它精巧地设计了循环体结构。LSTM 用两个门来控制单元状态 c 的内容：一个是遗忘门，它决定了上一时刻的单元状态 c_{t-1} 有多少保留到当前时刻 c_t；另一个是输入门，它决定了当前时刻网络的输入 x_t 有多少保存到单元状态 c_t。LSTM 用输出门来控制单元状态 c_t 有多少输出到 LSTM 的当前输出值 h_t。LSTM 的循环体结构如图 2-39 所示。

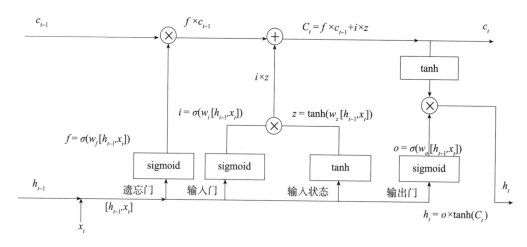

图 2-39　LSTM 架构图

2. GRU

LSTM 有效地克服了传统 RNN 的一些不足，较好地解决了梯度消失、长期依赖等问题。不过，LSTM 也有一些不足，如结构比较复杂、计算复杂度较高。后来，人们在 LSTM 的基础上又推出其他变种，如目前非常流行的 GRU（Gated Recurrent Unit，门控循环单元）。

图 2-40 为 GRU 架构图，图中小圆圈表示向量的点积。GRU 对 LSTM 做了很多简化，因此，计算效率更高，占用内存也相对较少，在实际使用中，二者差异不大。GRU 在 LSTM 的基础上做了两个大改动。

1）将输入门、遗忘门、输出门变为两个门：更新门（Update Gate）z_t 和重置门（Reset Gate）r_t。

2）将单元状态与输出合并为一个状态：h_t。

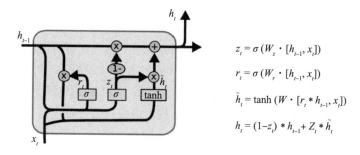

$$z_t = \sigma\left(W_z \cdot [h_{t-1}, x_t]\right)$$

$$r_t = \sigma\left(W_r \cdot [h_{t-1}, x_t]\right)$$

$$\tilde{h}_t = \tanh\left(W \cdot [r_t * h_{t-1}, x_t]\right)$$

$$h_t = (1 - z_t) * h_{t-1} + Z_t * \tilde{h}_t$$

图 2-40　GRU 架构

2.6　迁移学习

迁移学习是一种利用已经训练过的模型在新任务上进行自适应学习的机器学习方法。

其基本原理是利用已有的知识和经验，将多个任务之间共享的特征和规律转移到新的任务上，从而减少对新任务的重新学习和训练。通过将已训练模型的参数作为初始点，再对新任务数据进行微调，迁移学习能够在新任务上取得较好的性能表现，特别是当新任务与原任务相关且具有共享特征时更为有效。因此，迁移学习可以加快模型的学习速度，提高模型的泛化能力，并在多种任务和领域中得到广泛应用。

2.6.1　迁移学习简介

考虑到训练词向量模型一般需要大量数据，而且耗时比较长，为了节省时间、提高效率，本实例采用迁移学习方法，即直接利用训练好的词向量模型作为输入数据，这样既可以提高模型精度，又可以节省大量训练时间。

迁移学习示意图如图 2-41 所示，简单来说，就是把任务 A 开发的模型作为初始点，重新使用在任务 B 中。比如，任务 A 可以是识别图像中车辆，而任务 B 可以是识别卡车、识别轿车、识别公交车等。合理地使用迁移学习，可以避免针对每个目标任务单独训练模型，从而极大节约计算资源。

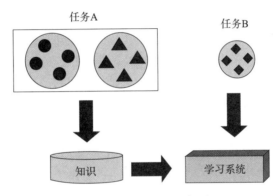

图 2-41　迁移学习示意图

迁移学习就是把预训练好的模型迁移到新的任务上，犹如站在巨人的肩膀上。神经网络中的迁移学习主要有两个应用场景：特征提取和微调。

- 特征提取：冻结除最终完全连接层之外的所有网络的权重。最后一个全连接层被替换为具有随机权重的新层，并且仅训练该层。
- 微调：使用预训练网络初始化网络，而不是随机初始化，用新数据训练部分或整个网络。

2.6.2　微调预训练模型

在学习如何使用预训练模型时，要考虑目标模型的数据量及目标数据与源数据的相关性。一般地，建议根据数据集与预训练模型的数据集的不同相似度，采用不同的处理方法，如图 2-42 所示。

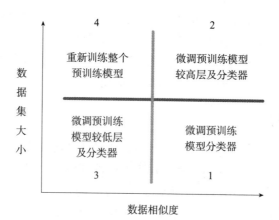

图 2-42　根据数据集大小与数据相似度选择预训练模型

图 2-42 中的序列根据对预训练模型调整的程度来排序，1 对应调整最小，4 对应预训练模型调整最大。接下来就各种方法进行说明。

（1）数据集小，数据相似度高

这种情况比较理想，可以将预训练模型当作特征提取器来使用。具体做法：将输出层去掉，然后将剩下的整个网络当作一个固定的特征提取机，应用到新的数据集中。具体过程如图 2-43 所示，调整分类器中的几个参数，其他模块保持"冻结"即可。这种微调方法有时又称为特征抽取，可能是预训练模型作为目标数据的特征提取器的缘故。

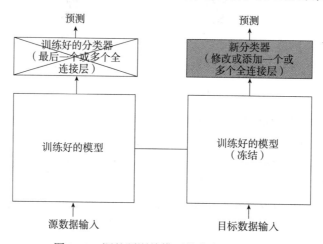

图 2-43　调整预训练模型的分类器示意图

（2）数据集大，数据相似度高

在这种情况下，因为有一个较大的数据集，所以神经网络的训练过程将会比较有效率。然而，因为目标数据与预训练模型的训练数据之间存在很大差异，完全采用预训练模型将不会是一种高效的方式。因此最好的方法还是冻结预处理模型中少量较低层，并修改分类器，然后在新数据集的基础上重新开始训练，具体处理过程如图 2-44 所示。

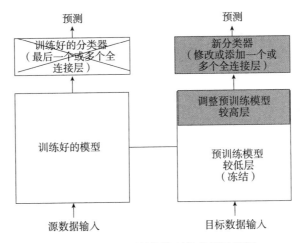

图 2-44 调整预训练模型较高层示意图

（3）数据集小，数据相似度不高

在这种情况下，可以重新训练预训练模型中较少的网络高层，并修改分类器。因为数据的相似度不高，重新训练的过程就变得非常关键。而新数据集大小的不足，则是通过冻结预训练模型中一些较低的网络层进行弥补，具体处理过程如图 2-45 所示。

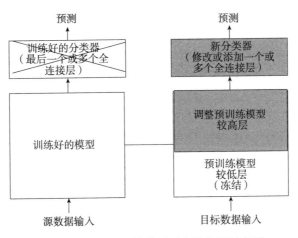

图 2-45 调整预训练模型更多网络层示意图

（4）数据集大，数据相似度不高

在这种情况下，因为有一个很大的数据集，所以神经网络的训练过程将会比较有效率。然而，由于目标数据与预训练模型的训练数据之间存在很大差异，采用预训练模型将不会是一种高效的方式。因此，最好的方法还是将预处理模型中的权重全都初始化后在新数据集的基础上从头开始训练，具体处理过程如图 2-46 所示。

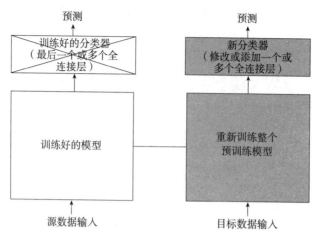

图 2-46　重新训练整个预训练模型示意图

以上是微调预训练模型的一般方法，具体操作时往往会同时尝试多种方法，然后在多种方法中选择一种最优方案。

2.7　深度学习常用的归一化方法

机器学习中归一化方法很多，如 L1/L2 归一化、dropout、批量归一化、层归一化、实例归一化、Group 归一化等。由于篇幅的限制，这里主要介绍深度学习中两种常用的归一化方法，即批量归一化（Batch Normalization）和层归一化（Layer Normalization）。

2.7.1　归一化方法简介

批量归一化和层归一化方法在深度学习中应用非常普遍，涉及的数据包括一维或多维。为更好地理解这些归一化方法，我们首先从直观的图形入手，然后再说明其背后的原理，最后通过具体代码实现这些归一化方法。

（1）输入数据为一维的情况

1）批量归一化如图 2-47 所示。

批量归一化对每个批量样本中的每个特征值分别进行均值和方差的计算。

2）层归一化图 2-48 所示。

层归一化对每个批量样本中的每个样本分别进行均值和方差计算。

（2）输入数据为多维的情况

这里以输入数据为 4 维（Batch、Channel、Hight、Width）为例，多维数据常用归一化方法如图 2-49 所示。

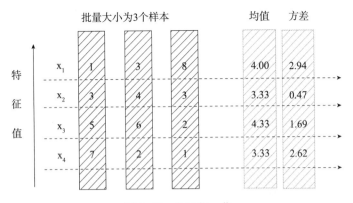

图 2-47　批量归一化

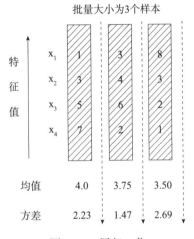

图 2-48　层归一化

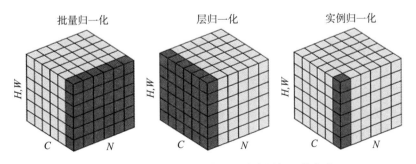

图 2-49　输入数据为多维的几种常用归一化方法

在图 2-49 中，N 表示批量大小，C 表示通道数量，H 表示图像的高，W 表示图像的宽。

1）批量归一化。批次（Batch）方向做归一化，计算 NHW 的均值，对小批量（Small Batch Size）效果不好。批量归一化的主要缺点是对批量的大小比较敏感，由于每次计算均值和方差是在一个批次上，因此如果批量太小，则计算的均值、方差不足以代表整个数据分布。

2）层归一化。通道（Channel）方向做归一化，计算 *CHW* 的均值，主要对 RNN 作用明显。例如层归一化在 Transformer 模型中被广泛使用。

3）实例归一化（Instance Normalization）。一个通道内做归一化，计算 *HW* 的均值，主要用于风格化迁移。在图像风格化中，因为生成结果主要依赖于某个图像实例，所以对整个批次归一化并不适合，相反，对每个图像实例做归一化更具优势，如图 2-50 所示，实例归一化可以加速模型收敛，并且保持每个图像实例之间的独立性。

原图像　　　　　　　实例归一化　　　　　　　批量归一化

图 2-50　在图像风格化中两种归一化方法的效果比较

2.7.2　归一化的原理

1. 批量归一化的数学表达式

假设批量大小为 m，一批样本中的某个特征为 $x_1, x_2, \cdots, x_m$。在神经网络中，可认为对应某个神经元，该神经元对应的输入值为 $\{x_i\}$。

该批次中，这个特征的均值和方差为：

$$\mu = \frac{1}{m}\sum_{i=1}^{m} x_i \tag{2.8}$$

$$\sigma^2 = \frac{1}{m}\sum_{i=1}^{m}(x_i - \mu)^2 \tag{2.9}$$

其中，μ 称为平移参数（shift parameter），σ 称为缩放参数（scale parameter）。通过这两个参数进行平移和缩放变换得到：

$$\hat{x}_i = \frac{x_i - \mu}{\sqrt{\sigma^2 + \varepsilon}} \tag{2.10}$$

为了保证模型的表达能力不会因规范化而下降，可以通过一个附加的再缩放参数和再平移变换，将上一步得到的 $\hat{x}_i$ 进一步变换为：

$$y_i = \hat{x}_i \times \gamma + \beta \tag{2.11}$$

其中，γ 初始值一般设为 1，β 初始值一般设为 0，这两个参数在训练过程中将不断进行学习更新。引入参数 γ 和 β 是为了尽量与底层神经网络的学习结果保持一致，将规范化后的数据进行再平移和再缩放，使得每个神经元对应的输入范围是针对该神经元量身定制的一个确定范围（均值为 β、方差为 γ^2）。

这种改写方式除了充分利用底层学习的能力外，还有另一方面的意义，即保证获得非线性的表达能力。sigmoid 等激活函数在神经网络中有着重要的作用，通过区分饱和区和非饱和区，使得神经网络的数据变换具有非线性计算能力。第一步的规范化会将几乎所有数据映射到激活函数的非饱和区（线性区），仅利用到了线性变化能力，从而降低了神经网络的表达能力。而进行再变换，则可以将数据从线性区变换到非线性区，恢复模型的表达能力。

2. 层归一化的数学表达式

批量归一化比较适合于批量比较大的情况，这样批量数据分布与整体分布较接近。在进行训练之前，要做好充分的打乱（shuffle），否则效果会大打折扣。此外，批量归一化对于输入数据不一致的情况可能会产生影响。

为克服批量归一化在这些方面的不足，人们提出层归一化方法。与批量归一化不同，层归一化是对一个样本的所有特征的规范化。它综合考虑一层所有维度的输入，计算该层的平均输入值和输入方差，然后用同一个规范化操作来转换各个维度的输入。假设一个样本的特征数为 n（或对应神经网络层所有的输入神经元的个数），则层归一化的表示式为：

$$\mu = \frac{1}{n}\sum_{i=1}^{n}x_i \tag{2.12}$$

$$\sigma^2 = \frac{1}{n}\sum_{i=1}^{n}(x_i - \mu)^2 \tag{2.13}$$

$$\hat{x}_i = \frac{x_i - \mu}{\sqrt{\sigma^2 + \varepsilon}} \tag{2.14}$$

$$y_i = \hat{x}_i \times \gamma + \beta \tag{2.15}$$

与批量归一化不同，层归一化中 γ、β 一般为标量。

层归一化针对单个训练样本进行，不依赖于其他数据，因此可以避免批量归一化中受小批量数据分布影响的问题，可以用于小批量场景、动态网络场景和循环神经网络等，特别是自然语言处理领域，如在 Transformer 中得到广泛使用。此外，层归一化不需要保存批量的均值和方差，节省了额外的存储空间。

3. 实例归一化的数学表达式

批量归一化注重对每个批次进行归一化，保证数据分布一致，因为判别模型中结果取决于数据整体分布。但是在图像风格化中，生成结果主要依赖于某个图像实例，所以对整个批次归一化不适合，因此，实例归一化更具优势，实例归一化的公式如下：

$$\mu_{ti} = \frac{1}{HW} \sum_{l=1}^{W} \sum_{m=1}^{H} x_{tilm} \qquad (2.16)$$

$$\sigma_{ti}^2 = \frac{1}{HW} \sum_{l=1}^{W} \sum_{m=1}^{H} (x_{tilm} - \mu_{ti})^2 \qquad (2.17)$$

$$\hat{x}_{ti} = \frac{x_{tilm} - \mu_{ti}}{\sqrt{\sigma_{ti}^2 + \varepsilon}} \qquad (2.18)$$

$$y_{ti} = \hat{x}_{ti} \times \gamma + \beta \qquad (2.19)$$

2.7.3　归一化的代码实现

1. 用 Python 实现批量归一化

（1）定义批量归一化的函数

这里假设输入为 4 维数据，即 [Batch,Channel,Higt,Width]。

```python
def f_batch_norm(X, gamma, beta, eps, momentum):
    # 训练模式，输入数据为 4 维的情况
    # 使用二维卷积层的情况，计算通道维上（axis=1）的均值和方差，即在 [N,H,W] 求统计信息
    # 这里需要保持 X 的形状，以便后面可以做广播运算
    mean = X.mean(dim=0, keepdim=True).mean(dim=2, keepdim=True).mean(dim=3, keepdim=True)
    var = ((X - mean) ** 2).mean(dim=0, keepdim=True).mean(dim=2, keepdim=True).mean(dim=3, keepdim=True)
    # 训练模式下用当前的均值和方差做标准化
    X_hat = (X - mean) / torch.sqrt(var + eps)

    # 更新移动平均的均值和方差
    #moving_mean = momentum * moving_mean + (1.0 - momentum) * mean
    #moving_var = momentum * moving_var + (1.0 - momentum) * var
    Y = gamma * X_hat + beta  # 拉伸和偏移
    return Y
```

（2）把批量归一化函数封装在一个类中

```python
class BatchNorm(nn.Module):
    def __init__(self, num_features, num_dims=4):
        super(BatchNorm, self).__init__()
        shape = (1, num_features, 1, 1)
        # 参与求梯度和迭代的拉伸和偏移参数，分别初始化为 0 和 1
```

```
        self.gamma = nn.Parameter(torch.ones(shape))
        self.beta = nn.Parameter(torch.zeros(shape))
    def forward(self, X):
        # 调用函数 f_batch_norm
        Y = f_batch_norm(X, self.gamma, self.beta,eps=1e-5, momentum=0.9)
        return Y
```

（3）定义一个输入

```
input = torch.tensor([[
            [[1,1,1],[10,1,1],[1,1,1],[1,1,1],[1,1,1]],
            [[2,2,2],[20,2,2],[2,2,2],[2,2,2],[2,2,2]],
            [[3,3,3],[30,3,3],[3,3,3],[3,3,3],[3,3,3]],
            [[4,4,4],[40,4,4],[4,4,4],[4,4,4],[4,4,4]],
            [[5,5,5],[50,5,5],[5,5,5],[5,5,5],[5,5,5]]
        ]]).float()
input1 = input.permute(0,3,1,2) #把 input 的形状改为 [1,3,5,5]，即 [batch,channel,
hight,width] 格式
```

（4）测试

```
# 通道数相当于特征向量个数（num_features），实例化 BatchNorm 类
BN=BatchNorm(3)
BN(input1)
```

运行结果如下：

```
ensor([[[[-0.5883,  0.1272, -0.5883, -0.5883, -0.5883],
      [-0.5088,  0.9221, -0.5088, -0.5088, -0.5088],
      [-0.4293,  1.7171, -0.4293, -0.4293, -0.4293],
      [-0.3498,  2.7121, -0.3498, -0.3498, -0.3498],
      [-0.2703,  3.3070, -0.2703, -0.2703, -0.2703]],
     [[-1.4142, -1.4142, -1.4142, -1.4142, -1.4142],
      [-0.7071, -0.7071, -0.7071, -0.7071, -0.7071],
      [ 0.0000,  0.0000,  0.0000,  0.0000,  0.0000],
      [ 0.7071,  0.7071,  0.7071,  0.7071,  0.7071],
      [ 1.4142,  1.4142,  1.4142,  1.4142,  1.4142]],
     [[-1.4142, -1.4142, -1.4142, -1.4142, -1.4142],
      [-0.7071, -0.7071, -0.7071, -0.7071, -0.7071],
      [ 0.0000,  0.0000,  0.0000,  0.0000,  0.0000],
      [ 0.7071,  0.7071,  0.7071,  0.7071,  0.7071],
      [ 1.4142,  1.4142,  1.4142,  1.4142,  1.4142]]]],
   grad_fn=<AddBackward0>)
```

2. 用 PyTorch 实现批量归一化

```
BN2=nn.BatchNorm2d(3)
BN2(input1)
```

运行结果与使用 Python 定义的函数一致。

说明：函数 nn.BatchNorm2d 中各参数。

```
nn.BatchNorm2d(
    num_features: int,
    eps: float = 1e-05,
    momentum: float = 0.1,
    affine: bool = True,
    track_running_stats: bool = True,
    device=None,
    dtype=None,
)
```

参数说明如下。

- num_features (int)：输入的特征数，这里指通道数，即 [B,C,H,W] 中的 C。
- eps：为保证数值稳定性（分母不能趋近或取 0），给分母加上的值（对应公式中的 ε）。默认为 1e-5。
- momentum：动态均值和动态方差所使用的动量。默认为 0.1。
- affine：布尔值，默认值为 True，当设为 True，给该层添加可学习的再变换参数，即使用公式中的可学习参数 γ、β。
- track_running_stats：布尔值，当设为 True 时，记录训练过程中的均值和方差。

输入形状：[B,C,H,W]

输出形状：[B,C,H,W]

3. 用 Python 实现层归一化

层归一化可用于图像或 NLP 处理，对图像处理的输入假设为 4 维，即 [N,C,H,W]。对于 NLP 处理，其输入为 3 维，即 [batch_size, time_steps, embedding_dim]。

（1）输入为图像的情况

1）定义层归一化函数。

```
def f_layer_norm(X, gamma, beta, eps, momentum):
    # 训练模式，输入数据为 4 维的情况
    # 使用二维卷积层的情况，计算批量维上（axis=0）的均值和方差，即在 [C,H,W] 求统计信息
    # 这里需要保持 X 的形状，以便后面可以做广播运算
    mean = X.mean(dim=1, keepdim=True).mean(dim=2, keepdim=True).mean(dim=3, keepdim=True)
```

```
    var = ((X - mean) ** 2).mean(dim=1, keepdim=True).mean(dim=2, keepdim=True).
mean(dim=3, keepdim=True)
    # 训练模式下用当前的均值和方差做标准化
    X_hat = (X - mean) / torch.sqrt(var + eps)
    Y = gamma * X_hat + beta    # 拉伸和偏移
    return Y
```

2）把层归一化函数封装在类中。

```
class LayerNorm(nn.Module):
    def __init__(self,num_dims=4):
        super(LayerNorm, self).__init__()
        #shape = (1, num_features, 1, 1)
        # 参与求梯度和迭代的拉伸和偏移参数，分别初始化成 0 和 1
        self.gamma = nn.Parameter(torch.ones(1))
        self.beta = nn.Parameter(torch.zeros(1))
    def forward(self, X):
        # 调用函数 f_batch_norm
        Y = f_layer_norm(X, self.gamma, self.beta,eps=1e-5, momentum=0.9)
        return Y
```

3）测试。

```
# 使用 PyTorch 的层归一化模块
LN4=LayerNorm()
LN4(input1)
```

运行结果如下：

```
tensor([[[[-0.4883,  0.6682, -0.4883, -0.4883, -0.4883],
       [-0.3598,  1.9532, -0.3598, -0.3598, -0.3598],
       [-0.2313,  3.2382, -0.2313, -0.2313, -0.2313],
       [-0.1028,  4.5232, -0.1028, -0.1028, -0.1028],
       [ 0.0257,  5.8083,  0.0257,  0.0257,  0.0257]],

      [[-0.4883, -0.4883, -0.4883, -0.4883, -0.4883],
       [-0.3598, -0.3598, -0.3598, -0.3598, -0.3598],
       [-0.2313, -0.2313, -0.2313, -0.2313, -0.2313],
       [-0.1028, -0.1028, -0.1028, -0.1028, -0.1028],
       [ 0.0257,  0.0257,  0.0257,  0.0257,  0.0257]],

      [[-0.4883, -0.4883, -0.4883, -0.4883, -0.4883],
       [-0.3598, -0.3598, -0.3598, -0.3598, -0.3598],
       [-0.2313, -0.2313, -0.2313, -0.2313, -0.2313],
       [-0.1028, -0.1028, -0.1028, -0.1028, -0.1028],
       [ 0.0257,  0.0257,  0.0257,  0.0257,  0.0257]]]],
    grad_fn=<AddBackward0>)
```

4）直接使用 PyTorch 提供的模块：

```
layer_norm = nn.LayerNorm([3, 5, 5])
output = layer_norm(input1)
print(output)
```

运行结果与使用 Python 实现的运行结果完全一致。

（2）输入为语句的情况

```
# 在 NLP 中测试层归一化
batch_size = 2
time_steps = 3
embedding_dim = 4
input_x = torch.randn(batch_size, time_steps, embedding_dim)  # N * L * C
# PyTorch 的模块
Layer_norm_op=torch.nn.LayerNorm(normalized_shape=embedding_dim, elementwise_affine=True)
ln_y = Layer_norm_op(input_x)
print(ln_y)
```

运行结果如下：

```
tensor([[[-1.1350,  0.5195, -0.7535,  1.3690],
    [-1.3036,  1.2289,  0.6649, -0.5901],
    [ 1.6154, -1.0567, -0.0369, -0.5218]],

    [[-1.6441,  0.7982,  0.8114,  0.0345],
    [-1.3117,  0.3357,  1.4074, -0.4313],
    [ 1.2445, -0.4835, -1.3623,  0.6013]]],
    grad_fn=<NativeLayerNormBackward0>)
```

4. 用 Python 实现实例归一化

实例归一化可用对图像处理的输入假设为 4 维，即 [N,C,H,W]。

（1）定义 Instance Norm 函数

```
def f_Instancenorm(X, gamma, beta, eps):
    # 训练模式，输入数据为 4 维的情况
    # 使用二维卷积层的情况，计算 H、W 维上（axis=2,3）的均值和方差，即在 [H,W] 求统计信息
    # 这里需要保持 X 的形状，以便后面可以做广播运算
    mean = X.mean(dim=2, keepdim=True).mean(dim=3, keepdim=True)
    var = ((X - mean) ** 2).mean(dim=2, keepdim=True).mean(dim=3, keepdim=True)
    # 训练模式下用当前的均值和方差做标准化
    X_hat = (X - mean) / torch.sqrt(var + eps)
    Y = gamma * X_hat + beta  # 拉伸和偏移
    return Y
```

（2）把函数包装在 PyTorch 类中

```
class Instancenorm(nn.Module):
    def __init__(self,num_dims=4):
        super(Instancenorm, self).__init__()
        #shape = (1, num_features, 1, 1)
        # 参与求梯度和迭代的拉伸和偏移参数，分别初始化为 0 和 1
        self.gamma = nn.Parameter(torch.ones(1))
        self.beta = nn.Parameter(torch.zeros(1))
    def forward(self, X):
        # 调用函数 f_Instancenorm
        Y = f_Instancenorm(X, self.gamma, self.beta,eps=1e-5)
        return Y
```

（3）测试

```
ins=Instancenorm()
ins(input1)
```

（4）直接使用 PyTorch 提供的模块

```
# 带可学习的参数 affine=True
m = nn.InstanceNorm2d(3, affine=True)
output = m(input1)
```

运行结果与自定义 Instance Norm 的运行结果完全一致。

2.8 权重初始化

深度学习为何要初始化？传统的机器学习算法很少采用迭代式优化方法，因此初始化的需求不多。但深度学习算法一般采用迭代方法，而且参数多、层数也多，所以很多算法在不同程度上受到初始化的影响。

2.8.1 为何要进行权重初始化

深度学习使用权重初始化方法是为了减小模型训练时的不确定性和避免训练过程中陷入局部最优解。通过合理的权重初始化方法，可以帮助模型更好地学习和收敛。

初始化对训练有哪些影响？初始化能决定算法是否收敛，如果初始化不适当，初始值过大可能会在正向传播或反向传播中产生爆炸的值；如果初始值太小将导致丢失信息。对收敛的算法适当的初始化能加快收敛速度。初始值选择将影响模型收敛局部最小值还是全局最小值，如图 2-51 所示，因初始值不同，导致收敛到不同的极值点。另外，初始化也可以影响模型的泛化。

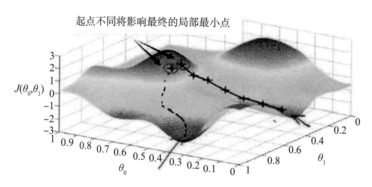

图 2-51   初始点的选择影响算法是否陷入局部最小点

如何对权重、偏移量进行初始化？初始化这些参数是否有一般性原则？常见的参数初始化有零值初始化、随机初始化、均匀分布初始化、正态分布初始化和正交分布初始化等。实践表明，正态分布、正交分布、均匀分布的初始值能带来更好的效果。

2.8.2　权重初始化方法

常见的权重初始化方法如下。

（1）随机初始化

将权重参数随机初始化为一个很小的值或者在某个范围内的随机值。这种方法比较简单，但在一些情况下可能不太稳定，容易导致梯度消失或梯度爆炸的问题。

（2）高斯分布初始化

根据高斯分布随机生成权重参数。一般使用均值为 0、标准差为 1 的高斯分布进行初始化，可以通过加入可学习的偏差项来对中心进行偏移。

（3）Xavier 初始化

根据输入和输出的维度来确定权重参数初始化的范围。Xavier 初始化可以使得网络在正向传播过程中的方差不变。

（4）Kaiming_He 初始化

根据输入的维度来确定权重参数初始化的范围。He 初始化可以使得网络在正向传播过程中的方差不变。

常用的权重初始化方法的具体计算如表 2-1 所示。

表 2-1   常用的权重初始化方法

初始化方法	均匀分布$[-r,r]$	高斯分布$N(0,\sigma^2)$
Xavier初始化 （对称激活函数）	$r=\sqrt{\dfrac{6}{n+m}}$	$\sigma=\sqrt{\dfrac{6}{n+m}}$
Kaiming_He初始化 （非对称激活函数）	$r=\sqrt{\dfrac{6}{n}}$	$\sigma=\sqrt{\dfrac{2}{n}}$

　　PyTorch 提供了 nn.init 模块，该模块提供了常用的初始化策略，如 Xavier、Kaiming_ He 等经典初始化策略，使用这些初始化策略有利于激活值的分布呈现更有广度或更贴近正态分布。Xavier 一般用于激活函数是 S 型（如 sigmoid、tanh）的权重初始化，Kaiming_He 更适合于激活函数为 ReLU 类的权重初始化。

　　对于激活函数是 S 型的权重初始化，如果初始化值很小，那么随着层数的传递，方差就会趋于 0，此时输入值也变得越来越小，在 sigmoid 函数上就是在 0 附近，接近于线性，失去了非线性；如果初始值很大，那么随着层数的传递，方差会迅速增加，此时输入值变得很大，在 sigmoid 函数中会导致倒数趋近于 0，反向传播时会遇到梯度消失的问题。

● PyTorch 中权重符合均匀分布的初始化方法：

```
torch.nn.init.uniform_(tensor, a=0.0, b=1.0)
```

● PyTorch 中权重符合正态分布的初始化方法：

```
torch.nn.init.normal_(tensor, mean=0, std=1)
```

● Xavier 初始化：

```
##Xavier 均匀分布（xavier_uniform_）:
torch.nn.init.xavier_uniform_(tensor, gain=1.0)
##Xavier 正态分布（xavier_normal_）:
torch.nn.init.xavier_normal_(tensor, gain=1.0)
```

● Kaiming_He 初始化：

```
##kaiming 均匀分布（kaiming_uniform_）
torch.nn.init.kaiming_uniform_(tensor,a=0,mode='fan_in', nonlinearity='leaky_relu')
##kaiming 正态分布（kaiming_normal_）
torch.nn.init.kaiming_normal_(tensor,a=0,mode='fan_in', nonlinearity='leaky_relu')
```

2.9　PyTorch 常用的损失函数

　　表 2-2 列出了问题类型与最后一层激活函数、损失函数之间的对应关系。

表 2-2　根据问题类型选择损失函数

问题类型	最后一层激活函数	损失函数
二分类，单标签	添加 sigmoid 层	nn.BCELoss
	不添加 sigmoid 层	nn.BCEWithLogitsLoss
二分类，多标签	无	nn.SoftMarginLoss（target 为 1 或 –1）
多分类，单标签	不添加 softmax 层	nn.CrossEntropyLoss（target 的类型为 torch.LongTensor 的 one-hot）
	添加 softmax 层	nn.NLLLoss

（续）

问题类型	最后一层激活函数	损失函数
多分类，多标签	无	nn.MultiLabelSoftMarginLoss（target 为 0 或 1）
回归	无	nn.MSELoss
评估向量之间的相似度	无	nn.TripleMarginLoss
		nn.CosineEmbeddingLoss（margin 在 [-1,1] 之间）
评估两个概率分布之间的差异	无	nn.KLDivLoss

2.10　深度学习常用的优化算法

优化器在机器学习、深度学习中往往起着举足轻重的作用。同一个模型因选择不同的优化器，性能可能有很大差异，甚至导致一些模型无法训练。所以，了解各种优化器的基本原理非常有必要。本节重点介绍各种优化算法的主要原理，以及各自的优点或不足。

2.10.1　传统梯度更新算法

传统梯度更新算法是最常见、最简单的一种参数更新策略。其基本思想是：先设定一个学习率 λ，参数沿梯度的反方向移动。假设基于损失函数 $L(f(x,\theta),y)$，其中，θ 为需要更新的参数，梯度为 g，则其更新策略的伪代码如下：

```
初始化参数向量 θ、学习率 λ
while 停止准则未满足 do
        更新梯度：g_i ← ∇_θ L ( f(x^(i),θ),y^(i) )
                        新参数：θ ← θ - λg_i
end while
```

这种梯度更新算法非常简洁，当学习率取值恰当时，可以收敛到全面最优点（凸函数）或局部最优点（非凸函数）。但其不足也很明显，即对超参数学习率比较敏感（过小导致收敛速度过慢，过大又越过极值点），如图 2-52c 所示。在比较平坦的区域，因梯度接近于 0，易导致提前终止训练，如图 2-52a 所示，要选中一个恰当的学习速率往往要花费不少时间。

学习率除了敏感，有时还会因其在迭代过程中保持不变，很容易造成算法被卡在鞍点的位置，如图 2-53 所示。

另外，在较平坦的区域，因梯度接近于 0，优化算法往往因误判，还未到达极值点就提前结束迭代，如图 2-54 所示。

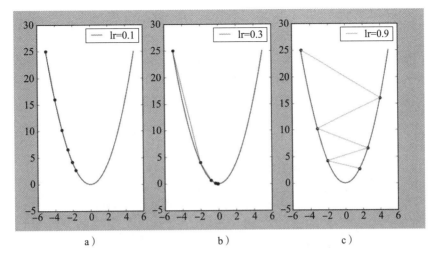

图 2-52　学习速率对梯度的影响

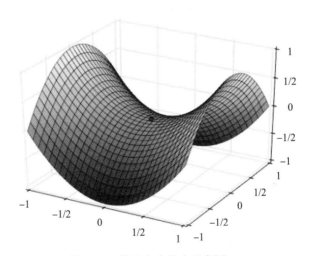

图 2-53　算法卡在鞍点示意图

传统梯度优化方面的这些不足,在深度学习中会更加明显。为此,人们自然想到如何克服这些不足的问题。由前文更新策略的伪代码可知,影响优化的主要因素有训练数据集的大小、梯度方向、学习率。所以很多优化方法大多从这些方面入手,数据集的优化采用批量随机梯度下降法,梯度方向的优化有动量更新策略,学习率的优化涉及自适应问题。此外,还可从两方面同时入手等方法,接下来将具体进行介绍。

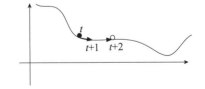

图 2-54　较平坦区域的梯度接近于 0

2.10.2 批量随机梯度下降法

梯度下降法是非常经典的算法,训练时,如果使用全训练集,虽然可获得较稳定的值,但比较耗费资源,尤其当训练数据比较大时;如果每次训练时用一个样本(又称为随机梯度下降法),则这种训练方法振幅较大,且相对耗时,如图 2-55 所示。

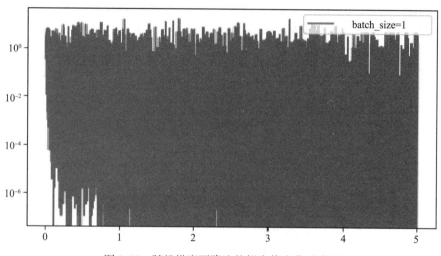

图 2-55　随机梯度下降法的损失值变化示意图

随机梯度下降法虽然资源消耗较少,但很耗时时间,无法充分发挥深度学习程序库中高度优化的矩阵运算的优势。为更有效训练模型,我们采用一种折中方法,即批量随机梯度下降法。这种梯度下降方法有两个特点:一个是批量,另一个是随机性。如何实现批量随机下降呢? 其伪代码如下:

```
假设批量大小 batch_size=10,样本数 m=1000
初始化参数向量 θ、学习率 λ
while  停止准则未满足 do
    Repeat {
    for j = 1, 11, 21, .., 991 {

    更新梯度: ĝ ← 1/batch_size Σ(i=j)^(j+batch_size) ∇θ L(f(x^(i),θ),y^(i))

    更新参数: θ ← θ - λĝ
            }
    }
end while
```

其中 $x^{(i)}$ 和小批量数据集的所有元素都是从训练集中随机抽取的,这样梯度的预期将保持不变。相对于随机梯度下降法,批量随机梯度下降法降低了收敛波动性,即降低了参数更新的方差，使得更新更加稳定，有利于提升其收敛效果，如图 2-56 所示。

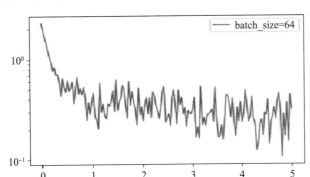

图 2-56　批量随机梯度下降法的损失值变化示意图

2.10.3　动量算法

梯度下降法在遇到平坦或高曲率区域时，学习过程有时很慢。利用动量算法能较好地解决这个问题。为比较动量算法与传统梯度下降法的优化效果，我们以求解函数 $f(x_1, x_2) = 0.05x_1^2 + 2x_2^2$ 极值为例，使用梯度下降法和动量算法分别进行迭代求解，具体迭代过程如图 2-57、图 2-58 所示。

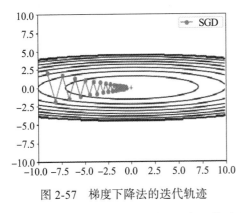

图 2-57　梯度下降法的迭代轨迹

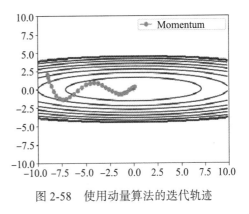

图 2-58　使用动量算法的迭代轨迹

从图 2-57 可以看出，不使用动量算法的随机梯度下降法学习速度比较慢，振幅比较大；而从图 2-58 可以看出，使用动量算法的随机梯度下降法振幅较小，而且较快到达极值点。动量算法是如何做到的呢？

动量（momentum）是模拟物理中动量的概念，具有物理上惯性的含义。一个物体在运动时具有惯性，把这个思想运用到梯度下降计算中，可以增加算法的收敛速度和稳定性，具体实现如图 2-59 所示。

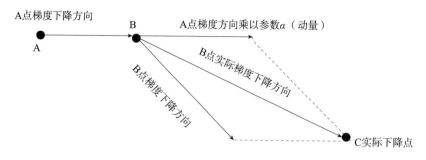

图 2-59　动量算法示意图

由图 2-59 可知，动量算法每下降一步都是由前面下降方向的一个累积和当前点的梯度方向组合而成。含动量的随机梯度下降法，其算法伪代码如下：

```
假设 batch_size=10, m=1000
初始化参数向量 θ、学习率 λ、动量参数 α、初始速度 v
while 停止准则未满足 do
    Repeat {
    for j = 1, 11, 21, .., 991 {
```

$$更新梯度：\hat{g} \leftarrow \frac{1}{batch\_size} \sum_{i=j}^{j+batch\_size} \nabla_{\theta} L(f(x^{(i)}, \theta), y^{(i)})$$

$$计算速度：v \leftarrow \alpha v - \lambda \hat{g}$$

$$更新参数：\theta \leftarrow \theta + v$$

```
        }
    }
end while
```

批量随机梯度下降法用 PyTorch 代码实现如下：

```
def sgd_momentum(parameters, vs, lr, gamma):
    for param, v in zip(parameters, vs):
        v[:] = gamma * v + lr * param.grad
        param.data -= v
        param.grad.data.zero_()
```

其中，parameters 是模型参数，假设模型为 model，则 parameters 为 model. parameters()。
当使用动量算法时，动量项的计算公式如下：

$$v_k = \alpha v_{k-1} - \lambda \hat{g}(\theta_k) \tag{2.20}$$

如果按时间展开，则第 k 次迭代使用了从 1 到 k 次迭代的所有负梯度值，且负梯度按动量系数 α 指数级衰减，相当于使用了移动指数加权平均，具体展开过程如下：

$$v_k = \alpha v_{k-1} - \lambda \hat{g}(\theta_k)$$
$$= \alpha(\alpha v_{k-2} - \lambda \hat{g}(\theta_{k-1})) - \lambda \hat{g}(\theta_k)$$
$$= -\lambda \hat{g}(\theta_k) - \alpha \lambda \hat{g}(\theta_{k-1}) + \alpha^2 v_{k-2} \qquad (2.21)$$
$$\cdots\cdots$$
$$= -\lambda \hat{g}(\theta_k) - \lambda \alpha \hat{g}(\theta_{k-1}) - \lambda \alpha^2 \hat{g}(\theta_{k-2}) - \lambda \alpha^3 \hat{g}(\theta_{k-3})$$

假设每个时刻的梯度$\hat{g}$相似，则得到：

$$v_k \approx \frac{\lambda \hat{g}}{1-\alpha} \qquad (2.22)$$

由此可知，当在比较平缓处，但α=0.5、0.9时，将分别是梯度下降法的 2 倍、10 倍。

使用动量算法不但可加快迭代速度，还可跨过局部最优找到全局最优，如图 2-60 所示。

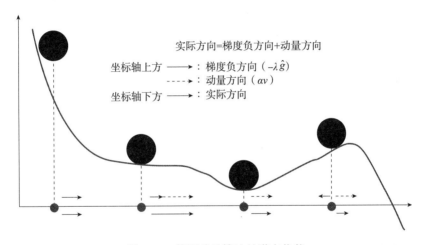

图 2-60　使用动量算法的潜在优势

2.10.4　Nesterov 动量算法

既然每一步都要将两个梯度方向（历史梯度、当前梯度）做一个合并再下降，那为什么不先按照历史梯度往前走一小步，按照前面一小步位置的"超前梯度"来做梯度合并呢？如此一来，可以先往前走一步，在靠前一点的位置（如图 2-61 中的 C 点）看到梯度，然后按照那个位置再来修正这一步的梯度方向，如图 2-61 所示。

这样就得到动量算法的一种改进算法，称为 NAG（Nesterov Accelerated Gradient）算法，也称为 Nesterov 动量算法。这种预更新方法能防止大幅振荡，不会错过最小值，并对参数更新更加敏感，如图 2-62 所示。

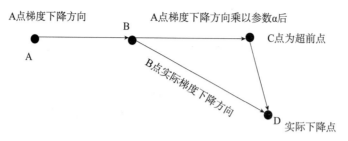

图 2-61　Nesterov 下降法示意图

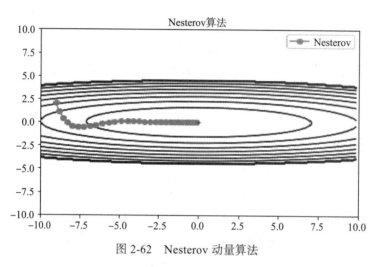

图 2-62　Nesterov 动量算法

Nesterov 动量算法的伪代码如下：

```
假设 batch_size=10, m=1000
初始化参数向量θ、学习率λ、动量参数α、初始速度v
while 停止准则未满足 do
        更新超前点: θ̃←θ+αv
        Repeat {
        for j = 1, 11, 21, .., 991 {
```

$$\text{更新梯度（在超前点）：} \hat{g} \leftarrow \frac{1}{\text{batch\_size}} \sum_{i=j}^{j+\text{batch\_size}} \nabla_{\tilde{\theta}} L\left(f(x^{(i)}, \tilde{\theta}), y^{(i)}\right)$$

```
        计算速度: v←αv-λĝ
        更新参数: θ←θ+v
        }
    }
end while
```

Nesterov 动量算法的 PyTorch 实现如下：

```
def sgd_nag(parameters, vs, lr, gamma):
```

```
for param, v in zip(parameters, vs):
    v[:]*= gamma
    v[:]-= lr * param.grad
    param.data += gamma * gamma * v
    param.data -= (1 + gamma) * lr * param.grad
    param.grad.data.zero_()
```

Nesterov 动量算法和经典动量算法的差别就在 B 点和 C 点梯度的不同。动量算法更多关注梯度下降方法的优化，如果能从方向和学习率同时优化，效果或许更理想。事实也确实如此，而且这些优化在深度学习中显得尤为重要。

接下来介绍几种自适应优化算法，这些算法同时从梯度方向及学习率进行优化，效果非常好。

2.10.5 AdaGrad 算法

传统梯度下降算法对学习率这个超参数的敏感性以及对参数空间的某些方向的处理不足，使其在深度学习中显得力不从心。尤其是深度学习中存在高维空间、多层神经网络等因素，导致经常出现平坦、鞍点、悬崖等问题。幸运的是，现在已有很多有效的方法来解决这些问题。上节介绍的动量算法在一定程度上缓解了对参数空间某些方向的问题，但需要新增一个参数，而且对学习率的控制还不理想。为了更好地驾驭这个超参数，人们想出来多种自适应优化算法。使用自适应优化算法，学习率不再是一个固定不变值，它会根据不同情况进行自动调整。这些算法使深度学习向前迈出一大步！

AdaGrad 算法是一种通过调整参数来设定合适的学习率 λ 的方法。该算法能独立地自动调整模型参数的学习率，对稀疏参数进行大幅更新和对频繁参数进行小幅更新，如图 2-63 所示。因此，AdaGrad 算法非常适合处理稀疏数据。在某些深度学习模型上，AdaGrad 算法也有不错的表现。但还存在一些不足，可能因其累积梯度平方而导致学习率过早或过量的减少。

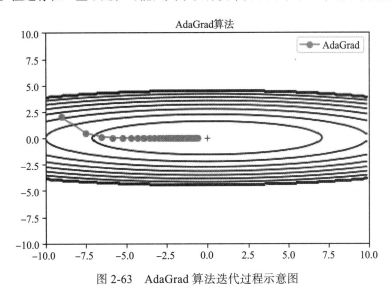

图 2-63 AdaGrad 算法迭代过程示意图

AdaGrad 算法的伪代码如下：

```
假设 batch_size=10, m=1000
初始化参数向量 θ、学习率 λ
小参数 δ，一般取一个较小值（如 10⁻⁷），该参数避免分母为 0
初始化梯度累积变量 r=0
while 停止准则未满足 do
        Repeat {
        for j = 1, 11, 21, .., 991 {
        更新梯度：ĝ ← (1/batch_size) Σ_{i=j}^{j+batch_size} ∇_θ L(f(x^{(i)},θ),y^{(i)})
        累积平方梯度：r ← r + ĝ ⊙ ĝ   # ⊙表示逐元素操作
        计算速度：Δθ ← -(λ/(δ+√r)) ⊙ ĝ
        更新参数：θ ← θ + Δθ
                }
        }
end while
```

由上面算法的伪代码可知：

● 随着迭代时间越长，累积梯度 r 越大，学习速率 $\frac{\lambda}{\delta+\sqrt{r}}$ 就越小，在接近目标值时，不会因为学习速率过大而越过极值点。

● 不同参数之间学习速率不同，因此，与前面固定学习速率相比，不容易在鞍点卡住。

● 如果梯度累积参数 r 比较小，则学习速率会比较大，所以参数迭代的步长会比较大。相反，如果梯度累积参数比较大，则学习速率会比较小，所以参数迭代的步长会比较小。

AdaGrad 算法的 PyTorch 实现代码如下：

```python
def sgd_adagrad(parameters, s, lr):
    eps = 1e-10
    for param, s in zip(parameters, s):
        s[:] = s + (param.grad) ** 2
        div = lr / torch.sqrt(s + eps) * param.grad
        param.data = param.data - div
        param.grad.data.zero_()
```

2.10.6　RMSProp 算法

为了改善 AdaGrad 在非凸函数下的表现，RMSProp 算法进行了修改。在凸函数中，算法可能振幅较大，如图 2-64 所示。为了解决梯度平方和累计越来越大的问题，RMSProp 使用指数加权的移动平均代替梯度平方和，通过引入一个新的超参数 ρ，用来控制移动平均的长度范围。常用的平均法的比较如表 2-3 所示。

表 2-3　常用平均法的比较

平均法	表达式	优点	不足
算术平均	$\dfrac{1}{n}\sum_{i=1}^{n}x_i$	计算简单	权重无差别都是 $\dfrac{1}{n}$
加权平均	$\sum_{i=1}^{n}w_i x_i$ 其中 $\sum_{i=1}^{n}w_i=1$	考虑不同样本的权重	需要考虑所有样本
移动平均	$F_{t+1}=\dfrac{1}{N}\sum_{i=1}^{N}x_{t-(N-i)}$	可计算不同样本（如 N 个）的平均值	权重都相同
加权移动平均	$F_{t+1}=\sum_{i=1}^{N}w_{N-i}x_{t-(N-i)}$	考虑不同样本的权重	涉及的样本较多
指数平滑法	$F_{t+1}=\alpha x_t+(1-\alpha)F_t$	存储变量少，考虑不同样本的权重	精度有待提高
指数加权移动平均	$F_t=(1-\alpha)x_t+\alpha F_{t-1}$	使用当前实际值，存储变量少，考虑不同样本的权重	对初始值有偏差
修正偏差的指数加权移动平均	$F_t'=\dfrac{F_t}{1-\alpha^t}$	可修正初始时期的偏差	计算复杂

注：F_{t-1} 表示前期预测值，F_t 表示当前预测值，x_t 表示当前实际值，α 表示权重参数。

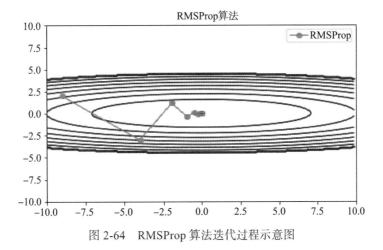

图 2-64　RMSProp 算法迭代过程示意图

RMSProp 算法的伪代码如下：

```
假设 batch_size=10, m=1000
初始化参数向量 θ、学习率 λ、衰减速率 ρ
小参数 δ, 一般取一个较小值（如10⁻⁷）, 该参数避免分母为 0
初始化梯度累积变量 r=0
while 停止准则未满足 do
        Repeat {
        for j = 1, 11, 21, .., 991 {
```

$$更新梯度：\hat{g} \leftarrow \frac{1}{batch\_size} \sum_{i=j}^{j+batch\_size} \nabla_\theta L(f(x^{(i)}, \theta), y^{(i)})$$

$$累积平方梯度：r \leftarrow \rho r + (1-\rho)\hat{g} \odot \hat{g}$$

$$计算参数更新：\Delta\theta \leftarrow -\frac{\lambda}{\delta + \sqrt{r}} \odot \hat{g}$$

$$更新参数：\theta \leftarrow \theta + \Delta\theta$$

```
                }
        }
end while
```

RMSProp 算法在实践中已被证明是一种有效且实用的深度神经网络优化算法，在深度学习中得到广泛应用。

RMSProp 算法的 PyTorch 实现代码如下：

```python
def rmsprop(parameters, s, lr, alpha):
    eps = 1e-10
    for param, sqr in zip(parameters, s):
        sqr[:] = alpha * sqr + (1 - alpha) * param.grad ** 2
        div = lr / torch.sqrt(sqr + eps) * param.grad
        param.data = param.data - div
        param.grad.data.zero_()
```

2.10.7　Adam 算法

Adam（Adaptive Moment Estimation，自适应矩估计）算法本质上是带有动量项的 RMSProp 算法，它利用梯度的一阶矩估计和二阶矩估计动态调整每个参数的学习率。Adam 算法的优点主要在于经过偏置校正后，每一次迭代的学习率都有一个确定范围，使得参数比较平稳，如图 2-65 所示。

Adam 算法的伪代码如下：

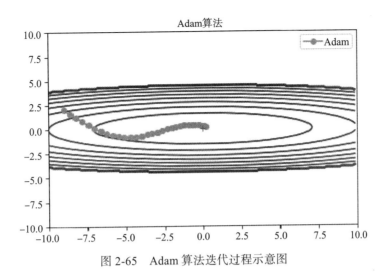

图 2-65　Adam 算法迭代过程示意图

```
假设 batch_size=10, m=1000
初始化参数向量 θ、学习率 λ
矩估计的指数衰减速率 ρ₁ 和 ρ₂ 在区间 [0,1) 内。
小参数 δ，一般取一个较小值（如 10⁻⁷），该参数避免分母为 0
初始化一阶和二阶矩变量 s=0, r=0
初始化时间步 t=0
while 停止准则未满足 do
        Repeat {
        for j = 1, 11, 21, .., 991 {
```

更新梯度：$\hat{g} \leftarrow \dfrac{1}{\text{batch\_size}} \sum\limits_{i=j}^{j+\text{batch\_size}} \nabla_\theta L\left(f(x^{(i)},\theta), y^{(i)}\right)$

$t \leftarrow t+1$

更新有偏一阶矩估计：$s \leftarrow \rho_1 s + (1-\rho_1)\,\hat{g}$

更新有偏二阶矩估计：$r \leftarrow \rho_2 r + (1-\rho_2)\,\hat{g}^2$

修正一阶矩偏差：$\hat{s} = \dfrac{s}{1-\rho_1^t}$

修正二阶矩偏差：$\hat{r} = \dfrac{r}{1-\rho_2^t}$

累积平方梯度：$r \leftarrow \rho r + (1-\rho)\,\hat{g}^2$

计算参数更新：$\Delta\theta = -\lambda \dfrac{\hat{s}}{\delta+\sqrt{\hat{r}}}$

更新参数：$\theta \leftarrow \theta + \Delta\theta$

```
                }
        }
end while
```

Adam 算法的 PyTorch 实现代码如下：

```python
def adam(parameters, vs, s, lr, t, beta1=0.9, beta2=0.999):
    eps = 1e-8
    for param, v, sqr in zip(parameters, vs, s):
        v[:] = beta1 * v + (1 - beta1) * param.grad
        sqr[:] = beta2 * sqr + (1 - beta2) * param.grad ** 2
        v_hat = v / (1 - beta1 ** t)
        s_hat = sqr / (1 - beta2 ** t)
        param.data = param.data - lr * v_hat / (torch.sqrt(s_hat) + eps)
        param.grad.data.zero_()
```

2.10.8　各种优化算法比较

前文介绍了深度学习的归一化方法，它是深度学习的核心之一，优化算法也是深度学习的核心之一。优化算法很多，如随机梯度下降法、自适应优化算法等，那么具体使用时该如何选择呢？

RMSProp、Nesterov、AdaGrad 和 Adam 是自适应优化算法，因为它们会自动更新学习率。而使用随机梯度下降法时，必须手动选择学习率和动量参数，且会随着时间的推移而降低学习率。常用优化器之间的逻辑关系如图 2-66 所示。

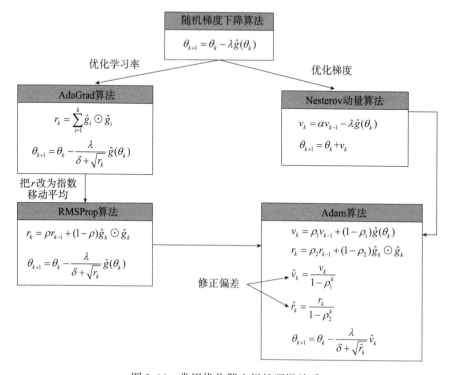

图 2-66　常用优化器之间的逻辑关系

　　有时候，我们可以考虑综合使用这些优化算法，例如先使用 Adam，然后使用随机梯度下降的优化方法。这种优化方法有时能达到不错的效果。实际上，由于在训练的早期阶段随机梯度下降算法对参数调整和初始化非常敏感，因此可以通过先使用 Adam 优化算法进行训练，这将大大节省训练时间，且不必担心初始化和参数调整，一旦用 Adam 训练获得较好的参数后，我们就可以切换到随机梯度下降 + 动量优化，以达到最佳性能。

## 第 3 章

变分自编码器

深度学习的优势不仅体现在其强大的学习能力，还体现在它的创新能力。我们通过构建判别模型来提升模型的学习能力，通过构建生成模型来发挥其创新能力。判别模型通常利用训练样本训练模型，然后利对新样本 x 进行判别或预测。而生成模型正好相反，它根据一些规则 y 来生成新样本 x。

生成式模型有很多，常用的有两种：变分自编码器（Variational Auto-Encoder，VAE）和生成对抗网络（Generative Adversari Network, GAN）及其变种。虽然两者都是生成模型，并且都通过各自的生成能力展现其强大的创新能力，但它们在具体实现上有所不同。VAE 是一种基于变分推断的生成模型，它试图通过学习数据的隐变量分布来进行生成。GAN 基于博弈论，目的是找到达到纳什均衡的判别器网络和生成器网络。

3.1 自编码器简介

自编码器（Autoencoder，AE）是通过对输入 X 进行编码后得到一个低维的向量 $\boldsymbol{Z}$，然后根据这个向量还原出输入 X。通过对比 X 与 $\tilde{X}$ 得到两者的误差，再利用神经网络去训练模型使得误差逐渐减小，从而达到非监督学习的目的。图 3-1 为自编码器的架构图。

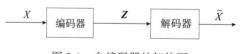

$$X \longrightarrow \boxed{编码器} \xrightarrow{\ \boldsymbol{Z}\ } \boxed{解码器} \xrightarrow{\ \tilde{X}\ }$$

图 3-1　自编码器的架构图

自编码器因不能随意产生合理的潜在变量，所以无法产生新的内容。因为潜在变量 $\boldsymbol{Z}$ 都是编码器从原始图像中产生的。

3.1.1　构建自编码器

以下基于数据集 FashionMNIST，先构建一个自编码器，然后训练模型、评估模型，最后分析模型。FashionMNIST 的大致情况如下：

- 60000 张训练图像和对应 Label。
- 10000 张测试图像和对应 Label。
- 每张图像 28×28 的分辨率。

10 个类别的数据详细情况如表 3-1 所示。

表 3-1　数据详细情况

标签	描述
0	T 恤（T-shirt/top）
1	裤子（Trouser）
2	套头衫（Pullover）
3	连衣裙（Dress）
4	外套（Coat）
5	凉鞋（Sandal）
6	衬衫（Shirt）
7	运动鞋（Sneaker）
8	包（Bag）
9	靴子（Ankle boot）

图 3-2 为从数据集中随机抽取的 6 张图。

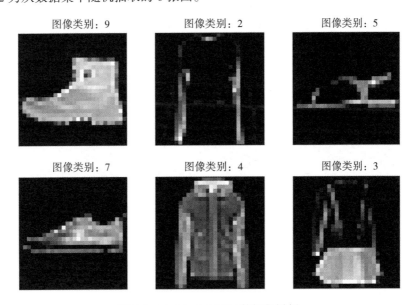

图 3-2　FashionMNIST 数据集样例

3.1.2 构建编码器

编码器把输入映射成隐空间中的点，编码器的架构如图 3-3 所示。

层（类别）	输出形状	参数量
Conv2d-1	[-1, 8, 14, 14]	80
ReLU-2	[-1, 8, 14, 14]	0
Conv2d-3	[-1, 16, 7, 7]	1168
BatchNorm2d-4	[-1, 16, 7, 7]	32
ReLU-5	[-1, 16, 7, 7]	0
Conv2d-6	[-1, 32, 3, 3]	4640
ReLU-7	[-1, 32, 3, 3]	0
Flatten-8	[-1, 288]	0
Linear-9	[-1, 128]	36 992
ReLU-10	[-1, 128]	0
Linear-11	[-1, 2]	258

图 3-3   编码器的架构

图 3-3 的输出形状中 -1 所在位置是预留给批量大小用的，为了构建这个编码器的架构，首先构建一个卷积网络，然后展平卷积网络的输出，最后把展平后的数据输入全连接层。为便于可视化，这里把全连接层最后的输出维度设为 2。详细编码如下：

```
class Encoder(nn.Module):
    def __init__(self, encoded_space_dim,fc2_input_dim):
        super().__init__()

        ### 构建卷积网络
        self.encoder_cnn = nn.Sequential(
            # 第 1 个卷积层
            nn.Conv2d(1, 8, 3, stride=2, padding=1),
            nn.ReLU(True),
            # 第 2 个卷积层
            nn.Conv2d(8, 16, 3, stride=2, padding=1),
            nn.BatchNorm2d(16),
            nn.ReLU(True),
            # 第 3 个卷积层
            nn.Conv2d(16, 32, 3, stride=2, padding=0),
            nn.ReLU(True)
        )
```

```
    ### 定义一个展平层
    self.flatten = nn.Flatten(start_dim=1)
    ### 全连接网络
    self.encoder_lin = nn.Sequential(
        # 第1个全连接层
        nn.Linear(3 * 3 * 32, 128),
        nn.ReLU(True),
        # 第2个全连接层
        nn.Linear(128, encoded_space_dim)
    )

def forward(self, x):
    # 图像输入卷积网络
    x = self.encoder_cnn(x)
    # 展平卷积网络的输出
    x = self.flatten(x)
    # 使用全连接层
    x = self.encoder_lin(x)
    return x
```

这里的架构比较简单，有兴趣的读者可以修改这个网络结构，如添加卷积层、归一化层等，然后比较修改前后的性能。

3.1.3　构建解码器

解码器把隐空间中的点映射为与输入维度一致的图像，解码器的架构如图 3-4 所示。

层（类别）	输出形状	参数量
Linear-1	[-1, 128]	384
ReLU-2	[-1, 128]	0
Linear-3	[-1, 288]	37 152
ReLU-4	[-1, 288]	0
Unflatten-5	[-1, 32, 3, 3]	0
ConvTranspose2d-6	[-1, 16, 7, 7]	4624
BatchNorm2d-7	[-1, 16, 7, 7]	32
ReLU-8	[-1, 16, 7, 7]	0
ConvTranspose2d-9	[-1, 8, 14, 14]	1160
BatchNorm2d-10	[-1, 8, 14, 14]	16
ReLU-11	[-1, 8, 14, 14]	0
ConvTranspose2d-12	[-1, 1, 28, 28]	73

图 3-4　解码器的架构

在解码器中，首先经过两个全连接层，然后通过一个反展平层改变数据的形状，把一维变为二维，再通过三个转置卷积层，最后恢复数据的形状与输入一致。

3.1.4　定义损失函数及优化器

创建模型后，接下来使用损失函数及优化器来训练模型，损失函数选择原始图像与重建图像像素之间的均方误差，优化器使用 Adam。

```
### 定义损失函数
loss_fn = torch.nn.MSELoss()
### 定义学习率、优化器
lr= 0.001
params_to_optimize = [
    {'params': encoder.parameters()},
    {'params': decoder.parameters()}
]
optim = torch.optim.Adam(params_to_optimize, lr=lr, weight_decay=1e-05)
```

3.1.5　分析自编码器

如图 3-5 所示，编码器把原始图像映射到一个低维的隐空间，为便于可视化，这里的隐空间为二维空间，最后解码器把隐空间中的点重构成图像。

为便于分析解码器重构隐空间的点的这个过程，把 x 在 $(-1, 1)$、y 在 $(-1, 1)$ 之间的一些隐空间的点 (x, y) 重构成图像，如图 3-6 所示。

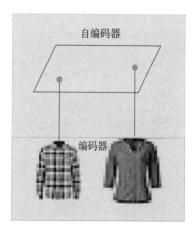
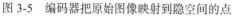

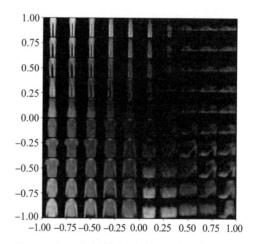

图 3-5　编码器把原始图像映射到隐空间的点　　　图 3-6　把隐空间的点通过解码器重构成图像

从图 3-6 不难看出，当 $x=0$ 或 0.25 时，沿 y 坐标轴移动，图像变化的连续性不够理想，甚至当 y 在 $[-0.25,0.25]$ 之间时，图像是非常模糊的。这说明通过这些隐空间的点重构图像的质量不高，甚至非常差。这就是自编码器的一个显著不足之处。

通过解码器把隐空间重构成图像的代码如下：

```
# 定义从隐空间重构图像的函数
def plot_reconstructed(decoder, r0=(-5, 10), r1=(-10, 5), n=10):
    plt.figure(figsize=(20,8.5))
    w = 28
    img = np.zeros((n*w, n*w))
    for i, y in enumerate(np.linspace(*r1, n)):
        for j, x in enumerate(np.linspace(*r0, n)):
            z = torch.Tensor([[x, y]]).to(device)
            x_hat = decoder(z)
            x_hat = x_hat.reshape(28, 28).to('cpu').detach().numpy()
            img[(n-1-i)*w:(n-1-i+1)*w, j*w:(j+1)*w] = x_hat
    plt.imshow(img, extent=[*r0, *r1], cmap='gist_gray')
```

为何造成这种情况？从图 3-7 可以直观看出问题所在。

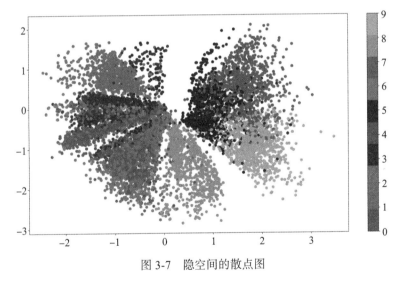

图 3-7　隐空间的散点图

图 3-7 右边的数字表示不同类别。从图 3-7 可以看出：

1）10 个类别所占的比例不完全相同，有些占据很大区域（如 9- 靴子），有些只占据很小一部分（如 1- 裤子）。

2）各个类别之间存在较大间隙，这些间隙上几乎没有任何点。

第 1）点可解释为什么解码器生成的图像缺乏多样性。理想的情况是，从隐空间随机采样时，可以得到大致相等的各类别的分布，但使用自编码器时无法做到。

第 2）点说明了从隐空间的点重构后的图像质量不高的原因，如图 3-8 所示。

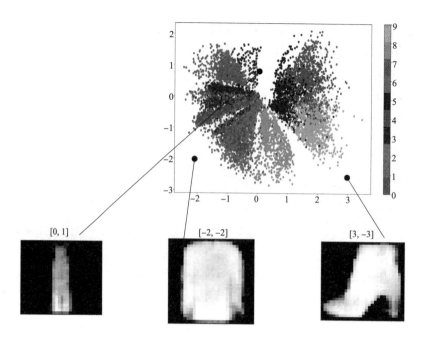

图 3-8   从一些隐空间点生成的图像质量不高

如何解决自编码器的这些不足？接下来我们介绍一个有效方法，它就是变分自编码器。

3.2   变分自编码器简介

自编码器（AE）训练简单，易于实现，但不能有效地学习数据的分布，潜在空间是不连续的，不适合生成新的样本，而且噪声和异常数据敏感。为了避免自编码器的这些不足，人们提出了变分自编码器（VAE）。

3.2.1   变分自编码器的直观理解

VAE 是一种生成模型，用于无监督学习和数据生成。它是 AE 的一种扩展形式，引入了隐变量并使用变分推断技术进行训练。

VAE 的结构由一个编码器和一个解码器组成，类似于常规的 AE。编码器将输入数据映射到一个潜在空间中，该空间由一组隐变量表示。解码器将潜在空间中的隐变量映射回输入数据空间，从而实现重构。与 AE 不同的是，VAE 对隐变量的分布做出假设，并通过变分推断的方法来学习隐变量的分布参数。图 3-9 为 VAE 的架构图。

VAE 的训练过程基于最大化生成数据的边缘对数似然。但由于潜在空间的高维性和复杂性，直接求解边缘对数似然是困难的。因此，VAE 采用了变分推断技术来近似求解潜在空间的后验分布。

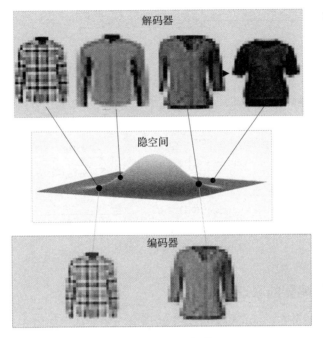

图 3-9　VAE 的架构

　　具体来说，VAE 假设潜在变量的分布服从一个先验分布（通常为高斯分布或均匀分布）。编码器将输入数据映射为隐变量的均值和方差，然后从这个均值和方差中抽样得到隐变量的采样值。这种采样过程引入了一定的随机性，使得生成样本具有多样性。

　　然后，解码器将隐变量采样值映射回输入数据空间，生成重构数据。通过最小化重构数据与原始数据之间的重建误差，VAE 学习使重构数据尽量接近真实数据。同时，VAE 还通过最小化潜在变量的 KL 散度和先验分布之间的差异来确保潜在变量的先验和后验分布尽可能接近。

　　通过这种方式，VAE 能够学习到数据的潜在分布，并且具有生成新样本的能力。隐变量的采样过程以及先验分布的约束使得生成样本具有一定的多样性和连续性。

　　VAE 最关键的一点就是增加了一个对潜在空间 Z 的正态分布约束，如何确定这个正态分布呢？要确定正态分布，只要确定其两个参数，即均值 μ 和标准差 σ。那么如何确定 μ、σ？可以用神经网络去拟合，不仅简单，效果也不错。图 3-10 为 VAE 的逻辑架构图。

　　为解决这一问题，人们对潜在空间 Z（潜在变量对应的空间）增加了一些约束，使 Z 满足正态分布，由此就出现了 VAE 模型。VAE 对编码器添加约束，就是使用重参数技巧强迫它产生服从单位正态分布的潜在变量。正是这种约束，把 VAE 和 AE 区分开来，有关重参数技巧的详细内容可参见 13.2.7 节。

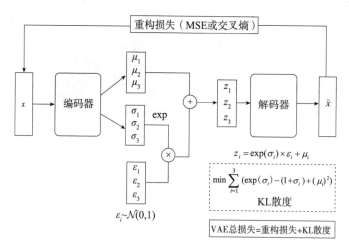

图 3-10　VAE 的逻辑架构图

3.2.2　变分自编码器的原理

任何一个数据的分布，都可以看作若干高斯分布的叠加，如图 3-11 所示，样本数据 x 的分布 $p(x;\theta)$（其中，θ 是高斯分布的相关参数的统称，如 μ、σ 参数等）由多个高斯分布叠加。

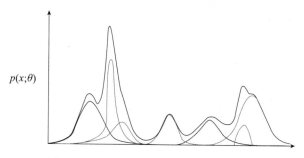

图 3-11　$p(x;\theta)$ 由多个高斯分布叠加而成

$p(x;\theta)$ 分布由若干浅色曲线对应的高斯分布叠加而成。这种拆分方法已经证明，当拆分的数量达到一定数量（如 512）时，其叠加的分布相对于原始分布而言，误差是非常小的。

我们可以利用这一理论模型去考虑如何给数据进行编码。一种最直接的思路是，用每一组高斯分布的参数作为一个编码值实现编码，当隐变量为离散情况时，分布函数 $p(x;\theta)$ 与高斯混合模型的关系如图 3-12 所示。

i 代表编码维度上的编号，如实现一个 512 维的编码，i 的取值范围就是 $1,2,3,\cdots,512$。i 服从于一个概率分布 $p(i)$（多项式分布）。目前编码的对应关系是，每采样一个 i，其对应到一个小的高斯分布，$p(x;\theta)$ 就可以等价为所有的这些高斯分布的叠加，即

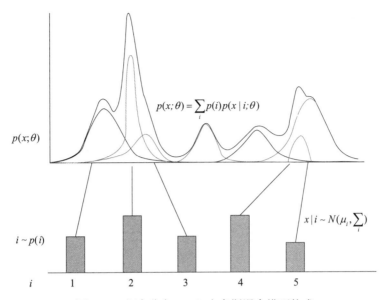

图 3-12 概率分布 $p(x;\theta)$ 由高斯混合模型构成

$$p(x;\theta) = \sum_i p(i) p(x|i;\theta) \tag{3.1}$$

上述的这种编码方式非常简单，它对应的是我们之前提到的离散的、有大量失真区域的编码方式。于是，我们需要对目前的编码方式进行改进，使离散变量 i 成为连续的编码 z，分布函数 $p(x;\theta)$ 与高斯混合模型的关系如图 3-13 所示。

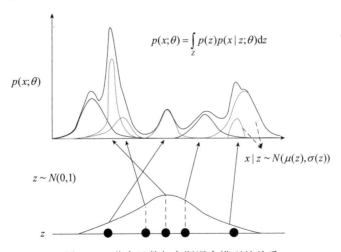

图 3-13 分布函数与高斯混合模型的关系

这里假设 z 服从高斯分布（也可以是其他分布）。对于每个采样 z，存在两个函数，分别决定 z 对应的高斯分布的均值和方差，然后将所有的高斯分布在积分域上进行累加，即

可得到原始分布 $p(x;\theta)$，即

$$p(x;\theta) = \int_z p(x,z;\theta)\,\mathrm{d}z = p(x;\theta) = \int_z p(z)\,p(x\,|\,z;\theta)\,\mathrm{d}z \qquad (3.2)$$

为求 $p(x;\theta)$ 的极值，通常采用取对数的方式，即

$$\log p(x;\theta) = \log\int_z p(x,z;\theta)\,\mathrm{d}z = \log\int_z p(z)\,p(x\,|\,z;\theta)\,\mathrm{d}z \qquad (3.3)$$

其中，$p(x\,|\,z;\theta)$ 为求似然函数 $\log p(x;\theta)$ 的极值，涉及求隐变量 z 的积分，由于 z 一般为高维向量，直接求 $p(x,z;\theta)$ 的积分比较困难，用数字积分的方法计算高维积分也非常困难，解决这一问题的思路之一是似然函数的下界函数极值。下界函数更容易优化，不断优化相关参数，使下界函数变大，同时不断提升似然函数的值，直到收敛到局部或全局最优解。具体实现步骤如下：

$$\mathcal{L}(\theta) = \underset{\theta}{\mathrm{maxarg}}\,\log p(x;\theta) = \log\int_z p(x,z;\theta)\,\mathrm{d}z = \log\int_z Q(z)\frac{p(x,z;\theta)}{Q(z)}\,\mathrm{d}z \qquad (3.4)$$

根据 Jensen 不等式，可得：

$$\log p(x) = \log\int_z Q(z)\frac{p(z)\,p(x\,|\,z)}{Q(z)}\,\mathrm{d}z \geqslant \int_z Q(z)\log\frac{p(z)\,p(x\,|\,z)}{Q(z)}\,\mathrm{d}z \qquad (3.5)$$

其中，分布函数 $Q(z)$ 一般为高斯分布，当然可以是其他分布。不过根据变分推断的相关理论，如果 $Q(z) = q(z\,|\,x)$，将使 $Q(z)$ 与分布 $p(x\,|\,z)$ 的 KL 散度最小。为此，这里取 $Q(z) = q(z\,|\,x)$。整个训练过程如图 3-14 所示。

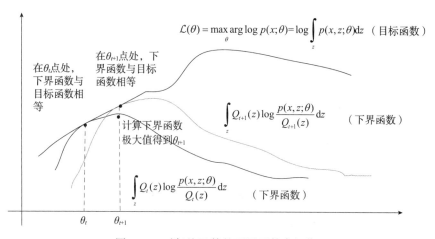

图 3-14　对似然函数的下界函数求极值

接下来，通过似然函数 $\mathcal{L}(\theta) = \underset{\theta}{\max\arg} \log p(x;\theta)$ 的极值转换为求其下界函数

$\int\limits_{z} Q(z) \log \dfrac{p(x,z;\theta)}{Q(z)} \mathrm{d}z$ 的极值。

$$\begin{aligned}
\int\limits_{z} Q(z) \log \frac{p(x,z;\theta)}{Q(z)} \mathrm{d}z &= \int\limits_{z} q(z \mid x) \log \frac{p(x,z;\theta)}{q(z \mid x)} \mathrm{d}z \\
&= \int\limits_{z} q(z \mid x) \log \frac{p(x \mid z;\theta) p(z)}{q(z \mid x)} \mathrm{d}z \\
&= \int\limits_{z} q(z \mid x) \log \frac{p(z)}{q(z \mid x)} \mathrm{d}z + \int\limits_{z} q(z \mid x) \log p(x \mid z;\theta) \mathrm{d}z \\
&= -\mathrm{KL}\big(q(z \mid x) \mid p(z)\big) + \int\limits_{z} q(z \mid x) \log p(x \mid z;\theta) \mathrm{d}z
\end{aligned} \tag{3.6}$$

所以，求解下界函数的极大值等价于求解 KL 散度 $\mathrm{KL}\big(q(z \mid x) \mid p(z)\big)$ 的极小值和

$\int\limits_{z} q(z \mid x) \log p(x \mid z;\theta) \mathrm{d}z$ 的极大值。

其中，$-\mathrm{KL}\big(q(z \mid x) \mid p(z)\big)$ 展开的结果正好等于

$$\sum_{i=1}^{m} \Big(\exp(\sigma_i) - (1 + \sigma_i) + (\mu_i)^2 \Big) \tag{3.7}$$

最小化式（3.7），求导数可得 $\sigma_i = 1$，所以这个损失函数正是为了保证生成图像的多样

性。而 $\max \int\limits_{z} q(z \mid x) \log p(x \mid z;\theta) \mathrm{d}z = \max E_{q(z \mid x)} p(x \mid z;\theta)$，求期望 $E_{q(z \mid x)} p(x \mid z;\theta)$ 的最大值，就

是在给定编码器输出的情况下使解码器输出的值尽可能高，这其实就是一个类似 AE 的损失
函数。这就说明了 VAE 的损失函数需要由重构损失和 KL 散度构建的底层逻辑，VAE 更详
细的损失函数推导可参见第 13 章。

3.3　构建变分自编码器

在 AE 中，图像通过编码器直接映射成隐空间中的一点。在 VAE 中，图像通过编码器
映射成隐空间中围绕某个点的多元正态分布，如图 3-15 所示。

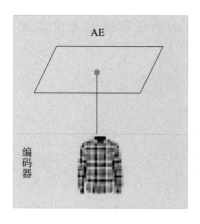
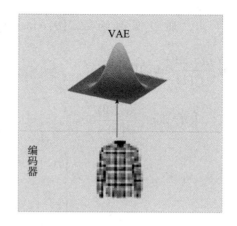

图 3-15　AE 与 VAE 重编码器的差异

3.3.1　构建编码器

VAE 的编码器的网络结构如图 3-16 所示。

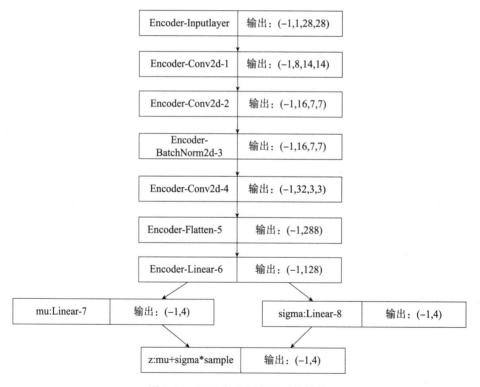

图 3-16　VAE 的编码器的网络结构

图 3-16 的输出如下：

$$z = u\,(\text{:mu}) + \sigma\,(\text{:sigma})\,\varepsilon$$

其中，ε 是标准正态分布的采样。

VAE 的编码器的代码如下：

```python
class VariationalEncoder(nn.Module):
    def __init__(self, latent_dims):
        super(VariationalEncoder, self).__init__()
        self.conv1 = nn.Conv2d(1, 8, 3, stride=2, padding=1)
        self.conv2 = nn.Conv2d(8, 16, 3, stride=2, padding=1)
        self.batch2 = nn.BatchNorm2d(16)
        self.conv3 = nn.Conv2d(16, 32, 3, stride=2, padding=0)
        self.linear1 = nn.Linear(3*3*32, 128)
        self.linear2 = nn.Linear(128, latent_dims)
        self.linear3 = nn.Linear(128, latent_dims)
        # 定义一个标准正态分布
        self.N = torch.distributions.Normal(0, 1)
        self.N.loc = self.N.loc.cuda()
        self.N.scale = self.N.scale.cuda()
        self.kl = 0
    def forward(self, x):
        x = x.to(device)
        x = F.relu(self.conv1(x))
        x = F.relu(self.batch2(self.conv2(x)))
        x = F.relu(self.conv3(x))
        # 展平为一维数据
        x = torch.flatten(x, start_dim=1)
        x = F.relu(self.linear1(x))
        mu = self.linear2(x)
        sigma = torch.exp(self.linear3(x))
        # 定义编码器的输出
        z = mu + sigma*self.N.sample(mu.shape)
        self.kl = (sigma**2 + mu**2 - torch.log(sigma) - 1/2).sum()
        return z
```

3.3.2　构建解码器

VAE 的解码器的网络结构如图 3-17 所示。

层（类型）	输出形状	参数量
Linear-1	[-1, 128]	640
ReLU-2	[-1, 128]	0
Linear-3	[-1, 288]	37 152
ReLU-4	[-1, 288]	0
Unflatten-5	[-1, 32, 3, 3]	
ConvTranspose2d-6	[-1, 16, 7, 7]	4624
BatchNorm2d-7	[-1, 16, 7, 7]	32
ReLU-8	[-1, 16, 7, 7]	0
ConvTranspose2d-9	[-1, 8, 14, 14]	1160
BatchNorm2d-10	[-1, 8, 14, 14]	16
ReLU-11	[-1, 8, 14, 14]	0
ConvTranspose2d-12	[-1, 1, 28, 28]	73

图 3-17　VAE 的解码器的网络结构

连接编码器和解码器的代码如下：

```python
class VariationalAutoencoder(nn.Module):
    def __init__(self, latent_dims):
        super(VariationalAutoencoder, self).__init__()
        self.encoder = VariationalEncoder(latent_dims)
        self.decoder = Decoder(latent_dims)
    def forward(self, x):
        x = x.to(device)
        z = self.encoder(x)
        return self.decoder(z)
```

3.3.3 损失函数

AE 的损失函数采用原图像与解码器处理后重构的图像之间的均方误差作为目标函数，VAE 的目标函数也使用这个衡量指标，此外，还使用了 KL 散度，KL 散度用来衡量由 mu + sigma*self.N.sample(mu.shape) 构成的分布与标准正态分布之间的相似度。所以，VAE 的损失函数由以下两个方面进行衡量。

● 生成的新图像与原图像的相似度。

● 隐含空间的分布与正态分布的相似度。

度量图像的相似度一般采用交叉熵（如 nn.BCELoss），度量两个分布的相似度一般采用 KL 散度。这两个度量的和构成了整个模型的损失函数。

VAE 损失函数中添加 KL 散度的作用如下：

1）在 VAE 中，我们希望潜在空间中的分布能够接近一个先验分布，通常选择一个简单的分布作为先验，如多变量标准正态分布。KL 散度是衡量两个分布之间差异的指标，它衡量了编码器输出的潜在变量分布与先验分布之间的差异，这有助于确保生成的样本更加符合预期分布。

2）KL 散度项的加入，使得 VAE 的训练过程中不仅仅是重构输入数据的过程，还要优化潜在空间的分布。这有助于生成更具有多样性和连续性的样本，同时也可以避免过拟合的发生，可以较好地弥补 AE 的不足。

以下是损失函数的具体代码。关于 VAE 损失函数的推导过程，有兴趣的读者可参考原论文 [注] 了解更多内容。

```
# 定义重构损失函数及 KL 散度
reconst_loss = F.binary_cross_entropy(x_reconst, x, size_average=False)
kl_div = - 0.5 * torch.sum(1 + log_var - mu.pow(2) - log_var.exp())
# 两者相加得到总损失
loss= reconst_loss+ kl_div
```

3.3.4　分析变分自编码器

VAE 的隐空间模拟了多维正态分布，所以是连续的，从隐空间随机采样，应该不会生成太多不合理的图像。如图 3-18 所示，把 x 在 (–1, 1)、y 在 (–1, 1) 之间的一些隐空间的点 (x,y) 重构成图像。

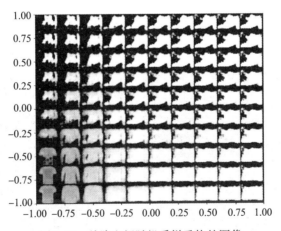

图 3-18　从隐空间随机采样重构的图像

如果按照数字给隐空间中的点上色，如图 3-19 所示，可以看到各类的分布比较均匀，不像 AE 中的情况，各类的分布不均匀，而且还有很多间隙，而间隙将导致重构图像的质量和创新性。

接下来我们用一个更复杂的数据集来了解增加隐空间维度时 VAE 的表现。

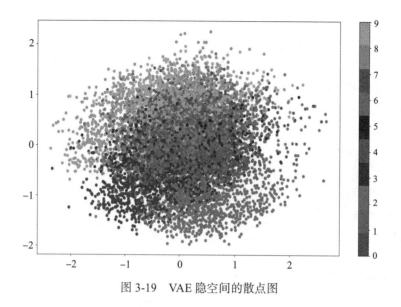

图 3-19   VAE 隐空间的散点图

3.4   使用变分自编码器生成面部图像

本节将使用 CelebA 数据集来训练 VAE，该数据集包含超过 200 000 张名人的面部图像。每张图像都有 40 个二进制属性标记，如性别、年龄和发型等，如图 3-20 所示。

图 3-20   CelebA 数据集示例

训练时，没有使用属性标签，用该数据集训练 VAE 模型，然后从隐空间采样重构新图像。

3.4.1 编码器

这里的编码器与 3.3 节的编码器相似，主要区别如下：

- CelebA 数据集的通道数为 3（即 RGB），而 FashionMNIST 数据集的图像通道数为 1。
- 考虑到人脸比较复杂，这里的隐空间有 128 维，维度大有利于保存图像中的更多细节。
- 为了加快训练速度，卷积层之后添加多个标准批量归一化处理及 dropout 层，具体结构如图 3-21 所示。

层（类型）	输出形状	参数量
Conv2d-1	[-1, 32, 32, 32]	896
BatchNorm2d-2	[-1, 32, 32, 32]	64
LeakyReLU-3	[-1, 32, 32, 32]	0
Dropout-4	[-1, 32, 32, 32]	0
Conv2d-5	[-1, 64, 16, 16]	18 496
BatchNorm2d-6	[-1, 64, 16, 16]	128
LeakyReLU-7	[-1, 64, 16, 16]	0
Dropout-8	[-1, 64, 16, 16]	0
Conv2d-9	[-1, 128, 8, 8]	73 856
BatchNorm2d-10	[-1, 128, 8, 8]	256
LeakyReLU-11	[-1, 128, 8, 8]	0
Dropout-12	[-1, 128, 8, 8]	0
Conv2d-13	[-1, 256, 4, 4]	295 168
BatchNorm2d-14	[-1, 256, 4, 4]	512
LeakyReLU-15	[-1, 256, 4, 4]	0
Dropout-16	[-1, 256, 4, 4]	0
Conv2d-17	[-1, 512, 2, 2]	1 180 160
BatchNorm2d-18	[-1, 512, 2, 2]	1024
LeakyReLU-19	[-1, 512, 2, 2]	0
Dropout-20	[-1, 512, 2, 2]	0
Flatten	[-1, 2048]	0
mu(Linear)	[-1, 128]	0
log_var(Linear)	[-1, 128]	0

图 3-21　编码器的网络结构

3.4.2 解码器

解码器的网络结构采用的转置卷积，从隐空间采样的样本输出形状与输入图像形状一致。解码器中也添加了批量归一化、dropout 等层。解码器的网络结构如图 3-22 所示。

层（类型）	输出形状	参数量
ConvTranspose2d-1	[-1, 256, 4, 4]	1 179 904
BatchNorm2d-2	[-1, 256, 4, 4]	512
LeakyReLU-3	[-1, 256, 4, 4]	0
Dropout-4	[-1, 256, 4, 4]	0
ConvTranspose2d-5	[-1, 128, 8, 8]	295 040
BatchNorm2d-6	[-1, 128, 8, 8]	256
LeakyReLU-7	[-1, 128, 8, 8]	0
Dropout-8	[-1, 128, 8, 8]	0
ConvTranspose2d-9	[-1, 64, 16, 16]	73 792
BatchNorm2d-10	[-1, 64, 16, 16]	128
LeakyReLU-11	[-1, 64, 16, 16]	0
Dropout-12	[-1, 64, 16, 16]	0
ConvTranspose2d-13	[-1, 32, 32, 32]	18 464
BatchNorm2d-14	[-1, 32, 32, 32]	64
LeakyReLU-15	[-1, 32, 32, 32]	0
Dropout-16	[-1, 32, 32, 32]	0

图 3-22　解码器的网络结构

3.4.3　进一步分析变分自编码器

图 3-23 的上排图像是 VAE 重构的图像，下排图像是原图像。

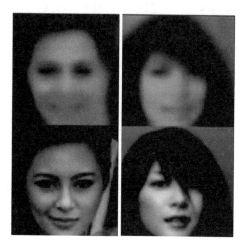

图 3-23　原图像与经过 VAE 重构的图像

从图 3-23 可知，虽然 VAE 重构的图像有些模糊，但 VAE 已成功捕获了原图像的关键特征，如头型、面部表情等，至于图像模糊问题，大家可以通过丰富模型结构、增加迭代次数等改进。另外，在 VAE 的损失函数中，KL 散度为保证隐空间的分布与正态分布近似，为检查隐空间的分布是否近似正态分布，将每个维度的分布可视化如图 3-24 所示。

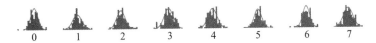

图 3-24　隐空间其中 8 个维度的点分布

3.4.4　生成新头像

从 128 维的标准正态分布中采样一些点，然后把这些点传递给解码器，最后生成 $3 \times 64 \times 64$ 的图像，这些图像虽然不完美，但比 AE 随机采样生成的图像质量高得多，究其原因是 VAE 采用了与 AE 不一样的算法，即对隐空间近似一个标准正态分布，而不是互相孤立的一些点，生成的图像如图 3-25 所示。

图 3-25　由隐空间生成的图像

具体实现代码如下：

```
#恢复模型
model2= VAE_D().to(device)
model2.load_state_dict(torch.load('model.pth'))
#随机采样
z = torch.randn(1,128)
z = z.to(device)
#生成新图像
samples = model2.decode(z)
samples=samples.detach().cpu()
plt.imshow(np.transpose(vutils.make_grid(samples, padding=2,
normalize=True),(1,2,0)))
```

第 4 章

生成对抗网络

第 3 章介绍了 VAE 模型，VAE 比 AE 生成的图像质量更高，有更好的多样性、创新性，因为它可以通过潜在空间的均值和方差来生成各种样本，可以在训练过程中通过 KL 散度使得潜在空间具有良好的连续性和平滑性。但 VAE 生成的样本可能会失去一些细节和真实性，因为它在训练过程中最小化了重构误差，而重构误差可能无法完全捕捉到样本的所有细节。VAE 在处理复杂数据集时可能会受到潜在空间的限制，导致生成的样本质量下降。如何克服 VAE 模型的这些不足？接下来我们将介绍的生成对抗网络（GAN）模型在生成图像质量方面要好于 VAE 模型，GAN 生成的样本通常质量更高，因为生成器一直在努力使生成样本更接近真实样本。GAN 可以生成多样化的样本，因为它的生成过程是通过对抗训练来实现的。

4.1 GAN 模型简介

GAN 模型是一种深度学习模型，它由生成器和判别器两部分组成。生成器的作用是从随机噪声中生成虚假的样本，而判别器则负责将这些样本与真实的样本进行区分。整个模型的训练过程就是让生成器不断生成更加逼真的样本，并让判别器能够准确地区分真实样本和虚假样本。通过这种对抗的方式，GAN 模型能够生成高质量、多样性的样本，因而被广泛应用于图像、音频等领域。

4.1.1 GAN 的直观理解

GAN 的训练过程为：首先，生成器会产生一张伪造的图像，然后将这张图像送入判别器进行判断，判别器会输出一个概率值，表示这张图像是真实图像的概率。接着，真实图像也会被送入判别器进行判断，判别器同样会输出一个概率值。生成器的目标就是希望自己生成的图像能够"骗过"判别器，也就是使得判别器无法准确区分出哪些图像是真实的，哪些图像是伪造的；而判别器的目标则是尽可能准确地识别出哪些图像是真实的，哪些图像是伪造的。双方不断交替训练，直到生成器可以生成足够逼真的图像，使得判别器无法准确区分真实图像和伪造图像为止。GAN 的训练流程如图 4-1 所示。

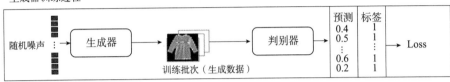

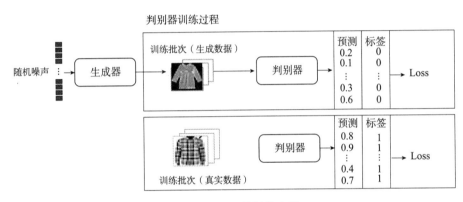

图 4-1　GAN 的训练流程

4.1.2　GAN 的原理

VAE 模型利用变分推断技术逼近样本数据的分布，GAN 则采用了另一种思路，即博弈的思想。

生成器的目标是生成与真实数据相似的新数据。它接收一个随机噪声向量作为输入，通过一系列的线性变换和非线性变换得到一个新的数据样本。为了达到这个目标，生成器的目标函数通常采用对抗损失函数（Adversarial Loss），即最小化如下目标函数（设真实图像标签为 1，生成图像标签为 0）：

$$\log\bigl(1-D\bigl(G(z)\bigr)\bigr) \tag{4.1}$$

式（4.1）的含义是生成器生成的样本 $G(z)$ 与真实样本越接近，则被判断器判断为真实样本的概率就越大，即 $D(G(z))$ 的值越接近 1，目标函数的值越小。

对于判别器，要让真实样本尽量判别为真实的，即最大化 $\log D(x)$，这意味着 $D(x)$ 的值要尽量接近 1；对生成器生成的样本，要尽量判别为假数据，让 $D(x)$ 的值尽量接近 0，即最大化$\log\left(1-D\big(G(z)\big)\right)$。综合生成器和判别器的以上目的，整个 GAN 模型的目标函数可定义为：

$$V\left(D,G\right)=E_{x\sim p_{\mathrm{data}}}\Big[\log\big(D(x)\big)\Big]+E_{z\sim p_z}\Big[\log\big(1-D(G(z))\big)\Big]$$

$$\mathcal{L}\left(\theta^{G},\theta^{D}\right)=\min_{G}\max_{D}V\left(D,G\right) \tag{4.2}$$

GAN 的设计出发点是学习过程既不需要近似推断，又不需要配分函数（Partition Function，其功能是使非归一化的概率分布转换为归一化的概率分布）梯度的近似。

GAN 模型的训练过程就是生成器越来越强，最后以至于判别器无法识别真假图像，如图 4-2 所示。

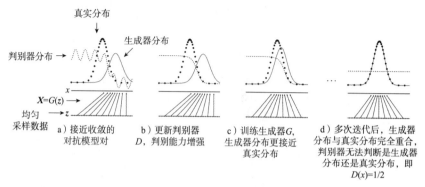

图 4-2　GAN 模型的训练过程示意

4.1.3　GAN 的训练过程

在 GAN 的训练过程中，判别器的主要作用是对给定的数据样本进行分类，判断它是真实数据还是生成数据。判别器接收一个数据样本作为输入，通过一系列的线性变换和非线性变换得到一个分类概率。判别器的目标是最大化正确判别真实数据和生成数据的概率，使得生成器生成的数据越来越接近真实数据。为了达到这个目标，判别器的目标函数通常采用交叉熵损失函数（Cross-Entropy Loss），即最小化真实数据和生成数据被误分类的概率。通过不断迭代更新生成器和判别器的参数，GAN 模型可以逐渐学习到真实数据的分布，从而生成更加逼真的新数据。

训练 GAN 的步骤如下：

1）初始化生成器 G 和判别器 D 的参数。

2）从真实数据分布中随机采样 n 个样本 $\{x_1,x_2,\cdots,x_n\}$，从噪声分布中随机采样 n 个噪声向量 $\{z_1,z_2,\cdots,z_n\}$。

3）使用生成器 G 生成 n 个假样本 $\{G(z_1),G(z_2),\cdots,G(z_n)\}$。

4）将真实样本和假样本合并得到 $2n$ 个样本，计算判别器 D 的损失函数 L_D：

$$L_D = -\frac{1}{n}\left(\sum_{i=1}^{n}\log\left(D\left(x_i\right)\right) + \sum_{j=1}^{n}\log\left(1 - D\left(G\left(z_j\right)\right)\right)\right)$$

5）固定判别器 D 的参数，更新生成器 G 的参数，使其最小化生成器的损失函数 L_G：

$$L_G = -\frac{1}{n}\sum_{j=1}^{n}\log\left(D\left(G\left(z_j\right)\right)\right)$$

6）重复步骤 2）～5），直到达到预设的迭代次数或生成器产生足够逼真的样本。

4.2 用 GAN 从零开始生成图像

为便于说明 GAN 的关键环节，这里我们弱化了网络和数据集的复杂度。数据集使用 MNIST，网络使用全连接层。后续我们将用一些卷积层的实例来说明。

4.2.1 判别器

获取数据、导入模块的过程基本与 VAE 的类似，这里不再展开，详细内容可参考本书的代码部分。

要定义判别器的网络结构，这里使用 LeakyReLU 作为激活函数，经过两个全连接层，输出一个节点，最后经过 sigmoid 输出，用于真假二分类。

```
# 构建判断器
D = nn.Sequential(
    nn.Linear(image_size, hidden_size),
    nn.LeakyReLU(0.2),
    nn.Linear(hidden_size, hidden_size),
    nn.LeakyReLU(0.2),
    nn.Linear(hidden_size, 1),
    nn.Sigmoid())
```

4.2.2 生成器

GAN 的生成器与 VAE 的生成器类似，不同的是 GAN 的输出为 nn.tanh，它可以使数据分布在 [-1,1] 之间。其输入是潜在空间的向量 z，输出维度与真图像的维度相同。

```
# 构建生成器，它相当于 VAE 中的解码器
G = nn.Sequential(
    nn.Linear(latent_size, hidden_size),
    nn.ReLU(),
    nn.Linear(hidden_size, hidden_size),
    nn.ReLU(),
```

```
    nn.Linear(hidden_size, image_size),
    nn.Tanh())
```

4.2.3 损失函数

从 GAN 的训练流程图（图 4-1）可知，控制生成器或判别器的关键是损失函数，那么如何定义损失函数成为整个 GAN 的关键。我们的目标很明确，既要不断提升判断器辨别是非或真假的能力，又要不断提升生成器生成图像质量的能力，使判别器越来越难判别。这些目标如何用程序体现？损失函数就能充分说明这一点。

为了达到判别器的目标，其损失函数既要考虑识别真图像的能力，又要考虑识别假图像的能力，而不能只考虑一方面，故判别器的损失函数为两者的和，具体代码如下。其中，D 表示判别器，G 为生成器，real_labels、fake_labels 分别表示真图像标签、假图像标签。images 是真图像，z 是从潜在空间随机采样的向量，通过生成器得到假图像。

```
# 定义判断器对真图像的损失函数
outputs = D(images)
d_loss_real = criterion(outputs, real_labels)
real_score = outputs


# 定义判别器对假图像（即由潜在空间点生成的图像）的损失函数
z = torch.randn(batch_size, latent_size).to(device)
fake_images = G(z)
outputs = D(fake_images)
d_loss_fake = criterion(outputs, fake_labels)
fake_score = outputs
# 得到判别器的总损失函数
d_loss = d_loss_real + d_loss_fake
```

如何定义生成器的损失函数，使其越来越接近真图像？以真图像为标杆或标签即可。具体代码如下：

```
z = torch.randn(batch_size, latent_size).to(device)
fake_images = G(z)
outputs = D(fake_images)
g_loss = criterion(outputs, real_labels)
```

4.2.4 训练模型

将判别器与生成器组合成一个完整模型，并对该模型进行训练。

```
for epoch in range(num_epochs):
    for i, (images, _) in enumerate(data_loader):
```

```
images = images.reshape(batch_size, -1).to(device)
# 定义图像是真或假的标签
real_labels = torch.ones(batch_size, 1).to(device)
fake_labels = torch.zeros(batch_size, 1).to(device)
# =================================================================== #
#                          训练判别器                                  #
# =================================================================== #
# 定义判别器对真图像的损失函数
outputs = D(images)
d_loss_real = criterion(outputs, real_labels)
real_score = outputs
# 定义判别器对假图像（即由潜在空间点生成的图像）的损失函数
z = torch.randn(batch_size, latent_size).to(device)
fake_images = G(z)
outputs = D(fake_images)
d_loss_fake = criterion(outputs, fake_labels)
fake_score = outputs
# 得到判别器的总损失函数
d_loss = d_loss_real + d_loss_fake
# 对生成器、判别器的梯度清零
reset_grad()
d_loss.backward()
d_optimizer.step()
# =================================================================== #
#                          训练生成器                                  #
# =================================================================== #
# 定义生成器对假图像的损失函数，这里我们要求
# 判别器生成的图像越来越像真图像，故损失函数中的
# 标签改为真图像的标签，即希望生成的假图像
# 越来越接近真图像
z = torch.randn(batch_size, latent_size).to(device)
fake_images = G(z)
outputs = D(fake_images)
g_loss = criterion(outputs, real_labels)
# 对生成器、判别器的梯度清零
# 进行反向传播及运行生成器的优化器
reset_grad()
g_loss.backward()
g_optimizer.step()
if (i+1) % 200 == 0:
```

```
        print('Epoch [{}/{}], Step [{}/{}], d_loss: {:.4f}, g_loss: {:.4f}, D(x):
{:.2f}, D(G(z)): {:.2f}'
        .format(epoch, num_epochs, i+1, total_step, d_loss.item(), g_loss.item(),
real_score.mean().item(), fake_score.mean().item()))
    # 保存真图像
    if (epoch+1) == 1:
        images = images.reshape(images.size(0), 1, 28, 28)
        save_image(denorm(images), os.path.join(sample_dir, 'real_images.png'))
    # 保存假图像
    fake_images = fake_images.reshape(fake_images.size(0), 1, 28, 28)
    save_image(denorm(fake_images), os.path.join(sample_dir, 'fake_images-{}.png'.
format(epoch+1)))
# 保存模型
torch.save(G.state_dict(), 'G.ckpt')
torch.save(D.state_dict(), 'D.ckpt')
```

训练期间，判别器和生成器的损失如图 4-3 所示。

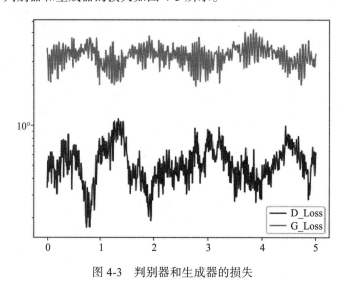

图 4-3　判别器和生成器的损失

从图 4-3 可知，训练 GAN 模型的损失振幅比较大，为何会出现这个结果？ 4.3 节将进行具体说明。

4.2.5　可视化结果

可视化每次由生成器得到的假图像，即潜在向量 z 通过生成器得到的图像。

```
reconsPath = './gan_samples/fake_images-200.png'
Image = mpimg.imread(reconsPath)
plt.imshow(Image) # 显示图像
```

```
plt.axis('off') # 不显示坐标轴
plt.show()
```

运行结果如图 4-4 所示。

原图像　　　　　　　　　　GAN生成图像

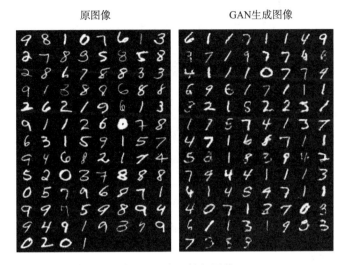

图 4-4　GAN 的新图像

图 4-4 的效果明显好于 VAE 或 AE 生成的效果。使用 VAE 生成图像主要依赖原图像与新图像的交叉熵，而 GAN 不仅依赖真、假图像的交叉熵，还兼顾了不断提升判别器和生成器本身的性能。

4.3　GAN 面临的问题

由于生成器和判别器的优化目标不同，在训练的初期，生成器可能无法生成逼真的样本，导致判别器可以轻易区分真实样本和生成样本。这可能导致梯度消失或梯度爆炸，使得 GAN 的训练过程无法收敛。此外，生成器和判别器的学习速度不平衡也可能导致训练不稳定。

在 GAN 的训练过程中，生成器和判别器执行不同的优化目标。如果判别器能够轻松地将生成的样本与真实样本区分开来，那么生成器可能面临挑战，因为它无法获得关于如何生成更逼真样本的有效反馈。这可能导致生成器生成的样本数量较少或出现固定模式，造成模式崩溃，使得样本缺乏多样性和覆盖性。

此外，GAN 模型对参数设置较为敏感，存在许多超参数，如学习率、批量大小、训练迭代次数等。若超参数设置不恰当，可能导致模型无法正常训练。

4.3.1　损失振荡

在训练 GAN 模型时，损失函数的振荡是一个常见的问题。这种振荡通常表现为生成器和判别器之间在训练过程中的相对优势出现剧烈变动，导致训练过程不稳定，如图 4-3 所示。下面是造成振荡的一些常见原因。

（1）生成器和判别器的能力不匹配

如果生成器和判别器的能力不匹配，例如生成器太弱而判别器太强，那么判别器很容易将生成的样本与真实样本区分开来，从而阻碍了生成器的训练。

（2）训练样本质量不一致

如果生成器的训练数据中存在一些噪声或错误标注的样本，可能会导致模型训练不稳定和损失的振荡。

（3）不平衡的学习率

GAN 中生成器和判别器的学习率通常是不同的，如果学习率设置得不合理，可能导致其中一个网络过拟合或无法学习到有效的参数。

4.3.2　模型坍塌的简单实例

当 $\max\limits_{D} V(D,G)$ 在 θ^D 中是凸函数时，损失函数 $\mathcal{L}(\theta^G,\theta^D)$ 能够保证收敛，但在实践中由神经网络表示的生成器 G 和判别器 D 以及 $\max\limits_{D} V(D,G)$ 往往不是凸的，使 GAN 的训练变得比较困难。

另外，同时对判别器和生成器的目标函数实现梯度下降难以保证达到平衡，这将导致训练 GAN 模型不稳定。如 $f(x,y)=xy$，求：

$$\min_x \max_y xy$$

其中，函数 $f(x,y)=xy$ 的图像如图 4-5 所示。

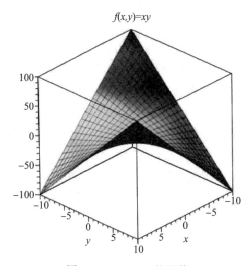

图 4-5　$f(x,y)=xy$ 的图像

对函数 $f(x,y)$ 求关于 y 的最大值，然后求关于 x 的最小值，最后可能收敛于一个鞍点，而不是函数 $f(x,y)$ 的局部极值点。

另外，生成器和判别器之间的不平衡容忍将使 GAN 模型坍塌，如图 4-6 所示，生成器只学到真实数据分布的一部分，没有学到完整的分布。

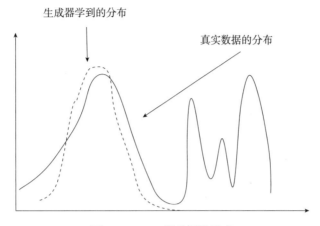

图 4-6　GAN 模型坍塌示意

当生成器生成的样本无法欺骗判别器时，它将无法学习到正确的梯度，并且可能停止生成高质量的样本。此外，训练 GAN 时需要谨慎选择超参数，如学习率、批次大小等，否则也可能导致模型坍塌。

4.3.3　GAN 模型坍塌的原因

1）由于 GAN 的生成器和判别器执行不同的损失函数，可能导致判别器越好，生成器梯度消失越严重。

GAN 的损失函数如下：

$$V(D,G) = E_{x \sim p_{\text{data}}}\Big[\log\big(D(x)\big)\Big] + E_{z \sim p_z}\Big[\log\big(1 - D(G(z))\big)\Big] \tag{4.3}$$

在生成器 G 固定参数时，最优的判别器 D 应该是什么？对于一个具体的样本 x，它可能来自真实分布也可能来自生成分布，把 $z \sim p_z$ 改为 $x \sim p_g$，此时损失函数为：

$$E_{x \sim p_{\text{data}}}\Big[\log(D(x))\Big] + E_{x \sim p_g}\Big[\log(1 - D(x))\Big] \tag{4.4}$$

式（4.4）对 $D(x)$ 进行求导，并令其为 0，化简后可得最优判别器为：

$$D^*(x) = \frac{p_{\text{data}}(x)}{p_{\text{data}}(x) + p_g(x)}$$

这个结果从直观上很容易理解，就是看一个样本 x 来自真实分布和生成分布的可能性的相对比例。

用 $D^*(x)$ 替换式（4.4），并用 JS 散度表示式（4.4）可得：

$$E_{x \sim p_{\text{data}}} \left[\log(D^*(x)) \right] + E_{x \sim p_g} \left[\log(1 - D^*(x)) \right] = 2\text{JS}(p_{\text{data}} \| p_g) - 2\log 2$$

由此可得，只要 p_{data}、p_g 没有一点重叠或重叠部分可忽略，JS 散度就固定为常数 $\log 2$。而这对于梯度下降方法意味着梯度为 0！此时对于最优判别器来说，生成器肯定是得不到梯度信息的。即使对于接近最优的判别器来说，生成器也大概率面临梯度消失的问题。

由此可知，判别器训练过度，会导致生成器梯度消失，进而生成器的损失值无法降低；判别器训练不足，则会导致生成器梯度失真，进而导致模型出现大幅振荡。只有判别器训练得恰当，才能取得理想的结果。但是这个分寸很难把握，甚至在训练的各个阶段这个分寸都可能不一样，所以 GAN 的训练变得异常困难。

2）GAN 的生成器损失函数可能导致模型坍塌。

生成器的损失函数（改进版）为：

$$E_{x \sim p_g} \log(-D^*(x)) \propto \text{KL}(p_g \| p_{\text{data}}) - 2\text{JS}(p_{\text{data}} \| p_g) \tag{4.5}$$

这个等价最小化目标存在两个严重的问题：一是它同时要最小化生成分布与真实分布的 KL 散度，却又要最大化两者的 JS 散度，即一个要拉近，一个却要推远，这在直观上非常荒谬，在数值上则会导致梯度不稳定，这是后面的 JS 散度项的不足；二是因为 KL 散度不是对称的，导致此时损失函数不对称，对于正确样本误分和错误样本误分的惩罚不对等。

生成器的损失函数面临优化目标不寻常、梯度不稳定、对多样性与准确性惩罚不平衡导致模型坍塌等问题。

4.3.4 避免 GAN 模型坍塌的方法

GAN 模型坍塌的主要原因之一是生成器和判别器之间不平衡，可以采取以下方法来避免模型坍塌。

（1）对抗性损失函数的设计

对于 GAN 模型，通常使用交叉熵作为对抗性损失函数，但这种损失函数可能导致模型崩溃。有人建议使用其他类型的对抗性损失函数，如 Wasserstein 距离或 Hinge Loss。

（2）更好的网络结构

GAN 模型的网络结构也可能导致模型坍塌。可以尝试使用更深、更宽的网络，并确保在生成器和判别器中都使用合适的层。如采用 DCGAN 可有效提升模型的性能。

（3）数据预处理

GAN 训练过程中输入数据的预处理也很重要。确保数据具有一定的数量和多样性，可以增加训练的复杂度，帮助模型学习到更多的特征。

（4）超参数选择

超参数选择是 GAN 训练中非常重要的一个步骤。需要仔细选择学习率、批次大小等参数，因为不同的参数设置可能会对模型的稳定性产生影响。

（5）归一化方法

归一化方法可以帮助模型在训练期间保持稳定。例如，可以采用 L1/L2 归一化、dropout 或批量归一化等技术，增加模型的稳定性。

避免 GAN 模型坍塌需要多方面的策略和技巧，并需要不断地进行试验和调整。

接下来将介绍几种改进的 GAN 模型，如 WGAN、WGAN-GP 等。

4.4 WGAN

WGAN（Wasserstein GAN）是对 GAN 的改进。WGAN 使用了一种新的损失函数（称为 Wasserstein 距离），代替原始 GAN 中的 JS 散度和 KL 散度。这种新的损失函数可以更好地衡量两个概率分布之间的差异，从而提高训练的稳定性和生成器的表现。同时，WGAN 还采用了权重裁剪和梯度惩罚等技术来进一步优化模型。

4.4.1 改进方向和效果

WGAN 的改进主要包括以下几个方面。

（1）损失函数的改进

传统的 GAN 使用交叉熵损失函数来训练，但这种方法容易导致梯度消失或爆炸。而 WGAN 则采用了一种基于 Wasserstein 距离的损失函数，称为 Wasserstein 损失（Wasserstein loss），它可以更好地描述生成器和判别器之间的距离，从而使训练过程更加平稳和可靠。

Wasserstein 距离是一种用于衡量概率分布之间距离的方法，而 Wasserstein 损失则是基于 Wasserstein 距离计算出来的一种损失函数。在 WGAN 中，使用 Wasserstein 损失作为生成器和判别器之间的距离度量，并将其最小化来优化模型。

Wasserstein 损失的具体表达式如下：

$$L = \max(D(G(z))) - \min(D(x))$$

其中，$D(x)$ 表示真实数据 x 经过判别器 D 得到的输出结果，$D(G(z))$ 表示生成器 G 生成的样本 z 经过判别器 D 得到的输出结果。max 和 min 分别表示对所有真实数据 x 和生成器 G 生成的样本 z 求最大值和最小值。当我们最小化这个损失函数时，可以使生成器 G 产生更接近真实数据分布的样本。

需要注意的是，由于 Wasserstein 距离是一个连续的、可导的函数，因此使用 Wasserstein 损失可以避免传统 GAN 中由于使用非连续损失函数而导致的训练不稳定等问题。

（2）判别器的改进

在传统的 GAN 中，判别器输出一个概率值表示输入数据是否为真实数据，但这种方式难以衡量不同数据之间的距离。WGAN 采用了一个更简单的判别器，它直接输出一个实数值，表示输入数据与真实数据之间的距离。其表达形式为：

$$\min_D -\left\{ E_{X \sim P_{\text{data}}}\left[D(x)\right] - E_{z \sim P_z}\left[D(G(z))\right] \right\} \tag{4.6}$$

这样，WGAN 可以更好地量化生成器产生的样本与真实数据之间的差异。

（3）权重裁剪技术

为了保证判别器的输出在一定范围内，WGAN 使用了权重裁剪技术，即每次迭代后将判别器的权重限制在一个预先设定的范围内。这样可以避免判别器输出较大的值，进而提高训练的稳定性。

在 WGAN 中，为了使判别器输出的分布满足 Lipschitz 连续性条件，需要使用权重裁剪技术对判别器的权重进行限制。具体而言，在每次更新判别器的参数后，将其权重限制在一个固定的范围内，通常是 $[-c, c]$，其中 c 是一个预先设定的常数，这样可以保证判别器函数的导数不会太大或太小。这个过程被称为权重裁剪（Weight Clipping）。

WGAN 中权重裁剪的实现过程如下：在每次更新判别器的参数之后，对所有判别器的权重进行裁剪。对于每一个权重 w，将其限制在 $[-c, c]$ 范围内，即 $w = \text{clip}(w, -c, c)$，这样就可以保证判别器输出的分布满足 Lipschitz 连续性条件，并且避免了训练过程中出现梯度爆炸或消失的问题。需要注意的是，权重裁剪虽然是 WGAN 中用来解决梯度爆炸和消失问题的有效方法，但它也可能会引入一些新的问题，比如裁剪后的权重可能会导致模型的表达能力降低，因此需要根据具体情况进行权衡和调整。后续将介绍一种更有效的权重裁剪方法，即 WGAN-GP。

（4）优化算法

采用基于 Adam 优化算法的 RMSProp 优化算法，可以更快地收敛，并且对于学习率的自适应能力更强。在实际训练中，使用 RMSProp 优化算法可以显著提高 WGAN 的性能。

总之，WGAN 通过引入基于 Wasserstein 距离的损失函数、简化判别器模型以及采用权重裁剪技术等，成功地解决了传统 GAN 训练过程中出现的一系列问题，从而在生成图像、音频等领域取得了很好的效果。Wasserstein 损失函数定义如下：

$$-\frac{1}{N}\sum_{i=1}^{N} y_i p_i \tag{4.7}$$

其中，y_i 为标签，其值为 1 或 –1（GAN 的标签值为 1 或 0），p_i 为预测值，其值是 $[-\infty, \infty]$ 之间的实数，而不是 $[0,1]$ 之间的实数。

WGAN 达到的效果如下：

● 彻底解决了 GAN 训练不稳定的问题，不再需要谨慎平衡生成器和判别器的训练程度。

● 基本解决了模型坍塌问题，确保了生成样本的多样性。

● 训练过程中有一个像交叉熵、准确率这样的数值来指示训练的进程，这个数值越小，代表 GAN 训练得越好，生成器产生的图像质量越高。

以上所述的各项优势无须依赖复杂的网络架构设计，采用最简单的多层全连接网络就可实现。

4.4.2　Wasserstein 距离的优越性

Wasserstein 距离（也称为 Earth Mover's Distance）是一种用来度量两个概率分布之间差异的指标。相比传统的 KL 散度和 JS 散度等，Wasserstein 距离具有以下优越性。

（1）稳定性

KL 散度和 JS 散度在计算两个分布之间的距离时可能会面临不稳定的情况，尤其当两个分布在某些区域具有重叠但在其他区域具有很大差异时。而 Wasserstein 距离是通过计算从一个分布到另一个分布的最优传输得出的，因此具有更好的稳定性，并且在处理具有重叠区域的分布时更加合理。

（2）几何解释

Wasserstein 距离可以被解释为将一个分布变换为另一个分布所需的最小成本。其中，成本可以理解为从一个点转移到另一个点的距离乘以点的质量。相比于 KL 散度和 JS 散度，这种几何解释使得 Wasserstein 距离在分布之间的转换上更加直观和可解释。

（3）梯度的可用性

Wasserstein 距离具有可导性和良好的梯度性质，这使得它在深度学习领域得到广泛应用，特别是在 GAN 中。在训练 GAN 时通过最小化两个概率分布之间的 Wasserstein 距离，可以有效地改善生成图像的质量和稳定性。

（4）生成分布的多样性

Wasserstein 距离对生成模型来说是一个更有用的指标，因为它鼓励模型在生成样本时尽可能地覆盖整个训练数据分布。这有助于生成更多样化和高质量的样本。

需要注意的是，计算 Wasserstein 距离可能需要较高的计算成本，尤其是在高维空间中。但是，在某些特定的应用场景中，Wasserstein 距离的优越性往往超过了这些计算成本。

4.4.3　WGAN 的损失函数代码

（1）判别器的损失函数

```
d_loss=-torch.mean(outputs_r) + torch.mean(outputs_f)
```

其中，outputs_r = $D(images)$，outputs_f = $D(G(z))$，z 是从标准正态分布中的采样，images 是真实图像。

（2）生成器的损失函数

```
g_loss=-torch.mean(D(G(z)))
```

WGAN 可视化损失值如图 4-7 所示。

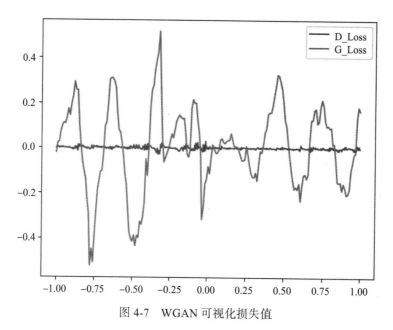

图 4-7　WGAN 可视化损失值

从图 4-7 可以看出，判别器的损失值振幅比较平缓，没有像 GAN 的振幅那么大。但生成器的损失值振幅还是比较大。

（3）比较 GAN 的损失函数

1）判别器的损失函数。

```
d_loss = d_loss_real + d_loss_fake
```

其中，d_loss_fake = nn.BCELoss(outputs, fake_labels)，d_loss_real = nn.BCELoss(outputs, real_labels)。

2）生成器的损失函数。

```
g_loss = nn.BCELoss (outputs, real_labels)
```

其中，outputs = $D(G(z))$。

4.4.4　WGAN 的其他核心代码

（1）WGAN 使用的优化器

GAN 使用 Adam 作为优化器，WGAN 以 RMSProp 作为优化器。

```
d_optimizer = torch.optim.RMSProp(D.parameters(), lr=0.0002)
g_optimizer = torch.optim.RMSProp(G.parameters(), lr=0.0002)
```

（2）对判别器的权重进行截取

```
for p in D.parameters():
    p.detach().clamp_(-0.01, 0.01)
```

4.5 WGAN-GP

WGAN-GP 是对 WGAN 的一种改进，它使用了一种称为梯度惩罚（Gradient Penalty）的技术来替代 WGAN 中的权重裁剪。其主要思想是通过对判别器的梯度进行惩罚，来达到与权重裁剪相同的效果，同时避免了权重裁剪可能会出现的一些问题。

除了梯度惩罚机制之外，WGAN-GP 中的判别器没有使用批量归一化（Batch Normalization）层。这是因为在批量归一化中，每个小批量的输入都会被归一化，并且在训练过程中会计算均值和方差。然而，在 WGAN-GP 中，每个小批量的输入都是从真实数据和生成数据中随机采样得到的。因此，不同的批次之间的数据分布可能会有很大的差异，这会导致批量归一化无法起到有效的归一化作用。

与 WGAN 相比，WGAN-GP 可以更好地应用于图像处理、自然语言处理等领域，具有更强的鲁棒性、可靠性和稳定性。

4.5.1 权重裁剪的隐患

由式（4.6）可知，判别器的损失函数希望尽可能拉大真假样本的分数差，然而权重裁剪独立地限制每一个网络参数的取值范围，在这种情况下，最优的策略就是尽可能让所有参数取极值，要么取最大值（如 0.01）要么取最小值（如 –0.01）！经过充分训练后，发现判别器中所有网络参数的数值分布的确集中在最大值和最小值两个极端上，如图 4-8 所示。

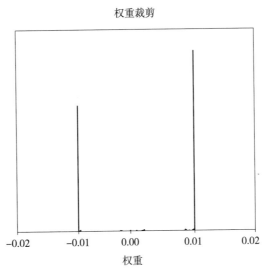

图 4-8 权重裁剪导致参数分布不均

　　此外，权重裁剪易导致梯度消失或者梯度爆炸。判别器是一个多层网络，如果我们把裁剪阈值设置得稍微小一点，每经过一层网络，梯度就会变小一点，多层之后就会指数衰减；反之，如果设置得稍微大一点，每经过一层网络，梯度就会变大一点，多层之后就会指数爆炸。只有设置得不大不小，才能让生成器获得恰到好处的回传梯度。然而在实际应用中，这个平衡区域可能很狭窄，会给调参工作带来麻烦。

　　相比之下，梯度惩罚可以让梯度在反向传播的过程中保持平稳。

4.5.2　梯度惩罚损失

　　权重裁剪方法简单，但有时效果不佳，容易导致权重分布走极端，进而导致梯度消失或爆炸等问题。如果改成对判别器的损失函数进行归一化，即在判别器的损失函数中添加一个梯度惩罚项，就可以让梯度在反向传播的过程中保持平稳，如图 4-9 所示。

梯度惩罚

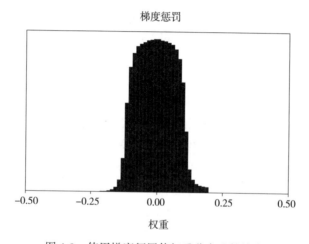

图 4-9　使用梯度惩罚使权重分布比较均衡

　　WGAN-GP 在计算判别器的损失函数时，增加了一个梯度惩罚项，用于惩罚判别器输出的梯度偏离 1 的程度。这个梯度惩罚项的表达式如下：

$$E_{x \sim p_{\hat{x}}}\left[\left\| \nabla_x D(x) \right\|_2 - 1\right]^2 \tag{4.8}$$

其中，样本 $\hat{x}$ 为随机插值样本，其生成过程为：随机采样一对真假样本，在 [0,1] 均匀分布上得到一个随机数 ε，在真假样本的连线上得到一个随机插值样本。这个过程可表示为：

$$x_{\text{data}} \sim p_{\text{data}}, \ x_g \sim p_g, \ \varepsilon \sim U[0,1] \tag{4.9}$$

$$\hat{x} = \varepsilon x_{\text{data}} + (1-\varepsilon) x_g \tag{4.10}$$

　　对这个过程图像化，如图 4-10 所示。

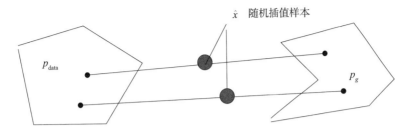

图 4-10　在真假样本的连线上得到一个随机插值样本

WGAN-GP 判别器的损失函数在 WGAN 判别器的损失函数的基础上添加梯度惩罚项，即在式（4.6）中添加一个梯度惩罚项：

$$\min_D -\left\{ E_{X \sim p_{data}}\left[D(x)\right] - E_{z \sim P_z}\left[D(G(z))\right] + \lambda E_{x \sim p_{\hat{x}}}\left[\|\nabla_x D(x)\|_2 - 1\right]^2 \right\} \qquad (4.11)$$

WGAN-GP 的训练过程与 WGAN 类似，即通过交替训练生成器和判别器来不断地优化模型。需要注意的是，相比于 WGAN，WGAN-GP 虽然解决了权重裁剪可能会引入的问题，但它也有一些自身的缺陷，比如在某些情况下可能会导致模型训练变慢或者出现梯度爆炸等问题。因此，在实际使用中需要根据具体情况进行选择和调整。

4.5.3　WGAN-GP 的训练过程

WGAN-GP 的训练过程如图 4-11 所示。

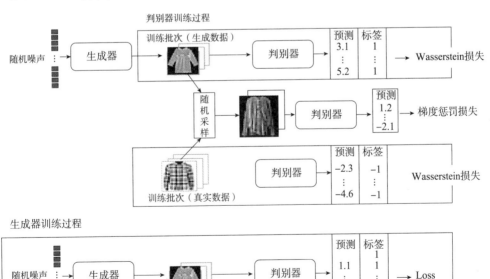

图 4-11　WGAN-GP 的训练过程示意

结合图 4-11，对 WGAN-GP 的训练过程说明如下：

1）定义生成器 G 和判别器 D。首先定义生成器 G 和判别器 D 的网络结构和目标函数。

2）初始化生成器和判别器的参数。初始化生成器和判别器的参数，可以使用随机数或预训练的模型参数。

3）迭代训练。通过交替更新生成器和判别器的参数来迭代训练 GAN 模型。

- 对于生成器 G 的更新：生成器的目标是生成能够欺骗判别器的样本。首先生成一批噪声样本，然后将这些样本输入生成器 G 中得到生成的样本。接下来，将生成的样本输入判别器 D 中进行判别，并计算判别器对生成样本的损失。最后，通过反向传播来更新生成器的参数，减小判别器对生成样本的判别损失。

- 对于判别器 D 的更新：判别器的目标是准确地区分生成样本和真实样本。首先随机选择一批真实样本和生成样本，然后将这些样本输入判别器 D 中，分别计算判别器对真实样本和生成样本的损失。最后，通过反向传播来更新判别器的参数，减小判别器对真实样本和生成样本的判别损失。

4）添加梯度惩罚。WGAN-GP 通过添加梯度惩罚来增加训练的稳定性。具体来说，它在真实样本和生成样本之间的线段上随机采样一些样本，然后将这些样本输入判别器中计算梯度。接着，计算这些样本梯度的范数，并通过加权平均来计算整个梯度的范数。最后，将这个梯度的范数与一个预设的权重值 lambda 相乘，并将其添加到判别器的损失函数中。

5）重复步骤3）和步骤4）。反复迭代执行步骤3）和步骤4），直到生成器和判别器的性能收敛或达到预定的迭代次数。

通过以上训练过程，WGAN-GP 能够更稳定地训练生成器和判别器，从而生成更高质量的样本。

4.5.4　WGAN-GP 的损失函数代码

（1）判别器的损失函数

```
d_loss = -torch.mean(outputs_r) + torch.mean(outputs_f) + lambda_gp * gradient_penalty
```

其中，outputs_r = D(images)，outputs_f = $D(G(z))$，gradient_penalty = compute_gradient_penalty(D, images.detach(), fake_images.detach())。

对梯度惩罚函数（compute_gradient_penalty）的定义如下：

```
def compute_gradient_penalty(D, real_samples, fake_samples):
    """ 计算 WGAN-GP 的梯度惩罚损失 """
    # 真实样本和生成样本之间插值的随机权重项
    #alpha = Tensor(np.random.random((real_samples.size(0), 1, 1, 1)))
    alpha = Tensor(np.random.random((real_samples.size(0), 1)))
    # Get random interpolation between real and fake samples
```

```
    interpolates = (alpha * real_samples + ((1 - alpha) * fake_samples)).requires_
grad_(True)
    d_interpolates = D(interpolates)
    fake = Tensor(real_samples.shape[0], 1).fill_(1.0)
    # Get gradient w.r.t. interpolates
    gradients = autograd.grad(
        outputs=d_interpolates,
        inputs=interpolates,
        grad_outputs=fake,
        create_graph=True,
        retain_graph=True,
        only_inputs=True,
    )[0]
    gradients = gradients.view(gradients.size(0), -1)
    gradient_penalty = ((gradients.norm(2, dim=1) - 1) ** 2).mean()
    return gradient_penalty
```

（2）生成器的损失函数

```
g_loss=-torch.mean(outputs)
```

其中，outputs = $D(G(z))$。

WGAN-GP 的损失值变化情况如图 4-12 所示。

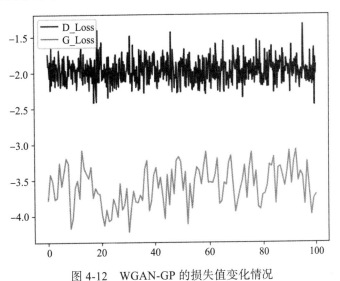

图 4-12　WGAN-GP 的损失值变化情况

从图 4-12 可以看出，WGAN-GP 的损失值比 WGAN、GAN 都更稳定。

第 5 章

StyleGAN 模型

StyleGAN 是一种 GAN 的模型架构，用于生成逼真的图像。它是由来自 OpenAI 的研究人员于 2019 年提出的，通过引入一些创新性的设计，取得了在图像生成任务上的显著成果。

StyleGAN 的主要目标是生成高质量、多样化且逼真的图像。为了实现这一目标，StyleGAN 采用了以下几个关键特点和技术：

1）分层生成器。StyleGAN 的生成器由多个层级组成，每个层级负责生成图像的不同细节和分辨率。生成器从粗略的图像开始，逐渐添加细节，使得生成图像更加逼真和细腻。

2）风格向量。StyleGAN 引入了风格向量的概念，用于控制生成图像的风格和样式。通过改变风格向量的值，可以对生成图像进行风格转换，如调整颜色、纹理和细节等。

3）高分辨率生成。StyleGAN 能够生成高分辨率的图像。生成器结合了一个高维的潜在空间和多个层级的生成结构，从而能够生成更加细致和清晰的图像。

4）特征统计损失。为了提高生成图像的质量，StyleGAN 引入了一种损失函数，即特征统计损失。这个损失函数从判别器的特征图中提取统计信息，并用于评估生成图像与真实图像之间的差异。

5）风格融合和插值。StyleGAN 的生成器允许对风格向量进行插值和融合，从而实现图像之间的风格转换和混合。这使得生成的图像能够在风格上具有更大的变化和多样性。

6）添加噪声，促进多样性和随机性。通过向生成器的输入或某些层级中添加噪声，可以增加生成图像的多样性和随机性。噪声的引入使得生成器不仅仅依赖于固定的输入向量或风格向量，而是在每次生成图像时都会有一定的随机性。这样可以防止生成图像过于规律和重复，并增加生成图像的创造性和丰富性。

5.1　ProGAN 简介

StyleGAN 的前身是 ProGAN（Progressive Growing of GAN），后续有很多升级版本，如 StyleGAN2、StyleGAN3、StyleGAN-XL、StyleGAN-T（StyleGAN-XL+CLIP）等。StyleGAN 模式如何过滤、操作不同等级风格？接下来进行详细说明。

1. 提出 ProGAN 的目标

ProGAN 是一种 GAN 模型，旨在解决生成高分辨率图像的问题。在传统的 GAN 模型中，由于深度神经网络的限制，难以生成高质量、高分辨率的图像。通过逐渐增加网络的层数和分辨率，在每个阶段中训练不同的生成器和判别器，ProGAN 可以生成更加逼真的、细节更多的图像。这种渐进式的训练方式使得 ProGAN 能够生成高分辨率的图像，如图 5-1 所示，并被广泛应用于计算机视觉领域，如超分辨率、图像修复、图像合成等任务。

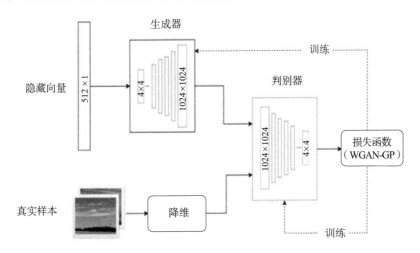

图 5-1　ProGAN 的渐进式训练过程

ProGAN 采用渐进式的训练过程，训练过程中网络的结构是在动态变化的。首先从非常小的分辨率（如 4×4 像素）开始，创建仅有少量网络层的生成网络，以合成该低分辨率的图像，并创建一个对应的结构的判别器。由于网络非常小，因此其训练相对较快，且仅学习到高度模糊化图像的大尺度结构。

训练完第一层之后，在生成器和判别器上新增一个网络层，将输出分辨率翻倍到 8×8。保留先前网络层训练的权重，但并不锁定权重，新增网络层为保持模型的稳定性，采用平滑过渡技术，继续训练直到 GAN 再次能合成真实图像，此时是新的 8×8 分辨率。

随着训练的改善，逐渐向生成器和判别器网络中添加层，进而增加生成图片的空间分辨率。所以它的网络结构是在动态变化的，这是有别于其他 GAN 的部分，可以提高训练高分辨率图像的速率。

按照这种方式，ProGAN 继续新增网络层，分辨率翻倍，训练网络直至达到期望的输出分辨率，其实现过程如图 5-2 所示。

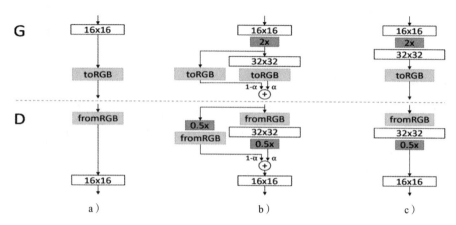

图 5-2　ProGAN 添加层时采用平滑的过渡技术

由图 5-2 可以看到，从图 a 的 16×16 图像过渡到图 c 的 32×32 图像，在过渡期间（图 b），把在更高的分辨率上操作的层当作一个残差块，其权重 α 从 0 到 1 线性增加。当 α 为 0 时，相当于图 a，当 α 为 1 时，相当于图 c。所以，在转换过程中，生成样本的像素是从 16×16 转换到 32×32 的。同理，对真实样本也做了类似的平滑过渡，也就是，在这个阶段的某个训练批次，真实样本是：

$$x = x_{16}(1-\alpha) + x_{16}\alpha \tag{5.1}$$

图 5-2 中的 $2\times$ 和 $0.5\times$ 指利用最近邻卷积和平均池化分别对图片分辨率加倍和折半。

toRGB 表示将一个层中的特征向量投射到 RGB 颜色空间中，fromRGB 正好相反，这两个过程都利用了 1×1 卷积。当训练判别器时，插入下采样后的真实图片去匹配网络中的当前分辨率。在分辨率转换过程中，会在两张真实图片的分辨率之间插值，类似于将两个分辨率结合到一起用生成器输出。

由于 ProGAN 是逐级直接生成图片，我们没有对其增加控制，也就无法获知它在每一级上学到的特征是什么，这就导致了它控制所生成图像的特定特征的能力非常有限（即 ProGAN 容易发生特征纠缠，则使用下面的映射网络）。换句话说就是特性之间的耦合性太强，这些特性是互相关联的，因此即使稍微调整一下输入，也会同时影响多个特性。我们希望有一种更好的模型，能让我们控制输出的图片内容，即在图片生成过程中每一级的特征，要能够特定决定生成图片某些方面的表象，并且相互间的影响尽可能小。于是，在 ProGAN 的基础上，StyleGAN 做出了进一步的改进与提升。

2. ProGAN 的主要创新点

ProGAN 的主要创新点如下：

1）采用渐进式的训练方法，通过逐渐增加生成器和判别器的层数来实现更高分辨率、更真实的图像生成。这种方法可以避免由于直接训练高分辨率图像而导致的梯度消失等问题，从而实现更好的生成效果。

2）提出了一种新的归一化方法，即均衡学习率（Equalized Learning Rate），其核心思想是使不同层级的权重在传播过程中得到更一致的更新，使网络的训练更稳定。

3）使用了一种特殊的技术，称为 SN-PRELU，可以更好地处理网络中的信息流，从而提高生成图像的质量。

这些技术和方法的组合使得 ProGAN 成为生成高分辨率图像的一种有效方法。

3. ProGAN 的不足

ProGAN 的不足主要体现在生成图像的细节和多样性方面。由于采用的是渐进式的训练方法，因此生成图像存在一定的模糊和平滑现象。此外，ProGAN 也无法控制生成图像的具体风格和特征（即 ProGAN 容易发生特征纠缠）。

为解决 ProGAN 的不足，人们又提出了 StyleGAN 模型，StyleGAN 是在 ProGAN 基础上进一步发展而来的，其主要创新点包括：

1）调整样本空间。通过对潜在空间进行调整，可以实现更精细的控制，如控制生成图像的年龄、性别、表情等。

2）多层次噪声。为了增强生成图像的多样性，StyleGAN 使用了多层次噪声机制，在生成器中加入多个噪声向量，从而可以控制生成图像的细节和纹理。

3）AdaIN 技术。StyleGAN 引入了一个全新的网络结构 AdaIN（Adaptive Instance Normalization，适应实例归一化），用于将潜在向量和噪声向量转换成生成器的输入。这种映射方式可以提高生成图像的质量和多样性，使得生成的图像更加真实。

5.2 StyleGAN 架构

StyleGAN 是一种开创性的模型，不仅可以生成高质量和逼真的图像，还可以对生成的图像进行更好的控制和理解，从而比以前更容易生成可信的假图像。StyleGAN 是 ProGAN 图像生成器的升级版本，重点关注生成器网络。

StyleGAN 的重点就是风格（Style），在提出 StyleGAN 的论文中具体是指人脸的风格，包括人脸表情、人脸朝向、发型等，还包括纹理细节上的人脸肤色、人脸光照等。

传统生成器与 StyleGAN 生成器的比较如图 5-3 所示。

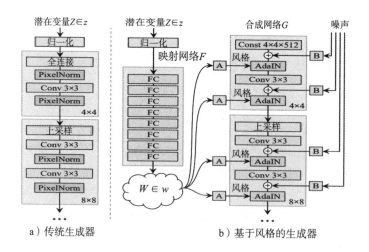

图 5-3　传统生成器与 StyleGAN 生成器的比较

StyleGAN 的网络结构包含两个部分：第一个是映射网络，即图 5-3b 的左半部分，由潜在变量 z 生成中间潜在变量 w 的过程，w 用来控制生成图像的风格；第二个是合成网络（Synthesis Network），它的作用是生成图像，创新之处在于给每一层子网络都输入 A 和 B，A 是由 w 转换得到的仿射变换，用于控制生成图像的风格，如图 5-4 所示。

图 5-4　操纵 CNN 中不同层次风格

B 是转换后的随机噪声，用于丰富生成图像的细节，即每个卷积层都能根据输入的 A 来调整风格，人们的脸上有许多小的特征，可以看作是随机的，如雀斑、发髻线的准确位置、皱纹、使图像更逼真的特征以及各种增加输出的变化，如图 5-5 所示。将这些小特征插入 GAN 图像的常用方法是在输入向量中添加随机噪声。

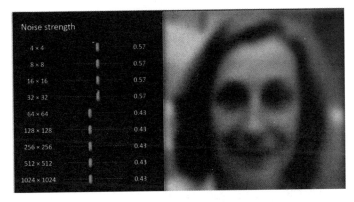

图 5-5　操控不同分辨率 B 的随机噪声

　　为了控制噪声仅影响图像样式上细微的变化，StyleGAN 采用类似于 AdaIN 机制的方式添加噪声，即在 AdaIN 模块的正向每个通道添加一个缩放过的噪声，并稍微改变其操作的分辨率级别特征的视觉表达方式。加入噪声后的生成人脸往往更加逼真与多样，这就是添加 B 的效果。

　　整个网络结构保持了 ProGAN 的结构。经典 GAN 的随机变量或者潜在变量 z 是通过输入层，即前馈网络的第一层提供给生成器的（图 5-3a）。而 StyleGAN 完全省略了输入层，直接从一个学习的常数开始（图 5-3b），即将 z 单独用映射网络变换成 w，再将 w 输入给合成网络的每一层。

　　映射网络负责对潜在空间进行解耦，该网络由 8 个全连接层组成，其输出层与输入层的大小相同。通过一系列仿射变换，将 z 转换成 w，再转换成风格 $y=(y_s, y_b)$，这就是 AdaIN 风格变换方法（见图 5-6）。输入向量控制视觉特征的能力是有限的，因其受限于训练数据

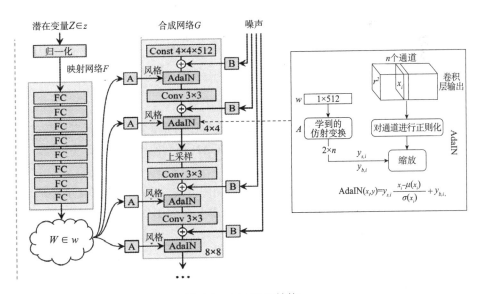

图 5-6　AdaIN 的结构

的概率密度。例如，如果黑发人的图像在数据集中更常见，则更多输入值将映射到该特征中。因此，该模型无法将部分输入（向量中的元素）映射到特征中，这种现象称为特征纠缠。然而，映射网络通过使用另一个神经网络，可以生成一个不必遵循训练数据分布的向量，并且可以减少特征之间的相关性。

StyleGAN 架构图如图 5-7 所示。

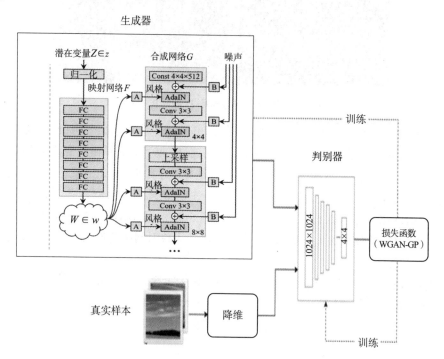

图 5-7　StyleGAN 架构图

5.3　StyleGAN 的其他算法

StyleGAN 模型中的 AdaIN 和 Style Mixing 是两种非常重要的算法，它们都被用于控制生成器输出图像的风格和属性。接下来介绍 StyleGAN 模型使用的其他算法。

（1）渐进式增强

渐进式增强（Progressive Growing）是一种训练方式，它从低分辨率开始训练生成器，并逐渐增加分辨率。这种训练方式可以使得生成器学习到更加复杂和精细的特征，从而生成更加逼真的图像。

（2）风格映射网络

风格映射网络（Style Mapping Network）是一种额外的神经网络，用于将输入的潜在向量映射到中间层的特征图上。它可以提高模型生成图像的品质和多样性。

（3）GAN 的损失函数

GAN 的损失函数由生成器和判别器两个部分组成，其中生成器的目标是生成逼真的图像，判别器的目标是区分真实图像和生成图像。通过不断优化损失函数，可以提高模型生成图像的质量和多样性。

总的来说，StyleGAN 模型采用了许多先进的技术和算法，这些技术和算法共同作用，使得模型能够生成高度逼真、多样化且具有可控的属性的图像。

5.4 用 PyTorch 从零开始实现 StyleGAN

本节只使用 StyleGAN 生成图像这一基本功能，不实现样式混合和随机变化等功能。掌握 StyleGAN 的基本功能之后，学习其他功能就容易多了。

使用的数据集为 women-clothes，图 5-8 为数据集样例。

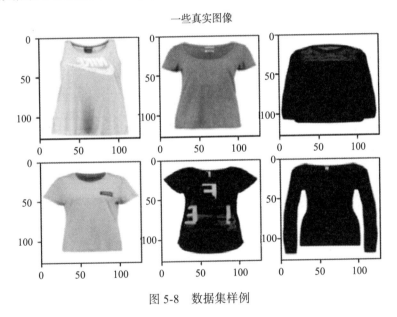

图 5-8　数据集样例

5.4.1　构建生成网络

StyleGAN 的生成网络结构如图 5-9 所示。

在 StyleGAN 中，映射网络通常用于调整生成图像的样式。其中的 WSLinear（Weight Scale Linear，加权缩放线性）层是一种特殊的线性变换层，用于在仿射变换中应用权重缩放。对 WSLinear 进行缩放的目的是增强生成器在样式操作方面的灵活性和控制能力。通过缩放 WSLinear 层的权重，可以调整生成图像的不同视觉特征，如颜色、纹理和形状等。这对于在生成图像时引入微妙的变化和样式转换非常有用。例如，通过适当的权重缩放，可以使生成的人脸图像看起来更年轻或更老等。

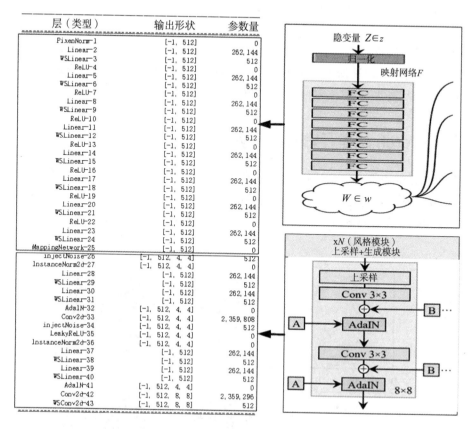

层（类型）	输出形状	参数量
PixenNorm-1	[-1, 512]	0
Linear-2	[-1, 512]	262,144
WSLinear-3	[-1, 512]	512
ReLU-4	[-1, 512]	0
Linear-5	[-1, 512]	262,144
WSLinear-6	[-1, 512]	512
ReLU-7	[-1, 512]	0
Linear-8	[-1, 512]	262,144
WSLinear-9	[-1, 512]	512
ReLU-10	[-1, 512]	0
Linear-11	[-1, 512]	262,144
WSLinear-12	[-1, 512]	512
ReLU-13	[-1, 512]	0
Linear-14	[-1, 512]	262,144
WSLinear-15	[-1, 512]	512
ReLU-16	[-1, 512]	0
Linear-17	[-1, 512]	262,144
WSLinear-18	[-1, 512]	512
ReLU-19	[-1, 512]	0
Linear-20	[-1, 512]	262,144
WSLinear-21	[-1, 512]	512
ReLU-22	[-1, 512]	0
Linear-23	[-1, 512]	262,144
WSLinear-24	[-1, 512]	512
MappingNetwork-25	[-1, 512]	
injectNoise-26	[-1, 512, 4, 4]	512
InstanceNorm2d-27	[-1, 512, 4, 4]	0
Linear-28	[-1, 512]	262,144
WSLinear-29	[-1, 512]	512
Linear-30	[-1, 512]	262,144
WSLinear-31	[-1, 512]	512
AdaIN-32	[-1, 512, 4, 4]	0
Conv2d-33	[-1, 512, 4, 4]	2,359,808
injectNoise-34	[-1, 512, 4, 4]	512
LeakyReLU-35	[-1, 512, 4, 4]	0
InstanceNorm2d-36	[-1, 512, 4, 4]	0
Linear-37	[-1, 512]	262,144
WSLinear-38	[-1, 512]	512
Linear-39	[-1, 512]	262,144
WSLinear-40	[-1, 512]	512
AdaIN-41	[-1, 512, 4, 4]	0
Conv2d-42	[-1, 512, 8, 8]	2,359,296
WSConv2d-43	[-1, 512, 8, 8]	512

图 5-9 生成网络结构

（1）构建 WSLinear

映射网络由 8 层 WSLinear 构成，构建 WSLinear 类，它将继承自 nn.Module。在初始化部分，输入 in_features 和 out_features。创建一个线性层，然后定义一个比例，该比例为 2 的平方根除以 in_features，将当前列层的偏移复制到一个变量中，因为我们不希望线性层的偏移被缩放，然后将其移除，最后初始化线性层。在正向部分，输入 x，用上述比例乘以 x，并添加偏差。具体实现代码如下：

```
class WSLinear(nn.Module):
    def __init__(
        self, in_features, out_features
    ):
        super(WSLinear,self).__init__()
        self.linear = nn.Linear(in_features, out_features)
        self.scale  = (2/in_features) ** 0.5
```

```
        self.bias    = self.linear.bias
        self.linear.bias = None
        # 对权重和偏置进行初始化
        nn.init.normal_(self.linear.weight)
        nn.init.zeros_(self.bias)
    def forward(self,x):
        # 对 x 进行缩放
        return self.linear(x * self.scale) + self.bias
```

（2）构建映射网络

```
class MappingNetwork(nn.Module):
    def __init__(self, Z_DIM, w_dim):
        super().__init__()
        self.mapping = nn.Sequential(
            PixenNorm(),
            WSLinear(Z_DIM, w_dim),
            nn.ReLU(),
            WSLinear(w_dim, w_dim),
            nn.ReLU(),
            WSLinear(w_dim, w_dim),
            nn.ReLU(),
            WSLinear(w_dim, w_dim),
            nn.ReLU(),
            WSLinear(w_dim, w_dim),
            nn.ReLU(),
            WSLinear(w_dim, w_dim),
            nn.ReLU(),
            WSLinear(w_dim, w_dim),
            nn.ReLU(),
            WSLinear(w_dim, w_dim),
        )
    def forward(self,x):
        return self.mapping(x)
```

映射网络的输出交给 AdaIN 处理。

（3）构建 AdaIN 类

构建 AdaIN 类的具体代码如下。

```
class AdaIN(nn.Module):
    def __init__(self, channels, w_dim):
        super().__init__()
        # 对 x 实例归一化
```

```
        self.instance_norm = nn.InstanceNorm2d(channels)
        # 对 w 进行仿射变换，生成 ys、yb
        self.style_scale = WSLinear(w_dim, channels)
        self.style_bias  = WSLinear(w_dim, channels)
    def forward(self,x,w):
        x = self.instance_norm(x)
        style_scale = self.style_scale(w).unsqueeze(2).unsqueeze(3)
        style_bias  = self.style_bias(w).unsqueeze(2).unsqueeze(3)
        return style_scale * x + style_bias
```

构建 AdaIN 类，在初始化部分，输入通道数及 w_dim，并初始化 instance_norm，它是实例规范化部分，初始化 style_scale 和 style_bias 两个参数，它们是 WSLinear 的自适应部分，WSLinear 将噪声映射网络 w 映射到通道中。在正向传播部分，输入 x，对其应用实例规范化，并返回 style_sclate*x+style_bias。

（4）创建类 InjectNoise

InjectNoise 类实现图 5-9 中的卷积层输出 ( )+ 噪声（B）功能，将噪声注入生成器，具体代码如下。

```
class injectNoise(nn.Module):
    def __init__(self, channels):
        super().__init__()
        self.weight = nn.Parameter(torch.zeros(1,channels,1,1))
    def forward(self, x):
        noise = torch.randn((x.shape[0], 1, x.shape[2], x.shape[3]), device = x.device)
        return x + self.weight + noise
```

在初始化部分，输入通道数，用随机正态分布初始化权重，并使用 nn.Parameter 来优化这些权重。在正向传播部分，我们发送一个图像 x，并在返回时添加随机噪声。

（5）构建生成模块

生成模块由 Conv->AdaIN->Conv->AdaIN 构成，如图 5-10 所示。

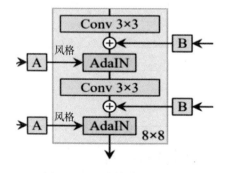

图 5-10　生成模块的架构图

在生成器的体系结构中，我们有一些重复的模式，所以需要先为这些模式创建一个类，以使整个代码尽可能简单明了，将从 nn.Module 继承的类命名为 GenBlock。具体代码如下：

```
class GenBlock(nn.Module):
    def __init__(self, in_channel, out_channel, w_dim):
        super(GenBlock, self).__init__()
        self.conv1 = WSConv2d(in_channel, out_channel)
        self.conv2 = WSConv2d(out_channel, out_channel)
        self.leaky = nn.LeakyReLU(0.2, inplace=True)
        self.inject_noise1 = injectNoise(out_channel)
        self.inject_noise2 = injectNoise(out_channel)
        self.adain1 = AdaIN(out_channel, w_dim)
        self.adain2 = AdaIN(out_channel, w_dim)
    def forward(self, x,w):
        x = self.adain1(self.leaky(self.inject_noise1(self.conv1(x))), w)
        x = self.adain2(self.leaky(self.inject_noise2(self.conv2(x))), w)
        return x
```

（6）构建生成器

把前面这些模块进行组合，就构成了 StyleGAN 的生成器，具体代码如下：

```
class Generator(nn.Module):
    def __init__(self, Z_DIM, w_dim, in_channels, img_channels=3):
        super().__init__()
        # 生成常数项输入，形状为 4×4
        self.starting_cte = nn.Parameter(torch.ones(1, in_channels, 4,4))
        self.map = MappingNetwork(Z_DIM, w_dim)
        self.initial_adain1 = AdaIN(in_channels, w_dim)
        self.initial_adain2 = AdaIN(in_channels, w_dim)
        # 对应卷积层输出 (x)+噪声 (B)
        self.initial_noise1 = injectNoise(in_channels)
        self.initial_noise2 = injectNoise(in_channels)
        self.initial_conv = nn.Conv2d(in_channels, in_channels, kernel_size=3, stride=1,
padding=1)
        self.leaky  = nn.LeakyReLU(0.2, inplace=True)
        self.initial_rgb  = WSConv2d(
            in_channels, img_channels, kernel_size = 1, stride=1, padding=0
        )
        self.prog_blocks, self.rgb_layers = (
            nn.ModuleList([]),
            nn.ModuleList([self.initial_rgb])
```

```
        )
        for i in range(len(factors)-1):
            conv_in_c = int(in_channels * factors[i])
            conv_out_c = int(in_channels * factors[i+1])
            self.prog_blocks.append(GenBlock(conv_in_c, conv_out_c, w_dim))
            self.rgb_layers.append(WSConv2d(conv_out_c, img_channels, kernel_size = 1,
stride=1, padding=0))
    def fade_in(self, alpha, upscaled, generated):
        return torch.tanh(alpha * generated + (1-alpha ) * upscaled)
    def forward(self, noise, alpha, steps):
        w = self.map(noise)
        # 第一个 AdaIN
        x = self.initial_adain1(self.initial_noise1(self.starting_cte),w)
        x = self.initial_conv(x)
        # 其他 AdaIN
        out = self.initial_adain2(self.leaky(self.initial_noise2(x)), w)
        if steps == 0:
            return self.initial_rgb(x)
        for step in range(steps):
            # 进行上采样，每次扩充 2 倍
            upscaled = F.interpolate(out, scale_factor=2, mode = 'bilinear')
            out = self.prog_blocks[step](upscaled,w)
        final_upscaled = self.rgb_layers[steps-1](upscaled)
        final_out = self.rgb_layers[steps](out)
        return self.fade_in(alpha, final_upscaled, final_out)
```

在初始化部分，让我们用常量 4×4（原始论文的 ×512 通道，在我们的例子中为 256）张量来初始化 starting_constant，该张量通过生成器的迭代，并通过映射网络进行映射。initial_adain1、initial_adain2 通 过 AdaIN 方法进行初始化；initial_noise1、initial_noise2 由 InjectNoise 方法实现，这种方法可以保证输入信号的强度不会发生大幅度改变；initial_conv 由将 in_channels 映射到自身的转换层实现，并使用激活函数 Leaky ReLU，斜率设置为 0.2；initial_rgb 由 WSConv2d 方法实现，将 in_channels 映射到 img_channels 中，对于 RGB，img_channels 值为 3；prog_blocks 由 ModuleList() 实现，它将包含所有渐进块，并通过 ModuleList() 进行存储；rgb_blocks 则包含所有 RGB 块。

为了注入新层（ProGAN 的原始组件），我们定义了 fade_in 函数，该函数接收 alpha、缩放和生成的部分作为输入，然后返回 torch.tanh(alpha * generated + (1-alpha) * upscaled)。这里使用 tanh 的原因是它将作为输出（生成的图像），使像素范围在 1 到 –1 之间。

在正向传播部分，我们发送噪声（Z_dim）、训练期间注入的 alpha 值（alpha 介于 0 和 1 之间）以及正在使用的当前分辨率的步数，通过 map 函数获得中间噪声向量 W，并将

starting_constant 传递给 initial_noise1。应用 initial_noise1 和 W，然后通过 initial_conv 函数，并再次使用 leaky 激活函数添加 initial_noise2，并应用 initial_noise2 和 W。然后检查 steps 是否为 0，如果是，则通过初始 RGB 进行处理，否则，在步长上进行循环。在每个循环中，进行放大操作，并通过与该分辨率相对应的渐进块进行处理。最后，将 alpha、final_out 和 final_upscaled 映射到 RGB 并进行处理后返回。

5.4.2　构建判别器网络

判别器网络的结构如图 5-11 所示，由卷积网络、加权缩放卷积模块（WSConv2d）等构成。

层（类型）	输出形状	参数量
Conv2d-1	[-1, 512, 512, 512]	768
WSConv2d-2	[-1, 512, 512, 512]	512
LeakyReLU-3	[-1, 512, 512, 512]	0
AvgPool2d-4	[-1, 3, 128, 128]	0
Conv2d-5	[-1, 512, 128, 128]	768
Conv2d-6	[-1, 512, 128, 128]	768
WSConv2d-7	[-1, 512, 128, 128]	512
WSConv2d-8	[-1, 512, 128, 128]	512
LeakyReLU-9	[-1, 512, 128, 128]	0
Conv2d-10	[-1, 512, 512, 512]	589,824
WSConv2d-11	[-1, 512, 512, 512]	512
LeakyReLU-12	[-1, 512, 512, 512]	0
Conv2d-13	[-1, 512, 512, 512]	589,824
WSConv2d-14	[-1, 512, 512, 512]	512
LeakyReLU-15	[-1, 512, 512, 512]	0
ConvBlock-16	[-1, 512, 512, 512]	0
AvgPool2d-17	[-1, 512, 128, 128]	0
Conv2d-18	[-1, 512, 128, 128]	592,128
WSConv2d-19	[-1, 512, 128, 128]	512
LeakyReLU-20	[-1, 512, 128, 128]	0
Conv2d-21	[-1, 512, 125, 125]	1,048,576
WSConv2d-22	[-1, 512, 125, 125]	512
LeakyReLU-23	[-1, 512, 125, 125]	0
Conv2d-24	[-1, 1, 125, 125]	512
WSConv2d-25	[-1, 1, 125, 125]	1

图 5-11　判别器网络的结构

在 StyleGAN 中，判别器的转换层采用了 WSConv2d 类来进行卷积操作。这一操作的目的是实现转换层的均衡学习率。

在传统的卷积操作中，每个卷积核的权重都是独立的，而且仅通过权重的数值来决定卷积操作的影响程度。但在 StyleGAN 中，为了实现均衡学习率，引入了一种新型的卷积操作，即加权缩放卷积层。

加权缩放卷积层通过两个缩放因子来调整卷积核的权重。一个是均值缩放因子，用于调整卷积核的权重的初始值，这样可以使得卷积操作对不同的输入特征具有相对平衡的影响；另一个是标准差缩放因子，它用于调整卷积核权重的方差，用来控制激活值的变化幅度。

通过这样的加权缩放操作，可以实现在转换层中均衡学习率的效果，即使对于不同的特征输入，卷积操作也能够保持相对平衡。这有助于提高判别器的稳定性和表达能力，从而提升模型的生成能力。

（1）创建 WSConv2d 类

```python
class WSConv2d(nn.Module):
    def __init__(
        self, in_channels, out_channels, kernel_size=3, stride=1, padding=1
    ):
        super(WSConv2d, self).__init__()
        self.conv = nn.Conv2d(in_channels, out_channels, kernel_size, stride, padding)
        self.scale = (2 / (in_channels * (kernel_size ** 2))) ** 0.5
        self.bias = self.conv.bias
        self.conv.bias = None
        # 初始化卷积层
        nn.init.normal_(self.conv.weight)
        nn.init.zeros_(self.bias)
    def forward(self, x):
        # 对卷积层的输入进行缩放
        return self.conv(x * self.scale) + self.bias.view(1, self.bias.shape[0], 1, 1)
```

（2）构建卷积模块

卷积模块由两个加权缩放卷积层构成。

```python
class ConvBlock(nn.Module):
    def __init__(self, in_channels, out_channels):
        super(ConvBlock, self).__init__()
        self.conv1 = WSConv2d(in_channels, out_channels)
        self.conv2 = WSConv2d(out_channels, out_channels)
        self.leaky = nn.LeakyReLU(0.2)
    def forward(self, x):
        # 卷积模块由两个卷积层构成，使用 leaky 激活函数
        x = self.leaky(self.conv1(x))
        x = self.leaky(self.conv2(x))
        return x
```

（3）构建判别器

Discriminator 类与 ProGAN 中的类相同。

```python
class Discriminator(nn.Module):
    def __init__(self, in_channels, img_channels=3):
        super(Discriminator, self).__init__()
        self.prog_blocks, self.rgb_layers = nn.ModuleList([]), nn.ModuleList([])
        self.leaky = nn.LeakyReLU(0.2)
```

```python
        # 基于分辨率递减列表 (factors) 进行由大到小逆推
        # 使 prog_block 和 rgb 层的输入尺寸由大变小，先是 1024×1024，然后是 512、256 等
        for i in range(len(factors) - 1, 0, -1):
            conv_in = int(in_channels * factors[i])
            conv_out = int(in_channels * factors[i - 1])
            self.prog_blocks.append(ConvBlock(conv_in, conv_out))
            self.rgb_layers.append(
                WSConv2d(img_channels, conv_in, kernel_size=1, stride=1, padding=0)
            )
        # initial_rgb 表示颜色 RGB 的 4×4 大小的层
        # 该层 "镜像" 生成器的 initial_rgb 层
        self.initial_rgb = WSConv2d(
            img_channels, in_channels, kernel_size=1, stride=1, padding=0
        )
        self.rgb_layers.append(self.initial_rgb)
        self.avg_pool = nn.AvgPool2d(
            kernel_size=2, stride=2
        )   # 使用平均池化实现下采样
        # 输入形状是 4×4
        self.final_block = nn.Sequential(
            # in_channels+1 是因为需要与 MiniBatch std 拼接
            WSConv2d(in_channels + 1, in_channels, kernel_size=3, padding=1),
            nn.LeakyReLU(0.2),
            WSConv2d(in_channels, in_channels, kernel_size=4, padding=0, stride=1),
            nn.LeakyReLU(0.2),
            WSConv2d(
                in_channels, 1, kernel_size=1, padding=0, stride=1
            ),   # 使用卷积层替换全连接层
        )
    def fade_in(self, alpha, downscaled, out):
        """ 使用 avg pooling 和 CNN 的输出实现缩放 """
        # alpha 是 [0, 1] 范围内的标量，并且 upscale.shape == generated.shape
        return alpha * out + (1 - alpha) * downscaled
    def minibatch_std(self, x):
        batch_statistics = (
            torch.std(x, dim=0).mean().repeat(x.shape[0], 1, x.shape[2], x.shape[3])
        )
        # 对每个示例（跨所有通道和像素）采用标准差，然后将其重复多次，最后，沿通道将其与图像连接起来
        # 通过这种方式，判别器将获得有关批次、图像变化的信息
        return torch.cat([x, batch_statistics], dim=1)
    def forward(self, x, alpha, steps):
```

```
# 根据 prog_blocks 列表，如果 steps=1，表示从倒数第二个开始，
# 此时 input_size 为 8×8
# 如果 steps==0，那么就使用 4×4 块
cur_step = len(self.prog_blocks) - steps
# RGB 层依赖于图像大小（每个图像都位于 RGB 层上）
out = self.leaky(self.rgb_layers[cur_step](x))
if steps == 0:  # i.e, image is 4x4
    out = self.minibatch_std(out)
    return self.final_block(out).view(out.shape[0], -1)
# 因为 prog_blocks 可能会改变通道，在缩小规模过程中，可以使用 rgb_layer
# 先前或较小尺寸的层，这里使用索引 +1 的选择方式
downscaled = self.leaky(self.rgb_layers[cur_step + 1](self.avg_pool(x)))
out = self.avg_pool(self.prog_blocks[cur_step](out))
# fade_in 在采样和输入之间完成，与生成器相反
out = self.fade_in(alpha, downscaled, out)
for step in range(cur_step + 1, len(self.prog_blocks)):
    out = self.prog_blocks[step](out)
    out = self.avg_pool(out)
out = self.minibatch_std(out)
return self.final_block(out).view(out.shape[0], -1)
```

5.4.3　损失函数

（1）判别器的损失函数

StyleGAN 的判别器采用了 WGAN-GP 中的梯度惩罚项，增加梯度惩罚项是让判别函数尽量符合 1-Lipschitz 范数限制，即梯度的模始终小于 1，这样才能让判别器的求解结果逼近 Wasserstein 距离。但是 WGAN-GP 并未达到严格的 1-Lipschitz 范数限制，真正实现这一限制的是 SNGAN 中的谱归一化方法。最终 StyleGAN 的判别器损失函数为：

$$\text{Loss}D = D\big(G(z)\big) - D(x) + \eta \cdot \big(\|\nabla T\| - 1\big)2 + \varepsilon \cdot D(x)^2 \tag{5.2}$$

具体代码实现如下：

```
loss_critic = (
        -(torch.mean(critic_real) - torch.mean(critic_fake))
        + LAMBDA_GP * gp
        + (0.001) * torch.mean(critic_real ** 2)
    )
```

其中：

critic_real = critic(real, alpha, step)

critic_fake = critic(gen(noise, alpha, step).detach(), alpha, step)

```
gp = gradient_penalty(critic, real, fake, alpha, step, DEVICE)
```
（2）生成器的损失函数

$$LossG=-D(G(z))$$

具体实现代码如下：

```
loss_gen = -torch.mean(gen_fake)
```

其中，gen_fake = critic(gen(noise, alpha, step), alpha, step)。

5.5 StyleGAN 的最新进展

StyleGAN 是由 NVIDIA 提出的 GAN 模型，通过生成逼真且高分辨率的图像而受到广泛关注。以下是 StyleGAN 模型的各个版本的特点及其发展情况。

1. StyleGAN

- StyleGAN 是最早的版本，于 2018 年发表。
- 它的特点是通过引入 Style-based 的生成器架构，实现了对图像样式的可控性。
- StyleGAN 通过在生成器中使用 AdaIN 来控制每个样式层的样式。
- 该版本在生成逼真和高分辨率图像方面取得了显著的突破。

2. StyleGAN2

- StyleGAN2 于 2019 年发表，是 StyleGAN 的进一步改进和优化版本。
- 它提出了一种重新设计的生成器架构，称为 StyleGAN2-ADA。
- StyleGAN2-ADA 在生成器中使用了新的网络结构和优化策略，以提升生成图像的质量和稳定性。
- StyleGAN2-ADA 引入了可调整的学习率和数据增强等技术，使训练更加高效和可控。

3. StyleGAN3

- StyleGAN3 的特点包括更加复杂的生成器架构和更强的生成能力。
- StyleGAN3 进一步提升了图像质量、减少训练时间，并引入新的技术和算法。

5.5.1 StyleGAN2 简介

StyleGAN 的不足主要集中在两个方面：一是训练时间较长。由于 StyleGAN 引入了许多复杂的设计，包括分层的潜在空间表示、风格变量和可微的噪声注入等，因此其训练时间相对传统的 GAN 模型更长。二是模型较大。由于 StyleGAN 采用了分层的设计和多个网络模块，因此其模型比传统的 GAN 模型更大。为了改进这些问题，研究人员提出了

StyleGAN 的改进版——StyleGAN2。StyleGAN2 做了以下改进：

（1）更快的训练速度

StyleGAN2 采用了一种新的调整学习率的方法，称为"动态学习率缩放"。这种方法能够加速模型的收敛速度，并且在训练过程中节省计算资源。

（2）更小的模型

StyleGAN2 使用了一种新的网络结构，称为"显式归一化器"，它可以有效地缩小模型并提高生成图像的质量。

（3）更好的生成效果

StyleGAN 中的水滴问题是由于生成器网络的特殊结构和训练过程中的优化目标产生的。具体来说，StyleGAN 中使用了 AdaIN 方法，该方法能够调整每个样本的特征图的均值和方差以使得生成的图像更加真实。在训练过程中，当某些分辨率的特征图的均值和方差变得非常小甚至接近于零时，会导致生成的图像出现明显的水滴状伪影。这是因为此时生成器无法正确地调整特征图的均值和方差，从而导致生成的图像出现明显的偏移。

另外，StyleGAN 中的生成器网络还采用了多分辨率的结构，通过逐渐增加分辨率来生成高质量的图像。在低分辨率时，由于特征图的空间尺度较大，可能会造成较大的空洞和断裂，进而导致生成的图像出现明显的伪影。

StyleGAN2 还优化了许多细节，例如改进了生成器的结构和损失函数，以提高生成图像的质量和多样性。

5.5.2　StyleGAN3 简介

StyleGAN3 是由 NVIDIA 提出的一种图像生成模型，它主要由三部分组成：生成器、判别器和投影器。其中，生成器是一个多层感知器网络，通过将噪声向量变换为逐渐复杂的特征表示来生成图像。判别器用于判定生成的图像是否真实，通过训练判别器，使其能够区分真实图像和生成图像。投影器则负责将图像映射到潜在空间中。

相较于 StyleGAN2，StyleGAN3 做了以下改进：

● 引入自适应权重标准化机制（Adaptive Weight Normalization，AWN）：AWN 能够针对每个样本动态地归一化网络权重，以此减少面部失真现象，提高生成器的表现能力。

● 引入多级中间表示（Multi-Scale Interpolation）：在 StyleGAN2 中，所有层的特征图都以同样的方式进行插值。而在 StyleGAN3 中，根据特征图的尺寸采用不同的插值方式，这可以提高处理大分辨率图像时的效率。

● 改进了噪声注入方法和训练策略：在 StyleGAN3 中，增加了一个可学习的噪声向量，可以通过调整这个噪声向量来控制生成图像的风格。此外，引入了一种新的训练策略，称为"微扰样本"，可以提高生成图像的质量和多样性。

总体来说，StyleGAN3 相对于 StyleGAN2 在生成图片的质量、多样性和效率上都有所提高。

5.5.3 StyleGAN 与 DeepDream 模型的异同

StyleGAN 模型和 DeepDream 模型都是基于神经网络的图像生成技术，但有一些区别。首先，StyleGAN 模型是一种 GAN 模型，而 DeepDream 模型则是一种 CNN 模型。GAN 和 CNN 在设计上有很大不同，GAN 主要是通过生成器和判别器两个网络相互对抗来实现图像生成，而 CNN 则是通过多层卷积神经网络提取特征并进行分类或者回归等任务。

其次，StyleGAN 模型能够生成高度逼真的图像，同时还能控制生成图像的样式和属性，比如头发、眼睛、面部表情等。而 DeepDream 模型则更注重对已有图像的变换和加工，可以将一张普通的照片变成抽象艺术品般的风格。

最后，从技术上来讲，StyleGAN 模型使用了一系列先进的算法和技巧，比如渐进式训练、AdaIN 等，使得其生成的图像更加逼真、多样化并且具有可控的属性，而 DeepDream 模型相对来说比较简单，没有那么复杂的算法和技巧。

5.6 DragGAN 简介

DragGAN 是一种基于 GAN 的图像风格迁移模型，其架构的核心组件如下。
- 编码器：将输入的图像转换为潜在空间的表示。
- 风格编码器：学习不同风格的潜在空间表示。
- 生成器：从潜在空间的表示中生成新的图像。
- 判别器：判别生成的图像是否与真实图像相似。

DragGAN 的训练过程采用了两个损失函数：重建损失和风格损失。重建损失用于保留原始图像的内容信息，风格损失用于实现图像的风格迁移。具体来说，风格损失是通过比较生成图像的风格编码器输出和目标风格编码器输出之间的距离来计算的。

相对于传统的 GAN，DragGAN 在以下几个方面做了改进。

1）引入自注意力机制：DragGAN 使用了一种新颖的基于自注意力机制的上采样方式，能够更好地保留图像的细节信息并生成更加逼真的高分辨率图像。

2）引入残差连接：DragGAN 在生成器中引入了残差连接，使得生成器可以跨层学习低、中、高层次的特征，并且更快收敛。

3）引入多尺度判别器：DragGAN 中使用了一个包含多个判别器的多尺度判别器，可以有效提升模型的性能和稳定性。

4）引入可变形卷积：DragGAN 采用了可变形卷积来替代传统的卷积操作，可以更好地处理对象的形变和旋转等情况，从而提升模型的表现力。

第 6 章

风格迁移

风格迁移是一种技术，可以将一张图像的风格与另一张图像的内容进行结合，创造出具有新风格的图像。这一技术广泛应用于艺术创作、图像编辑等领域。其中，DeepDream 模型是一种基于卷积神经网络的图像生成算法，可以通过在原始图像上应用一系列图像卷积操作，使图像中的特定模式得到放大和增强。

而风格损失和内容损失是在进行风格迁移时使用的重要概念。风格损失是通过比较两张图像的特征映射之间的差异来衡量它们的风格相似性，而内容损失则通过比较两张图像的特征映射之间的差异来衡量它们的内容差异。通过最小化总体损失函数，我们可以在保留原始图像内容的同时，将其风格与另一张图像的风格进行融合。

6.1 DeepDream 模型

卷积神经网络取得了突破性进展，效果也非常理想，但其过程一直像谜一样困扰着大家。为了揭开卷积神经网络的神秘面纱，人们探索了多种方法，如把这些过程可视化。但是，卷积神经网络是如何学习特征的？这些特征有哪些作用？如何可视化这些特征？这正是 DeepDream 解决的问题。

6.1.1 DeepDream 的原理

DeepDream 为了说明 CNN 学习到的各特征的意义，采用了放大处理的方式。具体来说，就是使用梯度上升的方法可视化网络每一层的特征，即将一张噪声图像输入网络，在反向更新时不更新网络权重，而是更新原始图像的像素值，以这种"训练图像"的方式来可视化网络。

    DeepDream 是如何放大图像特征的？这里我们先看一个简单实例。比如有一个网络学习了分类猫和狗的任务，现在给这个网络提供一张云的图像，这朵云可能比较像狗，那么机器提取的特征可能也会像狗。假设一个特征最后的输入概率为 [0.6, 0.4]，0.6 表示为狗的概率，0.4 表示为猫的概率，那么采用 L2 范数可以很好地达到放大特征的效果。对于一个特征 $L2 = x1^2 + x2^2$，若 $x1$ 越大，$x2$ 越小，则 $L2$ 越大，那么只需要最大化 $L2$ 就能保证当 $x1 > x2$ 时，迭代的轮数越多，$x1$ 越大，$x2$ 越小，即图像就会越来越像狗。每次迭代相当于计算一次 $L2$ 范数，然后用梯度上升的方法调整图像。优化的不再是权重参数，而是特征值或像素点，因此，在构建损失函数时，我们不使用交叉熵，而是使用最大化特征值的 $L2$ 范数，使图像经过网络之后提取的特征更像网络隐含的特征。

    以上是 DeepDream 的基本原理，具体实现的时候还要通过多尺度、随机移动等方法获取比较好的结果。后续在代码部分会给出详细解释。

6.1.2 DeepDream 算法的流程

    将基本图像输入预训练的 CNN 中，然后正向传播到特定层。为了更好地理解该层学到了什么，我们需要最大化该层的激活值。以该层输出为梯度，在输入图像上完成渐变上升，以最大化该层的激活值。不过，仅这样做并不能产生好的图像。为了提高训练质量，我们还需要使用一些技术来使得到的图像更好。我们可以进行高斯模糊以使图像更平滑，也可以使用多尺度（又称为八度）的图像进行计算。也就是说，先连续缩小输入图像，再逐步放大，然后将结果合并为一个图像进行输出。

    我们把上面的过程用图 6-1 来说明。

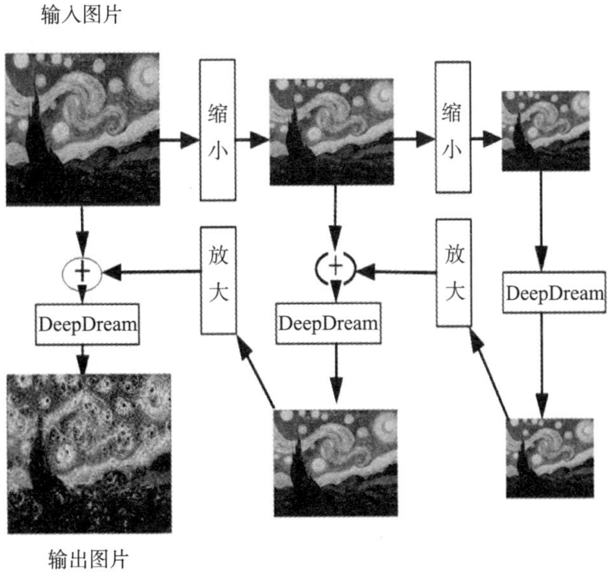

图 6-1 DeepDream 流程图

先对图像连续做两次等比例缩小，缩小图像是为了让图像的像素点调整后所得结果图像能显示得更加平滑。缩小两次后，把图像的每个像素点当作参数，对它们求偏导，这样就可以知道如何调整图像像素点，以使给定网络层的输出受到最大化的刺激。

6.1.3　使用 PyTorch 实现 DeepDream

使用 DeepDream 需解决两个问题，即如何获取有特殊含义的特征以及如何表现这些特征。

针对第一个问题，我们通常使用预训练模型，这里选择 VGG19 预训练模型。VGG19 预训练模型是基于 ImageNet 大数据集训练的模型，该数据集共有 1000 个类别。针对第二个问题，可以把这些特征最大化后展示在一张普通的图像上，该图像为星空图像。

为了使训练更加有效，我们还需要使用一点小技巧，即对图像进行不同大小的缩放，并对图像进行模糊或抖动等处理。

注意，这里需要下载预训练模型及两个函数（一个是 prod，另一个是 deep_dream_vgg）。下面来看具体实现过程。

（1）下载预训练模型

```
# 下载预训练模型 VGG19
vgg = models.vgg19(pretrained=True)
vgg = vgg.to(device)
print(vgg)
modulelist = list(vgg.features.modules())
```

（2）定义函数 prod

prod 属于 deep_dream 代码，传入输入图像，正向传播到 VGG19 的指定层（如第 8 层或第 32 层等），然后用梯度上升更新输入图像的特征值。详细代码如下：

```
def prod(image, layer, iterations, lr):
    input = preprocess(image).unsqueeze(0)
    input=input.to(device).requires_grad_(True)
    vgg.zero_grad()
    for i in range(iterations):
        out = input
        for j in range(layer):
            out = modulelist[j+1](out)
        # 以特征值的 L2 为损失值
        loss = out.norm()
        loss.backward()
        # 使梯度增大
```

```
        with torch.no_grad():
            input += lr * input.grad
    input = input.squeeze()
    # 交互维度
    input.transpose_(0,1)
    input.transpose_(1,2)
    # 将数据限制在 [0,1] 内
    input = np.clip(deprocess(input).detach().cpu().numpy(), 0, 1)
    im = Image.fromarray(np.uint8(input*255))
    return im
```

（3）定义函数 deep_dream_vgg

deep_dream_vgg 是一个递归函数，多次缩小图像，然后调用函数 prod。接着放大输出结果，并按一定比例与相应图像混合在一起，最终得到与输入图像相同大小的输出图像。详细代码如下：

```
def deep_dream_vgg(image, layer, iterations, lr, octave_scale=2, num_octaves=20):
    if num_octaves>0:
        image1 = image.filter(ImageFilter.GaussianBlur(2))
        if(image1.size[0]/octave_scale < 1 or image1.size[1]/octave_scale<1):
            size = image1.size
        else:
            size = (int(image1.size[0]/octave_scale), int(image1.size[1]/octave_scale))
        # 缩小图像
        image1 = image1.resize(size,Image.ANTIALIAS)
        image1 = deep_dream_vgg(image1, layer, iterations, lr, octave_scale, num_octaves-1)
        size = (image.size[0], image.size[1])
        # 放大图像
        image1 = image1.resize(size,Image.ANTIALIAS)
        image = ImageChops.blend(image, image1, 0.6)
    img_result = prod(image, layer, iterations, lr)
    img_result = img_result.resize(image.size)
    plt.imshow(img_result)
    return img_result
```

（4）输入图像并查看运行结果

```
night_sky = load_image('data/starry_night.jpg')
```

运行结果如图 6-2 所示。

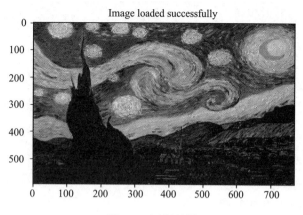

图 6-2   运行结果

下列代码表示使用 VGG19 的第 4 层：

```
night_sky_4 = deep_dream_vgg(night_sky, 4, 6, 0.2)
```

运行结果如图 6-3 所示。

图 6-3   VGG19 的第 4 层学到的特征

下列代码表示使用 VGG19 的第 8 层：

```
night_sky_8 = deep_dream_vgg(night_sky, 8, 6, 0.2)
```

运行结果如图 6-4 所示。

下列代码表示使用 VGG19 的第 32 层：

```
night_sky_32 = deep_dream_vgg(night_sky, 32, 6, 0.2)
```

运行结果如图 6-5 所示。

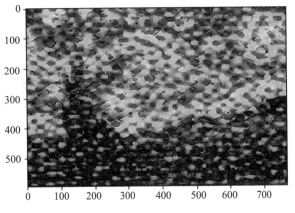

图 6-4 VGG19 的第 8 层学到的特征

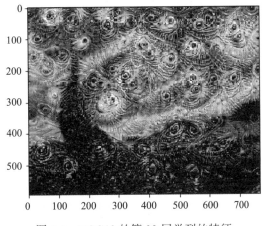

图 6-5 VGG19 的第 32 层学到的特征

从上面的结果可以看出，越靠近顶部的层，其激活值表现就越全面或抽象，如像某些类别（比如狗）的图案。

6.2 普通风格迁移

6.1 节已经介绍了利用 DeepDream 显示一个卷积网络某一层学到的一些特征，这些特征从底层到顶层，其抽象程度是不一样的。实际上，这些特征还包括风格等重要信息，风格迁移目前涉及 3 种风格，具体如下。

- 普通风格迁移：其特点是固定风格、固定内容，这是一种经典的风格迁移方法。
- 快速风格迁移：其特点是固定风格、任意内容。
- 极速风格迁移：其特点是任意风格、任意内容。

本节主要介绍普通风格迁移。基于神经网络的普通图像风格迁移是德国的 Gatys 等人在 2015 年提出的，其主要原理是将参考图像的风格应用于目标图像，同时保留目标图像的内容，如图 6-6 所示。

目标内容　　　　　　参考风格　　　　　　组合后的图像

 +  =

图 6-6　一个风格迁移的示例

实现风格迁移的核心思想就是定义损失函数，所以如何定义损失函数成为解决问题的关键。这个损失函数应该包括内容损失和风格损失，用公式来表示就是：

```
loss = distance(style(reference_image) - style(generated_image)) +
       distance(content(original_image) - content(generated_image))
```

那么，如何定义内容损失和风格损失呢？接下来进行具体介绍。

6.2.1　内容损失

由 6.1 节 DeepDream 的实例可知，卷积神经网络不同层学到的图像特征是不一样的。靠近底层（或输入端）的卷积层学到的是比较具体、局部的图像特征，如位置、形状、颜色、纹理等。靠近顶部或输出端的卷积层学到的是更全面、更抽象的图像特征，但会丢失图像的一些详细信息。基于这个原因，Gatys 发现使用靠近底层但不能靠太近的层来衡量图像内容比较理想。图 6-7 是 Gatys 使用不同卷积层的特征值进行内容重建和风格重建的效果对比。

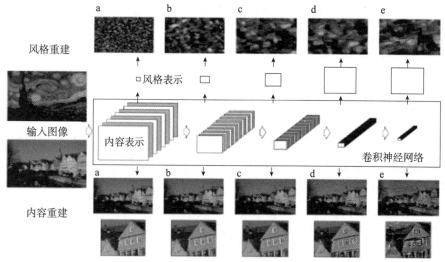

图 6-7　使用不同卷积层进行内容重建和风格重建的效果对比

对于内容重建来说，使用原始网络的 5 个卷积层（conv1_1(a)、conv2_1 (b)、conv3_1 (c)、conv4_1 (d) 和 conv5_1(e)），即图上方的 a、b、c、d、e。VGG 网络主要用来做内容识别，作者在实践中发现，使用前三层 a、b、c 已经能够较好地完成内容重建工作，d、e 两层保留了一些比较高层的特征，丢失了一些细节。

使用 PyTorch 实现内容损失函数的代码如下。

1）定义内容损失函数。

```
class ContentLoss(nn.Module):
    def __init__(self, target,):
        super(ContentLoss, self).__init__()
        # # 必须用 detach 来分离出 target, 这时 target 不再是一个变量,
        # 这是为了动态计算梯度，否则前向传播会出错
        self.target = target.detach()
    def forward(self, input):
        self.loss = F.mse_loss(input, self.target)
        return input
```

2）在卷积层上求损失值。

```
content_layers = ['conv_4']
if name in content_layers:
        # 累加内容损失
        target = model(content_img).detach()
        content_loss = ContentLoss(target)
        model.add_module("content_loss_{}".format(i), content_loss)
        content_losses.append(content_loss)
```

6.2.2 风格损失

在图 6-7 中，在进行风格重建时，我们采用了 VGG 网络中靠近底层的一些卷积层的不同子集：

'conv1_1' (a)

'conv1_1', 'conv2_1' (b)

'conv1_1', 'conv2_1', 'conv3_1' (c)

'conv1_1', 'conv2_1' , 'conv3_1', 'conv4_1' (d)

'conv1_1', 'conv2_1' , 'conv3_1', 'conv4_1', 'conv5_1' (e)

靠近底层的卷积层保留了图像的很多纹理、风格信息。由图 6-7 不难发现，d、e 的效果更好些。

如何衡量风格？ Gatys 采用了基于通道的格拉姆矩阵（Gram Matrix），即某一层的不同通道的特征图的内积。这个内积可以理解为该层特征之间相互关系的映射，这些关系反映

了图像的纹理统计规律。格拉姆矩阵的计算过程如图 6-8 所示。

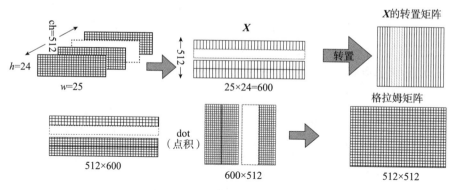

图 6-8　格拉姆矩阵的计算过程

假设输入图像经过卷积后，得到的特征图为 [ch, h, w]，其中 ch 表示通道数，h、w 分别表示特征图的大小。经过展平和矩阵转置操作后，特征图可以变形为 [ch, h*w] 和 [h*w, ch] 的矩阵。再对两个矩阵做内积得到 [ch, ch] 大小的矩阵，这就是我们所说的格拉姆矩阵，如图 6-8 中的最后一个矩阵。

注意，图 6-8 中没有出现批量大小（batch size），这里假设 batch size=1，如果 batch size 大于 1，则 X 矩阵的形状应该是（batch size*ch，w*h），

使用 PyTorch 实现风格损失函数的代码如下。

1）先计算格拉姆矩阵。

```
def gram_matrix(input):
    a, b, c, d = input.size()  # a 表示批量的大小，这里 batch size=1
    # b 是特征图的数量
    # (c,d) 是特征图的维度 (N=c*d)
    features = input.view(a * b, c * d)  # 对应图 6-8 中的 X 矩阵
    G = torch.mm(features, features.t())  # 计算内积
    # 对格拉姆矩阵标准化，即除以特征图像素总数
    return G.div(a * b * c * d)
```

2）计算风格损失。

```
class StyleLoss(nn.Module):
    def __init__(self, target_feature):
        super(StyleLoss, self).__init__()
        self.target = gram_matrix(target_feature).detach()
    def forward(self, input):
        G = gram_matrix(input)
        self.loss = F.mse_loss(G, self.target)
        return input
```

3）计算多个卷积层的累加。

```
style_layers = ['conv_1', 'conv_2', 'conv_3', 'conv_4', 'conv_5']
if name in style_layers:
        # 累加风格损失
        target_feature = model(style_img).detach()
        style_loss = StyleLoss(target_feature)
        model.add_module("style_loss_{}".format(i), style_loss)
        style_losses.append(style_loss)
```

4）计算总损失值。

```
for sl in style_losses:
        style_score += sl.loss
    for cl in content_losses:
        content_score += cl.loss
    style_score *= style_weight
    content_score *= content_weight
    loss = style_score + content_score
```

在计算总损失值时，对内容损失和风格损失是有侧重的，即需要为各自的损失值加上权重。

6.2.3　使用 PyTorch 实现神经网络风格迁移

这里使用的预训练模型还是 6.1.3 节使用的 VGG19 模型，输入数据包括一张代表内容的图像（上海外滩）和一张代表风格的图像（梵高的星空）。主要步骤如下。

1）导入数据，并进行预处理。

```
# 指定输出图像大小
imsize = 512 if torch.cuda.is_available() else 128
imsize_w=600
# 对图像进行预处理
loader = transforms.Compose([
    transforms.Resize((imsize,imsize_w)),
    transforms.ToTensor()])
def image_loader(image_name):
    image = Image.open(image_name)
    # 增加一个维度，其值为 1，这是为了满足神经网络对输入图像的形状要求
    image = loader(image).unsqueeze(0)
    return image.to(device, torch.float)
style_img = image_loader("./data/starry-sky.jpg")
content_img = image_loader("./data/shanghai_buildings.jpg")
```

```
print("style size:",style_img.size())
print("content size:",content_img.size())
assert style_img.size() == content_img.size(), "we need to import style and content
images of the same size"
```

2）显示图像。

```
unloader = transforms.ToPILImage()
plt.ion()
def imshow(tensor, title=None):
    image = tensor.cpu().clone()    # 为避免因 image 修改而影响 tensor 的值，这里采用 clone 方法
    image = image.squeeze(0)        # 去掉批量这个维度
    image = unloader(image)
    plt.imshow(image)
    if title is not None:
        plt.title(title)
    plt.pause(0.001)
plt.figure()
imshow(style_img, title='Style Image')
plt.figure()
imshow(content_img, title='Content Image')
```

运行结果如图 6-9 和图 6-10 所示。

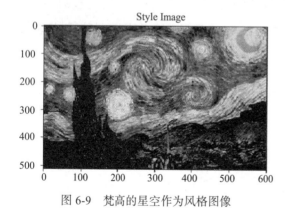

图 6-9　梵高的星空作为风格图像

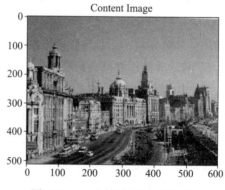

图 6-10　上海外滩作为内容图像

3）下载预训练模型。

```
cnn = models.vgg19(pretrained=True).features.to(device).eval()
# 查看网络结构
print(cnn)
```

对于获取的预模型，无须更新权重，故把特征设置为 eval() 模式，而非 train() 模式。

4）选择优化器。

```
def get_input_optimizer(input_img):
    # 这里需要对输入图像进行梯度计算，故设置为 requires_grad_()，优化方法采用 LBFGS
    optimizer = optim.LBFGS([input_img.requires_grad_()])
    return optimizer
```

5）构建模型。

```
# 为计算内容损失和风格损失，指定使用的卷积层
content_layers_default = ['conv_4']
style_layers_default = ['conv_1', 'conv_2', 'conv_3', 'conv_4', 'conv_5']
def get_style_model_and_losses(cnn, normalization_mean, normalization_std,
                               style_img, content_img,
                               content_layers=content_layers_default,
                               style_layers=style_layers_default):
    cnn = copy.deepcopy(cnn)
    # 标准化模型
    normalization = Normalization(normalization_mean, normalization_std).to(device)
    # 初始化损失值
    content_losses = []
    style_losses = []
    # 使用 Sequential 方法构建模型
    model = nn.Sequential(normalization)
    i = 0  # 每次迭代增加 1
    for layer in cnn.children():
        if isinstance(layer, nn.Conv2d):
            i += 1
            name = 'conv_{}'.format(i)
        elif isinstance(layer, nn.ReLU):
            name = 'relu_{}'.format(i)
            layer = nn.ReLU(inplace=False)
        elif isinstance(layer, nn.MaxPool2d):
            name = 'pool_{}'.format(i)
        elif isinstance(layer, nn.BatchNorm2d):
            name = 'bn_{}'.format(i)
        else:
            raise RuntimeError('Unrecognized layer: {}'.format(layer.__class__.__name__))
        model.add_module(name, layer)
        if name in content_layers:
            # 累加内容损失
            target = model(content_img).detach()
```

```
            content_loss = ContentLoss(target)
            model.add_module("content_loss_{}".format(i), content_loss)
            content_losses.append(content_loss)
        if name in style_layers:
            # 累加风格损失
            target_feature = model(style_img).detach()
            style_loss = StyleLoss(target_feature)
            model.add_module("style_loss_{}".format(i), style_loss)
            style_losses.append(style_loss)
    # 对在内容损失和风格损失之后的层进行修剪
    for i in range(len(model) - 1, -1, -1):
        if isinstance(model[i], ContentLoss) or isinstance(model[i], StyleLoss):
            break
    model = model[:(i + 1)]
    return model, style_losses, content_losses
```

6）训练模型。

```
def run_style_transfer(cnn, normalization_mean, normalization_std,
                        content_img, style_img, input_img, num_steps=300,
                        style_weight=1000000, content_weight=1):
    """Run the style transfer."""
    print('Building the style transfer model..')
    model, style_losses, content_losses = get_style_model_and_losses(cnn,
        normalization_mean, normalization_std, style_img, content_img)
    optimizer = get_input_optimizer(input_img)
    print('Optimizing..')
    run = [0]
    while run[0] <= num_steps:
        def closure():
            input_img.data.clamp_(0, 1)
            optimizer.zero_grad()
            model(input_img)
            style_score = 0
            content_score = 0
            for sl in style_losses:
                style_score += sl.loss
            for cl in content_losses:
                content_score += cl.loss
            style_score *= style_weight
            content_score *= content_weight
            loss = style_score + content_score
```

```
        loss.backward()
        run[0] += 1
        if run[0] % 50 == 0:
            print("run {}:".format(run))
            print('Style Loss : {:4f} Content Loss: {:4f}'.format(
                style_score.item(), content_score.item()))
            print()
        return style_score + content_score
    optimizer.step(closure)
input_img.data.clamp_(0, 1)
return input_img
```

7）运行代码并查看结果，如图 6-11 所示。

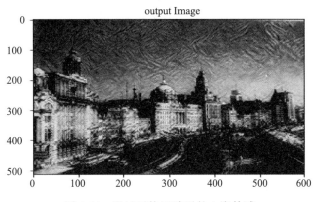

图 6-11　通过风格迁移后的上海外滩

6.3　使用 PyTorch 实现图像修复

近些年，深度学习在图像修复（Image Inpainting）领域取得重大进展，方法很多，但基本原理类似。本节介绍一种基于编码器与解码器网络结构的图像修复方法。

6.3.1　网络结构

这里用来图像修复的网络结构称为上下文编码器（Context Encoder），主要由编码器 – 解码器构成。但是，编码器与解码器之间不是普通的全连接层，而是采用与通道等宽的全连接层，利用这种网络层可大大降低参数量。此外，还有一个对抗判别器，用来区分预测值与真实值，这与生成对抗网络的判别器功能类似，具体网络结构如图 6-12 所示。

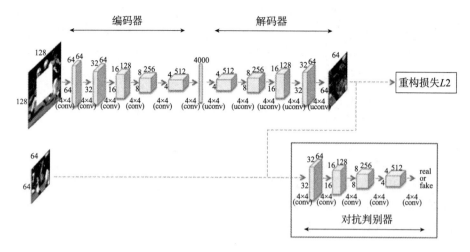

图 6-12　上下文编码器 – 解码器架构

其中，解码器基于 AlexNet 网络，它由 5 个上卷积操作组成，通过这些操作，图像可以恢复到与原图相同的大小。

该网络之所以称为上下文，是因为采用了语言处理中根据上下文预测的原理，这里采用被损坏周围部分的图像特征来预测被损坏的部分。如何学习到被损坏的特征？这就涉及下面将介绍的损失函数。

6.3.2　损失函数

整个模型的损失值由重构损失（Reconstruction Loss）与对抗损失（Adversarial Loss）组成。重构损失的计算公式为：

$$\mathcal{L}_{\text{rec}}\left(\chi\right) = \left\| \hat{M} \odot \left(\chi - F\left(\left(1 - \hat{M}\right) \odot \chi \right) \right) \right\|_2^2 \qquad (6.1)$$

其中，$\odot$ 为逐元素操作，$\hat{M}$ 为缺失图像的二进制掩码，1 表示缺失部分像素，0 表示输入像素。如果只有重构损失，修复的图像比较模糊，为解决这个问题，可增加一个对抗损失。

可以从多种可能的输出模式中选择一种对抗损失，换句话说，可以进行特定模式选择，使得预测结果看起来更真实。对抗损失的计算公式为：

$$\mathcal{L}_{\text{adv}} = \max_D E_{x \in \chi} \left[\log\left(D(x)\right) + \log\left(1 - D\left(F\left(\left(1 - \hat{M}\right) \odot x\right)\right)\right) \right] \qquad (6.2)$$

总的损失函数为重构损失与对抗损失的加权值。

$$\mathcal{L} = \lambda_{\text{rec}} \mathcal{L}_{\text{rec}} + \lambda_{\text{adv}} \mathcal{L}_{\text{adv}} \qquad (6.3)$$

6.3.3 图像修复实例

为了让大家有一个直观的理解，这里使用一个预训练模型来实现图像修复，该预训练模型基于大量街道数据训练得到。

1）定义测试模型。

```
class netG(nn.Module):
    def __init__(self, opt):
        super(netG, self).__init__()
        #ngpu 表示 GPU 个数，如果大于 1，将使用并发处理
        self.ngpu = opt.ngpu
        self.main = nn.Sequential(
            # 输入通道数为 opt.nc, 输出通道数为 opt.nef
            nn.Conv2d(opt.nc,opt.nef,4,2,1, bias=False),
            nn.LeakyReLU(0.2, inplace=True),
            nn.Conv2d(opt.nef,opt.nef,4,2,1, bias=False),
            nn.BatchNorm2d(opt.nef),
            nn.LeakyReLU(0.2, inplace=True),
            nn.Conv2d(opt.nef,opt.nef*2,4,2,1, bias=False),
            nn.BatchNorm2d(opt.nef*2),
            nn.LeakyReLU(0.2, inplace=True),
            nn.Conv2d(opt.nef*2,opt.nef*4,4,2,1, bias=False),
            nn.BatchNorm2d(opt.nef*4),
            nn.LeakyReLU(0.2, inplace=True),
            nn.Conv2d(opt.nef*4,opt.nef*8,4,2,1, bias=False),
            nn.BatchNorm2d(opt.nef*8),
            nn.LeakyReLU(0.2, inplace=True),
            nn.Conv2d(opt.nef*8,opt.nBottleneck,4, bias=False),
            # tate size: (nBottleneck) x 1 x 1
            nn.BatchNorm2d(opt.nBottleneck),
            nn.LeakyReLU(0.2, inplace=True),
            # 采用转置卷积，opt.ngf 为该层输出通道数
            nn.ConvTranspose2d(opt.nBottleneck, opt.ngf * 8, 4, 1, 0, bias=False),
            nn.BatchNorm2d(opt.ngf * 8),
            nn.ReLU(True),
            nn.ConvTranspose2d(opt.ngf * 8, opt.ngf * 4, 4, 2, 1, bias=False),
            nn.BatchNorm2d(opt.ngf * 4),
            nn.ReLU(True),
            nn.ConvTranspose2d(opt.ngf * 4, opt.ngf * 2, 4, 2, 1, bias=False),
            nn.BatchNorm2d(opt.ngf * 2),
            nn.ReLU(True),
```

```
        nn.ConvTranspose2d(opt.ngf * 2, opt.ngf, 4, 2, 1, bias=False),
        nn.BatchNorm2d(opt.ngf),
        nn.ReLU(True),
        nn.ConvTranspose2d(opt.ngf, opt.nc, 4, 2, 1, bias=False),
        nn.Tanh()
    )
    def forward(self, input):
        if isinstance(input.data, torch.cuda.FloatTensor) and self.ngpu > 1:
            output = nn.parallel.data_parallel(self.main, input, range(self.ngpu))
        else:
            output = self.main(input)
        return output
```

2）加载数据，包括加载预训练模型及测试图像等。

```
netG = netG(opt)
# 加载预训练模型，其存放路径为 opt.netG
netG.load_state_dict(torch.load(opt.netG,map_location=lambda storage, location:
storage)['state_dict'])
netG.eval()
transform = transforms.Compose([transforms.ToTensor(),
                        transforms.Normalize((0.5, 0.5, 0.5), (0.5, 0.5, 0.5))])
# 加载测试图像
image = load_image(opt.test_image, opt.imageSize)
image = transform(image)
image = image.repeat(1, 1, 1, 1)
```

3）保存图像。

```
save_image('val_real_samples.png',image[0])
save_image('val_cropped_samples.png',input_cropped.data[0])
save_image('val_recon_samples.png',recon_image.data[0])
print('%.4f' % errG.item())
```

4）查看修复后的图像。

```
reconsPath = 'val_recon_samples.png'
Image = mpimg.imread(reconsPath)
plt.imshow(Image) # 显示图像
plt.axis('off') # 不显示坐标轴
plt.show()
```

运行结果如图 6-13 所示。

图 6-13　修复后的图像

5）修复被损坏图像，结果如图 6-14 所示。

图 6-14　修复被损坏一块的图像示意

6.4　风格迁移与 StyleGAN 模型

风格迁移和 StyleGAN 模型在生成图像方面的目标是相似的，即以某种方式将输入的图像"转换"为具有所需风格或特点的图像。然而，它们在实现和方法上存在一些不同。

（1）目标

风格迁移的目标是将一个图像的内容与另一个图像的风格融合在一起，生成一个新的图像，既保留了原始图像的内容特征，又具有目标图像的风格特征。

StyleGAN 的目标是从随机噪声向量中生成逼真的高分辨率图像，具有特定的风格和特征。

（2）数据和训练

风格迁移通常需要一对图像作为输入，一张是内容图像，一张是风格图像，并通过训练一个模型或使用预训练的模型来进行转化。

StyleGAN 则需要大量的无标签图像数据进行训练，通常使用大规模的数据集（如 CelebA-HQ）来训练生成器和判别器，以学习图像的特征分布和质量。

（3）模型架构

风格迁移通常使用编码器 – 解码器结构，其中编码器提取内容特征，解码器结合内容特征和风格特征生成合成图像。

StyleGAN 使用了 GAN 的架构，包括生成器和判别器。生成器通过学习生成逼真图像的分布，从随机噪声向量生成图像。判别器则通过学习区分真实图像和生成图像来提供反馈。

（4）控制和可调节性

风格迁移可以通过控制输入图像的内容和风格图像的比例来调整生成图像的效果，从而实现对输出图像的精确控制。

StyleGAN 具有更高的可调节性，通过控制输入向量的特定维度，调整生成图像的各种特征和属性，例如发色、面部表情等。

综上可知，风格迁移更关注融合不同图像的内容和风格，生成一张具有两者特点的合成图像，而 StyleGAN 则专注于生成高质量、逼真的图像，具有特定的风格和特征，并提供更大范围的控制和可调节性。

CHAPTER 7

第 7 章

注意力机制

在第 3、4 章中，我们探讨了生成模型在图像生成和潜在空间表示方面的应用。本章将进一步研究图像和序列任务中的注意力机制。

注意力机制是一种模仿人类注意力过程的计算机算法。它在机器学习和自然语言处理等领域被广泛应用。通过注意力机制，模型可以选择性地关注输入中的重要信息，从而提高模型在处理任务时的性能。

7.1 注意力机制简介

注意力机制的基本思想是，将输入序列中的每个元素（如词、像素等）与模型的当前状态进行比较，为每个输入元素分配一个权重值。这些权重值表示输入元素对当前状态的重要程度。然后，根据这些权重值，模型可以聚焦于最重要的元素，并对其进行进一步处理。

注意力机制的主要作用是让神经网络关注输入序列中最相关的部分，从而提高模型的性能。它可以解决长序列问题、输入和输出长度不同的问题，同时也能提升模型的泛化能力和鲁棒性。在机器翻译、文本摘要、对话、语音识别、图像分类等任务中，注意力机制已经被广泛应用。其主要应用有以下两种主要形式：

（1）注意力汇聚

注意力汇聚（Attention Mechanism）是在深度学习中常用的一种注意力机制。在自然语言处理和计算机视觉等任务中，注意力汇聚允许模型根据输入的不同部分赋予不同的权重或重要性。例如，在机器翻译任务中，模型可以根据输入句子中的每个词的重要程度来选择性地关注，并在翻译输出时给予适当的注意。

（2）自注意力

自注意力（Self-Attention）是注意力机制的一种特殊形式，广泛应用于序列数据，如文本序列或时间序列。它允许序列中的每个元素（例如单词或时间步）都能与其他元素相互交互，以计算它们之间的相关性。这使得模型能够捕捉序列中长距离的依赖关系，从而更好地理解序列的结构和上下文。

自注意力在 Transformer 模型中被引入，并在自然语言处理领域取得了巨大成功。它将输入序列中的每个元素视为查询（Query）、键（Key）和值（Value），通过计算它们之间的相关性，得到最终的表示。这种表示能够更好地捕捉序列中的语义关系，有助于完成各种任务，如机器翻译、文本生成和语言理解等。

7.1.1   两种常见的注意力机制

根据注意力范围的不同，人们又把注意力分为软注意力和硬注意力。

（1）软注意力

软注意力（Soft Attention）是比较常见的注意力方式，对所有 key 求权重概率，每个 key 都有一个对应的权重，是一种全局的计算方式（又称 Global Attention）。这种方式比较理性，它参考了所有 key 的内容，再进行加权，但是计算量可能会比较大。

（2）硬注意力

硬注意力（Hard Attention）直接精准定位到某个键而忽略其他键，相当于这个键的概率是 1，其余键的概率全部是 0。因此，这种对齐方式要求很高，要求一步到位，但实际情况往往包含其他状态，如果没有正确对齐，将会带来很大的影响。

7.1.2   来自生活的注意力

注意力是我们与环境交互的一种天生的能力，环境中的信息丰富多彩，我们不可能对映入眼帘的所有事物都持有一样的关注度或注意力，而是一般只将注意力引向感兴趣的一小部分信息，这种能力就是注意力。

我们按照对外界的反应将注意力分为非自主性提示和自主性提示。非自主性提示是基于环境中物体的状态、颜色、位置、易见性等，不由自主地引起我们的注意。如图 7-1 中的这些活动的小动物，最初可能会自动引起小朋友的注意。

但过一段时间之后，他可能重点注意他喜欢的小汽车玩具上。此时，小朋友选择小汽车玩具是受到了认知和意识的控制，因此基于兴趣或自主性提示的吸引力更大，也更持久。

图 7-1 注意力被自主关注到小汽车玩具上

7.1.3 注意力机制的本质

在注意力机制的背景下，我们将自主性提示称为查询（Query）。对于给定任何查询，注意力机制通过集中注意力选择感官输入，这些感官输入被称为值（Value）。每个值都与其对应的非自主提示的一个键（Key）成对，如图 7-2 所示。通过集中注意力，为给定的查询（自主性提示）与键（非自主性提示）进行交互，从而引导选择偏向值（感官输入）。

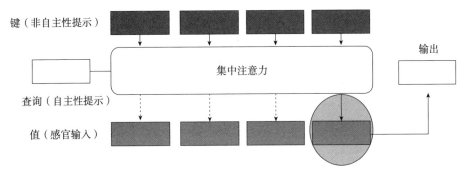

图 7-2 注意力机制通过集中注意力将查询和键结合在一起

可以把图 7-2 所示的注意力框架进一步抽象成图 7-3，这样更容易理解注意力机制的本质。在自然语言处理应用中，把注意力机制看作输出（Target）句子中某个单词和输入（Source）句子中每个单词的相关性是非常有道理的。

目标句子生成的每个单词对应输入句子中的单词的概率分布可以理解为输入句子单词和这个目标句子生成单词的对齐概率，这在机器翻译语境下是非常直观的：在传统的统计机器翻译过程中，一般会专门有一个短语对齐的步骤，而注意力机制的作用与此相同，可用图 7-3 进行直观表述。

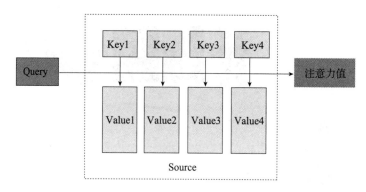

图 7-3　注意力机制的本质

在图 7-3 中，Source 由一系列 <Key,Value> 数据对构成，对于给定 Target 中的某个元素 Query，通过计算 Query 和各个 Key 的相似性或相关性，得到每个 Key 对应 Value 的权重系数，然后对 Value 进行加权求和，即得到了最终的注意力值。所以本质上注意力机制是对 Source 中元素的 Value 值进行加权求和，而 Query 和 Key 用来计算对应 Value 的权重系数。可以将上述思想改写为如下公式：

$$\mathrm{Attention(Query,Source)}=\sum_{i=1}^{T}\mathrm{Similarity}\left(\mathrm{Query,Key}_i\right)\cdot\mathrm{Value}_i \tag{7.1}$$

其中，T 为 Source 的长度。

具体如何计算注意力呢？整个注意力机制的计算过程可分为 3 个阶段。

1）根据 Query 和 Key 计算两者的相似性或相关性，最常见的方法包括求两者的向量点积、求两者的向量 Cosine 相似性、引入额外的神经网络，这里假设求得的相似值为 si。计算 Query 和 Key 的相似性或相关性的常用公式如下：

以下 Query、Key、Value 分别用 Q、K、V 表示。

● 点积（dot product）：

$$\mathrm{si}=f\left(Q,K_i\right)=Q^{\mathrm{T}}\cdot K_i \tag{7.2}$$

● 缩放点积（scaled dot product）：

$$\mathrm{si}=f\left(Q,K_i\right)=\frac{Q^{\mathrm{T}}\cdot K_i}{\sqrt{d}} \tag{7.3}$$

其中，Q 和 K_i 的长度相等，且都是 d，除以 d 有利于控制相关性分数的范围。

● 神经网络：

$$\mathrm{si}=f\left(Q,K_i\right)=W_v^{\mathrm{T}}\cdot\mathrm{than}\left(W_q\cdot Q+W_k\cdot K_i\right) \tag{7.4}$$

其中，W_v、W_q、W_k 为可学习的参数，Q 和 K_i 的长度可以不相等。

2）对第 1 阶段的值进行归一化处理，得到权重系数。这里使用 softmax 计算各权重的值，计算公式为：

$$ai=softmax(si)= \frac{e^{si}}{\sum_{j=1}^{T}e^{sj}} \tag{7.5}$$

3）用第 2 阶段的权重系数对 Value 进行加权求和。

$$Attention(Q,Source)= \sum_{i=1}^{T}ai \cdot V_i \tag{7.6}$$

以上 3 个阶段可表示为如图 7-4 所示的计算过程。

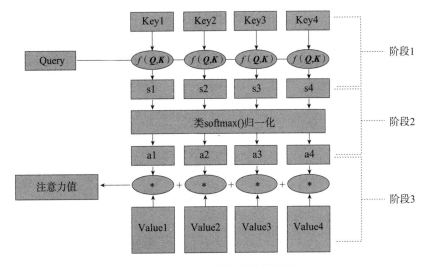

图 7-4　注意力机制的计算过程

那么在深度学习中如何通过模型或算法来实现这种机制呢？接下来我们介绍如何通过模型的方式来实现注意力机制。

7.2　带注意力机制的编码器 – 解码器架构

图 7-5 为一个一般编码器 – 解码器架构，其输入和输出都是长度可变的序列，编码器接收一个长度可变的序列作为输入，并将其转换为具有固定形状的语义编码 C。解码器将固定形状的语义编码映射到长度可变的序列。

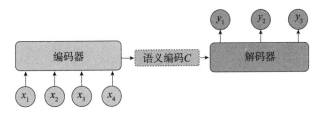

图 7-5　编码器 – 解码器架构

在生成目标句子的单词时，不论生成哪个单词，如 y_1、y_2、y_3 使用的句子 $X=(x_1,x_2,x_3,x_4)$ 的语义编码 C 都是一样的，没有任何区别。而语义编码 C 是由句子 X 的每个单词经过编码器编码生成的，这意味着不论是生成哪个单词，句子 X 中任意单词对生成的某个目标单词 y_i 来说影响力都是相同的，没有任何区别。

我们以一个具体例子来说明，用机器翻译（输入英文输出中文）来解释这个分心模型的编码器－解码器架构更好理解，比如输入英文句子 Tom chase Jerry，编码器－解码器架构逐步生成中文单词："汤姆""追逐""杰瑞"。

在翻译"杰瑞"这个中文单词时，分心模型中的每个英文单词对于翻译目标单词"杰瑞"的贡献是相同的，这不太合理，因为显然 Jerry 对于翻译成"杰瑞"更重要，但是分心模型无法体现这一点，这就是说它没有引入注意力机制的原因。

7.2.1　引入注意力机制

在输入句子比较短的时候，没有引入注意力机制估计问题不大，但是如果输入句子比较长，此时所有语义完全通过一个中间语义向量来表示，单词自身的信息已经消失，这样会丢失很多细节信息，这也是要引入注意力机制的重要原因。

在前面的例子中，如果引入注意力机制，则应该在翻译"杰瑞"时，体现出英文单词对于翻译当前中文单词不同的影响程度，比如给出类似下面的一个概率分布值：

(Tom,0.3)(Chase,0.2)(Jerry,0.5)

每个英文单词的概率代表在翻译当前单词"杰瑞"时，注意力分配模型分配给不同英文单词的注意力大小。这对于正确翻译目标语单词肯定是有帮助的，因为引入了新的信息。同理，目标句子中的每个单词都应该学会其对应的源语句中单词的注意力分配概率信息。这意味着在生成每个单词 y_i 的时候，原先相同的中间语义表示 C 会替换成根据当前生成单词而不断变化的 C_i，即由固定的中间语义表示 C 换成了根据当前输出单词而引入注意力机制的变化的 C_i。增加了注意力机制的编码器－解码器架构如图 7-6 所示。

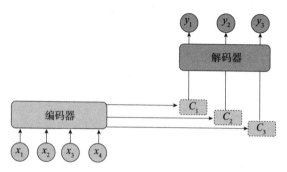

图 7-6　引入注意力机制的编码器－解码器架构

即生成目标句子单词的过程变成如下形式：

$$y_1=g(\boldsymbol{C}_1) \tag{7.7}$$

$$y_2=g(\boldsymbol{C}_2, y_1) \tag{7.8}$$

$$y_3=g(\boldsymbol{C}_3, y_1, y_2) \tag{7.9}$$

而每个 $\boldsymbol{C}_i$ 可能对应着不同的源语句中单词的注意力分配概率分布，比如对于上面的英汉翻译来说，其对应的信息可能如下：

$$\boldsymbol{A}=[\boldsymbol{a}_{ij}]=\begin{bmatrix}0.6 & 0.2 & 0.2\\0.2 & 0.7 & 0.1\\0.3 & 0.2 & 0.5\end{bmatrix} \tag{7.10}$$

其中，第 i 行表示 y_i 收到的所有来自输入单词的注意力分配概率。y_i 的语义向量 $\boldsymbol{C}_i$ 由这些注意力分配概率与编码器对单词 x_j 的转换函数 f_2 相乘计算得出，例如：

$$\boldsymbol{C}_1=\boldsymbol{C}_{汤姆}=g(0.6\,f_2(\text{"Tom"}),0.2\,f_2(\text{"Chase"}),0.2\,f_2(\text{"Jerry"})) \tag{7.11}$$

$$\boldsymbol{C}_2=\boldsymbol{C}_{追逐}=g(0.2\,f_2(\text{"Tom"}),0.7\,f_2(\text{"Chase"}),0.1\,f_2(\text{"Jerry"})) \tag{7.12}$$

$$\boldsymbol{C}_3=\boldsymbol{C}_{杰瑞}=g(0.3\,f_2(\text{"Tom"}),0.2\,f_2(\text{"Chase"}),0.5\,f_2(\text{"Jerry"})) \tag{7.13}$$

其中，f_2 函数代表编码器对输入英文单词的某种变换函数，比如如果编码器是用的 RNN 模型，这个 f_2 函数的结果往往是某个时刻输入 x_i 后隐层节点的状态值；g 代表编码器根据单词的中间表示合成整个句子中间语义表示的变换函数，一般的做法中，g 函数就是对构成元素加权求和，也就是下列公式：

$$\boldsymbol{C}_i=\sum_{j=1}^{T_x}\boldsymbol{\alpha}_{ij}h_j \tag{7.14}$$

假设 $\boldsymbol{C}_i$ 中的 i 就是上面的"汤姆"，那么 T_x 就是 3，代表输入句子的长度，$h_1=f_2(\text{"Tom"})$，$h_2=f_2(\text{"Chase"})$，$h_3=f_2(\text{"Jerry"})$，对应的注意力模型权值分别是 0.6、0.2、0.2，所以 g 函数就是一个加权求和函数。更形象一点，翻译中文单词"汤姆"时，数学公式对应的中间语义表示 $\boldsymbol{C}_i$ 的形成过程可用图 7-7 表示。

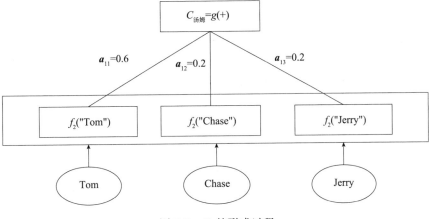

图 7-7　$\boldsymbol{C}_i$ 的形成过程

　　这里还有一个问题：生成目标句子中的某个单词，比如"汤姆"时，怎么知道注意力模型所需要的输入句子中单词的注意力分配概率分布值呢？下一节将详细介绍。

7.2.2　计算注意力分配概率分布值

　　如何计算注意力分配概率分布值？为便于说明，假设对前文图 7-5 的未引入注意力机制的编码器—解码器架构进行细化，编码器采用 RNN 模型，解码器也采用 RNN 模型，这是比较常见的一种模型配置，如图 7-8 所示。

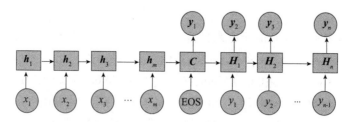

图 7-8　RNN 作为具体模型的编码器—解码器架构

图 7-9 可以较为便捷地说明注意力分配概率分布值的通用计算过程。

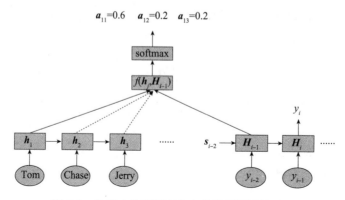

图 7-9　注意力分配概率分布值的通用计算过程

　　我们的目的是计算生成 y_i 时，对输入句子中的单词 Tom、Chase、Jerry 的依赖程度，即对 y_i 的注意力分配概率分布。这些概率可以用目标输出句子 $i-1$ 时刻的隐层节点状态 H_{i-1} 去一一与输入句子中每个单词对应的 RNN 隐层节点状态 h_j 进行对比，即通过对齐函数 $f(h_j, H_{i-1})$ 来获得目标单词与每个输入单词对应的对齐可能性。

　　函数 $f(h_j, H_{i-1})$ 的输出经过 softmax 进行归一化就得到了符合概率分布取值区间的注意力分配概率分布值（即得到了注意力权重）。

　　如图 7-9 所示，当输出单词为"汤姆"时，输出值为各单词的对齐概率。绝大多数注意力模型都采取上述计算框架来计算注意力分配概率分布值，区别只是函数 f 在定义上可能有所不同。y_t 值的生成过程如图 7-10 所示。

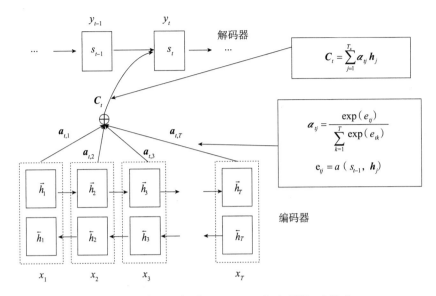

图 7-10 由输入语句 ($x_1, x_2, x_3 \cdots x_T$) 生成第 t 个输出 y_t

其中：

$$p(y_t \mid \{y_1, \cdots, y_{t-1}\}, x) = g(y_{t-1}, s_t, \boldsymbol{C}_t) \tag{7.15}$$

$$s_t = f(s_{t-1}, y_{t-1}, \boldsymbol{C}_t) \tag{7.16}$$

$$y_t = g(y_{t-1}, s_t, \boldsymbol{C}_t) \tag{7.17}$$

$$\boldsymbol{C}_t = \sum_{j=1}^{T_x} \boldsymbol{a}_{tj} \boldsymbol{h}_j \tag{7.18}$$

$$\boldsymbol{a}_{tj} = \frac{\exp\left(e_{tj}\right)}{\sum_{k=1}^{T} \exp\left(e_{tk}\right)} \tag{7.19}$$

$$e_{tj} = a\left(s_{t-1}, \boldsymbol{h}_j\right) \tag{7.20}$$

上述内容就是软注意力模型的基本思想，那么怎样理解注意力模型的物理含义呢？一般文献里会把注意力模型看作单词对齐模型，这是非常有道理的。前面提到，目标句子生成的每个单词对应输入句子单词的概率分布可以理解为输入句子单词和这个目标生成单词的对齐概率，这在机器翻译语境下是非常直观的。

当然，从概念上理解，把注意力模型理解成影响力模型也是合理的。也就是说，当生成目标单词的时候，输入句子的每个单词对于生成这个单词的影响程度。这也是理解注意力模型物理意义的一种方式。

7.3　自注意力

注意力机制除了软注意力之外，还有硬注意力、全局注意力、局部注意力、自注意力等，它们对原有的注意力架构进行了改进。本节主要介绍自注意力。

因为循环神经网络存在非法并行计算的问题，而卷积神经网络存在无法捕获长距离特征的问题，为解决这些不足，人们提出了自注意力的概念。

自注意力有很多分类，如单层注意力、多层注意力、多头注意力。它们没有本质的不同，只是形式有些不同。自注意力模型通过在输入语句或输出语句内部元素之间建立注意力机制，能够捕捉到序列内部的长距离依赖关系，如图 7-11 所示。

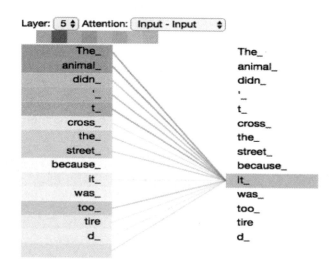

图 7-11　自注意力对输入语句内部元素之间的依赖关系

7.3.1　单层自注意力

单层自注意力就是假设输入为一维向量，然后通过自注意力机制，得到同样是一维的输出，这些输出表示语句中各单词之间的依赖关系，如图 7-12 所示。为便于原理的说明，这里不考虑把每个单词（或标记）转换为 Embedding（嵌入）格式，也不考虑各个单词在语句中的位置等信息。

单层自注意力的实现过程如下：

（1）把每个单词（或标记）向量化，生成向量的代码如下

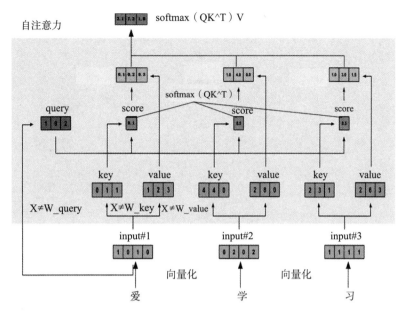

图 7-12 单层自注意力示意图

```
import torch
x = [
[1, 0, 1, 0], # 输入 1
[0, 2, 0, 2], # 输入 2
[1, 1, 1, 1] # 输入 3
]
# 把输入转换为张量 Tensor
x = torch.tensor(x, dtype=torch.float32)
```

为便于说明，这里省略其他操作，如把标记转换为 Embedding，然后添加位置编码等。

（2）看"爱"对其他单词的依赖关系，再依次看"学""习"对其他单词的依赖关系

1）初始化参数矩阵。

```
w_key = [
[0, 0, 1],
[1, 1, 0],
[0, 1, 0],
[1, 1, 0]
]
w_query = [
```

```
[1, 0, 1],
[1, 0, 0],
[0, 0, 1],
[0, 1, 1]
]
w_value = [
[0, 2, 0],
[0, 3, 0],
[1, 0, 3],
[1, 1, 0]
]
w_key = torch.tensor(w_key, dtype=torch.float32)
w_query = torch.tensor(w_query, dtype=torch.float32)
w_value = torch.tensor(w_value, dtype=torch.float32)
```

2）生成 keys、querys、values 等矩阵。

```
## 实现矩阵的点乘运算
keys = x @ w_key
querys = x @ w_query
values = x @ w_value
```

3）计算"爱"对其他单词的依赖关系。

根据公式 $Q \cdot K^T$，计算单词"爱"对其他单词的得分。

```
attn_scores = querys @ keys.T
# tensor([[ 2., 4., 4.],      # Q1 与所有 K 值
# [ 4., 16., 12.],            # Q2 与所有 K 值
# [ 4., 12., 10.]])           # Q3 与所有 K 值
```

4）对注意力得分 attn_scores 使用 softmax 函数。

```
from torch.nn.functional import softmax
attn_scores_softmax = softmax(attn_scores, dim=-1)
# tensor([[6.3379e-02, 4.6831e-01, 4.6831e-01],
# [6.0337e-06, 9.8201e-01, 1.7986e-02],
# [2.9539e-04, 8.8054e-01, 1.1917e-01]])
```

为便于理解，这里对 attn_scores_softmax 进行四舍五入。

```
attn_scores_softmax=torch.round(attn_scores_softmax, decimals=1)
print(attn_scores_softmax)
```

运行结果如下：

```
tensor([[0.1000, 0.5000, 0.5000],
        [0.0000, 1.0000, 0.0000],
        [0.0000, 0.9000, 0.1000]])
```

5）将得分与值相乘。

```
# 将得分和值相乘
weighted_values = values[:,None] * attn_scores_softmax.T[:,:,None]
print(weighted_values)
```

运行结果如下：

```
tensor([[[0.1000, 0.2000, 0.3000],
         [0.0000, 0.0000, 0.0000],
         [0.0000, 0.0000, 0.0000]],

        [[1.0000, 4.0000, 0.0000],
         [2.0000, 8.0000, 0.0000],
         [1.8000, 7.2000, 0.0000]],

        [[1.0000, 3.0000, 1.5000],
         [0.0000, 0.0000, 0.0000],
         [0.2000, 0.6000, 0.3000]]])
```

6）生成输出，对值进行加权求和。

```
## 求和加权值
outputs = weighted_values.sum(dim=0)
print(outputs)
tensor([[2.1000, 7.2000, 1.8000],
        [2.0000, 8.0000, 0.0000],
        [2.0000, 7.8000, 0.3000]])
```

7）对输入单词"学""习"重复 3）～6），直到生成单词"学""习"对应的输出。

7.3.2　多层自注意力

输入为矩阵的形式，即把多个输入组合成一个矩阵，这样可以充分发挥 GPU 并发计算的优势，如图 7-13 所示。

多层自注意力的计算过程如下：

1）生成参数矩阵 Q、K、V。

输入与各参数矩阵进行点积运算，得到 Q、K、V。

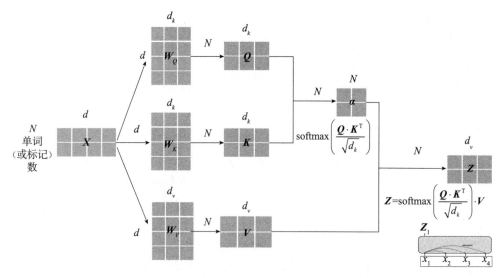

图 7-13   多层自注意力的计算过程

$$Q = X \cdot W_Q, \quad K = X \cdot W_K, \quad V = X \cdot W_V \qquad (7.21)$$

其中，输入 X 为 $N \times d$ 矩阵，W_Q 为 $d \times d_k$ 矩阵。

2）计算得分。

$$\text{scores} = \text{softmax}\left(\frac{Q \cdot K^T}{\sqrt{d_k}} \right) \qquad (7.22)$$

3）得到输出，对值进行加权求和。

$$Z = \text{scores} \cdot V \qquad (7.23)$$

7.3.3　多头自注意力

1. 多头自注意力机制的提出

自注意力机制是一种用于捕捉序列中不同元素之间关联性的机制，它被广泛应用于自然语言处理和计算机视觉等任务中。然而，自注意力机制也存在一些不足之处。

● 缺乏全局信息。自注意力机制通常将注意力权重计算作用于序列中的每个元素，但对全局信息的处理能力比较有限。例如，在长序列中，远距离的词语之间的关联可能无法明确捕捉，这可能导致信息丢失。

● 处理大规模输入困难。自注意力机制的计算复杂度是输入序列长度的平方，因此处理大规模输入时会面临计算资源的挑战。这限制了自注意力机制在实际应用中的可扩展性。

● 缺乏对位置信息的明确建模。自注意力机制的计算过程中不包含当前元素的位置信息，因此可能存在将重要元素的注意力权重分配给不相关元素的问题。这在某些任务中可能导致性能下降。

为了克服上述问题，多头自注意力机制（Multi-head Self-attention）被提出。多头自注意力机制是通过引入多个独立的自注意力子层来解决自注意力机制的不足。每个子层能够从不同的角度关注输入序列，从而提供更全面的信息。其计算过程如图 7-14 所示。

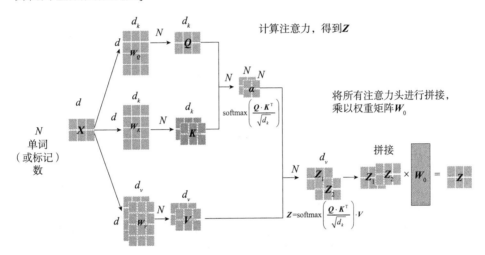

图 7-14　多头自注意力机制的计算过程

2. 多头注意力机制的计算过程

多头注意力机制的计算过程如下：

1）输入的线性变换。首先，输入通过多个独立的线性变换被分别映射到多个不同的子空间上，这些线性变换共享相同的权重矩阵，但是每个子空间对应一个不同的注意力头。

2）注意力计算。在每个注意力头中，通过计算查询（Q）、键（K）和值（V）之间的相似度来计算注意力权重。这一过程可以通过 Q、K 和 V 的点积操作或者其他相似计算方法来完成。

3）注意力加权。通过计算得到的注意力权重被用于对 V 进行加权求和，从而得到注意力表示。在 Transformer 中，每个位置的注意力权重都与其他位置的注意力权重相互独立，可以并行计算。

4）多头合并。每个注意力头都输出一个注意力表示，这些表示被拼接在一起并再次经过一个线性变换得到最终的多头注意力输出。

3. 多头注意力机制的性能提升

多头自注意力机制主要从以下几个方面来克服自注意力不足。

1）处理全局信息。多头自注意力机制可以通过不同的注意力头来从不同的角度关注输入序列。每个注意力头可以捕捉到不同的语义关系，从而提供更全局的信息。

例如，对于一个包含 300 个词语的句子，如果我们使用 8 个注意力头，每个头关注不同的词语关系，就能够捕捉到整个句子的语义关系，包括句子开头和句子结尾之间的联系。这样，多头自注意力机制能够更好地理解全局信息。

2）处理大规模输入困难。多头自注意力机制在计算复杂度之外还引入了并行计算机制。每个注意力头可以并行地计算注意力权重和上下文向量，从而加快计算速度。

例如，我们要处理一个包含 1000 个词语的文本，如果使用 8 个注意力头，每个头只需要计算 $1000 \times 1000/8=125\ 000$ 次注意力权重。这样，多头自注意力机制大大减少了计算开销，提高了模型的效率。

3）建模位置信息。多头自注意力机制通过引入位置编码来建模位置信息。位置编码是通过向输入序列中的单词添加额外的向量来实现的，表示单词在序列中的位置。

例如，在多头自注意力机制中，位置编码可以区分句子中的不同位置，并在计算注意力权重时进行调整，如图 7-15 所示。这样，模型可以更好地理解不同位置的语义关系。

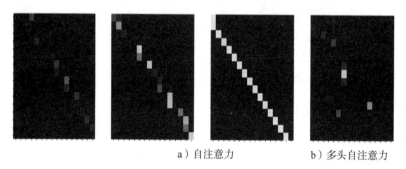

a）自注意力　　　　　b）多头自注意力

图 7-15　自注意力与多头自注意力示意图比较

4. 多头注意力机制的优点

多头注意力机制的优点如下：

1）多头注意力机制允许模型并行地关注不同的信息子空间，从而提高了模型的学习能力和表达能力。每个头都可以学习关注不同的语义特征，比如位置、领域、语法等，从而从多个角度同时建模输入序列。

2）多头注意力机制增加了模型的稳健性和鲁棒性。通过引入多个独立的注意力头，模型可以同时学习到不同的表示，从而可以对多种输入情况进行适应，减少过度依赖单个注意力头的风险。

3）多头注意力机制能够捕获序列中的不同关系。不同的注意力头可以关注不同的位置关系，例如长距离依赖、短距离依赖等，从而增强了模型对序列中不同位置关系的建模能力。

7.3.4　自注意力与卷积网络、循环网络的比较

从以上分析可以看出，自注意力机制没有前后依赖关系，可以基于矩阵进行高并发处理，另外每个单词的输出与前一层各单词的距离都为 1，如图 7-16 所示，说明不存在梯度消失的问题，因此，Transformer 就有了高并发和长记忆的强大功能。

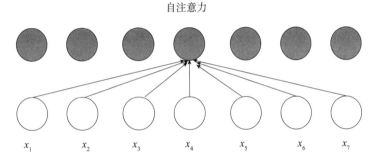

图 7-16　自注意力输入与输出之间反向传播距离示意图

自注意力处理序列的主要逻辑是：没有前后依赖，每个单词都通过自注意力直接连接到任何其他单词。因此，可以并行计算，且最大路径长度是 $O(1)$。

循环神经网络处理序列的逻辑如图 7-17 所示。

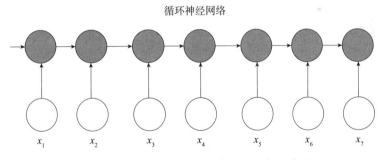

图 7-17　循环神经网络处理序列的逻辑示意图

由图 7-17 可知，在更新循环神经网络的隐状态时，需要依赖前面的单词，如处理单词 x_3 时，需要先处理单词 x_1、x_2，因此，循环神经网络的操作是顺序操作且无法并行化，其最大依赖路径长度是 $O(n)$（n 表示时间步长）。

卷积神经网络也可以处理序列问题，其处理逻辑如图 7-18 所示。

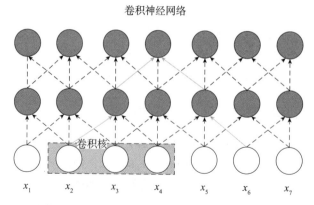

图 7-18　卷积神经网络处理序列的逻辑示意图

图 7-18 是卷积核大小 K 为 3 的两层卷积神经网络，有 $O(1)$ 个顺序操作，最大路径长度为 $O(n/k)$（n 表示序列长度），单词 x_2 和 x_6 处于卷积神经网络的感受野内。

7.4　如何训练含自注意力的模型

假设通过自注意力模型完成了从输入到还原输入的过程，通过这个简单的过程，了解了训练含自注意力模型涉及的主要方法及运用这些方法背后的逻辑。具体训练过程如图 7-19 所示。

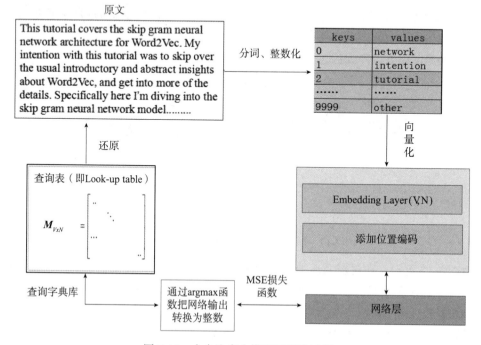

图 7-19　含自注意力模型的训练过程

1）准备语料库。

2）预处理语料库，得到由不同单词（或标记）构成的字典，字典包括各单词及对应索引。

3）把各单词（或标记）向量化，即把各标记转换为词嵌入，然后加入位置编码信息。

4）构建网络，把嵌入层（Embedding Layer）作为第一层，先初始化对应的权重矩阵（即查询表）。

5）训练模型，基于损失函数，训练过程中将不断更新权重矩阵。

对于序列重建任务，即对于通过自注意力机制进行序列重建的任务，可以使用均方误差（Mean Squared Error，MSE）损失函数。此损失函数衡量了模型生成序列与原始输入序列之间的差异。

7.4.1 将标记向量化

将序列数据转换为嵌入向量的主要原因是给模型提供一个可学习的、低维稠密的表示形式，使模型能够更好地理解和处理文本数据。

嵌入向量是一个固定长度的向量，它将离散的、高维的输入序列映射到一个连续的、低维的向量空间中。通过嵌入向量，每个单词或符号都会被表示成一个稠密的实值向量，而不是原始数据的稀疏表示或 one-hot 编码。

嵌入向量的转换有以下主要原因：

1）降低维度。原始的离散表示可能非常稀疏和高维，导致模型的复杂度非常高。通过嵌入向量，可以将输入序列转换到一个维度较低的向量空间中，从而降低了模型的复杂度。

2）语义信息捕捉。嵌入向量通过学习将具有相似语义关系的单词或符号映射到相似的向量空间位置中。这种表示方式有助于模型捕捉单词之间的语义相似性和关系，从而提高模型的语言理解能力。

3）泛化能力。嵌入向量是通过大规模的语料库训练得到的，因此可以从训练数据中学习到一些通用的语义特征，在处理新的、未见过的文本数据时具有一定的泛化能力。

4）提取上下文信息。嵌入向量可以将上下文信息嵌入单词的表示中。通过学习上下文相关的嵌入向量，模型可以更好地理解句子中单词的含义，并更好地处理词义消歧等问题。

7.4.2 添加位置编码

在训练含自注意力机制的模型时，需要添加位置编码。这是因为自注意力机制本身无法捕捉输入序列中的位置信息。位置编码通过在输入序列中添加额外的向量表示来表示元素的位置信息，从而让模型能够感知元素在序列中的相对位置关系。

通过添加位置编码，自注意力模型可以对序列中的每个元素进行并行处理。与 RNN 不同，位置编码实现了对位置信息的建模，不需要在处理每个元素时依赖前一个元素的隐状态。这使得自注意力模型可以同时处理整个序列，从而克服了 RNN 模型无法并发处理的限制。

具体地说，位置编码通常使用三角函数或正弦函数和余弦函数的组合来计算。这种计算方式可以让不同位置的编码向量具有不同的频率和相位，从而形成不同的位置编码向量。在模型训练过程中，这些位置编码向量会与输入进行相加，从而在注意力机制中纳入位置信息。

7.4.3 逆嵌入过程

输入通常会经过一个嵌入层进行转换，将输入的离散化标记（如单词、字符或其他离散数据）映射为连续的低维向量表示。这个过程称为嵌入。而逆嵌入（De-Embedding）是把标记向量化的逆过程，如图 7-19 所示，对网络最后一层进行输出操作，将网络输出的连续向量表示映射回原始的离散化符号。这个过程可认为是逆嵌入过程。

以下是实现逆嵌入的简单实例：

1）下载预处理函数模块。

```
# 下载一个预处理函数（tokenizer）来预处理文本
tokenizer = DistilBertTokenizerFast.from_pretrained("distilbert-base-uncased")
#tokenizer 的主要功能包括分词、转换为单词或一些特殊字符等标记，然后把每个标记转换为整数
tokens = tokenizer.encode('This is a input.', return_tensors='pt')
print("These are tokens!", tokens)
These are tokens! tensor([[ 101, 2023, 2003, 1037, 7953, 1012,  102]])
```

2）通过解码器，将输入数据进行还原。

```
for token in tokens[0]:
    print("This are decoded tokens!", tokenizer.decode([token]))
This are decoded tokens! [CLS]
This are decoded tokens! this
This are decoded tokens! is
This are decoded tokens! a
This are decoded tokens! input
This are decoded tokens! .
This are decoded tokens! [SEP]
```

7.5 交叉注意力

交叉注意力（Cross-Attention）机制是一种注意力机制的变体，它在多个输入序列之间建立了关联关系。在传统的自注意力机制中，注意力是在一个序列内进行计算的，而在交

叉注意力机制中，注意力是在不同序列之间进行计算的。

7.5.1 Transformer 解码器中的交叉注意力

在 Transformer 的解码器中，交叉注意力机制被用于编码器和解码器之间的信息传递。解码器中的每个位置都会对来自编码器的所有位置计算注意力得分，并使用这些得分对编码器的输出进行加权平均。这样，解码器可以利用编码器中每个位置的信息，以更全局的方式生成解码结果，如图 7-20 所示。

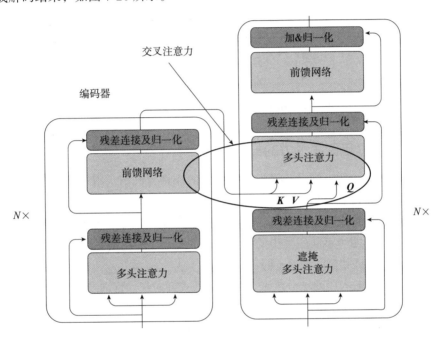

图 7-20　Transformer 模型的解码器中的交叉注意力

7.5.2 Stable Diffusion 解码器中的交叉注意力

Stable Diffusion 架构将在第 12 章中详细介绍，这里先直观了解一下交叉注意力机制在架构中的作用。如图 7-21 所示，在 Stable Diffusion 架构中，交叉注意力机制被应用于利用先前时刻的信息来生成当前时刻的输出。每个时刻的输出依赖于前几个时刻的输出，通过在当前时刻的输入和前几个时刻的输入之间进行交叉注意力计算。这使得模型可以对先前时刻的信息进行有针对性的利用，从而提高了模型生成序列的连贯性和一致性。

交叉注意力机制可以在不同序列之间建立关联关系，使得模型能够利用不同位置和时刻的信息，并在 Transformer 解码器和 Stable Diffusion 架构中起到重要作用，提高了模型的表现和生成能力。

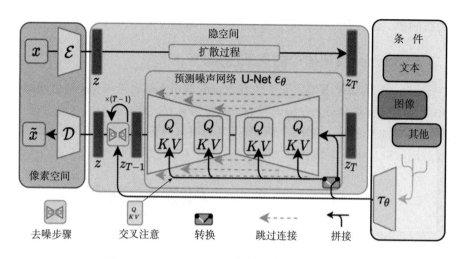

图 7-21　Stable Diffusion 架构中的交叉注意力

7.5.3　交叉注意力与自注意力的异同

交叉注意力和自注意力都是深度学习中常用的注意力机制，用于处理序列数据。无论是交叉注意力还是自注意力，其核心目标都是通过赋予不同位置的信息不同的权重来实现更加灵活和全面的特征表示。其中自注意力用于计算输入序列中每个元素之间的关系，交叉注意力则用于计算两个不同序列中的元素之间的关系。它们的主要区别在于计算注意力分数时所用的查询、键和值的来源不同。

在自注意力中，输入序列被分成三个向量（即查询向量、键向量和值向量），这三个向量均来自同一组输入序列，用于计算每个输入元素之间的注意力分数。因此，自注意力可以用于在单个序列中学习元素之间的依赖关系，例如用于语言建模中的上下文理解。

在交叉注意力中，有两个不同的输入序列，其中一个序列被用作查询向量，另一个序列被用作键向量和值向量。交叉注意力计算的是第一个序列中的所有元素与第二个序列中的所有元素之间的注意力分数，通过这种方式来学习两个序列之间的关系。例如，在图像字幕生成任务中，注意力机制可以用来将图像的特征与自然语言描述的句子相关联。

下面是一个简单的例子，演示自注意力和交叉注意力的区别。假设有两个序列 A 和 B，它们分别表示句子和单词：

A = ["The", "cat", "sat", "on", "the", "mat"]

B = ["mat", "cat", "dog", "on"]

在自注意力中，我们会用 A 本身的向量来计算注意力分数，查询向量、键向量和值向量都是从 A 中提取的。例如，我们可以通过将 A 传递给一个自注意力层来计算每个单词之间的注意力分数。

在交叉注意力中，我们将 B 的向量用作键向量和值向量，而 A 的向量用作查询向量。这允许我们计算句子中每个单词与单词序列 B 中的所有单词之间的注意力分数。例如，我们可以通过将 A 和 B 传递给一个交叉注意力层来计算单词和单词序列 B 之间的注意力分数。

总的来说，自注意力主要用于单个序列内部的特征表示，而交叉注意力用于不同序列之间的交互与关联，它们在不同的应用场景中发挥着重要的作用。

第 8 章

Transformer 模型

Transformer 是一种用于自然语言处理任务的神经网络模型，它于 2017 年由 Vaswani 等人提出。其核心思想是自注意力机制，通过计算输入序列中每个元素与其他元素之间的关联性来建立表示。相对于传统的循环神经网络（RNN）或卷积神经网络（CNN），Transformer 可以同时处理所有输入序列的元素，具有更好的并行化能力和更强的建模能力。

Transformer 模型由编码器和解码器组成。编码器负责将输入序列转换成高维空间的表示，解码器则将这个表示转换回输出序列。编码器和解码器都采用多头注意力机制来学习全局的上下文信息。注意力机制能够根据输入序列的不同位置信息，动态地调整编码器和解码器的注意力权重，从而更好地捕获关键信息。

在 Transformer 中，编码器和解码器都由多个堆叠的层组成，每个层包含两个子层：多头自注意力层和全连接前馈神经网络层。自注意力层用于学习输入序列中各个位置之间的依赖关系，全连接前馈神经网络层则对自注意力层的输出进行进一步处理。

此外，Transformer 还引入了位置编码，用于表示输入序列中每个元素的位置信息。通过将位置信息与词向量相加，模型可以兼顾词的语义和位置信息。

目前，Transformer 逐渐成为比较通用的模型，在 NLP、CV 等都有广泛应用。该模型也是 ChatGPT 的核心架构，其他 GPT、BERT 等都是在这个基础上衍生出来的。

8.1 Transformer 模型的直观理解

Transformer 是 Google 在 2017 年的论文 "Attention is all you need" 中提出的一种新模型，它基于自注意力机制的深层模型，在包括机器翻译在内的多项 NLP 任务上效果显著，超过 RNN 且训练速度更快。不到一年时间，Transformer 已经取代 RNN 成为当前神经网络机器翻译领域成绩最好的模型，谷歌、微软、百度、阿里、腾讯等公司的线上机器翻译模型都已替换为 Transformer 模型。它不但在 NLP 领域刷新多项纪录，在搜索排序、推荐系统，甚至图形处理领域都非常活跃。为何它能获得如此成功？用了哪些神奇的技术或方法？背后的逻辑是什么？接下来我们详细说明。

8.1.1　顶层设计

我们先从 Transformer 的功能说起，然后介绍其总体架构，再对各个组件进行分解，详细说明 Transformer 的功能及如何高效实现这些功能。

如果我们把 Transformer 应用于语言翻译，比如把一句法语翻译成一句英语，过程如图 8-1 所示。

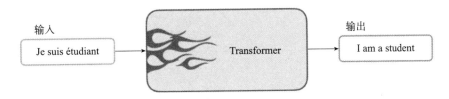

图 8-1　Transformer 应用于语言翻译

在图 8-1 中，Transformer 就像一个黑盒子，它接收一条语句，然后转换为另外一条语句。此外，Transformer 还可用于阅读理解、问答、词语分类等 NLP 问题。

这个黑盒子是如何工作的呢？它由哪些组件构成？这些组件又是如何工作呢？

我们进一步打开图 8-1 所示的这个黑盒子，其实 Transformer 就是一个由编码器和解码器构成的模型，这与我们通常看到的语言翻译模型类似，如图 8-2 所示。以前我们通常使

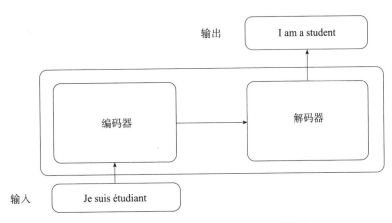

图 8-2　Transformer 由编码器和解码器构成

用 RNN 或 CNN 作为编码器和解码器的网络结构，不过 Transformer 中的编码器和解码器既不用 RNN，又不用 CNN。

图 8-2 中的编码器又由 6 个相同结构的编码器串联而成，解码器也是由 6 个结构相同的解码器串联而成，如图 8-3 所示。

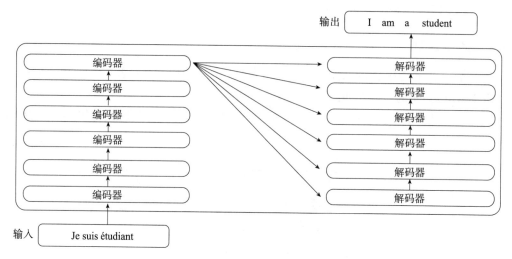

图 8-3   Transformer 模型

最后一层编码器的输出将传入解码器的每一层，我们进一步打开编码器及解码器，每个编码器由自注意力层和前馈网络层构成，而解码器除了自注意力层、前馈网络层外，中间还有一个用来接收最后一个编码器输出值的编码器 – 解码器注意力层，如图 8-4 所示。

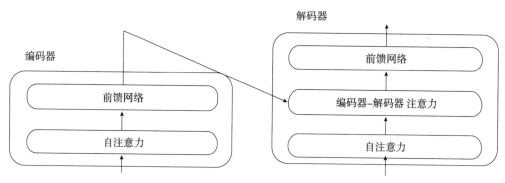

图 8-4   Transformer 模型中编码器与解码器的关系图

至此，我们就对 Transformer 模型的大致结构进行了一个直观说明，接下来将从一些主要问题入手对各层细节进行说明。

8.1.2　嵌入和向量化

在 Transformer 模型中，需要经过以下步骤进行预处理，把语句或语料库转换为词向量，作为模型的输入。

1. 分词

将输入文本划分成独立的词或子词单元，如单词、字符或字节。这一步骤可以根据具体任务和模型的需要选择不同的分词方法，分词的常用方法大致有以下三种。

（1）基于空格的分词器

按空格拆分单词，将一个单词作为一个标记（token）纳入词表，因此也说是 word-level 维度的。若语料中出现不在词表中的标记，也称 OOV（Out Of Vocabulary），则此时常用 <UNK>（Unknown）这个特殊符号来代替。

（2）基于字符的分词器

每个字符作为一个词。例如英语中只有 26 个字符，那词表大小就只有 26 个。

（3）基于子词的分词器

子词分词器有三类：BPE、WordPiece 和 ULM。子词分词器类似于借助词根、词源来学习一系列单词。例如 transformer = trans + form + er，transfer = trans + fer。OpenAI 从 GPT-2 开始一直到 GPT-4，一直采用 BPE 分词法。BERT 采用 WordPiece 分词方法。

2. 转换为整数

将分词后的文本转换为对应的整数序列，每个分词单元会映射为一个唯一的整数标识符。通常会使用一个字典或词汇表来建立分词单元与整数标识符之间的映射关系。

3. 嵌入

将整数序列转换为密集的向量表示，称为词嵌入或字嵌入。这一步骤使用了一个可训练的嵌入矩阵，通过查找整数标识符对应的行来获取对应的词嵌入向量。

4. 位置编码

由于 Transformer 没有使用序列中的位置信息，为了让模型能够捕捉到序列中的顺序关系，需要添加位置编码。位置编码是一种特殊的向量，会与词嵌入相加，以提供关于每个词或字的位置信息。Transformer 模型涉及标记、嵌入等内容，如图 8-5 所示。

- 输入被标记化，标记化将文本转换为整数列表。
- 嵌入将整数列表转换为向量列表（嵌入）。
- 使用位置编码（或嵌入）将关于每个标记的位置信息添加到嵌入中。
- 输出文本嵌入被重新分类为标记，然后将其解码为文本。

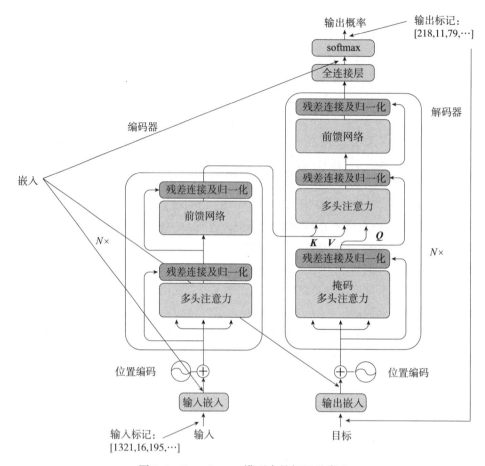

图 8-5　Transformer 模型中的标记及嵌入

8.1.3　位置编码

前面我们介绍了 Transformer 的大致结构，在构成其编码器或解码器的网络结构中，并没有使用 RNN 和 CNN。像语言翻译类问题，语句中各单词的次序或位置是一个非常重要的因素，单词的位置与单词的语言有直接关系。如果使用 RNN，那么一个句子中各单词的次序或位置问题能自然解决，但在 Transformer 是如何解决语句中各单词的次序或位置关系的呢？

Transformer 使用位置编码方法来记录语句中各单词的次序或位置。位置编码的值是按照特定模型（如三角函数）生成的，在处理每个源单词（或目标单词）时，其词嵌入与对应的位置编码相加，且位置编码向量与词嵌入的维度相同，如图 8-6 所示。

对解码器的输入（即目标数据）也需要做同样处理，即在目标数据基础上加上位置编码成为带有时间信息的嵌入。当对语料库进行批量处理时，可能会遇到长度不一致的语句：对于短的语句，可以采用填充（如用 0 填充）的方式补齐；对于太长的语句，可以采用截尾的方法（如给这些位置的值赋予一个很大的负数，使之在进行 softmax 运算时为 0）。

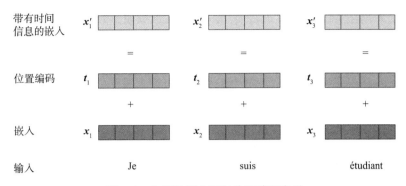

带有时间
信息的嵌入　x'_1　=　x'_2　=　x'_3

位置编码　t_1　+　t_2　+　t_3

嵌入　x_1　x_2　x_3

输入　　　Je　　　　suis　　　　étudiant

图 8-6　在源数据中添加位置编码向量

在位置编码中，每个位置都被分配一个唯一的编码向量，该向量包含正弦和余弦函数的组合。通过不同频率的正弦和余弦函数，位置编码可以传递出不同位置之间的相对距离信息。当两个位置之间的距离较近时，频率较高的正弦和余弦函数可以产生更多变化的编码，相对位置关系更明显。而当两个位置之间的距离较远时，频率较低的正弦和余弦函数可以产生较为平滑的编码，相对位置关系相对较弱。

总的来说，Transformer 模型可以利用位置编码来区分序列中不同位置的相对位置信息。这对于模型来说非常重要，因为它可以帮助模型在处理序列时更好地理解元素之间的顺序和关系，进而更好地捕捉到序列的结构和语义。

8.1.4　自注意力

首先我们来看一下通过 Transformer 作用的效果图，假设对于输入语句 "The animal didn't cross the street because it was too tired"，如何判断 it 是指 animal 还是指 street？这个问题对人来说很简单，但对算法来说就不那么简单了。但是，Transformer 中的自注意力就能够让机器将 it 和 animal 联系起来，联系的效果如图 8-7 所示。

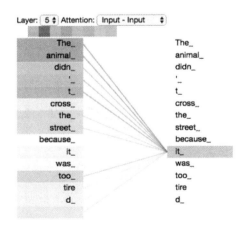

图 8-7　使用自注意力将 it 和 animal 联系起来

编码器中的顶层（即 #5 层，#0 表示第 1 层）it 单词明显对 animal 的关注度大于其他单词的关注度。这些关注度是如何获取的呢？接下来进行详细介绍。

一般注意力机制计算注意力的方法与 Transformer 采用的自注意力机制的计算方法基本相同，只是查询的来源不同。一般注意力机制中的查询来源于目标语句（而非源语句），而自注意力机制的查询来源于源语句本身，而非目标语句（如翻译后的语句），这或许就是自注意力名称的来由。

编码器中自注意力计算的主要步骤如下（解码器中自注意力的计算步骤与此类似）：

1）把输入单词转换为带时间（或时序）信息的嵌入向量。

2）根据嵌入向量生成 q、k、v 三个向量，这三个向量分别表示 query、key、value。

3）根据 q，计算每个单词进行点积得到对应的得分 score=$q \cdot k$。

4）对 score 进行规范化、softmax 处理，假设结果为 a。

5）a 与对应的 v 进行点积运算，然后累加得到当前语句各单词之间的自注意力 $z=\sum av$。

这部分是 Transformer 的核心内容。为便于理解，对以上步骤进行可视化。假设当前的待翻译的语句为：Thinking Machines，对单词 Thinking 进行预处理（即词嵌入 + 位置编码得到嵌入向量 Embedding）后用 x_1 表示，对单词 Machines 进行预处理后用 x_2 表示。计算单词 Thinking 与当前语句中各单词的注意力或得分，如图 8-8 所示。

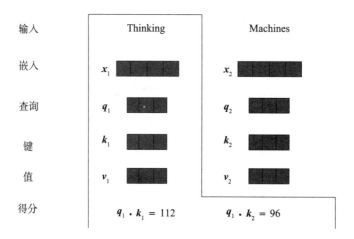

图 8-8 计算 Thinking 与当前语句各单词的得分

假设各嵌入向量的维度为 d_{model}（这个值一般较大，如 512），q、k、v 的维度比较小，一般使 q、k、v 的维度满足：

$$d_q = d_k = d_v = \frac{d_{model}}{h} \tag{8.1}$$

其中，h 表示 head 的个数，后面将介绍 head 含义，此处 $h=8$，$d_{model}=512$，故 $d_k=64$，而 $\sqrt{d_k}=8$。

在实际计算过程中，我们得到的 score 可能比较大，为保证计算梯度时不因 score 值太大而影响其稳定性，需要进行归一化操作，这里除以 $\sqrt{d_k}$，如图 8-9 所示。

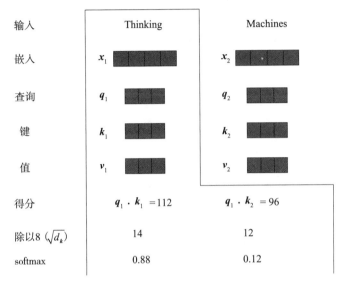

图 8-9　对得分进行归一化处理

对归一化处理后的 a 与 v 点积运算后再累加，就得到 z，如图 8-10 所示。

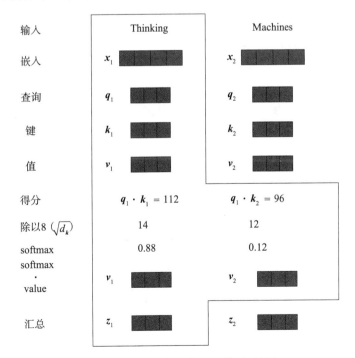

图 8-10　权重 a 与 v 点积运算后再累加

这样就得到单词 Thinking 对当前语句各单词的注意力或关注度 z_1，用同样的方法，可以计算单词 Machines 对当前语句各单词的注意力 z_2。

上面这些都是基于向量进行运算，而且没有像 RNN 中的左右依赖关系，如果把向量堆砌成矩阵，那就可以使用并发处理或 GPU 的功能，图 8-11 为计算自注意力得分的过程。把嵌入向量堆叠成矩阵 X，然后分别与矩阵 W^Q、W^K、W^V（这些矩阵为可学习的矩阵，与神经网络中的权重矩阵类似）相乘得到 Q、K、V。

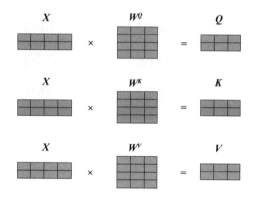

图 8-11　堆砌嵌入向量得到矩阵 Q、K、V

在此基础上，上面计算注意力得分的过程就可以简写为图 8-12 所示的格式。

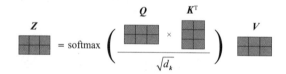

图 8-12　计算注意力 Z 的矩阵格式

整个计算过程也可以用图 8-13 表示，这个过程又称为缩放的点积注意力（Scaled Dot-product Attention）过程。

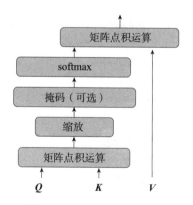

图 8-13　缩放的点积注意力

图 8-13 中的掩码用于对某些值进行掩盖，使其在参数更新时不产生效果。

8.1.5　掩码

Transformer 模型中涉及两种掩码（Mask），分别是 Padding Mask 和 Sequence Mask。Padding Mask 在所有的缩放的点积注意力中都需要用到，用于处理长短不一的语句，而 Sequence Mask 只有在解码器的自注意力中用到，以防止解码器预测目标值时看到未来的值。

1）Padding Mask。什么是 Padding Mask 呢？因为每个批次输入序列长度是不一样的，也就是说，我们要对输入序列进行对齐。具体来说，就是给在较短的序列后面填充 0。但是如果输入的序列太长，则是截取左边的内容，把多余的直接舍弃。因为这些填充的位置，其实是没什么意义的，所以注意力机制不应该把注意力放在这些位置上，所以需要进行一些处理。具体的做法是，把这些位置的值加上一个非常大的负数（负无穷），这样的话，经过 softmax，这些位置的概率就会接近 0！而 Padding Mask 实际上是一个张量，每个值都是一个 Boolean，值为 false 的地方就是我们要进行处理的地方。

2）Sequence Mask。前文也提到，Sequence Mask 是为了使得解码器不能看见未来的信息。也就是对于一个序列来说，在时间步为 t 的时刻，解码输出应该只能依赖于 t 时刻之前的输出，而不能依赖 t 之后的输出。因此我们需要想一个办法，把 t 之后的信息给隐藏起来。在具体实现时，通过乘以一个上三角形矩阵实现，上三角的值全为 0，把这个矩阵作用在每一个序列上。可以使用 PyTorch 的 torch.tril 或 np.triu 生成下三角矩阵：

```
tensor([[1., 0., 0., 0., 0.],
        [1., 1., 0., 0., 0.],
        [1., 1., 1., 0., 0.],
        [1., 1., 1., 1., 0.],
        [1., 1., 1., 1., 1.]])
```

然后，通过 Tensor.masked_fill() 将所有 0 替换为负无穷大来防止注意力头看到未来的词语而造成信息泄露，例如：

```
scores.masked_fill(mask == 0, -float("inf"))
tensor([[[26.8082,    -inf,    -inf,    -inf,    -inf],
        [-0.6981, 26.9043,    -inf,    -inf,    -inf],
        [-2.3190, 1.2928, 27.8710,    -inf,    -inf],
        [-0.5897, 0.3497, -0.3807, 27.5488,    -inf],
        [ 0.5275, 2.0493, -0.4869, 1.6100, 29.0893]]],
        grad_fn=<MaskedFillBackward0>)
```

8.1.6　多头注意力

在图 8-7 中有 8 种不同颜色，这 8 种不同颜色分别表示什么含义呢？每种颜色有点像卷积网络中的一种通道（或一个卷积核），在卷积网络中，一种通道往往表示一种风格。受此启发，AI 科研人员在计算自注意力时也采用类似方法，这就是下面要介绍的多头注意力机制（Multi-Head Attention），其架构如图 8-14 所示。

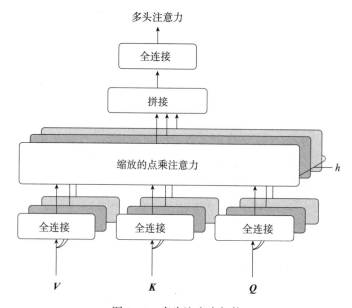

图 8-14　多头注意力架构

利用多头注意力机制可以从以下 3 个方面提升注意力层的性能。

- 扩展了模型专注于不同位置的能力。
- 将缩放的点积注意力过程做 h 次，再把输出合并起来。
- 为关注层（Attention Layer）提供了多个"表示子空间"。在多头注意力机制中，有多组查询、键、值权重矩阵（Transformer 使用 8 个关注头，因此每个编码器 / 解码器最终得到 8 组），这些矩阵都是随机初始化的。然后，在训练之后，将每个集合用于输入的嵌入（或来自较低编码器 / 解码器的向量）投影到不同的表示子空间中。这个原理就像使用不同卷积核把源图像投影到不同风格的子空间一样。

多头注意力机制的运算过程如下：

1）随机初始化 8 组矩阵：$W_i^Q, W_i^K, W_i^V \in \mathbb{R}^{512\times64}$，$i \in \{0,1,2,3,4,5,6,7\}$，这个初始化矩阵由全连接层构建，全连接层的形状是（512,64）。

2）使用 X 与这 8 组矩阵相乘，得到 8 组 Q_i、K_i、$V_i \in \mathbb{R}^{512}$，$i \in \{0,1,2,3,4,5,6,7\}$。

3）由此得到 8 个 $Z_i, i \in \{0,1,2,3,4,5,6,7\}$，然后把这 8 个 Z_i 沿水平方向组合成一个更长的 Z_{0-7}。

4）Z 与初始化的矩阵 $W^0 \in \mathbb{R}^{512 \times 512}$ 相乘，得到最终输出值 Z。

以上步骤可用图 8-15 来直观表示。

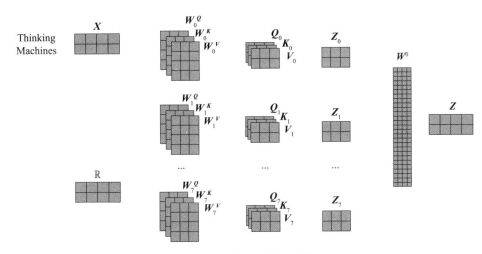

图 8-15　多头注意力机制的运算过程

由图 8-4 可知，解码器比编码器多了个编码器 – 解码器注意力机制。在编码器 – 解码器注意力中，Q 来自解码器的上一个输出，K 和 V 则来自编码器最后一层的输出，其计算过程与自注意力的计算过程相同。

由于在机器翻译中，解码过程是一个顺序操作的过程，也就是当解码第 k 个特征向量时，我们只能看到第 $k-1$ 个特征向量及其之前的解码结果，因此把这种情况下的多头注意力机制叫做掩码多头注意力机制，即同时使用了 Padding Mask 和 Sequence Mask 两种方法。

8.1.7　残差连接

由图 8-3 可知，Transformer 的编码器和解码器分别有 6 层，在有些应用中有更多层。随着层数的增加，网络的容量更大，表达能力也更强，但网络的收敛速度会更慢，更容易出现梯度消失等问题，那么 Transformer 是如何克服这些不足的呢？它采用了两种常用方法，一种是残差连接（Residual Connection），另一种是归一化（Normalization）方法。具体实现方法就是在每个编码器或解码器的两个子层（即自注意力层和前馈神经网络层）增加由残差连接和归一化组成的层，如图 8-16 所示。

对每个编码器和解码器都做同样处理，如图 8-17 所示。

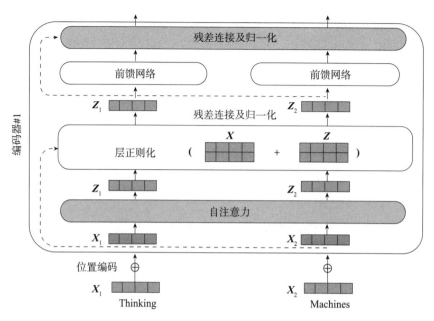

图 8-16   添加残差连接及归一化处理的层

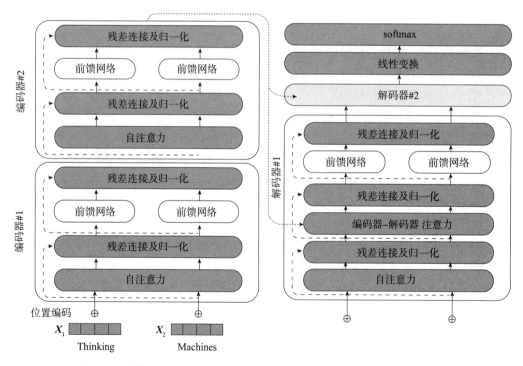

图 8-17   在每个编码器与解码器的两个子层都添加残差连接及归一化层

在 Transformer 模型中，使用残差连接的主要目的是解决深层网络训练中的梯度消失和梯度爆炸问题，以及保留原始输入序列的信息。

1. 梯度平滑

在深层网络中，梯度在反向传播过程中可能会变得非常小或非常大，导致训练过程出现梯度消失或梯度爆炸问题。残差连接可以通过将原始输入与每个子层的输出相加来构建一个捷径，使得梯度能够更顺利地传递。将原始输入加到子层输出中可以确保梯度不会太小而消失，也不会太大而爆炸，从而有助于保持梯度平滑，如图 8-18 所示。

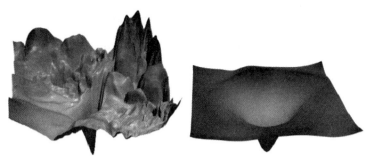

a）不使用残差连接　　　　　　b）使用残差连接

图 8-18　使用与不使用残差连接对梯度的影响示意图

2. 信息保留

在 Transformer 模型中，每个子层包含自注意力机制和正向传播网络。注意力过滤器有可能完全忘记最近的单词，转而关注所有可能相关的较早单词。残差连接会获取原始单词并手动将其添加回信号中，这样就不会丢失或忘记它。这种鲁棒性可能是 Transformer 在如此多不同序列的完成任务中表现良好的原因之一，尤其是在层数较多的情况下。为了保留原始输入序列的信息，残差连接允许子层的输出直接加到原始输入上，以确保原始输入的信息能够传递到下一层。

8.1.8　层归一化

残差连接和层归一化不一定要放在一起，不过当它们放在一组计算（例如注意力或前馈神经网络）之后时，将会发挥最佳作用。层归一化就是将矩阵的值移动到均值为 0，并缩放到标准差为 1，如图 8-19 所示。

神经网络本质上是非线性的，这使得它们非常具有表现力，但对信号的幅度和分布也很敏感。标准化是一种已被证明有助于在多层神经网络的每一步中保持信号值的一致分布的有用技术。它鼓励参数值的收敛，通常会带来更好的性能。

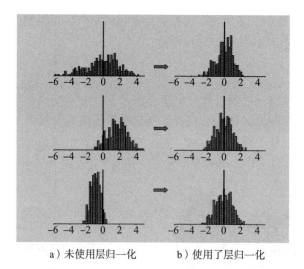

a）未使用层归一化　　b）使用了层归一化

图 8-19　使用层归一化对数据分布的影响

8.1.9　解码器的输出

解码器最后的输出值通过一个全连接层及 softmax 函数作用后，就得到预测值的对数概率（这里假设采用贪婪解码的方法，即使用 argmax 函数获取概率最大值对应的索引），如图 8-20 所示。预测值的对数概率与实际值对应的 one-hot 编码的差就构成模型的损失函数。

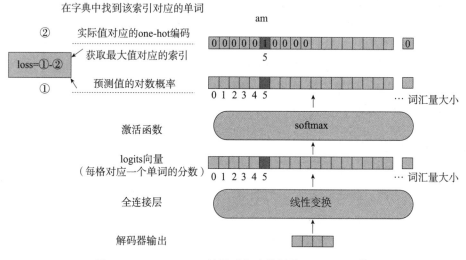

图 8-20　Transformer 的最后全连接层及 softmax 函数

图 8-21 是编码器与解码器如何协调完成一个机器翻译任务的完整过程。

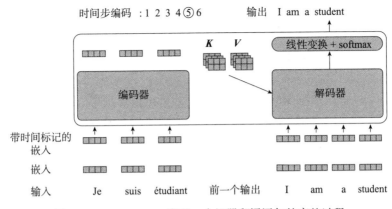

图 8-21　Transformer 实现一个机器翻译语句的完整过程

8.1.10　多层叠加

Transformer 的编码器和解码器都采用多层叠加的方法（即 $N\times$），如图 8-22 所示。

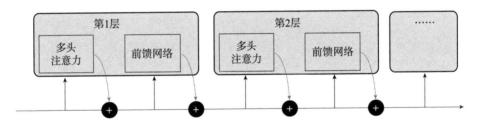

图 8-22　Transformer 的编码器和解码器采用多层叠加方法

在 Transformer 模型中，多个"多头注意力层 + 前馈网络层"模块的叠加有以下作用：

（1）捕捉更多的信息

每个"多头注意力层 + 前馈网络层"模块可以学习不同特征表示，通过叠加多个模块，模型可以捕捉到更多不同层次的语义和关系信息。

（2）提供更好的性能

增加模块的层数可以增加模型的容量，使得模型可以更好地拟合复杂的输入和任务。更深的模型可以提供更好的性能，例如在语言建模、机器翻译等任务中取得更佳的效果。

（3）增强信息传递

通过多个模块的叠加，每个模块都能够接收到之前所有层的信息，并将其传递给下一层。这样的架构设计使得信息能够像传送带一样在不同层之间流动，有助于更好地建模长距离依赖关系。

（4）提高模型的鲁棒性

通过多个模块的叠加，模型能够从不同角度对输入进行建模，增加了模型对噪声和错误的容忍程度，提高了模型的鲁棒性，使其能够更好地处理输入的多样性和变化。

8.2 用 PyTorch 从零开始实现 Transformer

Transformer 的原理在前面的图解部分已经分析得很详细了，这节重点介绍如何使用 PyTorch 来实现。本节将用 PyTorch 2.0+ 来完整地实现 Transformer 模型，并用简单实例进行验证。以下代码参考哈佛大学 OpenNMT 团队针对 Transformer 实现的代码，其代码是用 PyTorch 0.3.0 实现的，地址为 http://nlp.seas.harvard.edu/2018/04/03/attention.html。

8.2.1 构建编码器 – 解码器架构

（1）导入需要的库

```
import numpy as np
import torch
import torch.nn as nn
import torch.nn.functional as F
import math, copy, time
import matplotlib.pyplot as plt
import seaborn
seaborn.set_context(context="talk")
%matplotlib inline
```

（2）定义 EncoderDecoder 类

```
class EncoderDecoder(nn.Module):
    """
    这是一个标准的编码器 – 解码器架构
    """
    def __init__(self, encoder, decoder, src_embed, tgt_embed, generator):
        super(EncoderDecoder, self).__init__()
        self.encoder = encoder
        self.decoder = decoder
        # 输入和输出的嵌入向量
        self.src_embed = src_embed
        self.tgt_embed = tgt_embed
        # 解码器部分最后的线性变换 +softmax
        self.generator = generator

    def forward(self, src, tgt, src_mask, tgt_mask):
        # 接收并处理屏蔽 src 和目标序列，首先调用 encode 方法对输入进行编码，然后调用 decode 方法
        # 进行解码
```

```
            return self.decode(self.encode(src, src_mask), src_mask,tgt, tgt_mask)

    def encode(self, src, src_mask):
        return self.encoder(self.src_embed(src), src_mask)

    def decode(self, memory, src_mask, tgt, tgt_mask):
        return self.decoder(self.tgt_embed(tgt), memory, src_mask, tgt_mask)
```

从以上代码可以看出，编码器和解码器都使用了掩码，它对某些值进行掩盖，使其在参数更新时不产生效果。

（3）创建 Generator 类

对于解码器的输出，通过一个全连接层后，再经过 log_softmax 函数的作用，成为概率值。

```
class Generator(nn.Module):
    """定义一个标准的全连接（线性变换）+ softmax，根据解码器的隐状态输出一个词，d_model 是解码器输出的大小，vocab 是词典大小 """
    def __init__(self, d_model, vocab):
        super(Generator, self).__init__()
        self.proj = nn.Linear(d_model, vocab)
    def forward(self, x):
        return F.log_softmax(self.proj(x), dim=-1)
```

8.2.2　构建编码器

前文提到，编码器是由 N 个相同结构的编码器层堆积而成的，而每个编码器层又有两个子层，一个是自注意力层，另一个是前馈网络层，其间还有归一化层及残差连接等。

（1）定义复制模块的函数

定义 clones 函数，用于克隆相同的编码器层。

```
def clones(module, N):
    "克隆 N 个完全相同的子层，使用 copy.deepcopy 函数 "
    return nn.ModuleList([copy.deepcopy(module) for _ in range(N)])
```

nn.ModuleList 就像一个普通的 Python 列表，我们可以使用下标来访问它。它的好处是，当我们把模块（Module）放入 ModuleList 时，这些 Module 都会被注册到 PyTorch 中。这样，当我们使用优化器时，它就能找到这些 Module 中的参数，并用梯度下降来更新这些参数。但是，nn.ModuleList 并不是 Module 的子类，因此它没有像 forward 这样的方法。我们通常把 ModuleList 放在某个 Module 中。

（2）定义 Encoder 类

定义 Encoder 类的代码如下：

```
class Encoder(nn.Module):
    def __init__(self, layer, N):
        super(Encoder, self).__init__()
        self.layers = clones(layer, N)
        self.norm = LayerNorm(layer.size)
    def forward(self, x, mask):
        for layer in self.layers:
            x = layer(x, mask)
        return self.norm(x)
```

（3）定义 LayerNorm 类

定义 LayerNorm 类的代码如下：

```
class LayerNorm(nn.Module):
    def __init__(self, features, eps=1e-6):
        super(LayerNorm, self).__init__()
        self.a_2 = nn.Parameter(torch.ones(features))
        self.b_2 = nn.Parameter(torch.zeros(features))
        self.eps = eps
    def forward(self, x):
        mean = x.mean(-1, keepdim=True)
        std = x.std(-1, keepdim=True)
        return self.a_2 * (x - mean) / (std + self.eps) + self.b_2
```

论文中的处理过程如下：

```
x -> x+self-attention(x) -> layernorm(x+self-attention(x)) => y
y-> dense(y) -> y+dense(y) -> layernorm(y+dense(y)) => z（输入下一层）
```

这里把层归一化放到前面，即处理过程如下：

```
x  ->  layernorm(x)  ->  self-attention(layernorm(x))  ->  x + self-
attention(layernorm(x)) => y
y -> layernorm(y) -> dense(layernorm(y)) -> y+dense(layernorm(y)) =>z（输入下一层）
```

PyTorch 中各层权重的数据类型是 nn.Parameter，而不是张量。故需要对初始化后的参数（张量类型）进行类型转换。每个编码器层又有两个子层，每个子层通过残差连接把每层的输出转换为新的输出。不管是自注意力层还是全连接层，都首先是层归一化，然后是自注意力，接着是 dropout，最后是残差连接。这里把这个过程封装成子层连接。

（4）定义 SublayerConnection 类

定义 SublayerConnection 类的代码如下：

```
class SublayerConnection(nn.Module):
```

```
"""
LayerNorm + sublayer(Self-Attenion/Dense) + dropout + 残差连接
```

为了简单，把层归一化放到了前面，这和原始论文稍有不同，原始论文层归一化在
最后。

```
"""
def __init__(self, size, dropout):
    super(SublayerConnection, self).__init__()
    self.norm = LayerNorm(size)
    self.dropout = nn.Dropout(dropout)
def forward(self, x, sublayer):
    # 将残差连接应用于具有相同大小的任何子层
    return x + self.dropout(sublayer(self.norm(x)))
```

（5）构建 EncoderLayer 类

有了以上这些代码，构建 EncoderLayer 类就很简单了。

```
class EncoderLayer(nn.Module):
    def __init__(self, size, self_attn, feed_forward, dropout):
        super(EncoderLayer, self).__init__()
        self.self_attn = self_attn
        self.feed_forward = feed_forward
        self.sublayer = clones(SublayerConnection(size, dropout), 2)
        self.size = size
    def forward(self, x, mask):
        " 实现正向传播功能 "
        x = self.sublayer[0](x, lambda x: self.self_attn(x, x, x, mask))
        return self.sublayer[1](x, self.feed_forward)
```

为了复用，这里把 self_attn 层和 feed_forward 层作为参数传入，这里只构造两个子层。
正向传播调用 sublayer[0]，最终会调到它的 forward 方法，而这个方法需要两个参数，一个
是输入张量，另一个是对象或函数（在 Python 中，类似的实例可以像函数一样，可以被调
用）。而 self_attn 函数需要 4 个参数（Query 的输入、Key 的输入、Value 的输入和掩码），
因此，使用 lambda 的技巧把它变成一个参数为 x 的函数（掩码可以看成已知的数）。

8.2.3 构建解码器

解码器的结构如图 8-3 所示。解码器也是 N 个解码器层的堆叠，参数 layer 代表解码器
层，它也是一个调用对象，最终会调用 DecoderLayer.forward 方法，这个方法需要 4 个参
数：输入 x、编码器层的输出 memory、输入编码器的掩码（src_mask）和输入解码器的掩
码（tgt_mask）。所有这里的解码器的正向传播也需要这 4 个参数。

（1）定义解码器

定义解码器的代码如下：

```
class Decoder(nn.Module):
    def __init__(self, layer, N):
        super(Decoder, self).__init__()
        self.layers = clones(layer, N)
        self.norm = LayerNorm(layer.size)
    def forward(self, x, memory, src_mask, tgt_mask):
        for layer in self.layers:
            x = layer(x, memory, src_mask, tgt_mask)
        return self.norm(x)
```

（2）定义 DecoderLayer 类

```
class DecoderLayer(nn.Module):
    def __init__(self, size, self_attn, src_attn, feed_forward, dropout):
        super(DecoderLayer, self).__init__()
        self.size = size
        self.self_attn = self_attn
        self.src_attn = src_attn
        self.feed_forward = feed_forward
        self.sublayer = clones(SublayerConnection(size, dropout), 3)
    def forward(self, x, memory, src_mask, tgt_mask):
        m = memory
        x = self.sublayer[0](x, lambda x: self.self_attn(x, x, x, tgt_mask))
        x = self.sublayer[1](x, lambda x: self.src_attn(x, m, m, src_mask))
        return self.sublayer[2](x, self.feed_forward)
```

（3）定义 subsequent_mask 函数

解码器和编码器有一个关键的不同：解码器在解码第 t 个时刻的时候只能使用 1，…，t 时刻的输入，而不能使用 $t+1$ 时刻及其之后的输入。因此，我们需要一个函数来产生一个掩码矩阵，代码如下：

```
def subsequent_mask(size):
    attn_shape = (1, size, size)
    subsequent_mask = np.triu(np.ones(attn_shape), k=1).astype('uint8')
    return torch.from_numpy(subsequent_mask) == 0
```

我们看一下这个函数生成的一个简单样例，假设语句长度为 6。

```
plt.figure(figsize=(5,5))
plt.imshow(subsequent_mask(6)[0])
```

运行结果如图 8-23 所示。

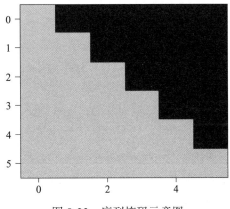

图 8-23　序列掩码示意图

查看序列掩码情况，具体如下：

```
subsequent_mask(6)[0]
ensor([[ True, False, False, False, False, False],
        [ True,  True, False, False, False, False],
        [ True,  True,  True, False, False, False],
        [ True,  True,  True,  True, False, False],
        [ True,  True,  True,  True,  True, False],
        [ True,  True,  True,  True,  True,  True]])
```

我们发现它输出的是一个方阵，对角线及以下都是 True。第一行只有第一列是 True，它的意思是时刻 1 只能关注输入 1，第三行说明时刻 3 可以关注 {1,2,3} 而不能关注 {4,5,6} 的输入，因为在真正解码的时候，这是属于未来的信息。知道了这个函数的用途之后，上面的代码就很容易理解了。

8.2.4　构建多头注意力

多头注意力类似于卷积网络中构建多通道，目的都是提升模型的泛化能力。下面来看具体构建过程。

（1）定义注意力

注意力（包括自注意力和普通的注意力）可以看成一个函数，它的输入参数是 query、key、value 和 mask，输出是一个张量。其中输出是 value 的加权平均，而权重由 query 和 key 计算得出。具体的计算公式如下：

$$\text{Attention}(\boldsymbol{Q}, \boldsymbol{K}, \boldsymbol{V}) = \text{softmax}\left(\frac{\boldsymbol{Q}\boldsymbol{K}^{\mathrm{T}}}{\sqrt{d_k}}\right)\boldsymbol{V} \tag{8.2}$$

具体实现代码如下：

```
def attention(query, key, value, mask=None, dropout=None):
    d_k = query.size(-1)
    scores = torch.matmul(query, key.transpose(-2, -1)) / math.sqrt(d_k)
    if mask is not None:
        scores = scores.masked_fill(mask == 0, -1e9)
    p_attn = F.softmax(scores, dim = -1)
    if dropout is not None:
        p_attn = dropout(p_attn)
    return torch.matmul(p_attn, value), p_attn
```

上面的代码与公式稍有不同的是，Q 和 K 都是 4 维张量，包括 batch 和 head 维度。torch.matmul 方法会把 query 和 key 的最后两维进行矩阵乘法，这样效率更高，如果我们要用标准的矩阵（2 维张量）乘法来实现，那么需要遍历 batch 维度和 head 维度。

用一个具体例子跟踪一些不同张量的形状变化，然后对照公式就很容易理解。比如 Q 是 (30,8,33,64)，其中 30 是 batch 个数，8 是 head 个数，33 是序列长度，64 是每个时刻的特征数。K 和 Q 的形状必须相同，而 V 可以不同，但在这里，其形状也是相同的。scores.masked_fill(mask == 0, -1e9) 用于把 mask 为 0 的得分变成一个很小的数，这样后面经过 softmax 函数计算之后的概率就很接近 0。自注意力中的掩码主要是 Padding 格式，与解码器中的掩码格式不同。

接下来对 score 进行 softmax 函数计算，把得分变成概率 p_attn，如果有 dropout 操作，则对 p_attn 进行 dropout（原论文中没有 dropout）。最后将 p_attn 和 value 相乘。p_attn 是 (30, 8, 33, 33)，value 是 (30, 8, 33, 64)，我们只看后两维，最终得到 33×64。

（2）定义多头注意力

对于每一个头，都使用三个矩阵 W^Q、W^K、W^V 把输入转换成 Q、K 和 V，然后分别用每一个头进行自注意力的计算，把 N 个头的输出拼接起来，与矩阵 W^0 相乘。多头注意力的具体计算公式如下：

$$\text{MultiHead}(\boldsymbol{Q},\boldsymbol{K},\boldsymbol{V}) = \text{concat}(\text{head}_1,\text{head}_2,\cdots,\text{head}_h)\boldsymbol{W}^0 \qquad (8.3)$$

$$\text{head}_i = \text{Attention}(\boldsymbol{Q}\boldsymbol{W}_i^{\boldsymbol{Q}},\boldsymbol{K}\boldsymbol{W}_i^{\boldsymbol{K}},\boldsymbol{V}\boldsymbol{W}_i^{\boldsymbol{V}}) \qquad (8.4)$$

这里的映射是参数矩阵

$$\boldsymbol{W}_i^{\boldsymbol{Q}} \in \mathbb{R}^{d_{\text{model}}d_k}, \boldsymbol{W}_i^{\boldsymbol{K}} \in \mathbb{R}^{d_{\text{model}}d_k}, \boldsymbol{W}_i^{\boldsymbol{V}} \in \mathbb{R}^{d_{\text{model}}d_v}, \boldsymbol{W}_i^0 \in \mathbb{R}^{hd_v d_{\text{model}}}$$

其中，$h=8$，$d_k = d_v = \dfrac{d_{\text{model}}}{h} = 64$。

详细的计算过程如下：

```
class MultiHeadedAttention(nn.Module):
    def __init__(self, h, d_model, dropout=0.1):
        super(MultiHeadedAttention, self).__init__()
        assert d_model % h == 0
        # 假设 d_v=d_k
        self.d_k = d_model // h
        self.h = h
        self.linears = clones(nn.Linear(d_model, d_model), 4)
        self.attn = None
        self.dropout = nn.Dropout(p=dropout)
    def forward(self, query, key, value, mask=None):
        if mask is not None:
            mask = mask.unsqueeze(1)
        nbatches = query.size(0)
        # 1) 首先使用线性变换，然后把 d_model 分配给 h 个 head, 每个 head 为
        # d_k=d_model/h
        query, key, value = \
            [l(x).view(nbatches, -1, self.h, self.d_k).transpose(1, 2)
                for l, x in zip(self.linears, (query, key, value))]
        # 2) 使用 attention 函数计算缩放的点积注意力
        x, self.attn = attention(query, key, value, mask=mask,
                                 dropout=self.dropout)
        # 3) 实现多头自注意力，用 view 函数把 8 个 head 的 64 维向量拼
        # 接成一个 512 的向量
        # 然后再使用一个线性变换 (512,512), 形状不变
        x = x.transpose(1, 2).contiguous() \
            .view(nbatches, -1, self.h * self.d_k)
        return self.linears[-1](x)
```

其中，zip(self.linears, (query, key, value)) 是把 (self.linears[0],self.linears[1],self.linears[2]) 和 (query, key, value) 放到一起再进行遍历。我们只看 self.linears[0] (query)。根据构造函数的定义，self.linears[0] 是一个 (512, 512) 的矩阵，而 query 是 (batch, time, 512)，相乘之后得到新的 query 还是 512(d_model) 维的向量，然后用 view 方法把它变成 (batch, time, 8, 64)。然后转换成 (batch, 8,time,64)，这是 attention 函数要求的形状，分别对应 8 个头，每个头的 query 向量都是 64 维。

key 和 value 的运算完全相同，因此我们也分别得到 8 个头的 64 维的 key 和 64 维的 value。接下来调用 attention 函数，得到 x 和 self.attn。其中 x 的形状是 (batch, 8, time, 64)，而 attn 的形状是 (batch, 8, time, time)，把 x 转换成 (batch, time, 8, 64)，然后用 view 方法把它变成 (batch, time, 512)，其实就是把最后 8 个 64 维的向量拼接成 512 的向量。最后使用 self.linears[-1] 对 x 进行线性变换，self.linears[-1] 是 (512, 512) 的，因此最终的输出还

是 (batch, time, 512)。我们最初构造了 4 个 (512, 512) 的矩阵，前 3 个用于对 query、key 和 value 进行变换，而最后一个对 8 个头拼接后的向量再做一次变换。

多头注意力在 Transformer 模型中应用非常广泛，在编码器、解码器以及编码器 – 解码器中都有应用：

- 编码器的自注意力层 query、key 和 value 都是相同的值，来自下层的输入。掩码都是 1（填充的不算）。
- 解码器的自注意力层 query、key 和 value 都是相同的值，来自下层的输入。但是掩码使得它不能访问未来的输入。
- 编码器 – 解码器的普通注意力层 query 来自下层的输入，而 key 和 value 相同，是编码器最后一层的输出，而掩码都是 1。

8.2.5　构建前馈神经网络层

除了注意子层之外，编码器和解码器中的每个层都包含一个完全连接的前馈网络，该网络层包括两个线性转换，中间有一个 ReLU 激活函数，具体公式为

$$\mathrm{FFN}(x) = \max(0, xW_1 + b_1)W_2 + b_2 \qquad (8.5)$$

全连接层的输入和输出都是 512(d_model) 维的，中间隐单元的个数是 2048(d_ff)，具体代码如下：

```
class PositionwiseFeedForward(nn.Module):
    "实现 FFN 函数 "
    def __init__(self, d_model, d_ff, dropout=0.1):
        super(PositionwiseFeedForward, self).__init__()
        self.w_1 = nn.Linear(d_model, d_ff)
        self.w_2 = nn.Linear(d_ff, d_model)
        self.dropout = nn.Dropout(dropout)
    def forward(self, x):
        return self.w_2(self.dropout(F.relu(self.w_1(x))))
```

8.2.6　预处理输入数据

输入的词序列都是 ID 序列，我们需要转为嵌入。源语言和目标语言都需要转为嵌入，此外我们还需要一个线性变换把隐变量变成输出概率，这可以通过前面的类生成器来实现。Transformer 模型的注意力机制并没有包含位置信息，即一句话中的词语在不同的位置时在 Transformer 中是没有区别的，这当然是不符合实际的。因此，在 Transformer 中引入位置信息相比 CNN、RNN 等模型有更加重要的作用。论文作者添加位置编码的方法是：构造一个与输入嵌入维度一样的矩阵，然后与输入嵌入相加得到多头注意力的输入。预处理输入数据的过程如图 8-24 所示。

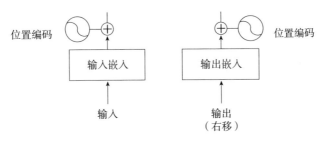

图 8-24 预处理输入数据

1）把输入数据转换为嵌入，具体代码如下：

```python
class Embeddings(nn.Module):
    def __init__(self, d_model, vocab):
        super(Embeddings, self).__init__()
        self.lut = nn.Embedding(vocab, d_model)
        self.d_model = d_model
    def forward(self, x):
        return self.lut(x) * math.sqrt(self.d_model)
```

2）添加位置编码。位置编码的公式如下：

$$PE(pos, 2i) = \sin\left(pos / 10000^{2i/d_{model}}\right) \tag{8.6}$$

$$PE(pos, 2i+1) = \cos\left(pos / 10000^{2i/d_{model}}\right) \tag{8.7}$$

具体实现代码如下：

```python
class PositionalEncoding(nn.Module):
    "实现 PE 函数"
    def __init__(self, d_model, dropout, max_len=5000):
        super(PositionalEncoding, self).__init__()
        self.dropout = nn.Dropout(p=dropout)
        # 计算位置编码
        pe = torch.zeros(max_len, d_model)
        position = torch.arange(0, max_len).unsqueeze(1)
        div_term = torch.exp(torch.arange(0, d_model, 2) *
                             -(math.log(10000.0) / d_model))
        pe[:, 0::2] = torch.sin(position * div_term)
        pe[:, 1::2] = torch.cos(position * div_term)
        pe = pe.unsqueeze(0)
        self.register_buffer('pe', pe)
    def forward(self, x):
        x = x + self.pe[:, :x.size(1)].clone().detach()
        return self.dropout(x)
```

　　注意，这里调用了 register_buffer 函数。这个函数的作用是创建一个缓存变量，比如把 pi 保存下来。register_buffer 通常用于保存一些模型参数之外的值，比如在批归一化中，我们需要保存 running_mean(Moving Average)，它不是模型的参数（不是通过迭代学习的参数），但是模型会修改它，而且在预测的时候也要用到它。这里也一样，pe 是一个提前计算好的常量，在构造函数中并没有把 pe 保存到 self 里，但是在 forward 函数中可以直接使用它（self.pe）。如果保存（序列化）模型到磁盘中，PyTorch 框架将保存 buffer 里的数据到磁盘，这样反序列化的时候能恢复它们。

　　3）可视化位置编码。假设输入是 ID 序列，长度为 10，如果输入转为嵌入之后是 (10, 512)，那么位置编码的输出也是 (10, 512)。式（8.6）和式（8.7）中 pos 就是位置对应的索引（0～9），偶数维使用 sin 函数，而奇数维使用 cos 函数。这种位置编码的好处是：PE 可以表示成 PE+x 式的线性函数，这样网络就能很容易地学到相对位置的关系。图 8-25 是一个示例，向量的大小 d_model=20，这里画出来第 4、5、6 和 7 维（下标从零开始）的图像，最大的位置是 100。可以看到，它们都是正弦（余弦）函数，而且周期越来越长。

```
## 语句长度为 100, 这里假设 d_model=20
plt.figure(figsize=(15, 5))
pe = PositionalEncoding(20, 0)
y = pe.forward(torch.zeros(1, 100, 20))
plt.plot(np.arange(100), y[0, :, 4:8].data.numpy())
plt.legend(["dim %d"%p for p in [4,5,6,7]])
```

运行结果如图 8-25 所示。

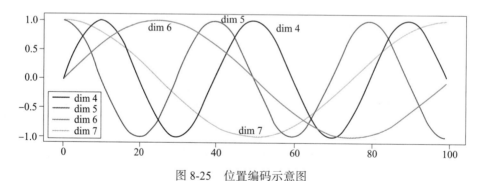

图 8-25　位置编码示意图

　　4）下面来看一个生成位置编码的简单示例，代码如下：

```
d_model, dropout, max_len=512,0,5000
pe = torch.zeros(max_len, d_model)
position = torch.arange(0, max_len).unsqueeze(1)
div_term = torch.exp(torch.arange(0, d_model, 2) *-(math.log(10000.0) / d_model))
pe[:, 0::2] = torch.sin(position * div_term)
pe[:, 1::2] = torch.cos(position * div_term)
```

```
print(pe.shape)
pe = pe.unsqueeze(0)
print(pe.shape)
```

8.2.7　构建完整网络

把前面创建的各网络层整合成一个完整网络。

```
def make_model(src_vocab,tgt_vocab,N=6,d_model=512, d_ff=2048, h=8, dropout=0.1):
    " 构建模型 "
    c = copy.deepcopy
    attn = MultiHeadedAttention(h, d_model)
    ff = PositionwiseFeedForward(d_model, d_ff, dropout)
    position = PositionalEncoding(d_model, dropout)
    model = EncoderDecoder(
        Encoder(EncoderLayer(d_model, c(attn), c(ff), dropout), N),
        Decoder(DecoderLayer(d_model, c(attn), c(attn),
                             c(ff), dropout), N),
        nn.Sequential(Embeddings(d_model, src_vocab), c(position)),
        nn.Sequential(Embeddings(d_model, tgt_vocab), c(position)),
        Generator(d_model, tgt_vocab))
    # 随机初始化参数,非常重要,这里用 xavier
    for p in model.parameters():
        if p.dim() > 1:
            nn.init.xavier_uniform_(p)
    return model
```

首先把 copy.deepcopy 命名为 c，这样可以使下面的代码简洁一些。然后构造 MultiHeadedAttention、PositionwiseFeedForward 和 PositionalEncoding 对象。接着构造 Encoder-Decoder 对象，它需要 5 个参数，包括 encoder、decoder、src-embed、tgt-embed 和 generator。

我们先看后面 3 个简单的参数，参数 generator 直接构造即可，它的作用是把模型的隐单元变成输出词的概率。而 src-embed 代表一个嵌入层和一个位置编码层，tgt-embed 也是类似的。

最后我们来看参数 decoder（encoder 与 decoder 类似，这里以 decoder 为例介绍）。解码器由 N 个子层组成，而每个子层需要传入 self-attn 层、src-attn 层、全连接层和 dropout 层。因为所有的多头注意力训练都是一样的，因此我们直接深度复制即可。同理，所有的前馈神经网络的结果也是一样的，我们可以深度复制而不需要再进行构造。

实例化这个类，可以看到模型包含哪些组件，代码如下：

```
# 测试一个简单模型,输入、目标语句长度分别为 10,编码器、解码器各 2 层
tmp_model = make_model(10, 10, 2)
tmp_model
```

8.2.8　训练模型

1）训练前，先介绍便于批次训练的一个 Batch 类。

```
class Batch:
    "在训练期间，构建带有掩码的批量数据"
    def __init__(self, src, trg=None, pad=0):
        self.src = src
        self.src_mask = (src != pad).unsqueeze(-2)
        if trg is not None:
            self.trg = trg[:, :-1]
            self.trg_y = trg[:, 1:]
            self.trg_mask = \
                self.make_std_mask(self.trg, pad)
            self.ntokens = (self.trg_y != pad).data.sum()
    @staticmethod
    def make_std_mask(tgt, pad):
        tgt_mask = (tgt != pad).unsqueeze(-2)
        tgt_mask = tgt_mask & subsequent_mask(tgt.size(-1)).type_as(tgt_mask.data).
clone().detach()
        return tgt_mask
```

Batch 构造函数的输入参数是 src、trg 和 pad，其中参数 trg 的默认值为 None，刚预测的时候是没有参数 tgt 的。上述代码是训练阶段的一个 Batch 代码，它假设 src 的维度为 (40, 20)，其中 40 是批量大小，而 20 是最长的句子长度，其他不够长的都填充成 20。而 trg 的维度为 (40, 25)，表示翻译后的最长句子是 25 个词，不足的也填充对齐。

src_mask 如何实现呢？注意表达式 (src != pad) 把 src 中大于 0 的时刻置为 1，这样表示它已在关注的范围。然后 unsqueeze(-2) 方法把 src_mask 变成 (40/batch, 1, 20/time)。它的用法参考前面的 attention 函数。

对自注意力训练来说，输入和输出都是相同的句子。比如，输入序列 "it is a good day" 经过自注意力机制的处理后，会得到一系列的权重系数，这些权重系数表示输入序列中不同位置之间的相关性得分。然后，模型会使用这些权重系数来计算输出序列，即 "it is a good day"。对应到代码中，self.trg 就是输入，而 self.trg_y 就是输出。接着对输入 self.trg 进行掩码操作，使得自注意力不能访问未来的输入。这是通过 make_std_mask 函数实现的，这个函数会调用我们之前详细介绍过的 subsequent_mask 函数。最终得到的 trg_mask 的形状是 (40/batch, 24, 24)，表示 24 个时间步的掩码矩阵，这是一个对角线以及之下都是 1 的矩阵，前面已经介绍过了。

2）构建训练迭代函数。

```
def run_epoch(data_iter, model, loss_compute):
    start = time.time()
    total_tokens = 0
    total_loss = 0
    tokens = 0
    for i, batch in enumerate(data_iter):
        out = model.forward(batch.src, batch.trg,
                            batch.src_mask, batch.trg_mask)
        loss = loss_compute(out, batch.trg_y, batch.ntokens)
        total_loss += loss
        total_tokens += batch.ntokens
        tokens += batch.ntokens
        if i % 50 == 1:
            elapsed = time.time() - start
            print("Epoch Step: %d Loss: %f Tokens per Sec: %f" %
                    (i, loss / batch.ntokens, tokens / elapsed))
            start = time.time()
            tokens = 0
    return total_loss / total_tokens
```

它遍历一个 epoch 的数据，然后调用 forward 函数，接着用 loss_compute 函数计算梯度，更新参数并且返回 loss。

3）对数据进行批量处理。

```
global max_src_in_batch, max_tgt_in_batch
def batch_size_fn(new, count, sofar):
    global max_src_in_batch, max_tgt_in_batch
    if count == 1:
        max_src_in_batch = 0
        max_tgt_in_batch = 0
    max_src_in_batch = max(max_src_in_batch,  len(new.src))
    max_tgt_in_batch = max(max_tgt_in_batch,  len(new.trg) + 2)
    src_elements = count * max_src_in_batch
    tgt_elements = count * max_tgt_in_batch
    return max(src_elements, tgt_elements)
```

4）定义优化器。

```
class NoamOpt:
    def __init__(self, model_size, factor, warmup, optimizer):
        self.optimizer = optimizer
        self._step = 0
        self.warmup = warmup
```

```
        self.factor = factor
        self.model_size = model_size
        self._rate = 0
    def step(self):
    "更新参数及学习率"
        self._step += 1
        rate = self.rate()
        for p in self.optimizer.param_groups:
            p['lr'] = rate
        self._rate = rate
        self.optimizer.step()
    def rate(self, step = None):
        if step is None:
            step = self._step
        return self.factor * \
            (self.model_size ** (-0.5) *
            min(step ** (-0.5), step * self.warmup ** (-1.5)))
def get_std_opt(model):
    return NoamOpt(model.src_embed[0].d_model, 2, 4000,
            torch.optim.Adam(model.parameters(), lr=0, betas=(0.9, 0.98), eps=1e-9))
```

5）可视化不同场景下学习率的变化情况。

```
.# 超参数学习率的 3 个场景
opts = [NoamOpt(512, 1, 4000, None),
        NoamOpt(512, 1, 8000, None),
        NoamOpt(256, 1, 4000, None)]
plt.plot(np.arange(1, 20000), [[opt.rate(i) for opt in opts] for i in range(1, 20000)])
plt.legend(["512:4000", "512:8000", "256:4000"])
```

运行结果如图 8-26 所示。

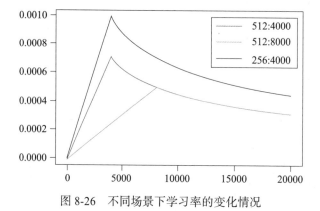

图 8-26   不同场景下学习率的变化情况

6）归一化。对标签做归一化平滑处理，这样处理有利于提高模型的准确性和 BLEU（Bilingual Evaluation Understudy，双语评估研究）分数。

```python
class LabelSmoothing(nn.Module):
    def __init__(self, size, padding_idx, smoothing=0.0):
        super(LabelSmoothing, self).__init__()
        #self.criterion = nn.KLDivLoss(size_average=False)
        self.criterion = nn.KLDivLoss(reduction='sum')
        self.padding_idx = padding_idx
        self.confidence = 1.0 - smoothing
        self.smoothing = smoothing
        self.size = size
        self.true_dist = None
    def forward(self, x, target):
        assert x.size(1) == self.size
        true_dist = x.data.clone()
        true_dist.fill_(self.smoothing / (self.size - 2))
        true_dist.scatter_(1, target.data.unsqueeze(1), self.confidence)
        true_dist[:, self.padding_idx] = 0
        mask = torch.nonzero(target.data == self.padding_idx)
        if mask.dim() > 0:
            true_dist.index_fill_(0, mask.squeeze(), 0.0)
        self.true_dist = true_dist
        return self.criterion(x, true_dist.clone().detach())
```

对标签进行平滑处理，代码如下：

```python
crit = LabelSmoothing(5, 0, 0.4)
predict = torch.FloatTensor([[0, 0.2, 0.7, 0.1, 0],
                             [0, 0.2, 0.7, 0.1, 0],
                             [0, 0.2, 0.7, 0.1, 0]])
v = crit(predict.log().clone().detach(), torch.LongTensor([2, 1, 0]).clone().detach())
plt.imshow(crit.true_dist)
```

运行结果如图 8-27 所示。

由图 8-27 可以看到，质量是如何根据置信度分配给单词的。

```python
crit = LabelSmoothing(5, 0, 0.1)
def loss(x):
    d = x + 3 * 1
    predict = torch.FloatTensor([[0, x / d, 1 / d, 1 / d, 1 / d],])
    return crit(predict.log().clone().detach(),torch.LongTensor([1]).clone().detach()).item()
plt.plot(np.arange(1, 100), [loss(x) for x in range(1, 100)])
```

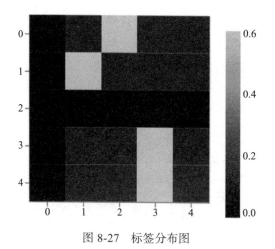

图 8-27　标签分布图

运行结果如图 8-28 所示。

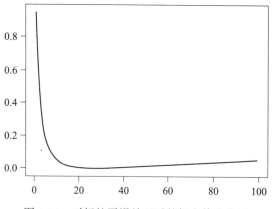

图 8-28　对标签平滑处理后的损失值变化图

从图 8-28 可以看出，使用标签平滑技术可以避免模型对于特定选择太过自信，通过对标签进行正则化，模型会更加谨慎地对待每个可能的选择，从而提高模型的泛化能力和鲁棒性。

8.2.9　一个简单实例

1）生成合成数据。

```
def data_gen(V, batch, nbatches):
    for i in range(nbatches):
        data = torch.from_numpy(np.random.randint(1, V, size=(batch, 10))).long()
        data[:, 0] = 1
        src = data.clone().detach()
        tgt = data.clone().detach()
        yield Batch(src, tgt, 0)
```

2）定义损失函数。

```
class SimpleLossCompute:
    def __init__(self, generator, criterion, opt=None):
        self.generator = generator
        self.criterion = criterion
        self.opt = opt
    def __call__(self, x, y, norm):
        x = self.generator(x)
        loss = self.criterion(x.contiguous().view(-1, x.size(-1)),
                              y.contiguous().view(-1)) / norm
        loss.backward()
        if self.opt is not None:
            self.opt.step()
            self.opt.optimizer.zero_grad()
        return loss.item() * norm
```

3）训练简单任务。

```
V = 11
criterion = LabelSmoothing(size=V, padding_idx=0, smoothing=0.0)
model = make_model(V, V, N=2)
model_opt = NoamOpt(model.src_embed[0].d_model, 1, 400,
        torch.optim.Adam(model.parameters(), lr=0, betas=(0.9, 0.98), eps=1e-9))
for epoch in range(10):
    model.train()
    run_epoch(data_gen(V, 30, 20), model,SimpleLossCompute(model.generator,
criterion, model_opt))
    model.eval()
     print(run_epoch(data_gen(V, 30, 5), model,SimpleLossCompute(model.generator,
criterion, None)))
```

运行结果（最后几次迭代的结果）如下：

```
Epoch Step: 1 Loss: 1.249925 Tokens per Sec: 1429.082397
Epoch Step: 1 Loss: 0.460243 Tokens per Sec: 1860.120972
tensor(0.3935)
Epoch Step: 1 Loss: 0.966166 Tokens per Sec: 1433.039185
Epoch Step: 1 Loss: 0.198598 Tokens per Sec: 1917.530884
tensor(0.1874)
```

4）为了简单起见，此代码使用贪婪解码来预测翻译。

```
def greedy_decode(model, src, src_mask, max_len, start_symbol):
```

```
    memory = model.encode(src, src_mask)
    ys = torch.ones(1, 1).fill_(start_symbol).type_as(src.data)
    for i in range(max_len-1):
        out = model.decode(memory, src_mask,ys, subsequent_mask(torch.tensor(ys.
size(1)).type_as(src.data)))
        prob = model.generator(out[:, -1])
        _, next_word = torch.max(prob, dim = 1)
        next_word = next_word.data[0]
        ys = torch.cat([ys, torch.ones(1, 1).type_as(src.data).fill_(next_word)], dim=1)
    return ys
model.eval()
src = torch.LongTensor([[1,2,3,4,5,6,7,8,9,10]])
src_mask = torch.ones(1, 1, 10)
print(greedy_decode(model, src, src_mask, max_len=10, start_symbol=1))
```

运行结果如下：

```
tensor([[ 1,  2,  3,  4,  4,  6,  7,  8,  9, 10]])
```

第 9 章

大语言模型

在基于 Transformer 构建的大语言模型中，最著名的两个模型是 OpenAI 的 GPT 和 Google 的 BERT。二者虽然都是基于 Transformer 构建的，但原理有很大不同。BERT 仅运用了 Transformer 的编码器（Encoder）架构，而编码器中采用了自注意力机制，即训练中生成每一个词时都需要对整个输入序列的上下文进行相关性分析，从模式上来看更接近于一个完形填空模型。而 GPT 运用了 Transformer 的解码器（Decoder）架构，解码器中的自注意力机制是遮掩自注意力机制（Masked Self-attention），在训练时会对下文进行遮掩处理，仅基于上文来生成下文。因此，GPT 更接近人类的语言生成模式，更适合用来构建语言生成模型。

9.1 大语言模型简介

2017 年 Transformer 模型的发布，标志着自然语言处理（NLP）领域正式步入大语言模型时代。次年，OpenAI 的 GPT 模型与谷歌的 BERT 模型相继推出。2018 年 6 月，OpenAI 发布了 GPT 的初代版本 GPT-1，GPT-1 运用了 Transformer 的解码器架构中的遮掩自注意力机制。目前，GPT 已经迭代到了 GPT-4。毫无疑问，GPT 模型已经成为当前最为强大的语言模型。2018 年 10 月，Google 发布了 BERT 模型。BERT 采用了 Transformer 的编码器架构中的自注意力机制，作为一个拥有 3 倍于 GPT 参数量的更大体量的语言模型，它在当时的多项测评及业内影响力等方面要领先于 GPT 的初代版本。特别是在 BERT 开源之后，Meta（原 Facebook）、百度等国内外大厂均推出了基于 BERT 开发的大模型，如 Meta 的 XLM、RoBERTa 模型，百度的文心一言等。大语言模型的大致分类和发展情况如图 9-1 所示。

解码器架构，遮掩自注意力机制，根据上文生成下文
GPT
GPT-1
GPT-2
GPT-3
InstructGPT
ChatGPT
GPT-4
编码器架构，自注意力机制，生成每一个词时对整个输入序列上下文进行相关性分析
Transformer
BERT
Meta
XLM
RoBERTa
百度
文心大模型
文心一言
编码器-解码器架构
T5
BART
BigBird
M2M-100

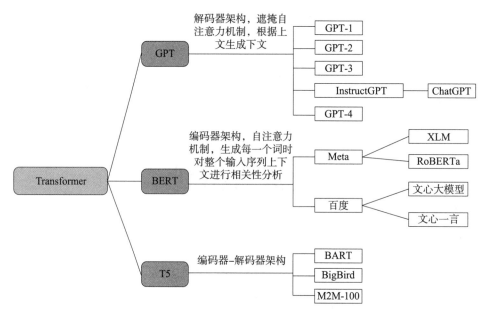

图 9-1　各大语言模型的大致分类和发展情况

GPT 模型由 GPT-1 升级到 GPT-3 的大致过程如图 9-2 所示。

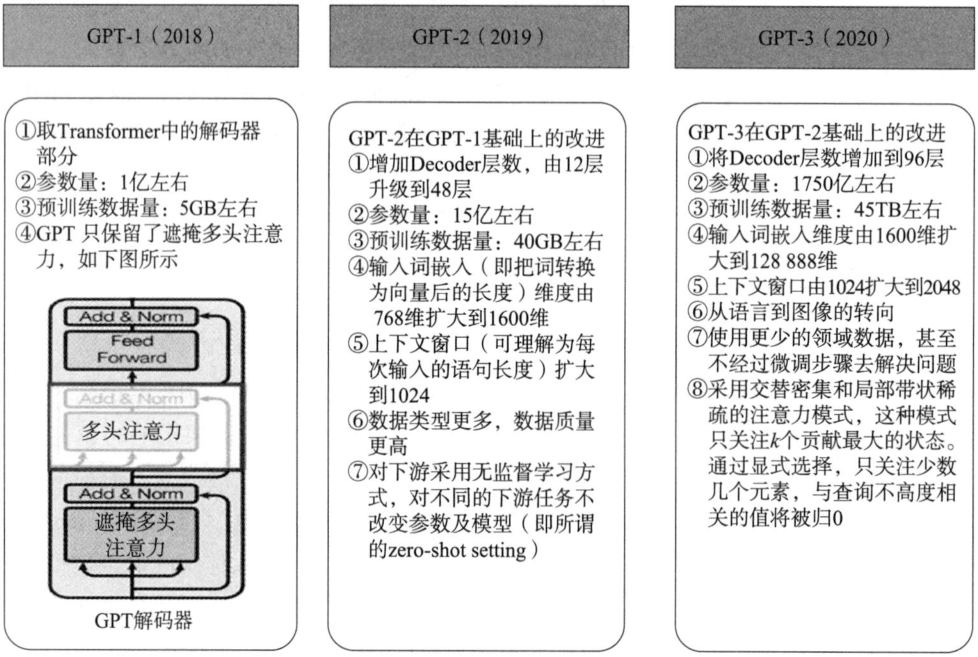

GPT-1（2018）
①取Transformer中的解码器部分
②参数量：1亿左右
③预训练数据量：5GB左右
④GPT 只保留了遮掩多头注意力，如下图所示
Add & Norm
Feed Forward
Add & Norm
多头注意力
Add & Norm
遮掩多头注意力
GPT解码器
GPT-2（2019）
GPT-2在GPT-1基础上的改进
①增加Decoder层数，由12层升级到48层
②参数量：15亿左右
③预训练数据量：40GB左右
④输入词嵌入（即把词转换为向量后的长度）维度由768维扩大到1600维
⑤上下文窗口（可理解为每次输入的语句长度）扩大到1024
⑥数据类型更多，数据质量更高
⑦对下游采用无监督学习方式，对不同的下游任务不改变参数及模型（即所谓的zero-shot setting）
GPT-3（2020）
GPT-3在GPT-2基础上的改进
①将Decoder层数增加到96层
②参数量：1750亿左右
③预训练数据量：45TB左右
④输入词嵌入维度由1600维扩大到128 888维
⑤上下文窗口由1024扩大到2048
⑥从语言到图像的转向
⑦使用更少的领域数据，甚至不经过微调步骤去解决问题
⑧采用交替密集和局部带状稀疏的注意力模式，这种模式只关注k个贡献最大的状态。通过显式选择，只关注少数几个元素，与查询不高度相关的值将被归0

图 9-2　GPT 模型的升级过程

9.2　可视化 GPT 原理

GPT 系列（包括 GPT-2、GPT-3）都使用了 Transformer 的解码器部分。

9.2.1　GPT 简介

GPT 模型只使用了 Transformer 中的解码器，采用了传统的语言模型进行训练，即使用单词的上文预测单词。因此，GPT 更擅长处理自然语言生成任务（NLG）。后续还将介绍 BERT 模型。BERT 模型只使用了 Transformer 中的编码器，更擅长处理自然语言理解任务（NLU）。

9.2.2　GPT 的整体架构

GPT 预训练的方式和传统的语言模型一样，即通过上文预测下一个单词。GPT 的整体架构如图 9-3 所示。

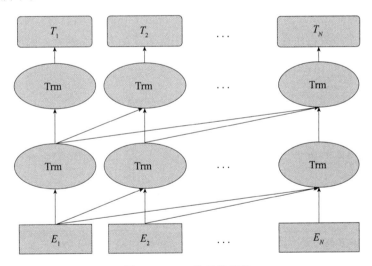

图 9-3　GPT 的整体架构

其中，Trm 表示解码器模块，在同一水平线上的 Trm 表示在同一个单元，E_i 表示词嵌入，那些复杂的连线表示词与词之间的依赖关系。显然，GPT 要预测的词只依赖前文。

作为 GPT 的改进版本，GPT-2 的架构与 GPT 基本相同，只是训练数据量和架构规模更大一些。按照规模大小，GPT-2 大致可以分为 4 个版本，如图 9-4 所示。

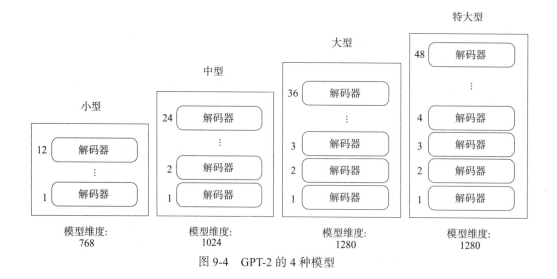

图 9-4　GPT-2 的 4 种模型

9.2.3　GPT 模型架构

GPT 使用 Transformer 的解码器架构，但对 Transformer 解码器进行了一些修改：原本的解码器包含两个多头自注意力结构，GPT 只保留了遮掩多头注意力，如图 9-5 所示。

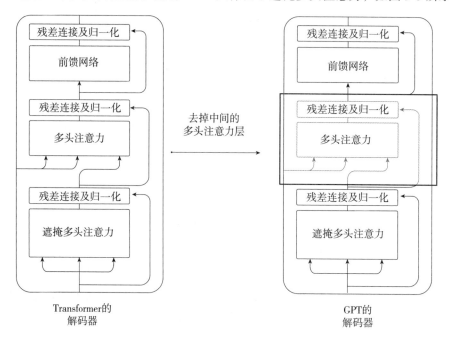

图 9-5　GPT 的模型架构

9.2.4　GPT-2 与 BERT 的多头注意力的区别

BERT 使用多头注意力机制，可以同时从某个词的左右两边进行关注。而 GPT-2 采用遮掩多头注意力，只能关注词的左边，如图 9-6 所示。

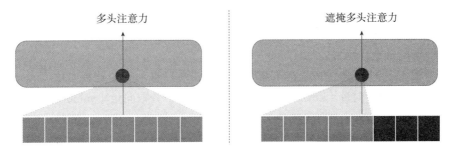

图 9-6　BERT 与 GPT-2 的多头注意力的区别

从图 9-6 左图可以看出，BERT 的输入是双向的，能够同时考虑上下文信息。BERT 的多个注意力头主要被用于对输入序列中的不同位置进行编码，从而为下游任务提供更全面的语义理解，故 BERT 的多头注意力善于语义表示。而 GPT-2 的这种设计（图 9-6 右图）能够帮助模型更好地理解上下文，并生成连贯的文本，故 GPT-2 的多头注意力善于生成文本。

9.2.5　GPT-2 的输入

GPT-2 的输入涉及两个权重矩阵：标记嵌入（Token Embedding）矩阵和位置编码（Positional Encoding）矩阵。标记嵌入矩阵用于记录所有单词或标识符，其大小为 mode_vocabulary_size × Embedding_size。位置编码矩阵用于表示单词在上下文中的位置，其大小为 context_size × Embedding_size，其中 Embedding_size 由 GPT-2 模型的大小而定，小型为 768，中型为 1024，以此类推。输入 GPT-2 模型前，需要给标记嵌入加上对应的位置编码，如图 9-7 所示。

图 9-7　GPT-2 的输入数据

在图 9-7 中，每个标记的位置编码在各层解码器中是不变的，该位置编码不是一个学习向量。

9.2.6 GPT-2 计算遮掩自注意力的详细过程

假设输入语句为 robot must obey orders，接下来以单词 must 为查询词计算它对其他单词的关注度（即分数），具体步骤如下。

（1）创建向量 Q、K、V

将每个输入单词分别与权重矩阵 W^Q, W^K, W^V 相乘，得到一个查询向量（query vector，记为 Q）、一个关键字向量（key vector，记为 K）和一个分数向量（value vector，记为 V），如图 9-8 所示。

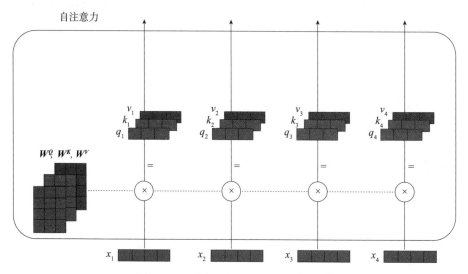

图 9-8　生成自注意力中的 K、Q、V[⊖]

（2）计算每个查询词对关键字的得分

计算每个查询词对关键字的得分，公式如图 9-9 所示。

查询词					关键字					分数（进行 softmax 函数计算前）			
robot	must	obey	orders	×	robot	must	obey	orders	=	0.11	0.00	0.81	0.79
					robot	must	obey	orders		0.19	0.50	0.30	0.48
					robot	must	obey	orders		0.53	0.98	0.95	0.14
					robot	must	obey	orders		0.81	0.86	0.38	0.90

图 9-9　查询词对关键字得分的计算过程

⊖　来源：https://jalammar.github.io/illustrated-gpt2/。

（3）对所得的分数应用注意力遮掩

对所得的分数应用注意力遮掩，得到各分数的映射，如图 9-10 所示。

分数
（进行softmax函数计算前）

0.11	0.00	0.81	0.79
0.19	0.50	0.30	0.48
0.53	0.98	0.95	0.14
0.81	0.86	0.38	0.90

经过注意力遮掩 →

遮掩分数
（进行softmax函数计算前）

0.11	-inf	-inf	-inf
0.19	0.50	-inf	-inf
0.53	0.98	0.95	-inf
0.81	0.86	0.38	0.90

图 9-10　分数经过遮掩处理的映射

（4）对经过遮掩处理的分数进行 softmax 函数计算

对经过遮掩处理的分数（遮掩分数）进行 softmax 函数计算，结果如图 9-11 所示。

遮掩分数
（进行softmax函数计算前）

0.11	-inf	-inf	-inf
0.19	0.50	-inf	-inf
0.53	0.98	0.95	-inf
0.81	0.86	0.38	0.90

按行进行softmax函数计算 →

分数

1	0	0	0
0.48	0.52	0	0
0.31	0.35	0.34	0
0.25	0.26	0.23	0.26

图 9-11　对遮掩分数进行 softmax 函数计算后的结果

（5）单词 must（即 q_2）对各单词的得分

q_2 对各单词的得分如图 9-12 所示。

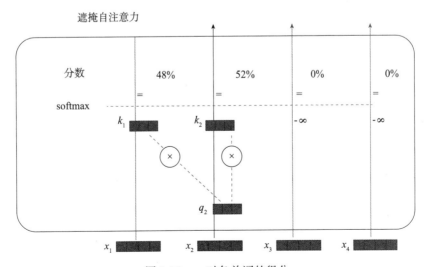

图 9-12　q_2 对各单词的得分

9.2.7　GPT-2 的输出

在最后一层，对每个单词的输出乘以标记嵌入矩阵。然后经过 softmax 函数计算，得到模型字典中所有单词的得分，通过 top 取值方法就可得到预测的单词。整个过程如图 9-13 所示。

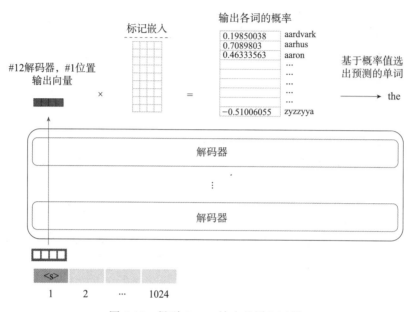

图 9-13　得到 GPT-2 输出的详细过程

9.2.8　GPT-1 与 GPT-2 的异同

GPT-1 与 GPT-2 在架构上没有大的差别，只是在规模、数据量等方面略有不同，具体如下：

- GPT-2 结构的规模更大，层数更多。
- GPT-2 数据量更大，数据类型更多（这有利于增强模型的通用性），并对数据进行了更多的质量过滤和控制。
- GPT-1 对不同的下游任务修改输入格式，并添加一个全连接层（Linear），采用有监督学习方式，如图 9-14 所示。而 GPT-2 对下游采用无监督学习方式，对不同的下游任务不改变参数及模型（即所谓的 zero-shot setting）。

图 9-14 左图为 Transformer 的架构和训练目标，右图是对不同任务进行微调时对输入的改造。

那么，GPT-1 是如何改造下游任务的呢？在微调时，针对不同的下游任务，主要改动 GPT-1 的输入格式，先将不同任务通过数据组合代入 Transformer 模型，然后在模型输出的数据后加全连接层以适配标注数据的格式。具体情况大致如下：

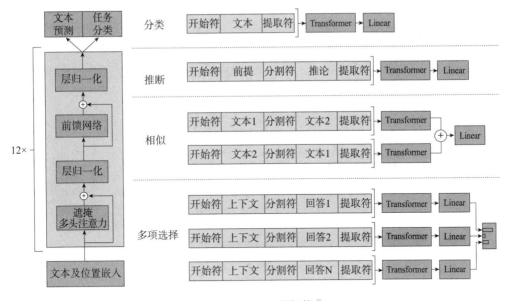

图 9-14　GPT-1 的架构[⊖]

1）分类问题，改动很少，只要加上一个开始符和一个提取符即可。

2）句子关系推断问题，比如 Entailment，两个句子中间再加个分隔符即可。

3）文本相似性判断问题，把两个句子的顺序颠倒一下给出两个输入即可，这是为了告诉模型句子顺序不重要。

4）多项选择问题，多路输入，每一路把文章和答案选项拼接作为一个输入即可。

从图 9-14 可以看出，这种改造还是很方便的，对于不同的任务只需要在输入部分改造即可。接下来介绍 GPT-3，它与 GPT-1、GPT-2 可以说是同一系列的不同版本。

9.3　GPT-3 简介

GPT-3 依旧延续 GPT 的单向语言模型训练方式，只是把模型的参数量增大到了 1750 亿，并且使用 45TB 数据进行训练。同时，GPT-3 主要聚焦于更通用的 NLP 模型，在一系列基准测试和特定领域的 NLP 任务（从语言翻译到生成新闻）中达到最新的 SOTA（State Of The Art，前沿水平）结果。与 GPT-2 相比，GPT-3 的图像生成功能更成熟，不须微调就可以将不完整的图像样本补全。GPT-3 意味着 GPT 从一代到三代实现了两个转向：

- 从语言到图像的转向；
- 使用更少的领域数据，甚至不经过微调步骤就能解决问题。

（1）一般预训练模型的流程

一般预训练模型（如 ELMo、BERT 等）的流程如图 9-15 所示，其中微调是一个重要环节。

⊖　来源：https://www.cs.ubc.ca/~amuham01/LING530/papers/radford2018improving.pdf。

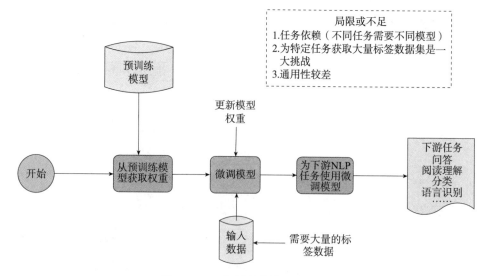

图 9-15　一般预训练模型的流程

（2）GPT-3 与 BERT 的区别

一般预训练模型中微调是一个重要环节，但 GPT-3 却无须微调。除此之外，GPT-3 与一般预训练模型（这里以 BERT 为例）还有很多不同之处，具体可参考图 9-16。

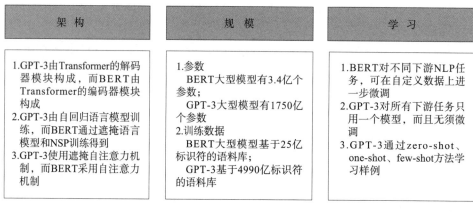

架　构	规　模	学　习
1.GPT-3由Transformer的解码器模块构成，而BERT由Transformer的编码器模块构成 2.GPT-3由自回归语言模型训练，而BERT通过遮掩语言模型和NSP训练得到 3.GPT-3使用遮掩自注意力机制，而BERT采用自注意力机制	1.参数 　BERT大型模型有3.4亿个参数； 　GPT-3大型模型有1750亿个参数 2.训练数据 　BERT大型模型基于25亿标识符的语料库； 　GPT-3基于4990亿标识符的语料库	1.BERT对不同下游NLP任务，可在自定义数据上进一步微调 2.GPT-3对所有下游任务只用一个模型，而且无须微调 3.GPT-3通过zero-shot、one-shot、few-shot方法学习样例

图 9-16　GPT-3 与 BERT 的区别

（3）GPT-3 与传统微调的区别

对下游任务的设置大致有以下 4 类。

1）微调。微调利用成千上万的下游任务标注数据来更新预训练模型中的权重以获得强大的性能。但是，该方法不仅导致每个新的下游任务都需要大量的标注语料，还导致模型在样本外的预测能力很弱。GPT-3 虽然理论上支持微调，但没有采用这种方法。

2）少量示例（few-shot）。模型在推理阶段可以得到少量的下游任务示例作为限制条件，但是不允许更新预训练模型中的权重。

3）单个示例（one-shot）。模型在推理阶段仅得到一个下游任务示例。

4）零示例（zero-shot）。模型在推理阶段仅得到一段以自然语言描述的下游任务说明。

GPT-3 与传统预训练模型对下游任务的处理方法的区别见图 9-17。

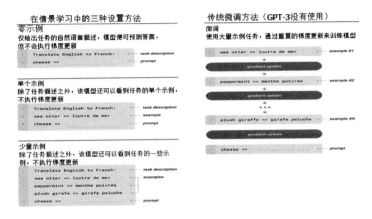

图 9-17　GPT-3 与传统微调用的三种设置方法比较

（4）GPT-3 示例

GPT-3 在许多 NLP 数据集上具有不错的性能，包括翻译、问答、纠错和文本填空等任务，甚至包括一些需要即时推理的任务。由于篇幅的原因，这里仅列举一个在语句纠错方面的应用示例。图 9-18 为使用 GPT-3 进行文本纠错的实例，从纠错结果来看，效果很令人惊奇。

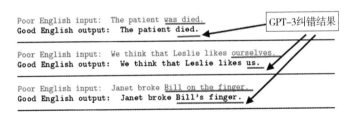

图 9-18　GPT-3 进行文本纠错的实例

9.4　可视化 BERT 原理

循环神经网络（如 LSTM）的训练需要按序列从左到右或从右到左，这严格限制了并发处理能力，对海量数据的训练而言是非常致命的。BERT 和 GPT 预训练模型很好地解决了这个问题，它们不基于 LSTM，而是基于可平行处理的 Transformer。

9.4.1　BERT 的整体架构

BERT 的整体架构如图 9-19 所示，它采用了 Transformer 中的编码器部分。

图 9-19 中的 Trm 指 Transformer 的编码器模块，该模块的架构如图 9-20 所示。

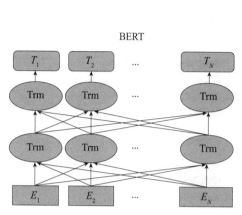

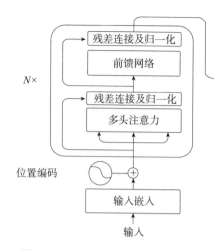

图 9-19   BERT 的整体架构 ⊖   图 9-20   Transformer 的编码器模块 ⊖

BERT 提供了基础和大型两种模型，对应的超参数分别如下：

- $\text{BERT}_{\text{BASE}}$：$L=12$，$H=768$，$A=12$，参数总量为 1.1 亿。
- $\text{BERT}_{\text{LARGE}}$：$L=24$，$H=1024$，$A=16$，参数总量为 3.4 亿。

其中，L 表示网络的层数（即图 9-20 中的数量 N），H 表示隐层大小，A 表示多头注意力中自注意力头的数量，这里前馈网络的隐层大小与输入大小的比值一般设置为 4。两种模型的结构如图 9-21 所示。

图 9-21   BERT 两种模型的结构

其中 H 与输入维度的大小关系，可参考如下代码：

```
class TransformerBlock(nn.Module):
    def __init__(self, k, heads):
        super().__init__()
```

⊖   来源：论文 "BERT: Pretraining of Deep Bidirectional Transformers for Language Understanding，地址为https://arxiv.org/pdf/1810.04805.pdf。

⊖   来源：论文 "Attention Is All You Need"，地址为https://arxiv.org/pdf/1706.03762.pdf。

```
self.attention = SelfAttention(k, heads = heads)
self.norm1 = nn.LayerNorm(k)
self.norm2 = nn.LayerNorm(k)
self.mlp = nn.Sequential(
    nn.Linear(k, 4*k),
    nn.ReLU()
    nn.Linear(4*k, k)
)
def forward(self, x):
    # 先做自注意力
    attended = self.attention(x)
    # 再做层归一化
    x = self.norm1(attended + x)
    # 前馈网络和层归一化
    feedforward = self.mlp(x)
    return self.norm2(feedforward + x)
```

BERT 在海量语料的基础上进行自监督学习（在没有人工标注的数据上运行的监督学习）。在下游 NLP 任务中，可以直接使用 BERT 的特征表示作为该下游任务的词嵌入特征。所以 BERT 提供的是一个供下游任务迁移学习的模型，该模型可以在根据下游任务微调或者固定之后作为特征提取器。

9.4.2 BERT 的输入

BERT 的输入的编码向量（d_model=512）是 3 个嵌入特征的单位和，这 3 个词嵌入具备如下特征。

（1）标记嵌入（Token Embedding）

英文语料库一般采用词块嵌入（WordPiece Embedding），也就是说，将单词划分成一组有限的公共子词单元，这样能在单词的有效性和字符的灵活性之间取得平衡。如把 playing 拆分成 play 和 ing。如果是中文语料库，设置成 word 级即可。

（2）位置嵌入（Positional Embedding）

位置嵌入是指将单词的位置信息编码成特征向量，是向模型中引入单词位置关系时至关重要的一环。这里的位置嵌入和 Transformer 的位置嵌入不一样，它不是通过三角函数计算出的，而是学习得到的。

（3）段嵌入（Segment Embedding）

段嵌入用于判断两个句子的关系，例如 B 是不是 A 的下文（对话场景、问答场景等）。对于句子对，第一个句子的特征值是 0，第二个句子的特征值是 1。

其输入编码具体可参考图 9-22。

注意图 9-22 中的两个特殊符号 [CLS] 和 [SEP]：[CLS] 表示该特征用于分类模型，对非分类模型，该符合可以省去；[SEP] 表示分句符号，用于分割输入语料中的两个句子。

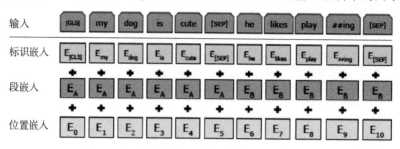

图 9-22　BERT 的输入特征 ⊖

9.4.3　遮掩语言模型

遮掩语言模型（Masked Language Model，MLM）是一种真正的双向方法。ELMo 模型和 BERT 都是遮掩语言模型，它们的区别可从它们的目标函数看出。ELMo 以 $P(t_k | t_1, \cdots, t_{k-1})$，$P(t_k | t_{k+1}, \cdots, t_n)$ 为目标函数，独立训练，最后将结果进行拼接。而 BERT 以 $P(t_k | t_1, \cdots, t_{k-1}, t_{k+1}, \cdots, t_n)$ 为目标函数，这样学到的词向量可同时关注左右词的信息。

在 BERT 的训练过程中，15% 的词块标记（对于中文，需设置为 word 级）会被随机遮掩掉。因测试环境没有遮掩这类标记，为尽量使训练和测试这两个环境接近，BERT 的提出者使用了一个遮掩小技巧，即在确定要遮掩掉的单词之后，80% 的时候会直接将其替换为 [Mask]，10% 的时候将其替换为其他任意单词，10% 的时候会保留原始标记。整个 MLM 训练过程如图 9-23 所示。

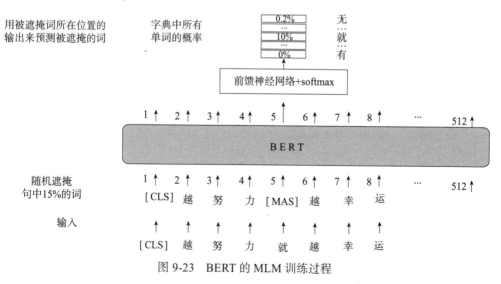

图 9-23　BERT 的 MLM 训练过程

⊖　来源：论文 "BERT: Pretraining of Deep Bidirectional Transformers for Language Understanding，地址为https://arxiv.org/pdf/1810.04805.pdf。

9.4.4　预测下一个句子

考虑到下游任务很多会涉及问答（QA）和自然语言推理（NLI）之类的任务，所以增加了两个句子的任务，即预测下一个句子（Next Sentence Prediction，NSP），目的是让模型理解两个句子之间的联系。在该任务中，训练的输入是句子 A 和 B，B 有一半的概率是 A 的下一句，模型预测 B 是不是 A 的下一句。NSP 预训练的时候可以达到 97%～98% 的准确度。具体训练过程如图 9-24 所示。

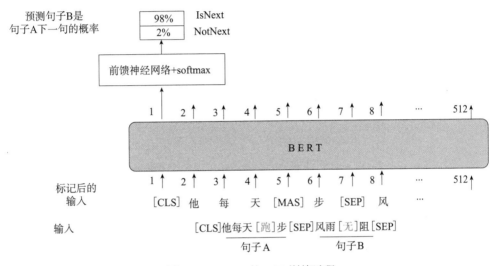

图 9-24　BERT 的 NSP 训练过程

BERT 训练过程包括 MLM 及 NSP，其损失函数的具体定义如下（更多信息可参考 Hugging Face 官网上的对应代码）：

```
classBertForPreTraining
        if labels is not None and next_sentence_label is not None:
loss_fct = CrossEntropyLoss()
masked_lm_loss = loss_fct(prediction_scores.view(-1, self.config.vocab_size),
labels.view(-1))
next_sentence_loss = loss_fct(seq_relationship_score.view(-1, 2), next_sentence_
label.view(-1))
total_loss = masked_lm_loss + next_sentence_loss
        outputs = (total_loss,) + outputs
    return outputs
```

9.4.5　微调

在完成 BERT 对下游的分类任务时，只需在 BERT 的基础上再添加一个输出层便可完成对特定任务的微调。对分类问题可直接取第一个 [CLS] 标记的最后输出（即 final hidden state）$C \in R^H$，加一层权重 $\boldsymbol{W}$ 后进行 softmax 函数计算来预测标签的概率：

$$P = \text{softmax}\left(CW^{\text{T}}\right)$$

对于其他下游任务，则需要进行一些调整，如图 9-25 所示。

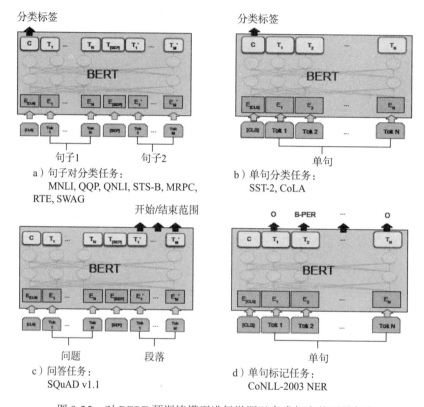

a）句子对分类任务：
MNLI, QQP, QNLI, STS-B, MRPC, RTE, SWAG

b）单句分类任务：
SST-2, CoLA

c）问答任务：
SQuAD v1.1

d）单句标记任务：
CoNLL-2003 NER

图 9-25　对 BERT 预训练模型进行微调以完成相应的下游任务

图 9-25 中的 Tok 表示不同的标记（Token），$\boldsymbol{E}$ 表示嵌入向量，$\boldsymbol{T}_i$ 表示第 i 个标记经过 BERT 处理后得到的特征向量。下面简单列举几种下游任务及其需要微调的内容。

（1）基于句子对的分类任务

MNLI：给定一个前提，推断假设与它的关系。MRPC：判断两个句子是否等价。

（2）基于单句的分类任务

SST-2：电影评价的情感分析。CoLA：句子语义判断，是否可接受。

（3）问答任务举例

SQuAD v1.1：给定一个句子（通常是一个问题）和一段描述文本，输出这个问题的答案，类似于做阅读理解的简答题。

（4）单句标记任务

CoNLL-2003 NER：判断一个句子中的单词是不是人（Person）、组织（Organization）、位置（Location）或者其他（Other）等实体。

9.4.6 使用特征提取方法

除微调方法外，BERT 也可使用特征提取方法，使用预先训练好的 BERT 模型来创建上下文的单词嵌入，然后将这些词嵌入现有的模型中。本节介绍特征提取的简单示例，具体如图 9-26 所示。

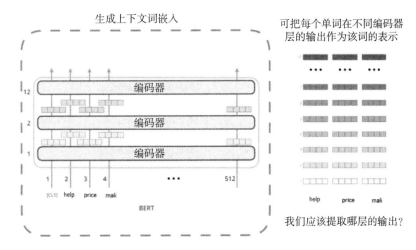

图 9-26　BERT 使用特征提取方法示意图

将图 9-26 中各层的输出作为实体识别的特征，会有不同的性能指标，如图 9-27 所示。

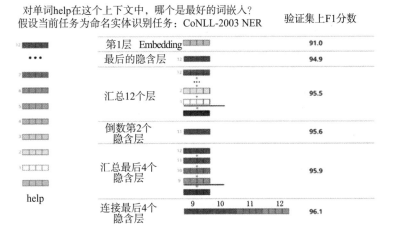

图 9-27　BERT 不同层的输出对下游任务的影响

从图 9-27 可知，与视觉处理中卷积网络类似，使用特征提取方式时，不同层的输出具有不同的含义。

9.5   用 PyTorch 实现 BERT

用 PyTorch 实现 BERT 的核心代码主要有两个模块，一个是生成 BERT 输入的 BERTEmbedding 类，另一个是 TransformerBlock 类。将这两个模块组合起来，即得 BERT 的模块 bert.py。这些模块之间的关系如图 9-28 所示。

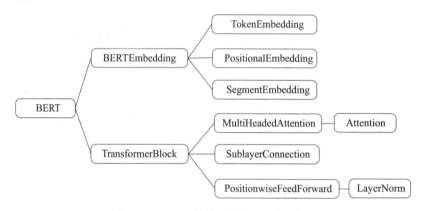

图 9-28   BERT 的核心模块之间的关系

9.5.1   BERTEmbedding 类的代码

实现 BERTEmbedding 类的核心代码如下：

```python
import torch.nn as nn
from model.embedding.token import TokenEmbedding
from model.embedding.position import PositionalEmbedding
from model.embedding.segment import SegmentEmbedding
class BERTEmbedding(nn.Module):
    """
    BERT Embedding 包括以下特征:
        1. TokenEmbedding: 正则嵌入矩阵
        2. PositionalEmbedding: 使用 sin、cos 添加位置信息
        3. SegmentEmbedding: 添加句段信息 (sent_A:1, sent_B:2)
            所有这些特征的总和构成 BERTEmbedding 的输出
    """
    def __init__(self, vocab_size, embed_size, dropout=0.1):
        """
        :param vocab_size: 总词汇量的大小
```

```
    :param embed_size: 标记嵌入的嵌入大小
    :param dropout: dropout 比率
    """
    super().__init__()
    self.token = TokenEmbedding(vocab_size=vocab_size, embed_size=embed_size)
    self.position = PositionalEmbedding(d_model=self.token.embedding_dim)
    self.segment = SegmentEmbedding(embed_size=self.token.embedding_dim)
    self.dropout = nn.Dropout(p=dropout)
    self.embed_size = embed_size
def forward(self, sequence, segment_label):
    x= self.token(sequence) + self.position(sequence) + self.segment(segment_label)
    return self.dropout(x)
```

9.5.2 TransformerBlock 类的代码

实现 TransformerBlock 类的核心代码如下:

```
import torch.nn as nn
from model.attention import MultiHeadedAttention
from model.utils import SublayerConnection, PositionwiseFeedForward
class TransformerBlock(nn.Module):
    """
    Bidirectional Encoder = Transformer (self-attention)
    Transformer = MultiHead_Attention + Feed_Forward with sublayer connection
    """
    def __init__(self, hidden, attn_heads, feed_forward_hidden, dropout):
        """
        :param hidden: Transformer 隐层大小
        :param attn_heads: 多头注意力的头大小
        :param feed_forward_hidden: feed_forward_hidden, 通常为 4*hidden_size
        :param dropout: dropout 比率
        """
        super().__init__()
        self.attention = MultiHeadedAttention(h=attn_heads, d_model=hidden)
        self.feed_forward = PositionwiseFeedForward(d_model=hidden, d_ff=feed_
            forward_hidden, dropout=dropout)
        self.input_sublayer = SublayerConnection(size=hidden, dropout=dropout)
        self.output_sublayer = SublayerConnection(size=hidden, dropout=dropout)
        self.dropout = nn.Dropout(p=dropout)
    def forward(self, x, mask):
        x = self.input_sublayer(x, lambda _x: self.attention.forward(_x, _x, _x,
            mask=mask))
```

```
    x = self.output_sublayer(x, self.feed_forward)
    return self.dropout(x)
```

9.5.3　构建 BERT 的代码

构建 BERT 的核心代码如下：

```
import torch.nn as nn
from model.transformer import TransformerBlock
from model.embedding import BERTEmbedding


class BERT(nn.Module):
    """
    BERT 模型：Transformer 双向编码器表示
    """
    def __init__(self, vocab_size, hidden=768, n_layers=12, attn_heads=12,
        dropout=0.1):
        """
        :param vocab_size: 总词汇量大小
        :param hidden: BERT 模型隐层大小
        :param n_layers: Transformer 块（层）的数量
        :param attn_heads: 注意力头的数量
        :param dropout: dropout 比率
        """
        super().__init__()
        self.hidden = hidden
        self.n_layers = n_layers
        self.attn_heads = attn_heads
        # 将 ff_network_hidden_size 设置为 4*hidden_size
        self.feed_forward_hidden = hidden * 4
        # BERT 的嵌入，位置、段、标记嵌入的总和
        self.embedding = BERTEmbedding(vocab_size=vocab_size, embed_size=hidden)
        # 多层 Transformer 块，深度网络
        self.transformer_blocks = nn.ModuleList(
            [TransformerBlock(hidden, attn_heads, hidden * 4, dropout) for _ in
                range(n_layers)])
    def forward(self, x, segment_info):
        # 填充标记的注意力遮掩
        # torch.ByteTensor([batch_size, 1, seq_len, seq_len)
        mask = (x > 0).unsqueeze(1).repeat(1, x.size(1), 1).unsqueeze(1)
        # 将索引序列嵌入向量序列中
        x = self.embedding(x, segment_info)
```

```
# 在多个 Transformer 块上运行
for transformer in self.transformer_blocks:
    x = transformer.forward(x, mask)
return x
```

9.6 用 GPT-2 生成文本

近年来，由于基于 Transformer 的大语言模型的兴起，开放式语言生成引起了越来越多的关注，其中包括著名的 GPT 系列模型，如 GPT-2、GPT-3、GPT-4 等。为便于大家学习，本节将以预训练模型 GPT-2 为例。GPT-2 不同版本的参数信息如表 9-1 所示。

表 9-1 GPT-2 不同版本的参数信息

模型	嵌入大小	解码层数	参数量
GPT–2–Small	768	12	1.24亿
GPT–2–Medium	1024	24	3.55亿
GPT–2–Large	1280	36	7.44亿
GPT–2–XL	1600	48	15亿

这里以 GPT-2-Small 为例，大家可以根据自己的资源情况进行简单修改，改为其他版本。

利用预训练模型生成文本的质量除了与预训练模型的数据有关外，还与其他非数据因素有关，如与解码策略有密切关系。解码策略大致可以分为以下两类。

（1）搜索策略

解码通常被视为搜索问题，其任务是为给定输入 x 找到最可能的句子 y。搜索策略简单易用，但通常仅限于生成重复的句子并且会陷入循环，缺乏多样性。采样策略可克服这些不足。

（2）采样策略

直接使用从语言模型中提取的概率通常会导致文本不连贯。有一个技巧是通过对概率分布应用 softmax 函数并改变温度参数来控制分布的尖锐度。当温度参数较低时，概率分布会变得更尖锐，增加高概率单词的出现可能性，同时降低低概率单词的出现可能性。这样一来，输出的文本通常会更加连贯。

早在几十年前，甚至在深度学习热潮之前，人们就开始开发文本生成模型。这些模型的主要目的是预测给定文本中的单词或单词序列。图 9-29 是对这些模型所做工作的简化表示，使用文本作为输入，模型能够在它所知道的单词词典上生成概率分布，并根据它进行选择。

9.6.1 下载 GPT-2 预训练模型

1）导入需要的库，代码如下：

```
import torch, os, re, pandas as pd, json
from sklearn.model_selection import train_test_split
```

```
from transformers import GPT2LMHeadModel, GPT2Tokenizer
from datasets import Dataset
```

2）下载 GPT-2 预训练模型，代码如下：

```
tokenizer = GPT2Tokenizer.from_pretrained("gpt2")
GPT2 = GPT2LMHeadModel.from_pretrained("gpt2", pad_token_id=tokenizer.eos_token_id)
```

其中 tokenizer（标记器）用于存储每个模型的词汇表，并且包含在作为模型输入的标记嵌入索引列表中对字符串进行编码和解码的方法。tokenizer 有以下 3 个功能：

- 它将输入文本分离为标记（Token），这些标记不一定与单词一致，并将这些标记编码和解码为模型的输入 id，反之亦然。
- 它允许向词汇表中添加新的标记。
- 它管理特殊的标记，如掩码、文本开头、文本结尾、特殊分隔符等。

通过使用标记器实例，我们可以探索词汇表并查看其大小。此外，我们还可以探索并标记不同文本，以更好地了解其工作原理。

3）查看模型结构，代码如下：

```
GPT2.num_parameters
```

运行结果如下：

```
<bound method ModuleUtilsMixin.num_parameters of GPT2LMHeadModel(
  (transformer): GPT2Model(
    (wte): Embedding(50257, 768)
    (wpe): Embedding(1024, 768)
    (drop): Dropout(p=0.1, inplace=False)
    (h): ModuleList(
      (0-11): 12 x GPT2Block(
        (ln_1): LayerNorm((768,), eps=1e-05, elementwise_affine=True)
        (attn): GPT2Attention(
          (c_attn): Conv1D()
          (c_proj): Conv1D()
          (attn_dropout): Dropout(p=0.1, inplace=False)
          (resid_dropout): Dropout(p=0.1, inplace=False)
        )
        (ln_2): LayerNorm((768,), eps=1e-05, elementwise_affine=True)
        (mlp): GPT2MLP(
          (c_fc): Conv1D()
          (c_proj): Conv1D()
          (act): NewGELUActivation()
          (dropout): Dropout(p=0.1, inplace=False)
        )
```

```
      )
    )
    (ln_f): LayerNorm((768,), eps=1e-05, elementwise_affine=True)
  )
  (lm_head): Linear(in_features=768, out_features=50257, bias=False)
)>
```

从模型结构可以看出，这里使用的模型为 GPT-2-Small，嵌入大小为 768。

9.6.2 用贪心搜索进行解码

贪心搜索（Greedy Search）是最简单的方法，其目的是在所有可能的单词中选择概率最高的单词。如图 9-29 所示，从 The 这个词开始，每一步都选择概率最大的单词，分别选择了 nice 和 woman，最后这样选择的整体概率为 $0.5 \times 0.4 = 0.2$。接下来将使用 GPT-2 在上下文（I work as a data scientist）上生成单词序列（I work as a data scientist at the University of California, Berkeley），看看 transformers 是如何使用贪婪搜索的。

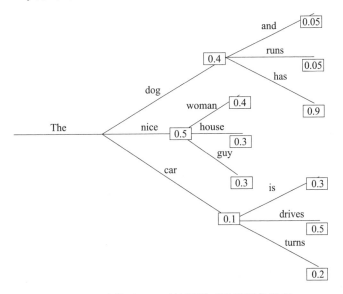

图 9-29　从单词 The 开始预测后续单词的概率

示例代码如下：

```
text = "I work as a data scientist"
text_ids = tokenizer.encode(text, return_tensors = 'pt')
generated_text_samples = GPT2.generate(text_ids, max_length= 100,)
for i, beam in enumerate(generated_text_samples):
    print(f"{i}: {tokenizer.decode(beam, skip_special_tokens=True)}")
    print()
```

运行结果如下：

```
I work as a data scientist at the University of California, Berkeley.
"I'm not a scientist, but I'm a data scientist," he said. "I'm not a data
scientist, but I'm a data scientist."
He said he's not sure how much of the data he's collecting is from the government,
but he's confident that it's not too much...
```

这是一种确定性生成，如果我们用相同的提示再次生成文本，获得的文本是相同的。

以上代码使用 GPT-2 生成了第一个短文本。解码结果似乎是完全合乎逻辑的——而且在许多情况下，它的效果非常好。然而，对于较长的序列，这可能会导致一些问题，可能会陷入相同单词的重复循环中。贪心搜索的主要缺点是它在生成高概率句子方面并不是最优的，因为它专注于最大化一个单词而不是整个序列的概率。它会错过隐藏在低概率单词后面的高概率单词。如我们从图 9-29 的示例中所看到的那样，高条件概率为 0.9 的单词 has 被隐藏在只有第二高条件概率的单词 dog 后面，所以贪心搜索错过了单词序列 The,dog,has。对这个问题可以用束搜索（Beam Search）来缓解。

9.6.3　用束搜索进行解码

束搜索通过在每个时间步骤保留最有可能的 num_beams 个假设，最终选择具有最高概率的假设，从而降低错过隐藏的高概率词序列的风险。我们以 num_beams=2 的情况来说明。在图 9-29 中，在时间步 1，除了最有可能的假设 The,nice 之外，束搜索还跟踪第二有可能的假设 The, dog。在时间步 2，束搜索发现词序列 The, dog, has 的概率为 0.36，高于词序列 The, nice, woman 的概率 0.2。这就说明它找到了更好的词序列。

通过束搜索，将返回多个潜在的输出序列——我们考虑的选项数量就是我们搜索的光束数量。束搜索属于对贪心策略的一种改进，在解码时不再只保留当前分数最高的输出，而是保留前 num_beams 个输出。当 num_beams = 1 时，束搜索会退化成贪心搜索。示例代码如下：

```
# 生成文本示例
generated_text_samples = GPT2.generate(
    text_ids,
    max_length= 50,
    num_beams=5,
    num_return_sequences= 5,
    early_stopping=True
)
for i, beam in enumerate(generated_text_samples):
  print(f"{i}: {tokenizer.decode(beam, skip_special_tokens=True)}")
  print()
```

运行结果如下：

```
0: I work as a data scientist at the University of California, Berkeley, and I've
been working on this project for a long time. I've been working on this project
for a long time. I've been working on this project for a long time.
1: I work as a data scientist at the University of California, Berkeley, and I've
been working on this for a long time. I've been working on this for a long time. I've
been working on this for a long time.
2: I work as a data scientist at the University of California, Berkeley, and I've
been working on this for a long time. I've been working on this for a long time. I've
been working on this for a long time. I've...
```

结果虽然可能更加流畅，但仍然包含相同的词序列。

一个简单的解决策略是引入 n-gram（即由 n 个词组成的词序列）的惩罚，n-gram 是由 Paulus 和 Klein 等人提出的概念。最常见的 n-gram 惩罚方法是手动将可能创建已出现 n-gram 的下一个词的概率设为 0，从而确保不会重复出现相同的 n-gram。为了确保不会出现重复的 2-gram，我们可以将 no_repeat_ngram_size 设置为 2。按照这个逻辑，为了避免文本重复，我们可以配置一个参数来防止所需长度的 n-gram 重复出现。

```
# 生成文本示例
generated_text_samples = GPT2.generate(
    text_ids,
    max_length= 50,
    num_beams=5,
    no_repeat_ngram_size=2,
    num_return_sequences= 5,
    early_stopping=True
)
for i, beam in enumerate(generated_text_samples):
  print(f"{i}: {tokenizer.decode(beam, skip_special_tokens=True)}")
  print()
```

运行结果如下：

```
0: I work as a data scientist at the University of California, Berkeley, and I've
been working on this for a long time.
I have a lot of work to do, but I want to share it with you because I think it's
1: I work as a data scientist at the University of California, Berkeley, and I've
been working on this for a long time.
I have a lot of work to do, but I want to share with you some of the things that I
2: I work as a data scientist at the University of California, Berkeley, and I've
been working on this for a long time.
I have a lot of work to do, but I want to share it with you because it's important to...
```

束搜索还存在以下不足：

- 它生成难以控制的重复序列。
- 正如 Ari Holtzman 等人（2019）所解释的那样，人类并不总是使用这种确定性语言。他们在研究中比较了人类和束搜索选择单词的概率，发现后者的概率要高得多，变化较小，如图 9-30 所示。

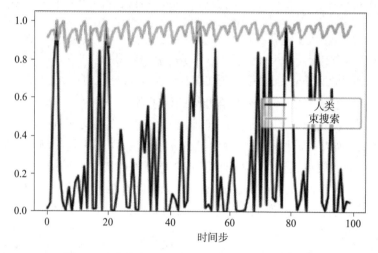

图 9-30　束搜索得到的文本较平稳但缺乏多样性

为避免重复，我们可以采用基于多样性的系列方法。方法之一是采样（Sample）。采样是指根据从语言模型中提取词的条件概率分布随机选取下一个词。使用这种解码方法，生成的文本是不确定的。接下来介绍几种带来一定随机性的采样方法。

9.6.4　用采样进行解码

从最基本的形式看，采样意味着根据条件概率分布随机选择下一个词，用公式表示如下：

$$w_t = p(w \mid w_{1:t-1})$$

图 9-31 展示了使用采样进行文本生成的情况。

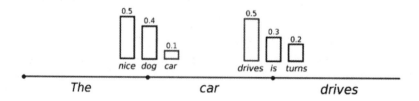

图 9-31　使用采样进行文本生成的情况

使用采样方法，生成的文本是不确定的。单词 car 从条件概率分布 $P(w|\text{"The"})$ 中进行采样，接着从条件概率分布 $P(w|\text{"The","car"})$ 中进行采样，选取了 drives。

在 transformers 库中，通过设置 do_sample=True 实现采样方法。

```
# 生成文本示例
generated_text_samples = GPT2.generate(
    text_ids,
    max_length= 50,
    do_sample=True,
    top_k=0,
    num_return_sequences= 5
)
for i, beam in enumerate(generated_text_samples):
    print(f"{i}: {tokenizer.decode(beam, skip_special_tokens=True)}")
    print()
```

运行结果如下：

```
0: I work as a data scientist. PricewaterhouseCoopers is a developer at Hewlett
Packard, and our work deals with systems and systems engineering."
She hopes that her idea will protect the organization's cybernetics research,
including attack
1: I work as a data scientist at Sullivan Research Center and I have received many
inquiries about the SSL/TLS problem. It seems that those who wish to back such
an issue assert that those things should prevent web companies from otherwise
resisting SSL and TLS.
2: I work as a data scientist at CERN and this is your chance to work under these
exciting new algorithms. Let's get down to the cap on the conference. Let's set
the procedure of the event! We will have a conference right here in...
```

文本看起来还不错，但仔细观察的话，你会发现，它并不是非常连贯，这就是在采样词序列时的一个大问题：模型经常会生成不连贯的文本。改进的方法之一是通过对概率分布应用 softmax 函数并改变其温度参数以使其更尖锐，从而使概率分布更尖锐（例如提高高概率单词的可能性并降低低概率单词的可能性），如图 9-32 所示。采用这个技巧，输出通常会更加连贯。

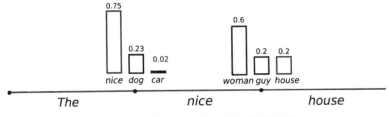

图 9-32   使用温度参数以使其更尖锐

第 $t=1$ 步的条件下一个词分布变得更加尖锐，几乎没有机会选择单词 car。可以通过设置 temperature=0.9 来使分布变得更尖锐：

```
generated_text_samples = GPT2.generate(
    text_ids,
    max_length= 50,
    do_sample=True,
    top_k=0,
    temperature=0.9,
    num_return_sequences= 5
)
for i, beam in enumerate(generated_text_samples):
  print(f"{i}: {tokenizer.decode(beam, skip_special_tokens=True)}")
  print()
```

运行结果如下：

```
0: I work as a data scientist. On a day-to-day basis, I would get no emails from
the press or from their products, so I can't talk about them officially. But at the
same time I'm a key member of the
1: I work as a data scientist. We're one of the markets where the price of data is
stable. But as an in-house market, you get some data from many different sources;
maybe from price of a broadcast; from performance of a database
2: I work as a data scientist and I let me take some of the photos of the mountain.
Miles Soudas: The photography is a bit like a professional mosaic. You can see a
lot of the mountains...
```

奇怪的 n-gram 情况减少了，输出的连贯性稍微提高了一点。不过，尽管使用温度参数可以使分布的随机性变得不那么强，但在将温度设置为接近 0 时，温度调节的采样将等同于贪心解码，并将面临与之前相同的问题。对此，可以采用更有效的采样方法，如 Top-K 采样或 Top-p 采样。

9.6.5　用 Top-K 采样进行解码

在 Top-K 采样中，选择最有可能的 K 个下一个词，并将概率质量重新分配给这 K 个下一个词。GPT-2 采用了这种采样方案，这是其在故事生成中取得成功的原因之一。为了更好地说明 Top-K 采样，将上述例子中两个采样步骤使用的词池范围从 3 个词扩展到 10 个词，如图 9-33 所示。

这里设定 $K=6$，在两个采样步骤中，我们将采样池限制为 6 个词。尽管在第一步中，定义为 $V_{\text{Top-}k}$ 的 6 个最有可能的词仅占据了大约三分之二的概率质量，但在第二步中，它们几乎占据了所有的概率质量。尽管如此，我们可以看到它成功地消除了第二个采样步骤中相当奇怪的候选词（not, the, small, told）。通过设置 top_k=25 来看看如何使用 Top-K。

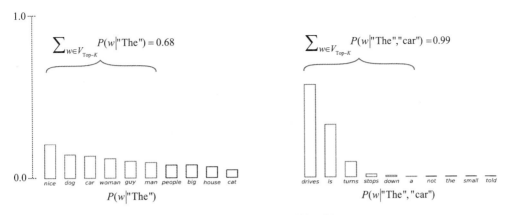

图 9-33　采用 Top-K 采样示例

```
generated_text_samples =GPT2.generate(
    text_ids,
    max_length= 50,
    do_sample=True,
    top_k=25,
    num_return_sequences= 5
)
for i, beam in enumerate(generated_text_samples):
  print(f"{i}: {tokenizer.decode(beam, skip_special_tokens=True)}")
  print()
```

运行结果如下：

```
0: I work as a data scientist. I'm passionate about data and data visualization,
using Google's tools to create the best content possible.
1: I work as a data scientist to support this mission at NASA's Jet Propulsion
Laboratory, a project of the Max Planck Institute for Evolutionary Anthropology in
Bonn, Germany. This work is supported in part by a NASA grant to the Center for
2: I work as a data scientist. I work on a network of large data sets.
I am a senior scientist working for an enterprise, a technology company or a
social security company in the UK.
I am an author of the new...
```

这段文本可以说是到目前为止最具人类风格的文本。然而，对于 Top-K 采样的一个关注点是，它并不动态地调整从下一个词概率分布 $P(w|w_{1:t-1})$ 中被过滤掉的词的数量。这可能是有问题的，因为一些词可能是从非常尖锐的分布中进行采样的（如图 9-33 中的右侧分布），而其他词则是从较为平坦的分布中进行采样的。因此，将采样词池限制为固定大小的 K 可能会导致模型在尖锐分布中产生不合逻辑的语言，并限制模型在平坦分布中的创造力。

为克服这些不足，人们提出了 Top-*p* 采样方法。

9.6.6　用 Top-*p* 采样进行解码

与仅从最有可能的 *K* 个单词中采样的方法不同，Top-*p* 采样（也称为核采样）从概率累计超过概率 *p* 的可能性最小的单词集合中进行选择。继续前面的示例，如果不设置可供选择的单词数量，而是决定在累积概率为 94% 的单词之间进行选择，则选项将会增加，如图 9-34 所示。

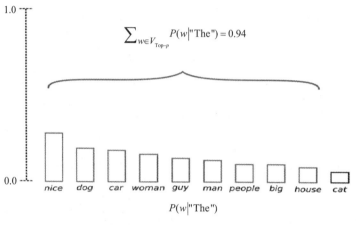

图 9-34　采用 Top-*p* 采样示例

设定 *p*=0.92，Top-*p* 采样选择最少数量的单词，以使其共同超过 92% 的概率密度，则定义为 $V_{\text{Top-}p}$ 共有 9 个最可能的单词。在 transformers 库中通过设置 Top-*p*（ 0 < Top-*p* < 1 ）来激活 Top-*p* 采样。

```
generated_text_samples = GPT2.generate(
    text_ids,
    max_length= 50,
    do_sample=True,
    top_k=0,
    top_p=0.92,
    num_return_sequences= 5
)
for i, beam in enumerate(generated_text_samples):
  print(f"{i}: {tokenizer.decode(beam, skip_special_tokens=True)}")
  print()
```

运行结果如下：

```
0: I work as a data scientist, but I also write business textbooks for big
companies. I want to know better, though I'm not particularly good at that. How
can I overcome it? We'd love to hear from you... question if you could
1: I work as a data scientist because I want to be heard."
Sen. Patrick Leahy, D-Vt., a potential nominee for the Senate Intelligence
Committee, acknowledged in a news release Wednesday that he doesn't think his
notes refer to
2: I work as a data scientist on patterns in major observational studies. Recently,
I noticed a new insight in the Hubble Deep Field observation that just blew my
mind — that many more observations could have been made in the first half of the
20th century if...
```

这个结果虽然还有可改进之处，但看起来就像是人类写的一样。

9.6.7 用综合方法进行解码

理论上，Top-p 方法似乎比 Top-K 更优雅，但两种方法在实践中都表现良好。Top-p 还可以与 Top-K 结合使用，这可以避免非常低排名的单词，同时允许一些动态选择。

在下面的示例中，我们将调整分布的温度并同时定义 K 和 p。它将保留最严格的一个，如果前 K 个单词的累积概率大于 p，则仅在累积概率为 p 的单词中进行选择，反之亦然。要获得多个独立采样的输出，可以将参数 num_return_sequences 设置为大于 1 的值。

```
generated_text_samples = GPT2.generate(
    text_ids,
    max_length= 50,
    do_sample=True,
    top_k=100,
    top_p=0.92,
    temperature=0.8,
    repetition_penalty= 1.5,
    num_return_sequences= 5
)
for i, beam in enumerate(generated_text_samples):
  print(f"{i}: {tokenizer.decode(beam, skip_special_tokens=True)}")
  print()
```

运行结果如下：

```
0: I work as a data scientist in the field of cybersecurity. I've also worked on my
own research into how to improve encryption, and have been involved with various
organizations trying solutions that could use encrypted communications," he said.
"We are going through an
```

```
1: I work as a data scientist for my own blog. I don't get paid to do anything
like this, but it's an incredibly rewarding experience so far in the business and
hopefully they'll be happy with what we're doing next.""With
2: I work as a data scientist at the University of California, Berkeley and I am
part owner/operator of The Big Data Lab. Since 1998, he has worked on massive
datasets like Internet companies' market research tools or IBM's software for
predicting financial crises
```

语言模型仅限于对单词概率分布进行建模，而输出序列不是由模型本身生成的。

自然语言生成系统通常需要额外的解码策略来定义如何将单词拼接在一起以形成句子或文本。解码可以大致分为基于搜索和基于多样性的策略。基于搜索的策略可能是重复的，这是通过基于多样性的策略（如采样）来解决的。

第 10 章

ChatGPT 模型

Transformer、GPT-2 和 BERT 等模型在自然语言处理领域取得了显著成果，然而，它们仍存在一定的局限性。ChatGPT 的出现为自然语言处理领域带来了新的突破，它采用与传统模型不同的技术路线，能够生成更加自然、流畅的语言，能够更好地理解人类意图。

ChatGPT 包含丰富的知识，不仅能更好地理解人类的问题和指令，流畅地进行多轮对话，还在越来越多的领域显示出解决各种通用问题的能力和推理生成能力。许多人相信，ChatGPT 不仅是新一代聊天机器人的突破，也将为信息产业带来巨大变革，预示着 AI 技术应用将迎来大规模普及。

ChatGPT 是 OpenAI 开发的用于自然语言处理任务的语言生成模型。它以 GPT 模型为基础，通过大量的无监督预训练数据和自回归训练方法进行训练，从而生成高质量的文本回复。

10.1　ChatGPT 简介

ChatGPT 是一种基于 GPT-3.5、GPT-4 架构的大型语言模型，被设计用来回答各种问题、提供信息和执行各种自然语言处理任务。它有多种应用，包括回答问题、生成文本、自动翻译、文本摘要、自然语言理解等。

当涉及语言交互时，ChatGPT 能够理解和回应用户的自然语言输入。它可以解释问题、回答查询、提供建议和帮助等，能够产生连贯、语法正确且上下文相关的回复，给用户提供自然、流畅的对话体验。

ChatGPT 具备广泛的知识储备，通过在预训练阶段大规模学习互联网上的文本数据，可以识别和解释各种主题与各个领域的知识。因此，即使在新领域或者对特定领域知识有限的情况下，ChatGPT 也能够提供相关的信息和回答问题。

推理能力是 ChatGPT 的另一个优势。ChatGPT 能够基于语义和逻辑进行推理，进而回答需要推理能力的问题，消除问题的复杂性和歧义性。这使得它具备一定的模拟人类思考和解决问题的能力。

多语言能力是 ChatGPT 的重要特性之一。它可以处理多种语言，包括英语、中文、法语、西班牙语等。无论对于单一语言的对话还是跨语言的对话，ChatGPT 都能提供高质量的回复和理解。

通过与 Codex 集成，ChatGPT 获得了代码生成能力。用户可以向 ChatGPT 提出关于代码实现的需求，获得生成的代码。这使得 ChatGPT 在软件开发、自动化编程等领域具备独特优势。

综上所述，ChatGPT 在语言交互、知识储备、自然语言生成、多轮对话、推理能力、多语言能力和代码生成等方面都有优异的表现。

10.1.1　ChatGPT 核心技术

ChatGPT 引入了多项核心技术，包括指令微调、RLHF、Codex 和 TAMER。

（1）指令微调

指令微调（instruct tuning）技术允许用户通过给出明确的指令来引导 ChatGPT 生成其想要的回复。用户可以使用特定的格式和标记指导 ChatGPT 按照特定的方式生成回答。这种指令形式有助于用户控制对话的方向和内容，确保 ChatGPT 更好地满足用户需求。借助指令微调技术，用户可以引导 ChatGPT 生成精确和有用的回应。

（2）RLHF

RLHF（Reinforcement Learning from Human Feedback，人类反馈强化学习）是一种强化学习算法，它通过人类的反馈来加速智能体的训练过程。该算法旨在充分利用人类的专业知识和经验，提供专家演示或评估反馈，以指导智能体的学习。通过将专家的反馈与自主探索相结合，RLHF 算法能够在学习过程中进行探索与利用的权衡，提高训练效率和性能。该算法的核心思想是将人类反馈视为一种额外的奖励信号，与环境的奖励信号相结合来进行强化学习。RLHF 算法在游戏、机器人控制和自然语言处理等多个领域展现出很大的应用潜力。

（3）Codex

Codex 是与 ChatGPT 集成的代码生成模型。Codex 拥有广泛的编程知识，可以帮助用户生成符合语法规则和逻辑的代码。通过 ChatGPT 与 Codex 的集成，用户可以在对话的过程中获得代码生成的支持和帮助。

（4）TAMER

TAMER（Training an Agent Manually via Evaluative Reinforcement）是一种通过人工手动评估和强化学习来训练 ChatGPT 的技术。在 TAMER 中，人类操作员会与 ChatGPT 进

行对话，并手动对 ChatGPT 的回答进行评估和奖励。这样，ChatGPT 可以根据操作员的反馈不断优化回答的质量和准确性。TAMER 技术的目的是通过人类评估和强化学习来提高 ChatGPT 生成回答的能力，使其表现更接近于人类的水平。

由此可知，通过引入指令微调、RLHF、Codex 和 TAMER 等技术，ChatGPT 在用户指导、强化学习、代码生成和质量改进等方面取得了显著的技术进步。这些技术的引入使 ChatGPT 能够更好地满足用户需求，提供更准确和有用的回答。

图 10-1 为从 GPT-3 到 GPT-3.5 的进化路线图。其中，Text-davinci-002 是在 Code-davinci-002 的基础上使用 InstructGPT 训练方法改进的。GPT-3.5 在 GPT-3 的基础上加入了代码生成的能力。在 ChatGPT 的代码训练中，很多数据来自 Stack Overflow 等代码问答网站，所以我们会发现它能很好地完成简单的编程任务。

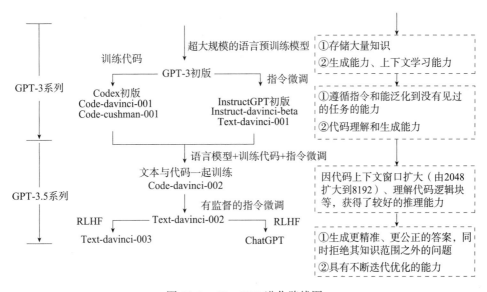

图 10-1　ChatGPT 进化路线图

由图 10-1 可知，GPT-3 为 ChatGPT 打下了扎实的基础，但 Codex、RLHF 等技术增加了很多新功能，挖掘了 GPT-3 的潜力。

10.1.2　InstructGPT 和 ChatGPT 的训练过程

InstructGPT 和 ChatGPT 是 OpenAI 发布的两种语言模型，它们在自然语言处理任务中都使用了指令微调和奖励模型（Reward Model，RM）等技术。InstructGPT 是基于 GPT 进行改进和扩展得到的模型，而 ChatGPT 是对 InstructGPT 的进一步改进。它们的训练过程类似，如图 10-2 所示，主要区别是使用的数据集不同。

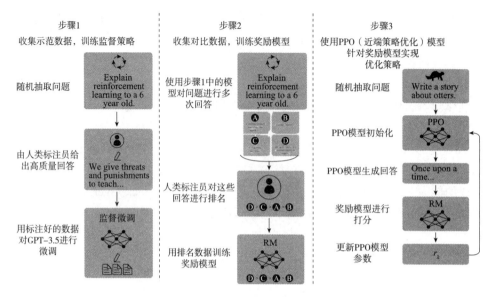

图 10-2 InstructGPT 和 ChatGPT 的训练过程

InstructGPT 侧重于在给定的指令下执行特定任务，生成与指令要求相符的内容。而 ChatGPT 主要用于生成开放式对话，与用户进行自由的对话交互。两者的目标是一样的，都是让经过大规模语料预训练的模型输出符合人类期待的内容，即使输出满足 3H：有用的（Helpful）、可信的（Honest）、无害的（Harmless）。如何实现这个目标呢？具体实现方法如下。

1）假设预训练模型（即 GPT-3）称初始模型为 V0，先人工构造一批示范数据，数量不需要很大，然后让模型进行有监督的学习，得到模型 V1。

2）向模型 V1 提供一组提示词，观察其输出效果。对于每个提示词，我们让模型生成多个输出，并请人根据这些输出进行打分和排序。由于这是一个排序任务，因此我们不能直接用这些数据来训练模型。但我们可以利用这些评分数据来训练一个奖励模型。该奖励模型的作用是对每对 < 提示词, 输出 > 进行打分，以评估输出与提示词的匹配度。通过这种方式，我们可以更高效地标注更多数据，并训练出一个能够更好地理解提示词并生成合适内容的模型。

3）继续训练模型 V1。给定一些提示词，得到输出之后，把提示词和输出输入奖励模型，得到打分，然后借助强化学习的方法（如 PPO 算法）训练模型 V1。如此反复迭代，最终得到模型 V2，也就是最终的 InstructGPT。

以上三步对应图 10-2 中的三个步骤，简单来说，就是老师（人类）先注入一些精华知识，接着让模型模仿老师的喜好做出一些尝试，然后老师对模型的这些尝试进行打分。打分之后，通过学习得到一个打分机器，之后打分机器就可以和模型配合，自动进行模型的迭代。总体思路称为 RLHF。

能实现这样的方式的前提是模型本身比较强大。模型本身只有比较强大，才能在人类提供少量精华数据的情况下，开始进行模仿，并在第二步产出较为合理的输出供人类打分。这里，基于 GPT-3 是这一套流程能行得通的保证之一，而 ChatGPT 是基于 GPT-3.5、GPT-4 的，效果肯定更好。

InstructGPT 论文 "Training language models to follow instructions with human feedback" 给出了以上三步分别制造 / 标注了多少样本。

- SFT（监督微调）数据集（即第一步人类根据提示词构造的示范数据），包含 1.3 万个提示词。
- RM 数据集（即第二步用来训练打分模型的数据），包含 3.3 万个提示词。
- PPO 数据集（即第三步用来训练强化学习 PPO 模型的数据），包含 3.1 万个提示词。

10.1.3　指令微调

指令微调是 ChatGPT 中的一项技术，旨在通过明确的指令来引导 ChatGPT 生成更准确、更有用的回答。通过给出具体的指令和格式要求，指令微调可以帮助用户更好地控制 ChatGPT 的回答方向和内容。

指令微调对 ChatGPT 的性能和效果有以下几个方面的影响。

（1）控制回答风格

通过具体的指令，用户可以指定 ChatGPT 回答的风格和语气，例如正式、轻松、专业等。这有助于使 ChatGPT 生成符合用户期望的回答，提高对话的质量和可用性。

（2）确定回答内容

指令微调可以帮助用户明确指定 ChatGPT 回答的具体内容。用户可以要求 ChatGPT 提供相关的事实、数据、步骤等，从而获得更准确、更有用的回答。

（3）指导对话方向

通过适当的指令，用户可以引导 ChatGPT 在对话中遵循特定的主题或方向。这有助于确保 ChatGPT 的回答与对话的上下文一致，提供更连贯、更有针对性的对话体验。

下面通过一个例子具体说明指令微调的作用。

用户指令：计算一个圆的面积，半径为 5m。

ChatGPT 回答（未经指令微调）：我不知道你要计算圆形的什么面积。

ChatGPT 回答（经过指令微调）：圆的面积等于半径的平方乘以 π，所以半径为 5m 的圆的面积是 $25\pi\,m^2$。请注意结果是近似值。

通过指令微调，用户明确要求 ChatGPT 计算圆的面积，并提供了所需的参数。ChatGPT 回答带有必要的计算步骤和结果，并注意到结果是近似值。指令微调可以确保 ChatGPT 在回答问题时更加准确和有用。

在这个例子中，指令微调帮助 ChatGPT 生成了用户所期望的回答，提高了回答的质量和准确性。这凸显了指令微调技术在 ChatGPT 的性能提升中的作用。

10.1.4 ChatGPT 的不足

尽管 ChatGPT 在上下文对话能力甚至编程能力上表现出色，但我们也要看到，ChatGPT 仍然有一些局限性，还需不断迭代进步。

- ChatGPT 在未经大量语料训练的领域缺乏"人类常识"和引申能力，甚至会一本正经地"胡说八道"。
- ChatGPT 无法处理复杂冗长或者特别专业的语言结构。对于来自金融、自然科学或医学等专业领域的问题，如果没有进行足够的语料"喂食"，ChatGPT 可能无法生成适当的回答。
- ChatGPT 无法在线把新知识纳入其中，而出现一些新知识就去重新预训练 GPT 模型是不现实的。
- 训练 ChatGPT 需要耗费大量算力，成本极大。

10.2 人类反馈强化学习

ChatGPT 中的人类反馈强化学习（RLHF）模型旨在通过对与人类对话中的反馈进行训练来改进模型的响应能力和合作能力。

使用 RLHF 的目的在于规避以下两个问题。

（1）难以确定何为一个好的损失函数

在语言生成任务中，人们很难定义出"好的"的输出是什么，因为语言往往具有很大的灵活性和多样性。在这种情况下，通过人类反馈进行强化学习可能是一种更合适的方法，因为人类可以直接提供关于系统行为的反馈，而无须定义复杂的损失函数。

（2）对模型生成的数据难以标记

生产数据可能非常庞大，而手动标注数据需要耗费大量的时间和人力。此外，有时候标记数据可能比较困难，需要专业知识或主观判断。在这种情况下，RLHF 可以用作一种有效的无监督学习方法。通过与生产数据交互并从人类反馈中学习，模型可以在没有标记数据的情况下逐渐提高其性能。例如，我们可以让模型生成一些文本，然后由人类阅读、理解该文本并向模型提供反馈。通过这种方法，模型可以在实际场景中学习并根据人类反馈不断改进，以更好地满足生产需求。

10.2.1 工作原理

ChatGPT 中的 RLHF 模型的工作原理如下。

（1）初始预训练

首先，ChatGPT 模型通过传统的有监督学习方法进行初始预训练。使用来自人类对话的大规模数据集进行训练，使模型能够学习对输入问题进行响应的生成模式。在这个阶段，模型不与真实用户进行对话交互。

（2）与真实用户对话

训练后的模型与真实用户进行对话交互。在对话中，模型将会生成一系列与用户问题相关的响应。这些响应一般来说不会完全正确或完全满足用户的期望，因为模型初始的预训练并不能覆盖所有可能的用户问题和对话情景。

（3）收集人类反馈

在模型与用户的对话中，用户会提供反馈描述，指导模型如何改进其响应。反馈描述可以是用户指出模型响应的错误之处，并提供正确答案或给出关于期望响应的详细说明。

（4）构建反馈数据集

接下来，使用与用户对话过程中收集到的反馈构建一个反馈数据集。这个数据集包含模型生成的响应与相应的用户反馈描述。数据集的目的是训练出一个能够以类似人类方式响应用户的模型。

（5）重训练

使用上一步构建的反馈数据集对 ChatGPT 模型进行重训练。在重训练过程中，模型通过最大化反馈描述的预期奖励来学习并调整其生成策略。这个过程涉及强化学习，通过与之前的预训练相结合，使模型逐渐提高其响应的质量和合作能力。

（6）进一步迭代

让重训练后的模型再次与真实用户对话，并重复上述步骤进行迭代。每次迭代都有助于模型的不断改进和学习，使其能够更好地理解用户需求并生成准确和有用的响应。

通过与真实用户对话以及人类反馈指导，RLHF 模型能够提高模型的对话质量，减少错误响应，并更好地适应真实对话环境中的需求。模型在迭代过程中逐渐优化自身，提高准确性和合作能力。

10.2.2　工作流程

RLHF 模型将预训练语言模型按照人类反馈进一步微调以符合人类偏好，利用人类反馈信息直接优化模型，并可以通过人机对话理解人类输入的上下文，不断优化其回答内容。OpenAI 采用 RLHF 作为 ChatGPT 的核心训练方式，并称它能将通用人工智能系统与人类意图更好地对齐。RLHF 的训练包括以下 3 个核心步骤：

1）预训练语言模型。（也可以使用额外文本进行微调，监督微调新模型可以让模型更加遵循指令提示，但不一定符合人类偏好。）

2）对模型根据提示词生成的文本进行质量标注，由人工标注者按偏好从最佳到最差进行排名，利用标注文本训练奖励模型，从而学习到人类对于模型根据给定提示词生成的文本序列的偏好。

3）使用强化学习进行微调，确保模型输出合理、连贯的文本片段，并且基于奖励模型对模型输出的评估分数提升文本的生成质量。

详细过程如图 10-3 所示。

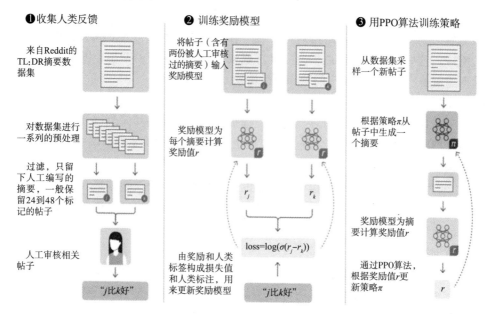

图 10-3   RLHF 的训练过程

10.2.3   PPO 算法

PPO 算法是 TRPO（信赖域策略优化）算法的扩展，是 RLHF 的核心算法，由 OpenAI 的研究人员于 2017 年提出。PPO 是一种同步策略，可以应用于离散动作或连续动作问题。它使用与 TRPO 算法中相同的策略分布比率，但不使用 KL 散度。它使用三个损失函数，并将它们合而为一。相对于 TRPO 算法，PPO 算法的改进主要体现在以下几个方面。

1. 更高的计算效率和更稳定的策略更新

一般连续动作空间版本的 PPO 算法默认使用高斯分布来输出动作。由于高斯分布是一个无界的分布，我们在采样动作后往往需要进行裁剪（clip）操作来把动作限制在有效的动作范围内。

在策略梯度算法中，我们通常使用一个样本回报的估计值来计算策略的梯度，并使用这个梯度来更新策略参数，从而改进策略。然而，样本回报是基于当前策略采样的，它对于策略参数的小变化可能会非常敏感，从而导致优化过程不稳定。

为了解决这个问题，PPO 算法采用了近似梯度更新方法。该方法通过引入一个重要性采样比率来抑制样本回报对策略参数的敏感性。重要性采样比率（可参考式（10.1）中的 $r_t(\theta)$）是当前策略和旧策略之间的比值，用来度量在同一个状态下新旧策略对动作的概率之间的差异。

PPO 算法通过使用近似梯度更新和裁剪替代目标（Clipped Surrogate Objective）函数，避免了 TRPO 算法中解决约束优化问题的复杂计算步骤，从而提高了训练效率。同时在裁剪替代目标函数中引入一个超参数 ε，用于控制策略更新的幅度，从而避免了过大的改变。这使得算法在训练过程中更加稳定，有助于防止策略陷入不良状态。在裁剪替代目标函数中，使用裁剪操作将梯度限制在 $[1-\varepsilon, 1+\varepsilon]$ 的范围内，从而避免更新过大或过小。这样可以保持更新的平稳性，并减小算法的方差。

裁剪替代目标函数由以下方程给出：

$$\mathcal{L}^{\text{clip}}(\theta) = E\left[\min\left(r_t(\theta)A_t, \text{clip}\left(r_t(\theta), 1-\varepsilon, 1+\varepsilon\right)A_t\right)\right] \tag{10.1}$$

其中，$r_t(\theta) = \dfrac{\pi_{\theta'}(a|s)}{\pi_\theta(a|s)}$。如果 $r_t(\theta) > 1$，说明与使用旧策略（π_θ）相比，使用新策略时在状态 s 下实施动作 a 的可能性更大。如果 $0 < r_t(\theta) < 1$，与使用旧策略相比，使用新策略时采取这种行动的可能性较小。$r_t(\theta)$ 这个概率比是一个用来简单估计旧策略和现行策略之间差异的值。ε 是一个超参数，通常取 $\varepsilon = 0.1$ 或 0.2。$r_t(\theta)A_t$ 是未裁剪部分。

A_t 为优势函数，计算公式如下：

$$A_t = Q(s_t, a_t) - V(s_t) \tag{10.2}$$

clip() 函数将 $r_t(\theta)$ 限制在 $1-\varepsilon$ 和 $1+\varepsilon$ 之间，从而使比率保持在合理范围内，防止当前策略与旧策略相差太远，这或许就是近端策略的含义。min() 函数确保目标是未裁剪目标下限的最小化函数。

通过图 10-4 可以直观理解 PPO 算法中的裁剪替代目标。其中，$p_t(\theta) = \dfrac{\pi_\theta(a|s)}{\pi_{\theta\text{old}}(a|s)}$。

2. 可同时优化值函数

PPO 算法提供了可选的值函数优化步骤，通过最小化当前值函数与估计值函数之间的差异来提高算法的性能和收敛速度。具体表达式为

$$\mathcal{L}^v(\theta) = E\left[\left(V(s_t) - V^{\text{target}}\right)^2\right] \tag{10.3}$$

3. 使用策略分布的香农熵

策略分布的香农熵的表达式为

$$\mathcal{L}^{\text{entropy}}(\theta) = E\left[-\log\pi_\theta(s_t)\right] \tag{10.4}$$

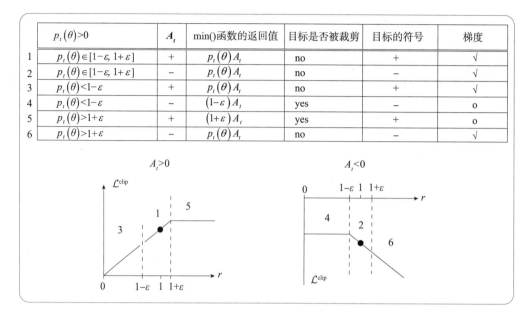

	$p_t(\theta)>0$	A_t	min()函数的返回值	目标是否被裁剪	目标的符号	梯度
1	$p_t(\theta)\in[1-\varepsilon, 1+\varepsilon]$	+	$p_t(\theta)A_t$	no	+	√
2	$p_t(\theta)\in[1-\varepsilon, 1+\varepsilon]$	−	$p_t(\theta)A_t$	no	−	√
3	$p_t(\theta)<1-\varepsilon$	+	$p_t(\theta)A_t$	no	+	√
4	$p_t(\theta)<1-\varepsilon$	−	$(1-\varepsilon)A_t$	yes	−	o
5	$p_t(\theta)>1+\varepsilon$	+	$(1+\varepsilon)A_t$	yes	+	o
6	$p_t(\theta)>1+\varepsilon$	−	$p_t(\theta)A_t$	no	−	√

图 10-4　PPO 算法中裁剪替代目标示意

如果策略网络和价值网络共享参数，可以把三个损失函数组合成 PPO 算法的损失函数：最小化 $\mathcal{L}^{\mathrm{clip}}(\theta)$ 和 $\mathcal{L}^{\mathrm{entropy}}(\theta)$，最大化 $\mathcal{L}^{v}(\theta)$。具体表达式为

$$\mathcal{L}^{\mathrm{PPO}}(\theta)=\mathcal{L}^{\mathrm{clip}}(\theta)-c_1\mathcal{L}^{v}(\theta)+c_2\mathcal{L}^{\mathrm{entropy}}(\theta) \tag{10.5}$$

如果策略网络和价值网络单独构建，那么策略网络的损失函数由 $\mathcal{L}^{\mathrm{clip}}(\theta)+c_2\mathcal{L}^{\mathrm{entropy}}(\theta)$ 构成，价值网络的损失函数就是 $\mathcal{L}^{v}(\theta)$。

PPO 通过引入裁剪替代目标、重要性采样、策略更新的幅度控制以及多次迭代更新等，提高策略梯度算法的稳定性和采样效率。这使得 PPO 在实际应用中更具优势，并成为目前广泛使用的增强学习算法之一。

下面是 PPO 算法的详细步骤：

1）收集数据：使用当前策略与环境进行交互，收集一系列的状态、动作和奖励样本。

2）计算梯度：计算当前策略的梯度值。这里的梯度表示在当前策略下，如果稍作改变，能够使预期回报增加的方向。

3）多次迭代更新策略：在每次迭代中，对收集到的数据执行多次策略更新。每次更新都会计算并应用一个参数比例，该比例被限制在一个预定义的范围内，以确保策略更新的幅度受到控制。

4）使用裁剪替代目标函数：PPO 算法使用函数来限制策略更新的幅度。该目标函数会计算当前策略与旧策略的比例，并将其与一个预定义的范围进行比较。如果比例超过了范围，就会对更新进行裁剪，从而避免过大的策略改变。

5）价值函数优化（可选）：在 PPO 算法中，可以选择同时优化值函数。这可以通过最小化当前值函数与估计值函数之间的差异来实现。这有助于提高算法的性能和收敛速度。

PPO 算法是强化学习中的一个重要算法，想进一步了解强化学习基本概念及算法的读者可参考 13.5 节。

10.2.4　评估框架

TAMER 框架将人类标记引入智能体（Agent）的学习循环中，可以通过人类向智能体提供奖励反馈（即指导智能体进行训练），快速达到训练任务目标。TAMER 架构如图 10-5 所示。

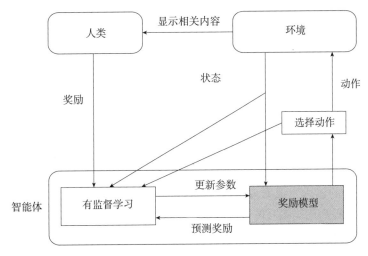

图 10-5　TAMER 架构

10.2.5　创新与不足

RLHF 模型有很多创新点，但也存在一些不足。

1. 创新

（1）引入人类反馈

通过与人类的对话中获得的反馈来指导训练，模型能够更好地适应真实的对话环境，进一步提升性能。

（2）训练样本扩充

通过整合模型生成的多个响应和人类生成的反馈说明，扩充了训练集的规模，提高了训练效果。

（3）迭代优化

通过多次迭代训练，模型能够逐渐改进响应质量，学习并适应更多的对话场景。

2. 不足

（1）人类反馈依赖

模型对人类反馈数据的依赖性较强，当缺乏充足的人类反馈时，模型的性能可能无法得到有效提升。

（2）反馈指导不充分

人类用户提供的反馈说明可能存在不准确或有限的情况，导致模型学习到了不完整或不准确的知识。

（3）对话环境限制

模型的训练数据主要来自特定的对话环境和数据集，可能无法完全适应不同环境下的对话需求和语境。

10.3 Codex

Codex 是一个由 OpenAI 开发的自然语言代码生成模型。它基于 GPT 架构，使用了大量的预训练数据和自监督学习方法进行模型的训练。与传统的编程语言不同，Codex 的输入包括自然语言描述、开源代码等，例如"给定两个数字相加并返回结果"的文本描述。Codex 会根据这样的输入生成对应的程序代码，实现输入所述的功能。相对于手写代码，Codex 可以极大地提高代码编写的效率和准确性。

具体来说，Codex 使用了强大的自然语言处理技术，将输入的自然语言描述转换为一种类似于抽象语法树（Abstract Syntax Tree，AST）的中间表示形式。该中间表示形式能够捕捉到自然语言描述中的复杂结构、语义和上下文信息，并且能够方便地将其转化为可执行的代码。Codex 还使用了大量的开源代码库和公共 API 以及编程语言的规范和惯例，对生成的代码进行补全和优化，从而进一步提高代码的质量和可读性。

10.3.1 对源代码进行预处理

当将 GitHub 上的代码输入 GPT 进行处理时，需要进行以下预处理步骤。

1. 去除注释和文档字符串

例如，对于 Python 代码

```
```
def add_numbers(num1, num2):
    """
```
```

```
    This function adds two numbers.
    """
    return num1 + num2
```

可以去除注释和文档字符串，得到以下结果：

```
def add_numbers(num1, num2):
    return num1 + num2
```

2. 标准化缩进

例如，对于 Python 代码

```
def add_numbers(num1, num2):
    if isinstance(num1, int) and isinstance(num2, int):
        return num1 + num2
    else:
        raise TypeError("Inputs must be integers.")
```

可以将缩进标准化为使用 4 个空格作为一个缩进级别，得到以下结果：

```
def add_numbers(num1, num2):
    if isinstance(num1, int) and isinstance(num2, int):
        return num1 + num2
    else:
        raise TypeError("Inputs must be integers.")
```

3. 将代码拆分为合适的长度

对于较长的代码（如 Python 函数或类定义），可以按照一定的规则将其拆分为多个部分，以便于模型处理。例如，对于 Python 代码

```
class MyLongClassName:
    def __init__(self, arg1, arg2, arg3, arg4, arg5, arg6, arg7, arg8, arg9,
                 arg10, arg11, arg12, arg13, arg14, arg15, arg16, arg17, arg18,
                 arg19, arg20):
```

```
        self.arg1 = arg1
        self.arg2 = arg2
        # ...
```

可以拆分为

```
class MyLongClassName:
    def __init__(self, arg1, arg2, arg3, arg4, arg5, arg6, arg7, arg8, arg9,
                 arg10):
        self.arg1 = arg1
        self.arg2 = arg2
        # ...
    def __init__(self, arg11, arg12, arg13, arg14, arg15, arg16, arg17, arg18,
                 arg19, arg20):
        self.arg11 = arg11
        self.arg12 = arg12
        # ...
```

4. 转换关键字和变量名

例如，对于 Python 代码

```
def if_(a, b, c):
    return a if b else c
```

可以将函数名称 "if_" 更改为其他名称，以避免与 Python 中的关键字冲突，例如：

```
def my_if(a, b, c):
    return a if b else c
```

5. 对特殊字符进行编码处理

例如，对于 Python 代码

```
print("Hello\nworld!")
```

可以使用转义符 \n 表示换行符，得到以下结果：

```
print("Hello\\nworld!")
```

这些预处理步骤可以提高 GPT 模型对 Python 代码的处理能力，从而生成更准确的代码。

10.3.2　处理代码块

在 Codex 中，逻辑块是指由一组语句或表达式构成的代码段，通常使用花括号（{}）来表示。例如，在下面这个 if-else 代码块中，if 后面的逻辑块包含两个语句，而 else 后面的逻辑块包含一个语句：

```
if (x > 0) {
  y = x * 2;
} else {
  y = -1 * x;
}
```

对于这样的逻辑块，Codex 会将其看作一个整体，并根据上下文和语法规则来进行解析与处理。具体来说，Codex 可以通过以下几种方式来处理逻辑块。

1）识别和合并：Codex 可以自动识别相邻的逻辑块，并将它们合并为一个更大的逻辑块。这有助于避免不必要的重复代码，提高代码的可读性和复用性。

2）嵌套和补全：当出现嵌套的逻辑块时，Codex 能够自动补全缺失的语句和符号，使得代码正确运行。例如，在下面这段代码中，if 语句中的逻辑块包含一个 while 循环：

```
if (x > 0) {
  while (y < 10) {
    y = y + 1;
  }
}
```

Codex 可以识别出逻辑块的嵌套关系，并自动补全一些缺失的符号，如花括号、分号等。

3）生成和优化：对于某些代码块，Codex 能够直接生成相应的代码，从而提高编码效率。例如，在下面这段代码中，for 循环中的逻辑块包含一个简单的求和操作：

```
int sum = 0;
for (int i = 0; i < n; i++) {
  sum += i;
}
```

在此情况下，Codex 可以直接生成相应的代码，而不是简单地复制和粘贴逻辑块的内容。同时，Codex 还会根据上下文和语法规则来进行代码优化，使得生成的代码更加高效，可读性更强。

10.3.3　将源代码数字化

代码与自然语言一样，在输入计算机之前，都需要转换为数字或向量。图 10-6 所示为把 Go 语言代码转换为对应的语料库 ID，再把 ID 转换为嵌入的流程。

```go
1  // language: Go
2  // Return list of all prefixes from shortest to longest of the input string
3  // >>> AllPrefixes('abc')
4  // ['a', 'ab', 'abc']
5  func AllPrefixes(str string) []string{
6      result := []string{}
7      for i = 1; i <= len(str); i ++ {
8          result = append(result, str[0: i])
9      }
10     return result
11 }
```

把代码转换为标记（Token）↓

```
1  ['//', '_language', ':', '_Go', '\n', '//', '_Return', '_list', '_of', '_all',
   '_prefix', 'es', '_from', '_shortest', '_to', '_longest', '_of', '_the', '_inpu
   t', '_string', '\n', '//', '_>>>', '_All', 'Pref', 'ix', 'es', "('", 'abc', "')"
   , '\n', '//', "_['", 'a', "','", '_', "_ab", "','", "_", "abc", "']", '\n', '_fun
   c', '_All', 'Pref', 'ix', 'es', '(', 'str', '_string', ')', '_[]', 'string', '{'
   , '\n', '<|extratoken_12|>', 'result', '_:=', '_[]', 'string', '{', '}', '\n',
   '<|extratoken_12|>', 'for', '_i', '_=', '_1', ';', '_i', '_<=', '_len', '(', 'st
   r', ');', '_i', '_++', '_{', '\n', '<|extratoken_16|>', 'result', '_=', '_appen
   d', '(', 'result', ',', '_str', '[', '0', ':', '_i', '])', '\n', '<|extratoken_1
   2|>', '}', '\n', '<|extratoken_12|>', 'return', '_result', '\n', '}']
```

把标记转换为语料库中的ID↓

```
1  [1003, 3303, 25, 1514, 198, 1003, 8229, 1351, 286, 477, 21231, 274, 422, 35581, 28
   4, 14069, 286, 262, 5128, 4731, 198, 1003, 13163, 1439, 36698, 844, 274, 10786, 39
   305, 11537, 198, 1003, 37250, 64, 3256, 705, 397, 3256, 705, 39305, 20520, 198, 20
   786, 1439, 36698, 844, 274, 7, 2536, 4731, 8, 17635, 8841, 90, 198, 50268, 20274,
   19039, 17635, 8841, 90, 92, 198, 50268, 1640, 1312, 796, 352, 26, 1312, 19841, 188
   96, 7, 2536, 1776, 1312, 19969, 1391, 198, 50272, 20274, 796, 24443, 7, 20274, 11,
   965, 58, 15, 25, 1312, 12962, 198, 50268, 92, 198, 50268, 7783, 1255, 198, 92]
```

把ID转换为嵌入（Embedding）↓

```
[[[0.67041429 0.80599414 0.51669537 0.06884509 0.59657896]
  [0.24686632 0.40123617 0.47021434 0.55433155 0.77526908]
  [0.61575787 0.86080933 0.44114554 0.40102475 0.98305955]]

 [[0.87813839 0.1097148  0.53246311 0.44092475 0.66241381]
  [0.15763363 0.98157744 0.46083823 0.71293272 0.51126184]
  [0.7031073  0.98782574 0.62550122 0.87969757 0.57306615]]

 [[0.87813839 0.1097148  0.53246311 0.44092475 0.66241381]
  [0.50330745 0.74402454 0.46728938 0.63833693 0.32945123]
  [0.90062277 0.31794888 0.11510545 0.80826617 0.35896274]]

 [[0.67041429 0.80599414 0.51669537 0.06884509 0.59657896]
```

图 10-6 把 Go 语言代码转换为嵌入的流程

10.3.4   衡量指标

衡量代码性能的指标为 PASS@K，其中 PASS 代表 Predict At Single Shot，即在模型给出的一次预测中，是否生成了正确的代码片段。而"@K"表示只要在前 K 个预测中有一个预测是正确的，就认为该样本通过了。

无偏衡量指标 PASS@K 的计算公式为

$$PASS@K = E\left(1 - \frac{C_{n-c}^k}{C_n^k}\right) \tag{10.6}$$

在这个公式中，参数 n 表示样本总数，k 表示每个样本的候选预测数，c 表示在前 k 个预测中正确的预测数。

举例说明，假设我们有一个包含 4 个样本的数据集，每个样本有通过模型预测的 3 个候选预测。对于每个样本，我们有以下结果：

样本 1 的预测结果：（错误，正确，错误）

样本 2 的预测结果：（正确，错误，错误）

样本 3 的预测结果：（错误，错误，正确）

样本 4 的预测结果：（错误，错误，错误）

首先，计算每个样本的 C_{n-c}^k 和 C_n^k 值：

样本 1 的 $C_{n-c}^k = C_{4-1}^3 = C_3^3 = 1$

样本 1 的 $C_n^k = C_4^3 = 4$

样本 2 的 $C_{n-c}^k = C_{4-1}^3 = C_3^3 = 1$

样本 2 的 $C_n^k = C_4^3 = 4$

样本 3 的 $C_{n-c}^k = C_{4-1}^3 = C_3^3 = 1$

样本 3 的 $C_n^k = C_4^3 = 4$

样本 4 的 $C_{n-c}^k = C_{4-0}^3 = C_4^3 = 4$

样本 4 的 $C_n^k = C_4^3 = 4$

接下来，计算每个样本的 $1 - \dfrac{C_{n-c}^k}{C_n^k}$ 值：

样本 1 的 $1 - \dfrac{C_{n-c}^k}{C_n^k} = 1 - 1/4 = 0.75$

样本 2 的 $1 - \dfrac{C_{n-c}^k}{C_n^k} = 1 - 1/4 = 0.75$

样本 3 的 $1 - \dfrac{C_{n-c}^k}{C_n^k} = 1 - 1/4 = 0.75$

样本 4 的 $1 - \dfrac{C_{n-c}^k}{C_n^k} = 1 - 4/4 = 0$

最后，计算 PASS@K 指标的平均值，即所有样本的 $1 - \dfrac{C_{n-c}^k}{C_n^k}$ 值的平均值：

$$PASS@K = (0.75 + 0.75 + 0.75 + 0) / 4 = 0.5625$$

因此，这个数据集的 PASS@K 值为 0.5625。

目前有很多代码生成或代码翻译大模型基于数据集 HumanEval-X 进行评估，HumanEval-X 包含了很多手写的问题 – 解决方案对。表 10-1 所示为 CodeGeeX、CodeGen

等模型基于 HumanEval-X 数据集的评估结果。

表 10-1   HumanEval-X(PASS@1)

模型	Python	C++	Java	JavaScript	Go
CodeGen-16B-multi	19.2	18.05	15.0	18.4	13.0
CodeGeeX-13B	22.9	17.1	20.0	17.6	14.4
StarCoder-15B	33.2	31.6	30.2	30.8	17.6
CodeGeeX2-6B	35.1	30.8	31.1	31.9	21.9

之所以很多生成代码模型使用 PASS@K 作为度量模型性能的指标，是因为它在衡量模型的 Top-*K* 预测准确性方面非常有用。对于许多实际问题，如推荐系统中的 Top-*N* 推荐、搜索引擎中的 Top-*K* 搜索结果等，模型在前 *K* 个预测中的准确性比整体准确性更为重要。

传统的衡量指标（如交叉熵等）通常只关注整体的预测准确性，对于 Top-*K* 预测准确性的评估并不直接。而 PASS@K 则能够更准确地反映模型在 Top-*K* 预测中的性能，提供更有意义的指标。

10.3.5　Codex 的逻辑推理能力是如何形成的

Codex 的逻辑推理引擎使用机器学习算法和自然语言处理技术，将自然语言描述转化为程序代码。其主要原理是通过训练数据来进行模型学习，并使用这些模型对输入的自然语言进行预测和推理。具体来说，Codex 的逻辑推理引擎包括以下步骤。

（1）准备数据

收集和清洗大规模的自然语言和代码对应的数据集。Codex 使用了 GitHub 上公开的大量有注释的代码库，并结合其他来源的指令和文档，构建了一个包含数亿个代码片段和自然语言语句组合的庞大数据集。

（2）训练模型

使用数据集来训练深度神经网络模型。Codex 使用了 GPT-3 等深度学习模型，采用端到端的训练方法，使模型能够根据自然语言描述直接生成代码。在训练过程中，模型不仅能够学习到自然语言的语义含义，还能够理解代码的语法和结构。

（3）使用推理引擎

一旦模型完成训练并被加载到内存中，Codex 就可以在实时场景中使用推理引擎来解析自然语言描述并生成相应的代码。推理引擎会根据模型预测的结果自动编写由自然语言描述转换而来的代码。以下是一个使用 Codex 将自然语言描述转换为代码的示例，以说明其逻辑推理引擎的主要原理。

自然语言描述：给定两个整数 *a* 和 *b*，计算它们的最大公约数。

Codex 生成的 Python 代码：

```
def gcd(a, b):
    while b:
```

```
        a, b = b, a % b
return a
```

在这个例子中，Codex 的逻辑推理引擎通过训练数据学习了求最大公约数的算法，因此能够根据输入的自然语言描述自动生成相应的代码。推理引擎推断出需要使用欧几里得算法来计算最大公约数，然后自动编写了相应的 Python 代码。

10.3.6　CodeGeeX 的主要功能

CodeGeeX 是一款具有 130 亿个参数的多编程语言代码生成预训练模型，它由华为 MindSpore 1.7 框架实现，并在鹏程实验室的 1536 个国产昇腾 910 AI 处理器上训练而成。CodeGeeX 目前支持 Python、C++、Java、JavaScript、Go 等 10 多种主流编程语言。你只需要通过写注释的方式描述需要的代码功能，CodeGeeX 底层大模型即可生成所需的代码。CodeGeeX 在 HumanEval-X 代码生成任务上取得了 47%~60% 的求解率，较其他开源基线模型有更佳的平均性能。它还支持不同编程语言之间的代码片段翻译，只需单击一下，就可以将程序转换为其他语言，并且具有很高的准确性。CodeGeeX 提供了免费的 VS Code 和 JetBrains IDE 插件，辅助用户编写代码，用户可以在自己的 IDE 中体验 CodeGeeX 的代码生成能力。CodeGeeX 概览如图 10-7 所示。

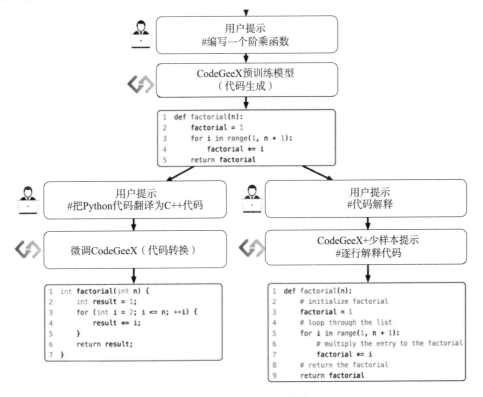

图 10-7　CodeGeeX 概览

在 IDE 中，用户可以通过提供提示与 CodeGeeX 进行交互。CodeGeeX 模型支持三项任务：代码生成、代码翻译和代码解释。

10.3.7　CodeGeeX 模型架构

CodeGeeX 的模型架构是基于纯解码器的 GPT 架构，并使用自回归语言建模。它包含 39 层 Transformer 解码器，在每个 Transformer 层中，多头自注意力机制、MLP（多层感知机）层、层归一化（Layer Normalization）和残差连接这些组件都被精心设计和配置。

CodeGeeX 还使用了类 GELU 的 FastGELU 激活函数，此激活函数在昇腾 910 AI 处理器上更加高效。CodeGeeX 模型架构如图 10-8 所示。

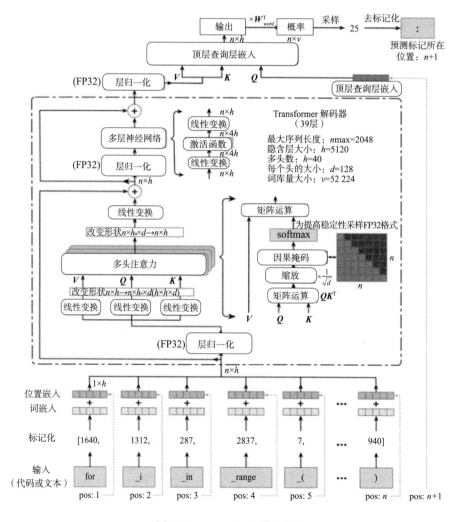

图 10-8　CodeGeeX 模型架构

CodeGeeX 模型支持的最大序列长度为 2048，显示出对长序列代码处理的能力。

在训练方面，CodeGeeX 的训练语料由开源代码数据集（包括 The Pile 与 CodeParrot）和补充数据两部分组成。比如，The Pile 包含 GitHub 上拥有超过 100 颗星的部分开源仓库，在训练时使用了其中 23 种语言的代码。补充数据则是直接从 GitHub 开源仓库中爬取 Python、Java、C++ 代码，并按一定条件筛选而来的。

除了层归一化与 softmax 使用 FP32 格式以获得更高的精度与稳定性外，模型参数整体使用 FP16 格式，最终整个模型需要占用约 27GB 显存。这种设计使 CodeGeeX 在保证精度的同时，能实现高效的计算和内存使用。

10.4　如何将 LaTeX 数学公式语言转化为自然语言

要将 LaTeX 常用数学公式语言转化为自然语言，可以按照以下步骤进行。

（1）公式解析

将 LaTeX 公式语言解析为计算机可以理解的形式。这包括识别和提取公式中的符号、运算符和结构。

举例：考虑 LaTeX 公式 E = mc^2，系统将识别出变量 E、m 和常数 c 以及平方运算符 "^"。

（2）符号转化

根据公式中的符号和运算符，将其转化为自然语言的等价表达。

举例：对于公式 E = mc^2，系统可以将其转化为 "能量等于质量乘以光速的平方"。

（3）句子结构生成

根据公式的结构和语法规则，构建自然语言句子的结构，并添加合适的连词和细节。

举例：对于公式 E = mc^2，系统可以生成句子 "能量是通过将质量乘以光速的平方得到的"。

（4）文本编辑

根据需要，对生成的句子进行进一步编辑，以确保句子的流畅性和可读性。

举例：对于生成的句子 "能量是通过将质量乘以光速的平方得到的"，可以通过编辑使其更加简洁和清晰，如 "能量可以由质量乘以光速的平方得到"。

通过以上步骤，LaTeX 常用数学公式语言被转化为自然语言，以提供更易理解和易读的数学表达。这种转换使数学公式可以通过自然语言来描述和解释，使其更容易被普通用户理解和应用。

10.5　使用 PPO 算法优化车杆游戏

很多强化学习算法通过梯度上升的方法来最大化目标函数，使得策略最优。但是这种算法有一个明显的缺点：当策略网络是深度模型时，沿着策略梯度更新参数，很有可能由于步长太大，策略突然显著变差，进而影响训练效果。一种有效的解决方法是信任区域策略优化（Trust Region Policy Optimization，TRPO），然而 TRPO 的计算过程非常复杂，每一步更新的运算量非常大，于是其改进版算法 PPO 被提出。主流的 PPO 有两种，即 PPO-Penalty 和 PPO-Clip，但大量的实验表明 PPO-Clip 更优秀一些，因此本项目采用 PPO-Clip 方法。

本项目基于 OpenAI 的 Gym 环境，利用 PPO 算法完成车杆游戏（Cart Pole），游戏模型如图 10-9 所示。为便于大家理解，动作空间为离散的情况（对于连续环境，只需稍加修改即可）。游戏里有一辆小车，车上竖着一根杆子，每次重置后的初始状态会有所不同。游戏目标是通过左右移动小车使杆子保持竖直。动作维度为 2，属于离散值；状态维度为 4，分别是坐标、速度、角度、角速度。

图 10-9　车杆游戏示意

10.5.1　构建策略网络

PPO 算法用到了两个网络：策略网络（actor）和价值网络（critic）。PPO 是同步策略（on-policy），交互的策略由策略网络直接生成。构建策略网络的代码如下：

```
# ----------------------------------- #
# 构建策略网络——actor
# ----------------------------------- #
class PolicyNet(nn.Module):
    def __init__(self, n_states, n_hiddens, n_actions):
        super(PolicyNet, self).__init__()
        self.fc1 = nn.Linear(n_states, n_hiddens)
        self.fc2 = nn.Linear(n_hiddens, n_actions)
    def forward(self, x):
        x = self.fc1(x)    # [b,n_states]-->[b,n_hiddens]
        x = F.relu(x)
        x = self.fc2(x)    # [b, n_actions]
        x = F.softmax(x, dim=1)  # [b, n_actions]  计算每个动作的概率
        return x
```

10.5.2　构建价值网络

构建价值网络的代码如下：

```
# -------------------------------- #
# 构建价值网络——critic
# -------------------------------- #
class ValueNet(nn.Module):
    def __init__(self, n_states, n_hiddens):
        super(ValueNet, self).__init__()
        self.fc1 = nn.Linear(n_states, n_hiddens)
        self.fc2 = nn.Linear(n_hiddens, 1)
    def forward(self, x):
        x = self.fc1(x)   # [b,n_states]-->[b,n_hiddens]
        x = F.relu(x)
        x = self.fc2(x)   # [b,n_hiddens]-->[b,1]   评价当前的状态价值state_value
        return x
```

10.5.3　构建 PPO 模型

构建 PPO 模型的代码如下：

```
class PPO:
    def __init__(self, n_states, n_hiddens, n_actions,
                 actor_lr, critic_lr, lmbda, epochs, eps, gamma, device):
        # 实例化策略网络
        self.actor = PolicyNet(n_states, n_hiddens, n_actions).to(device)
        # 实例化价值网络
        self.critic = ValueNet(n_states, n_hiddens).to(device)
        # 策略网络的优化器
        self.actor_optimizer = torch.optim.Adam(self.actor.parameters(), lr=actor_lr)
        # 价值网络的优化器
        self.critic_optimizer = torch.optim.Adam(self.critic.parameters(), lr = critic_lr)
        self.gamma = gamma    # 折扣因子
        self.lmbda = lmbda    # GAE优势函数的缩放系数
        self.epochs = epochs  # 一条序列的数据用来训练轮数
        self.eps = eps # PPO中截断范围的参数
        self.device = device
    # 动作选择
    def take_action(self, state):
        # 维度变换 [n_state]-->tensor[1,n_states]
        state = torch.tensor(state[np.newaxis, :]).to(self.device)
```

```python
    # 当前状态下，每个动作的概率分布 [1,n_states]
    probs = self.actor(state)
    # 创建以 probs 为标准的概率分布
    action_list = torch.distributions.Categorical(probs)
    # 依据其概率随机挑选一个动作
    action = action_list.sample().item()
    return action
# 训练
def learn(self, transition_dict):
    # 提取数据集
    states = torch.tensor(transition_dict['states'], dtype=torch.float).to(self.device)
    actions = torch.tensor(transition_dict['actions']).to(self.device).view(-1,1)
rewards = torch.tensor(transition_dict['rewards'],
                dtype=torch.float).to(self.device).view(-1,1)
next_states = torch.tensor(transition_dict['next_states'],
                dtype=torch.float).to(self.device)
dones = torch.tensor(transition_dict['dones'],
                dtype=torch.float).to(self.device).view(-1,1)
    # 目标，下一个状态的 state_value  [b,1]
    next_q_target = self.critic(next_states)
    # 目标，当前状态的 state_value   [b,1]
    td_target = rewards + self.gamma * next_q_target * (1-dones)
    # 预测，当前状态的 state_value   [b,1]
    td_value = self.critic(states)
    # 目标值和预测值的 state_value 之差   [b,1]
    td_delta = td_target - td_value
    # 时序差分值 tensor-->numpy  [b,1]
    td_delta = td_delta.cpu().detach().numpy()
    advantage = 0  # 优势函数初始化
    advantage_list = []
    # 计算优势函数
    for delta in td_delta[::-1]:  # td_delta[::-1] 的功能是把 axis=1 轴的数据倒序
        # 优势函数 GAE 的公式
        advantage = self.gamma * self.lmbda * advantage + delta
        advantage_list.append(advantage)
    # 正序
    advantage_list.reverse()
    # numpy --> tensor [b,1]
    advantage = torch.tensor(advantage_list, dtype=torch.float).to(self.device)
    # 策略网络给出每个动作的概率，根据 action 得到当前时刻该动作的概率
    old_log_probs = torch.log(self.actor(states).gather(1, actions)).detach()
```

```
# 一条序列的数据训练 epochs 轮
for _ in range(self.epochs):
    # 每一轮更新一次策略网络预测的状态
    log_probs = torch.log(self.actor(states).gather(1, actions))
    # 新旧策略之间的比例
    ratio = torch.exp(log_probs - old_log_probs)
    # 近端策略优化裁剪目标函数公式的左侧项
    surr1 = ratio * advantage
    # 公式的右侧项，ratio 小于 1-eps 就输出 1-eps，大于 1+eps 就输出 1+eps
    surr2 = torch.clamp(ratio, 1-self.eps, 1+self.eps) * advantage
    # 策略网络的损失函数
    actor_loss = torch.mean(-torch.min(surr1, surr2))
    # 价值网络的损失函数，当前时刻的 state_value - 下一时刻的 state_value
    critic_loss = torch.mean(F.mse_loss(self.critic(states), td_target.detach()))
    # 梯度清零
    self.actor_optimizer.zero_grad()
    self.critic_optimizer.zero_grad()
    # 反向传播
    actor_loss.backward()
    critic_loss.backward()
    # 梯度更新
    self.actor_optimizer.step()
    self.critic_optimizer.step()
```

10.5.4 定义超参数

定义一些超参数，代码如下：

```
# ---------------------------------------- #
# 参数设置
# ---------------------------------------- #
num_episodes = 100  # 总迭代次数
gamma = 0.9  # 折扣因子
actor_lr = 1e-3  # 策略网络的学习率
critic_lr = 1e-2  # 价值网络的学习率
n_hiddens = 16  # 隐含层神经元个数
env_name = 'CartPole-v1'  # 定义环境变量
return_list = []  # 保存每个回合的返回值
```

10.5.5 实例化模型

实例化 PPO 类，代码如下：

```
agent = PPO(n_states=n_states,  # 状态数
            n_hiddens=n_hiddens,  # 隐含层神经元个数
            n_actions=n_actions,  # 动作数
            actor_lr=actor_lr,  # 策略网络的学习率
            critic_lr=critic_lr,  # 价值网络的学习率
            lmbda = 0.95,  # 优势函数的缩放因子
            epochs = 10,  # 一条序列的数据训练的轮数
            eps = 0.2,  # PPO 中截断范围的参数
            gamma=gamma,  # 折扣因子
            device = device
            )
```

10.5.6　训练模型

构建模型之后，开始训练模型，代码如下：

```
for i in range(num_episodes):
    state = env.reset()[0]  # 环境重置
    done = False  # 任务完成的标记
    episode_return = 0  # 累计每回合的返回值
    # 构造数据集，保存每个回合的状态数据
    transition_dict = {
        'states': [],
        'actions': [],
        'next_states': [],
        'rewards': [],
        'dones': [],
    }
    while not done:
        action = agent.take_action(state)  # 动作选择
        next_state, reward, done, _, _ = env.step(action)  # 环境更新
        # 保存每个时刻的状态动作
        transition_dict['states'].append(state)
        transition_dict['actions'].append(action)
        transition_dict['next_states'].append(next_state)
        transition_dict['rewards'].append(reward)
        transition_dict['dones'].append(done)
        # 更新状态
        state = next_state
        # 累计回合奖励
        episode_return += reward
    # 保存每个回合的返回值
```

```
    return_list.append(episode_return)
    # 模型训练
    agent.learn(transition_dict)
    # 打印回合信息
print(f'iter:{i}, return:{np.mean(return_list[-10:])}')
print(' 循环完成 ')
env.render()  # 图像引擎
env.close()  # 关闭环境
```

10.5.7　可视化迭代

可视化每个回合的奖励（返回值），代码如下：

```
plt.plot(return_list)
plt.title('return')
plt.show()
```

运行结果如图 10-10 所示。

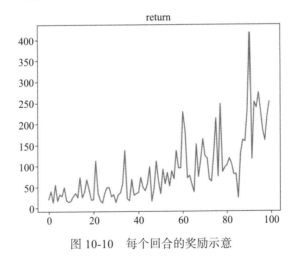

图 10-10　每个回合的奖励示意

10.6　使用 RLHF 算法提升 GPT-2 性能

本节内容基于 GitHub 上的一个开源项目 TRL（Transformer Reinforcement Learning）。TRL 通过 PPO 算法微调语言模型，它需要的数据是三元组 [query, response, reward]。这里我们通过 TRL 搭建 3 个通过 PPO 算法来更新语言模型（GPT-2）的示例：

1）基于中文情绪识别模型的正向评论生成机器人；

2）对评论进行人工打分；

3)标注排序序列替代直接打分。

10.6.1　基于中文情绪识别模型的正向评论生成机器人

利用现有的语言模型(本例中选用中文的GPT-2,即gpt2-chinese-cluecorpussmall),通过一小段提示词,能够继续生成一段文字,例如:

```
prompt: 刚收到货, 感觉有
output 1: 刚收到货, 感觉有点不符合预期, 不好
output 2: 刚收到货, 感觉有挺无奈的送货速度不太行
```

现在希望语言模型能够学会生成正向情绪的正确评分,但当前的GPT-2模型是不具备情绪识别能力的,如上面两个生成结果都不符合正向情绪。

为此,期望通过强化学习的方法来改进现有语言模型,使其能够学会尽可能地生成正向情绪的评论。

在强化学习中,当模型生成一个结果时,我们需要告知模型这个结果的得分(奖励值)是多少,即我们为模型的每一个生成结果打分,例如:

```
output 1: 刚收到货, 感觉有点不符合预期, 不好          -> 0.1 分
output 2: 刚收到货, 感觉有挺无奈的送货速度不太行      -> 0.2 分
output 3: 刚收到货, 感觉有些惊喜于货物质量            -> 0.8 分
...
```

如果依靠人工为每一个输出打分,将是一个非常漫长的过程(在另一个示例中我们将实现该功能),因此,我们引入一个情绪识别模型——transformers中内置的sentiment-analysis来模拟人工给出的分数。该模型基于网络评论数据集训练,能够对句子进行正向、负向的情绪判别。

我们以该情绪识别模型的判别结果(0.0~1.0)作为语言模型生成奖励,以指导GPT-2模型通过PPO算法进行迭代更新。

整个PPO + GPT-2的训练流程如下:

1)随机选择一个提示词,如"这部电影很"。

2)GPT-2模型根据提示词生成答案,如"这部电影很好看哦"。

3)将GPT-2的生成答案"喂"给情绪识别模型,并得到评分(reward),如0.8。

4)利用评分对GPT-2模型进行优化。

不断重复以上4步,直到训练结束为止。

项目基于PyTorch + transformers实现,核心代码如下。

(1)情绪分类模型

具体代码如下:

```
# 情绪识别模型初始化
```

```
senti_tokenizer = AutoTokenizer.from_pretrained('uer/roberta-base-finetuned-jd-
binary-chinese')
senti_model = AutoModelForSequenceClassification.from_pretrained('uer/roberta-base-
finetuned-jd-binary-chinese')
sentiment_pipe = pipeline('sentiment-analysis', model=senti_model, tokenizer=senti_
tokenizer, device=pipe_device)
```

（2）导入生成文本模型

具体代码如下：

```
gpt2_model = GPT2HeadWithValueModel.from_pretrained(config['model_name'])
gpt2_model_ref = GPT2HeadWithValueModel.from_pretrained(config['model_name'])
gpt2_tokenizer = AutoTokenizer.from_pretrained(config['model_name'])
gpt2_tokenizer.eos_token = gpt2_tokenizer.pad_token
```

（3）定义强化学习训练模块

具体代码如下：

```
ppo_trainer = PPOTrainer(gpt2_model, gpt2_model_ref, gpt2_tokenizer, **config)
total_ppo_epochs = int(np.ceil(config["steps"]/config['batch_size']))
# 将 prompt 和生成的 response 进行拼接
texts = [q + r for q,r in zip(batch['query'], batch['response'])]
# 计算正向 / 负向情绪得分
pipe_outputs = sentiment_pipe(texts)
```

（4）模型迭代

利用 PPO 的模块（ppo_trainer）进行模型迭代，更新代码只需一行。

```
# 更新 PPO
stats = ppo_trainer.step(query_tensors, response_tensors, rewards)
```

PPO 在更新时一共会计算两个损失值：pg_loss 和 value_loss。

```
loss_p, loss_v, train_stats = self.loss(logprobs, values, rewards, query,
response, model_input)
loss = loss_p + loss_v
```

其中，loss_p 是 PPO 中 actor 的损失函数，它通过折扣奖励（discount reward）和重要性比率（importance ratio）来计算当前步的奖励：

$$\text{loss}\_\text{p} = \frac{p_{\pi_{\text{new}}}(\text{token})}{p_{\pi_{\text{old}}}(\text{token})}\left(r + \gamma V_{\text{next}} - V_{\text{current}}\right) \tag{10.7}$$

loss_p 代码实现如下：

```
for t in reversed(range(gen_len)):
```

```
nextvalues = values[:, t + 1] if t < gen_len - 1 else 0.0
# 优势函数: r + Vnext - V
delta = rewards[:, t] + self.ppo_params['gamma'] * nextvalues - values[:, t]
# GAE, 用于平衡偏移和方差
    lastgaelam = delta + self.ppo_params['gamma'] * self.ppo_params['lam'] * lastgaelam
    advantages_reversed.append(lastgaelam)
advantages = torch.stack(advantages_reversed[::-1]).transpose(0, 1)
# 运行一遍模型, 得到句子中每个标记被选择的概率
logits, _, vpred = self.model(model_input)
# 将概率取对数
logprob = logprobs_from_logits(logits[:,:-1,:], model_input[:, 1:])
# log 相减, 等同于概率相除
ratio = torch.exp(logprob - old_logprobs)
loss_p = -advantages * ratio
```

loss_v 是 PPO 中 critic 的损失函数，其目的在于评判每一个 token 被生成后的 value 是多少。这是因为在 PPO 中需要有一个 critic 网络，为了实现这个效果，我们需要对 GPT 模型进行改造。在 GPT 中加入一个 Value Head，用于将 hidden_size 向量映射到一个一维的 value 向量：

```
class GPT2HeadWithValueModel(GPT2PreTrainedModel):
    """The GPT2HeadWithValueModel class implements a GPT2 language model with a
secondary, scalar head."""
    def __init__(self, config):
        super().__init__(config)
        config.num_labels = 1
        self.transformer = GPT2Model(config)
        self.lm_head = nn.Linear(config.n_embd, config.vocab_size, bias=False)
            # 添加 Value Head
        self.v_head = ValueHead(config)
        self.init_weights()
    ...
    class ValueHead(nn.Module):
     """The ValueHead class implements a head for GPT2 that returns a scalar for
each output token."""
    def __init__(self, config):
        super().__init__()
        self.summary = nn.Linear(config.hidden_size, 1)
```

loss_v 就应该等于 Value Head 产生的预测值 v_pred 和真实值 r + v_next 的差值：

$$\text{loss\_v} = \left\| V_{\text{pred}} - \left(r + V_{\text{next}} \right) \right\|$$

（10.8）

公式对应的代码如下：

```
# r + v_next - v + v => r + v_next
returns = advantages + values
# 运行一遍语言模型，得到每个 token 的 v_pred
logits, _, vpred = self.model(model_input)
# MSE
vf_losses1 = (vpred - returns) ** 2
```

运行结果如下：

```
epoch 0 mean-reward: 0.7632623910903931
Random Sample 5 text(s) of model output:
1. 说实话，真的很，首先，消费不能算便宜，只是比一
2. 刚收到货，感觉哥们不大能用。给钱买回来可以玩儿
3. 刚收到货，感觉机器好好用啊，哦吼吼，镜头的确很
4. 刚收到货，感觉包装有点亏。不过面包的我很喜欢，
5. 这次购物总的来说体验很实 [SEP] 书掉页切割非常粗糙这本书买回
epoch 156 mean-reward: 0.8600930571556091
Random Sample 5 text(s) of model output:
1. 这部电影很～ 分得很了还是很不错啊这部电影很
2. 说实话，真的很，就是位置很好看，很可爱，做为是
3. 这次购物总的来说体验很 [SEP][SEP]。[SEP] 书的质量还不错做完就可以
4. 刚收到货，感觉里面还是比较不错的，可能去武汉看
5. 说实话，真的很般的一家店，吃的真的很一般，不过
```

其中 mean-reward 代表该回合（epoch，这里分别选择第 0、156 回合的运行结果）模型的平均得分（即来自情绪识别模型的反馈），Random Sample 代表该模型在当前回合生成的句子样例。

图 10-11 为模型训练过程中的各个指标变化情况。

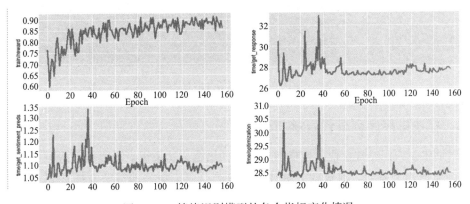

图 10-11　情绪识别模型的各个指标变化情况

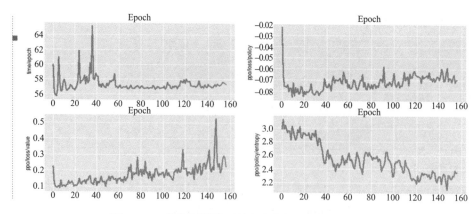

图 10-11　情绪识别模型的各个指标变化情况（续）

10.6.2　对评论进行人工打分

在上一个示例中，模型的奖励来自另一个模型。在这个示例中，我们将制作一个平台来支持人工打分。启动标注平台，运行如下代码：

```
terminal_main.py
```

随后，可以在终端看到模型的生成结果，如图 10-12 所示，通过人工输入奖励以迭代模型。

```
[Step 1]
prompt>>> 这部电影很
result>>> ，很 不 错 。 听 朋 友 介 绍 去 看 过 就 赶 上 大 半 夜 了
Reward (-2.0 ~ 2.0): 2
[Step 2]
prompt>>> 刚收到货，感觉
result>>> 面 处 有 点 皱 简 单 翻 盖 一 下 就 能 搞 定 哦 东 西 虽 说
Reward (-2.0 ~ 2.0): 1
[Step 3]
prompt>>> 说实话，真的很
result>>> 水 准 ， 可 吃 却 乱 七 八 糟 ， 包 括 根 据 口 味 的 搭 配
Reward (-2.0 ~ 2.0): -2
[Step 4]
prompt>>> 说实话，真的很
result>>> 苏 州 的 精 品 ， 特 色 菜 味 道 也 都 是 很 赞 以 上 全 部
Reward (-2.0 ~ 2.0):
```

图 10-12　标注平台示意图

10.6.3　标注排序序列替代直接打分

在对话中，人们经常会使用模糊的或隐含的语言表达意思。而直接打分往往无法捕捉到这些细微的语义差异。通过人工标注排序序列，可以更好地理解并捕捉到对话中的这些细微差别。有时 ChatGPT 会生成一些不确定或不准确的回答，这可能会给用户带来困

惑。通过人工标注排序序列，可以排除这些含糊不清的回答，从而提供更准确、更可靠的结果。

当对语句进行人工打分和人工标注排序时，通常会有一个专门的团队或人员负责评估。

假设有一个对话系统，用户提出问题"明天天气如何？"，ChatGPT 被要求生成合适的回答。语言模型生成了 4 个可能的回答：

A：明天将有阳光和凉爽的气温，很适合出门活动。

B：明天可能会下雨，所以带上一把伞是个好主意。

C：明天的天气预报还没有出来，请稍后再问我。

D：明天的天气无法确定。

然后，一个评估员会对这 4 个回答进行人工打分和人工标注排序。评估员会考虑以下 3 个因素。

（1）回答的相关性

评估员会判断回答与用户问题的相关性。例如，在这个例子中，回答 A 和回答 B 都直接回答了用户的问题，回答 C 则表示无法提供具体的预测。评估员可以给相关性更高的答案更高的分数。

（2）回答的准确性

评估员会考虑回答的准确性。在这个例子中，回答 A 强调了明天的天气将是阳光明媚的和凉爽的，回答 B 提到可能会下雨，而回答 C、D 表示无法提供预测。评估员可以给准确性更高的答案更高的分数。

（3）回答的流畅性和语法正确性

评估员会考虑回答的流畅性和语法正确性。流畅性高、语法无误的回答可以获得更高的分数。

基于以上评估标准，不同评估员会对这 4 个回答进行打分。评估结果可能不同，如表 10-2 所示。

表 10-2 评估员对生成语句进行人工打分

生成语句	得分（评估员1）	得分（评估员2）
A：明天将有阳光和凉爽的气温，很适合出门活动	9	7
B：明天可能会下雨，所以带上一把伞是个好主意	6	5
C：明天的天气预报还没有出来，请稍后再问我	4	6
D：明天的天气无法确定	1	2

基于以上评估标准，不同评估员会对这 4 个回答进行排序。评估结果可能相同，如表 10-3 所示。

表 10-3   评估排序

生成语句	排序 （评估员 1）	排序 （评估员 2）
A：明天将有阳光和凉爽的气温，很适合出门活动	A>B>C>D	A>B>C>D
B：明天可能会下雨，所以带上一把伞是个好主意		
C：明天的天气预报还没有出来，请稍后再问我		
D：明天的天气无法确定		

不难看出，用相对任务替代绝对任务能够更方便评估员给出统一的标注结果。标注统一的问题解决了，那么怎么让模型通过排序序列学会打分？

也就是说，如何定义基于排序的打分模型的损失函数？

假定有一个排好的序列 A > B > C > D，接下来需要训练一个打分模型，模型给 4 个回答打出来的分要满足 $r(A) > r(B) > r(C) > r(D)$。

那么，定义一个损失函数：同一个提示词 x，生成多个输出，根据人工排序的结果计算奖励（Reward）之间的差值。具体公式如下：

$$\text{loss}(\theta) = -\frac{1}{\binom{K}{2}} E_{(X, y_w, y_l) \sim D} \left[\log\left(\sigma(r_\theta(x, y_w) - r_\theta(x, y_l))\right) \right] \quad (10.9)$$

其中，y_w 人工标注得分大于 y_l 句子，例如：当 w=[B]，l=[A]；当 w=[C]，l=[A,B]；当 w=[D]，l=[A,B,C]。

结合上述例子（A > B > C > D），loss 的值如下：

```
loss = r(A) - r(B) + r(A) - r(C) + r(A) - r(D) + r(B) - r(C) + ... + r(C) - r(D)
loss = -loss
```

为了归一化差值，我们对每两项差值都过一个 sigmoid 函数，将值映射到 0～1 之间。可以看到，loss 的值等于排序列表中所有排在前面项的奖励减去排在后面项的奖励的和。

我们最终目的是使模型最大化好句子得分和坏句子得分之间的差值，而梯度下降是做的最小化操作。因此，需要对 loss 取负数，这样就能实现最大化差值。整个训练过程如图 10-13 所示。

运行结果如何？这里我们通过排序序列来学习一个打分模型。首先准备一份数据集（如 train.tsv），每一行是一个排序序列（用 \t 符号隔开）。排在越前面的越偏正向情绪，排在越后面越偏负向情绪。

```
1. 买过很多箱这个苹果了，一如既往地好，汁多味甜～    2. 名不副实。3. 拿过来居然屏幕有划痕，顿时就不开心了。4. 什么手机啊！一台充电很慢，信号不好！退了！又买一台竟然是次品。
1. 一直用××的洗发露！是正品！去屑、止痒、润发、护发，面面俱到！2. 觉得比外买的稀，好似加了水的。
3. 非常非常不满意，垃圾。4. 什么垃圾衣服，买来一星期不到口袋全脱线，最差的一次购物。
...
```

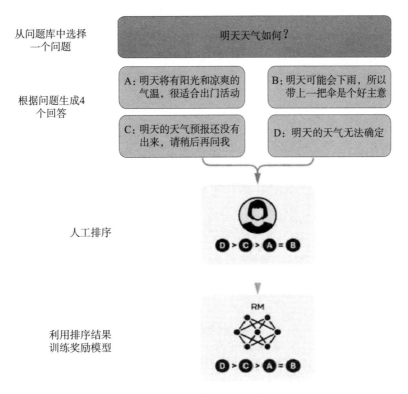

图 10-13　模型运行过程

利用这个序列数据集训练一个奖励模型。句子越偏正向情绪，模型给出的奖励越高。选用 ERNIE 模型作为基准（Backbone）模型，将模型的池化输出连接到全连接层以得到一维的奖励值。具体代码如下：

```python
class RewardModel(nn.Module):
    def __init__(self, encoder):
        """
        初始化函数
        Args:
            encoder (transformers.AutoModel): 基准模型，默认使用 ERNIE 3.0
        """
        super().__init__()
        self.encoder = encoder
        # 奖励层用于映射到一维奖励
        self.reward_layer = nn.Linear(768, 1)
    def forward(
        self,
        input_ids: torch.tensor,
        token_type_ids: torch.tensor,
```

```
        attention_mask=None,
        pos_ids=None,
    ) -> torch.tensor:
        """
        正向函数，返回每句话的奖励值
        Args:
            input_ids (torch.tensor): (batch, seq_len)
            token_type_ids (torch.tensor): (batch, seq_len)
            attention_mask (torch.tensor): (batch, seq_len)
            pos_ids (torch.tensor): (batch, seq_len)
        Returns:
            reward: (batch, 1)
        """
        pooler_output = self.encoder(
            input_ids=input_ids,
            token_type_ids=token_type_ids,
            position_ids=pos_ids,
            attention_mask=attention_mask,
        )["pooler_output"]    # (batch, hidden_size)
        reward = self.reward_layer(pooler_output)  # (batch, 1)
        return reward
```

在 RLHF 算法中，我们需要计算标准排序序列的损失函数，该损失函数被称为排名损失（rank_loss）函数。计算排序损失（rank_loss）函数。因为样本里的句子已经默认按得分从高到低排好，所以我们只需要求所有前后项的得分差值之和即可：

```
def compute_rank_list_loss(rank_rewards_list: List[List[torch.tensor]],
device='cpu'):
    """
    通过给定的有序（从高到低）的排序列表（ranklist）的奖励列表，计算排序损失。
    所有排序高的句子的得分减去排序低的句子的得分差的总和，并取相反数
    Args:
        rank_rewards_list (torch.tensor): 有序（从高到低）排序句子的 reward 列表，如 ->
[[torch.tensor([0.3588]), torch.tensor([0.2481]), ...],[torch.tensor([0.5343]),
torch.tensor([0.2442]), ...], ...]
        device (str): 使用设备
    Returns:
        loss (torch.tensor): tensor([0.4891], grad_fn=<DivBackward0>)
    """
    if type(rank_rewards_list) != list:
        raise TypeError(f'@param rank_rewards expected "list", received {type(rank_
rewards)}.')
```

```
    loss, add_count = torch.tensor([0]).to(device), 0
    for rank_rewards in rank_rewards_list:
    # 遍历所有前项 – 后项的得分差值
        for i in range(len(rank_rewards)-1):
            for j in range(i+1, len(rank_rewards)):
                            # 使用 sigmoid 函数映射到 0~1 之间
                diff = F.sigmoid(rank_rewards[i] - rank_rewards[j])
                loss = loss + diff
                add_count += 1
    loss = loss / add_count
    return -loss
```

最后的训练结果如下，模型的运行结果如图 10-14 所示。

```
global step 2760, epoch: 2, loss: 0.20172, speed: 0.92 step/s
global step 2770, epoch: 2, loss: 0.20157, speed: 0.94 step/s
global step 2780, epoch: 2, loss: 0.20140, speed: 0.93 step/s
global step 2790, epoch: 2, loss: 0.20121, speed: 0.93 step/s
global step 2800, epoch: 2, loss: 0.20114, speed: 0.94 step/s
Evaluation acc: 0.67326
```

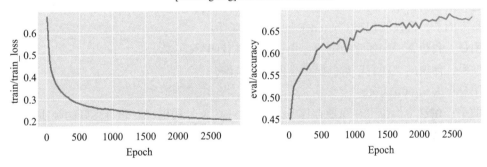

图 10-14　奖励模型运行结果

完成训练后，运行预测脚本，可以看到训练后的模型的打分效果。

```
device = 'cpu'
tokenizer = AutoTokenizer.from_pretrained('./checkpoints/reward_model/sentiment_
analysis/model_best/')
model = torch.load('./checkpoints/reward_model/sentiment_analysis/model_best/
model.pt')
model.to(device).eval()
texts = [
    '买过很多箱这个苹果了，一如既往地好，汁多味甜～',
```

```
    '什么手机啊！一台充电很慢，信号不好！退了！又买一台竟然是次品。'
]
inputs = tokenizer(
    texts,
    max_length=128,
    padding='max_length',
    return_tensors='pt'
)
r = model(**inputs)
print(r)
```

运行结果如下：

```
tensor([[ 8.5675],
        [-6.4818]], grad_fn=<AddmmBackward0>)
```

可以看到，正向评论得到了 8.5 分，而负向评论得到了 –6.48 分。

10.7 　 ChatGPT 如何提升思维链推断能力

ChatGPT 中的思维链推理能力是指模型能够在对话中展示出逻辑严密、连贯的思维过程。它可以理解对话中的问题、上下文和语境，并根据这些信息生成有条理的回答。

举个例子，假设我们与 ChatGPT 进行如下对话：

用户：我想买一台便宜的电视，你有什么推荐吗？

助手：你说的"便宜"指的是多少的价格范围？

用户：大约 600 美元。

助手：在这个价位上，我推荐你考虑购买 ABC 型号的电视。它有良好的画质、多个接口和智能功能，适合你的需求。

在这个例子中，用户提出了一个需求，并询问是否有便宜电视的推荐。ChatGPT 理解到用户想要买一台符合其预算的电视。在回答中，ChatGPT 首先请用户明确价格范围，然后根据用户提供的约束条件推荐了一个具体的型号。

这个例子体现了思维链推理能力，模型根据对话中的上下文和语境，进行了逻辑思考和推断，从而生成了有条理且符合用户需求的回答。

ChatGPT 是如何提升其思维链推理能力的呢？一是预训练，二是有针对性地微调。

预训练（Pre-training）阶段：在这个阶段，ChatGPT 模型使用大量的无监督对话数据来学习语言模式和知识。通常使用的预训练方法是自监督学习，即模型根据对话数据中的上下文信息来预测下一个单词或掩盖的单词。预测任务旨在帮助模型学会理解对话中的逻辑和上下文关系，并捕捉语义和语法等不同层面的信息。

微调（Fine-tuning）阶段：在预训练完成后，ChatGPT 模型需要在特定的对话任务上进行微调，以将其能力应用到具体的应用场景中。在微调阶段，模型根据有标注的对话数据进行有监督学习，例如对话回答或问题生成等任务。微调的目的是让模型学会根据用户的问题或上下文生成合理的回答。

通过这两个阶段的学习，ChatGPT 模型能够逐渐掌握思维链推断能力，从而在对话中展现出逻辑连贯、有条理的回答和推理过程。预训练使模型从大规模的数据中学习通用的语言模式和知识，而微调则使模型根据特定任务的示例数据进行细化和专业化的学习。

10.8　ChatGPT 如何提升模型的数学逻辑推理能力

ChatGPT 模型使用一些技术和算法来提升其数学逻辑推理能力，以下是其中主要的技术和算法。

（1）自注意力机制

自注意力机制允许模型在处理数学逻辑问题时关注不同数学符号或算式的关系。例如，当解决一个数学问题时，模型可以通过自注意力机制更好地关注并处理输入中存在的数学符号和变量之间的相互作用。

（2）数学表达式解析器

ChatGPT 模型可以通过语言模型中的规则来解析数学表达式。这样，模型可以理解并处理包括算术运算、函数调用和符号等在内的数学运算。ChatGPT 中的数学表达式解析器是一种对输入的数学表达式进行解析和计算的组件。该解析器使用预定义的语法规则和算法来解析与处理数学表达式，并输出计算结果。其工作原理如下：

1）输入处理：模型接收一个包含数学表达式的文本输入。例如，输入可以是一个算术表达式（如 $2 + 3 * 4$）或一个数学问题（如"求方程 $x^2 - 3x + 2 = 0$ 的根"）。

2）词法分析：输入的数学表达式会经过词法分析，被拆分成一个个的词语或符号，如运算符、变量、数字等。例如，$2 + 3 * 4$ 会被分解成 2、+、3、* 和 4。

3）语法分析：通过语法分析，模型将词法分析后的结果转化为一棵语法树。语法树将数学表达式的结构以树的形式表示，展示了各个部分之间的关系和优先级。例如，对于 $2 + 3 * 4$，语法树可能为 Add(2, Mul(3, 4))，其中 Add 和 Mul 分别代表加法和乘法运算。

4）计算求值：通过遍历语法树，模型按照预定义的算法来计算表达式的值。模型会根据运算符的优先级和结合性来决定计算的顺序。对于上述语法树，模型会先计算乘法得到 12，然后再与 2 相加，得到最终结果 14。

举例来说，当输入为 $2 + 3 * 4$ 时，ChatGPT 的数学表达式解析器会将其转换为语法树，并按照优先级计算，最后得出结果 14。这展示了数学表达式解析器在处理数学表达式时的工作原理和计算过程。

（3）数学推理规则的建模

ChatGPT 模型通过大规模的预训练来学习数学推理任务中的模式和规则。这些规则可以包括数学定律、公式和推理逻辑等。模型在预训练阶段通过观察大量的数学表达式和问题答案对来学习这些规则，并在后续的微调中应用这些规则来进行数学逻辑推理。

举例来说，对于数学问题"如果 x=3，那么 2x+5 等于多少？"，ChatGPT 模型可以使用自注意力机制来注意到问题中的变量 x 和公式中的 x 之间的关系，并应用算术运算规则来完成计算。因此，模型可以理解并推理出正确的答案，即 $2x+5 = 2 * 3 + 5 = 11$。这展示了 ChatGPT 模型在数学逻辑推理方面的能力。

第 11 章

扩散模型

前面介绍过，VAE、GAN 这两种生成模型在生成高质量样本方面取得了巨大成功，但两者都有自己的局限性：GAN 模型由于其对抗性训练性质，具有潜在的训练不稳定性，且生成的图像缺乏多样性；而 VAE 只能计算数据似然的一个下界，生成的图像质量也不太令人满意。

扩散模型（Diffusion Model）是一种基于马尔可夫链的生成模型，用于建模概率分布。它通过逐步扩散噪声来生成样本，从而逼近目标分布。扩散模型使用马尔可夫链来模拟样本生成过程。马尔可夫链主要由转移核函数和初始分布组成，转移核函数定义了样本在每个步骤上的转移概率。扩散模型将样本与噪声混合，并通过递归地应用马尔可夫链转移步骤来逐步扩散噪声。经过多个步骤的扩散后，模型生成的样本逐渐逼近目标分布。

扩散模型的一个重要应用是图像去噪，即从受噪声干扰的图像中恢复出清晰的图像。去噪概率模型（Denoising Diffusion Probabilistic Model，DDPM）是扩散模型在图像去噪领域的典型代表之一。它是基于概率模型的图像去噪方法，通过对图像进行扩散过程，利用概率模型来描述扩散过程中像素值的变化。DDPM 的关键思想是利用概率模型建模噪声的分布和图像的结构，通过最大似然估计来估计模型参数，从而实现图像去噪的目标。

11.1 扩散模型简介

扩散模型是一种流行的深度生成模型，它被广泛应用于图像生成和其他应用领域。

扩散模型背后的基本原理是，将复杂的图片或信息分解为简单的组成部分，然后通过逐步添加细节和复杂性来生成最终的输出。这个过程类似于自然界中的扩散现象，即分子从高浓度区域向低浓度区域转移并逐渐均匀分布。

在生成式人工智能中，扩散模型通常首先从一个随机噪声输入开始，然后通过多个阶段逐步添加信息，最终生成一个有序的输出。这个过程可以看作构建一个标签的过程，即从无序的噪声中逐步构建出有序的输出。

相比其他深度生成模型，如 GAN 和 VAE，扩散模型具有一些优点。例如，GAN 需要训练两个网络，即生成器和判别器，这可能会增加训练难度和计算资源要求。而 VAE 则要求对潜在变量进行近似推理，这可能会引入误差。相比之下，扩散模型更加简单直观，训练相对容易，且在很多应用场景中表现优异。

11.1.1　DDPM

DDPM 是一种基于扩散过程的生成模型，其原理可以分为以下 3 个部分。

（1）定义概率密度函数

DDPM 首先定义了一个概率密度函数 $p(x)$，该函数描述了输入图像 x 的分布情况。在 DDPM 中，这个概率密度函数通常使用正态分布进行建模。

（2）通过扩散过程迭代更新概率密度函数

DDPM 利用随机微分方程的思想，通过连续的扩散过程来迭代更新概率密度函数。具体地，我们将输入图像 x 作为初始状态，根据随机微分方程不断演化得到另一个图像 x，并将其与原始图像进行比较，从而计算出两个概率密度函数之间的差异。接着，我们通过对差异进行优化来更新概率密度函数的参数，使得两个概率密度函数更加接近。

（3）生成新的图像

在训练完成之后，我们可以使用训练好的概率密度函数 $p(x)$ 来生成新的图像。具体地，我们可以通过迭代扩散过程，从初始的噪声图像开始，逐步生成更接近于训练数据的图像。在生成过程中，DDPM 将每个迭代步骤看作一次对概率密度函数进行调整的过程，从而生成更加准确的图像。

需要注意的是，DDPM 中采用的随机微分方程与其他扩散模型中的方程略有不同。具体来说，DDPM 中采用的是一个连续时间的随机微分方程，并通过数值求解的方法来计算出每个时间步长的结果。由于该方法能够充分利用物质内部的微观结构信息，因此可以更加准确地模拟物质的扩散过程。如无特别说明，本章中的扩散模型主要指 DDPM。

11.1.2　扩散概率模型

扩散模型受到非平衡热力学的启发，定义了扩散步骤的马尔可夫链，以缓慢地将随机噪声添加到数据中，通常使用马尔可夫链进行采样，从初始状态出发，通过状态转移概率进行多次迭代，最终得到平稳分布（如高斯分布）。然后学习反转扩散过程，从噪声中构建所需的数据样本。与 GAN、VAE 或流动模型不同，扩散模型是通过固定的过程学习的，并且潜在变量具有高维度（与原始数据维度相同）。不同类型生成模型的架构如图 11-1 所示。

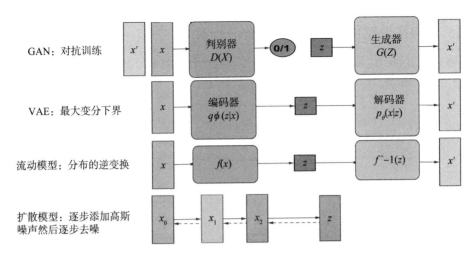

图 11-1 不同类型生成模型的架构

这些生成模型的架构可以认为类似编码器 - 隐空间 z- 生成器的架构，不同点是扩散模型的隐空间 z 与输入的形状相同，而其他模型的隐空间的维度比输入小。

11.1.3 正向扩散过程

扩散过程就是不断往图像上加噪声直到图像变成一个纯噪声。每步添加高斯噪声生成马尔可夫链 $\{X_t\}$，当 $t \to \infty$ 时，收敛于一个各向同性的高斯分布。扩散模型的正向扩散过程如图 11-2 所示。

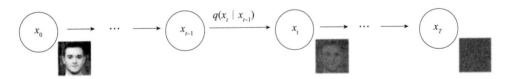

图 11-2 扩散模型的正向扩散过程

用 $x_0 \sim q(x_0)$ 表示原始数据及其分布，则正向链的分布可由下式表达：

$$q(x_1, x_2, \cdots, x_T \mid x_0) = \prod_{t=1}^{T} q(x_t \mid x_{t-1}) \tag{11.1}$$

$$q(x_t | x_{t-1}) = \mathcal{N}\left(x_t; \sqrt{1-\beta_t}\, x_{t-1}, \beta_t I\right) \tag{11.2}$$

用这说明正向链是马尔可夫过程，x_t 是加入 t 步噪声后的样本，β_t 是事先给定的控制噪声进度的参数：当 $\prod_t (1-\beta_t)$ 趋于 1 时，x_T 可以近似认为服从标准高斯分布。公式的推导参考 11.1.4 节和 11.1.5 节。

11.1.4　反向扩散过程

反向扩散过程就是从纯噪声生成一张图像的过程使用神经网络（U-Net 网络）ε_θ 预测噪声 ε_t。扩散模型的反向扩散过程如图 11-3 所示。

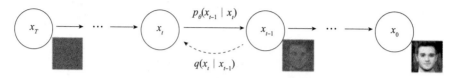

图 11-3　扩散模型的反向扩散过程

当 β_t 很小时，反向扩散过程的转移核可以近似认为也是高斯的：

$$p_\theta\left(x_{0:T}\right) = p\left(x_T\right)\prod_{t=1}^{T} p_\theta\left(x_{t-1}\mid x_t\right) \tag{11.3}$$

$$p_\theta\left(x_{t-1}\mid x_t\right) = \mathcal{N}\left(x_{t-1};\mu_\theta\left(x_t,t\right),\sum_\theta\left(x_t,t\right)\right) \tag{11.4}$$

公式的推导参考 11.1.5 节。

11.1.5　正向扩散过程的数学细节

利用重参数（Reparameterization Trick）技术，在任意时间步长 t 以闭合形式对 x_t 进行采样。假设 $\alpha_t = 1-\beta_t$，且 β 实际中随着 t 增大是递增的。$\bar{\bar{\alpha}}_t = \prod_{i=1}^{t}\alpha_i$，则有

$$
\begin{aligned}
x_t &= \sqrt{\alpha_t}x_{t-1} + \sqrt{1-\alpha_t}\epsilon_{t-1}, \epsilon_{t-1} \sim \mathcal{N}\left(0,I\right) \\
&= \sqrt{\alpha_t\alpha_{t-1}}x_{t-2} + \sqrt{1-\alpha_t\alpha_{t-1}}\bar{\epsilon}_{t-2}, \quad \text{这里}\,\bar{\epsilon}_{t-2}\text{融合两个高斯分布} \\
&= \cdots \\
&= \sqrt{\bar{\bar{\alpha}}_t}x_0 + \sqrt{1-\bar{\bar{\alpha}}_t}\epsilon
\end{aligned}
\tag{11.5}
$$

由此可得

$$q\left(x_t\mid x_0\right) = \mathcal{N}\left(x_t;\sqrt{\bar{\bar{\alpha}}_t}x_0,\left(1-\bar{\bar{\alpha}}_t\right)I\right) \tag{11.6}$$

$$x_t = \sqrt{\bar{\bar{\alpha}}_t}x_0 + \sqrt{1-\bar{\bar{\alpha}}_t}\epsilon \tag{11.7}$$

这样，本来需要逐步求的 x_t（见图 11-4）就可直接由 x_0 求得（见图 11-5）。

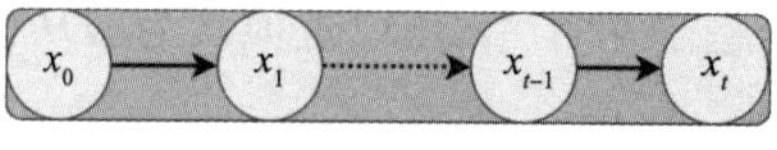

图 11-4　逐步添加噪声的示意图

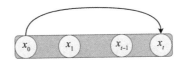

图 11-5 直接由 x_0 求得 x_t 的示意图

根据高斯分布的可加性，两个高斯分布 $\mathcal{N}\left(0, \sigma_1^2 I\right)$ 和 $\mathcal{N}\left(0, \sigma_2^2 I\right)$ 的和为

$$\mathcal{N}\left(0,\left(\sigma_1^2 + \sigma_2^2\right) I\right) \qquad (11.8)$$

正向扩散的 PyTorch 代码简单实现如下：

```python
# 计算任意时刻的 x 采样值，基于 x_0 和重参数化
def q_x(x_0,t):
    """ 可以基于 x_0 得到任意时刻 t 的 x[t]"""
    # x_0 与 noise 的形状相同
    noise = torch.randn_like(x_0)

    alphas_t = alphas_bar_sqrt[t]
    alphas_1_m_t = one_minus_alphas_bar_sqrt[t]
    return (alphas_t * x_0 + alphas_1_m_t * noise)# 在 x_0 的基础上添加 noise
```

其中，输入图像 x_0 如图 11-6 所示。

图 11-6 输入图像 x_0

演示原始数据分布加噪声 100 步后的结果代码如下：

```python
num_shows = 20
fig,axs = plt.subplots(2,10,figsize=(28,3))
plt.rc('text',color='black')
# 共有 10 000 个点，每个点包含两个坐标
# 生成 100 步以内每隔 5 步加噪声后的图像
for i in range(num_shows):
    j = i//10
    k = i%10
    q_i = q_x(dataset,torch.tensor([i*num_steps//num_shows]))# 生成 t 时刻的采样数据
    axs[j,k].scatter(q_i[:,0],q_i[:,1],color='red',edgecolor='white')
    axs[j,k].set_axis_off()
    axs[j,k].set_title('$q(\mathbf{x}_{'+str(i*num_steps//num_shows)+'})$')
```

运行结果如图 11-7 所示。

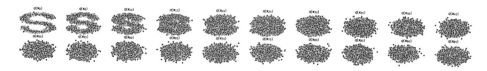

图 11-7　x_0 添加噪声后的部分图像

11.1.6　反向扩散过程的数学细节

如果说正向扩散过程是加噪的过程，那么反向扩散过程就是去噪推断过程。如果能够逐步得到逆转后的分布 $q(x_{t-1}|x_t)$，就可以从完全的标准高斯分布 $x_T \sim N(0, I)$ 还原出原图分布 x_0。然而我们无法简单推断 $q(x_{t-1}|x_t)$，因此使用深度学习模型（参数为 θ，目前主流是 U-Net+Attention 的结构）去预测这样的一个逆向的分布 p_θ。具体过程如图 11-8 所示。

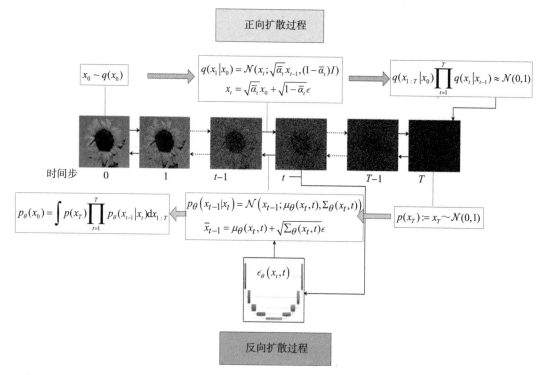

图 11-8　反向扩散过程的底层数学逻辑

这里的关键是用 U-Net 网络预测在时间 t 输入 x_t 的输出值 $\epsilon_\theta(x_t, t)$，最后通过去噪，得到 $p_\theta(x_0)$。为简便起见，这里用一个简单网络来预测 ϵ_θ 的网络结构，没有使用 U-Net 网络。

```python
class MLPDiffusion(nn.Module):
    def __init__(self,n_steps,num_units=128):
        super(MLPDiffusion,self).__init__()

        self.linears = nn.ModuleList(
            [
                nn.Linear(2,num_units),
                nn.ReLU(),
                nn.Linear(num_units,num_units),
                nn.ReLU(),
                nn.Linear(num_units,num_units),
                nn.ReLU(),
                nn.Linear(num_units,2),
            ]
        )
        self.step_embeddings = nn.ModuleList(
            [
                nn.Embedding(n_steps,num_units),
                nn.Embedding(n_steps,num_units),
                nn.Embedding(n_steps,num_units),
            ]
        )
    def forward(self,x,t):
        for idx,embedding_layer in enumerate(self.step_embeddings):
            t_embedding = embedding_layer(t)
            x = self.linears[2*idx](x)
            x += t_embedding
            x = self.linears[2*idx+1](x)

        x = self.linears[-1](x)

        return x
```

11.1.7 训练目标和损失函数

从扩散模型的反向过程可知，扩散模型的目标就是在实数据分布下，最大化模型预测分布的对数似然，即优化在 $x_0 \sim q(x_0)$ 下的 $p_\theta(x_0)$ 交叉熵。

$$\mathcal{L} = E_{q(x_0)}\left[-\mathrm{log}p_\theta(x_0)\right] \tag{11.9}$$

直接求这个损失函数比较困难，涉及图像高维积分。于是人们想到了用 VAE 中变分下界的思路解决这个问题。由于篇幅有限，这里对损失函数的推导过程就不展开了，有兴趣的读者可参考论文 "Denoising Diffusion Probabilistic Models"。DDPM 最后的损失函数可简化为

$$L_t^{\text{simple}}(\theta) = E_{t,x_0,\epsilon}\left[\left\|\epsilon - \epsilon_\theta\left(\sqrt{\bar{\bar{\alpha}}_t}x_0 + \sqrt{1-\bar{\bar{\alpha}}_t}\epsilon, t\right)\right\|^2\right] \tag{11.10}$$

这是用来训练 DDPM 的最终损失函数，它是正向扩散过程中添加的噪声和模型预测的噪声之间的均方误差。训练过程为：

1）获取输入 x_0，从 $1\cdots T$ 随机采样一个 t。

2）从标准高斯分布采样一个噪声 $\epsilon \sim \mathcal{N}(0,I)$。

3）最小化 $\left\|\epsilon - \epsilon_\theta\left(\sqrt{\bar{\bar{\alpha}}_t}x_0 + \sqrt{1-\bar{\bar{\alpha}}_t}\epsilon, t\right)\right\|^2$。

图 11-9 为 DDPM 训练与采样流程图。

算法1：训练	算法2：采样
1: 循环 2: $\mathbf{x}_0 \sim q(\mathbf{x}_0)$ 3: $t \sim \text{Uniform}(\{1,\ldots,T\})$ 4: $\epsilon \sim \mathcal{N}(0,\mathbf{I})$ 5: 利用梯度下降法 $\quad \nabla_\theta\left\|\epsilon - \epsilon_\theta(\sqrt{\bar{\alpha}_t}\mathbf{x}_0 + \sqrt{1-\bar{\alpha}_t}\epsilon, t)\right\|^2$ 6: 直到收敛	1: $\mathbf{x}_T \sim \mathcal{N}(0,\mathbf{I})$ 2: **for** $t = T,\ldots,1$ **do** 3: $\quad \mathbf{z} \sim \mathcal{N}(0,\mathbf{I})$ if $t > 1$, else $\mathbf{z} = 0$ 4: $\quad \mathbf{x}_{t-1} = \frac{1}{\sqrt{\alpha_t}}\left(\mathbf{x}_t - \frac{1-\alpha_t}{\sqrt{1-\bar{\alpha}_t}}\epsilon_\theta(\mathbf{x}_t,t)\right) + \sigma_t\mathbf{z}$ 5: **end for** 6: **return** $\mathbf{x}_0$

图 11-9　DDPM 训练与采样流程图

损失函数的 PyTorch 代码如下：

```
def diffusion_loss_fn(model,x_0,alphas_bar_sqrt,one_minus_alphas_bar_sqrt,n_steps):
    """ 对任意时刻 t 进行采样计算损失值 """
    batch_size = x_0.shape[0]
    # 对一个批次样本生成随机的时刻 t
    t = torch.randint(0,n_steps,size=(batch_size//2,))
    t = torch.cat([t,n_steps-1-t],dim=0)
    t = t.unsqueeze(-1)
    # x0 的系数
    a = alphas_bar_sqrt[t]
    # eps 的系数
    aml = one_minus_alphas_bar_sqrt[t]
    # 生成随机噪声 eps
```

```
e = torch.randn_like(x_0)
# 构造模型的输入
x = x_0*a+e*am1
# 送入模型，得到 t 时刻的随机噪声预测值 (e_0)
output = model(x,t.squeeze(-1))
# 与真实噪声一起计算误差，求平均值
return (e - output).square().mean()
```

采样算法的代码如下：

```
def p_sample_loop(model,shape,n_steps,betas,one_minus_alphas_bar_sqrt):
    """ 从 x[T] 恢复 x[T-1],x[T-2]|,...,x[0]"""
    cur_x = torch.randn(shape)
    x_seq = [cur_x]
    for i in reversed(range(n_steps)):
        cur_x = p_sample(model,cur_x,i,betas,one_minus_alphas_bar_sqrt)
        x_seq.append(cur_x)
    return x_seq
def p_sample(model,x,t,betas,one_minus_alphas_bar_sqrt):
    """ 从 x[T] 采样 t 时刻的重构值 """
    t = torch.tensor([t])
    coeff = betas[t] / one_minus_alphas_bar_sqrt[t]
    eps_theta = model(x,t)
    mean = (1/(1-betas[t]).sqrt())*(x-(coeff*eps_theta))
    z = torch.randn_like(x)
    sigma_t = betas[t].sqrt()
    sample = mean + sigma_t * z
    return (sample)
```

分别迭代 200 次、4000 次后的采样结果如图 11-10 所示。

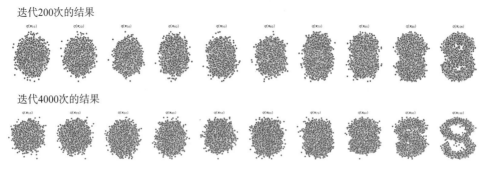

图 11-10 DDPM 迭代不同次数后的采样结果

11.2 使用 PyTorch 从零开始编写 DDPM

本节将用 PyTorch 从头实现训练 DDPM 所需的基本组件，完整代码可看本书对应的代码及数据部分。

11.2.1 定义超参数

定义配置类，配置类将包含用于加载数据集、创建日志目录和训练模型的超参数。

```python
@dataclass
class BaseConfig:
    DEVICE = get_default_device()
    DATASET = "Flowers" #  "MNIST", "Cifar-10", "Cifar-100", "Flowers"

    # 用于记录推断图像和保存检查点
    root_log_dir = os.path.join("Logs_Checkpoints", "Inference")
    root_checkpoint_dir = os.path.join("Logs_Checkpoints", "checkpoints")
    # 当前日志和检查点目录
    log_dir = "version_0"
    checkpoint_dir = "version_0"
@dataclass
class TrainingConfig:
    TIMESTEPS = 1000 # 定义扩散时间步数
    IMG_SHAPE = (1, 32, 32) if BaseConfig.DATASET == "MNIST" else (3, 32, 32)
    NUM_EPOCHS = 40 #or 100, 800
    BATCH_SIZE = 32
    LR = 2e-4
    NUM_WORKERS = 0
```

11.2.2 创建数据集

本节使用鲜花（Flowers）数据集，大家还可以选择其他数据集，如 MNIST、Cifar10 和 Cifar100 数据集等。这里定义两个函数：get_dataset 和 inverse_transform。

1. get_dataset 函数

该函数返回传递给 dataloader 的数据集类对象，进行 3 个预处理操作和 1 个数据增强操作。

（1）预处理操作

1）将 [0,255] 范围内的像素值映射到 [0.0,1.0] 范围。

2）根据形状调整图像大小（ 32×32 像素）。

3）将范围为 [0.0,1.0] 的像素值更改为 [–1.0,1.0] 范围，以便输入图像的值范围与标准高斯图像大致相同。

（2）增强操作

原始实现中使用的是随机水平翻转。如果你使用的是 MNIST 数据集，请务必注释掉与 Flowers 数据集相关的行（以下代码中加粗部分）。

```python
def get_dataset(dataset_name='MNIST'):
    transforms = TF.Compose(
        [
            TF.ToTensor(),
            TF.Resize((32, 32),
                    interpolation=TF.InterpolationMode.BICUBIC,
                    antialias=True),
            TF.RandomHorizontalFlip(),
            TF.Lambda(lambda t: (t * 2) - 1) # 把数据映射到 [-1, 1]
        ]
    )

    if dataset_name.upper() == "MNIST":
        dataset = datasets.MNIST(root="data", train=True, download=True,
transform=transforms)
    elif dataset_name == "Cifar-10":
        dataset = datasets.CIFAR10(root="data", train=True, download=True,
transform=transforms)
    elif dataset_name == "Cifar-100":
        dataset = datasets.CIFAR10(root="data", train=True, download=True,
transform=transforms)
    elif dataset_name == "Flowers":
        dataset = datasets.ImageFolder(root="../data/flowers", transform=transforms)

    return dataset
```

2. inverse_transform 函数

此函数用于反转加载步骤中应用的变换，并将图像恢复到 [0.0,25.0] 范围。

```python
def inverse_transform(tensors):
    """ 把张量范围由 [-1.,1.] 转换为 [0.,255.] """
    return ((tensors.clamp(-1, 1) + 1.0) / 2.0) * 255.0
```

11.2.3 创建数据加载器

定义 get_dataloader 函数，该函数返回所选数据集的 dataloader 对象。

```python
def get_dataloader(dataset_name='MNIST',
                   batch_size=32,
                   pin_memory=False,
                   shuffle=True,
                   num_workers=0,
                   device="cpu"
                   ):
    dataset = get_dataset(dataset_name=dataset_name)
    dataloader = DataLoader(dataset, batch_size=batch_size,
                            pin_memory=pin_memory,
                            num_workers=num_workers,
                            shuffle=shuffle
                            )
    device_dataloader = DeviceDataLoader(dataloader, device)
    return device_dataloader
```

11.2.4 可视化数据集

首先，通过调用 get_dataloader 函数创建 dataloader 对象。

```python
loader = get_dataloader(
    dataset_name=BaseConfig.DATASET,
    batch_size=128,
    device='cpu',
)
```

然后，使用 torchvision 的 make_grid 函数绘制花朵图像。

```python
plt.figure(figsize=(12, 6), facecolor='white')
for b_image, _ in loader:
    b_image = inverse_transform(b_image).cpu()
    grid_img = make_grid(b_image / 255.0, nrow=16, padding=True, pad_value=1,
normalize=True)
    plt.imshow(grid_img.permute(1, 2, 0))
    plt.axis("off")
    break
```

运行结果如图 11-11 所示。

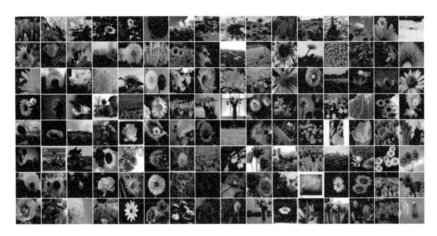

图 11-11 Flowers 数据集部分图像

11.2.5 DDPM 架构

DDPM 架构中 U-Net 网络的架构包括 3 个组件，即编码器、瓶颈层（又叫中间层）和解码器，如图 11-12 所示。

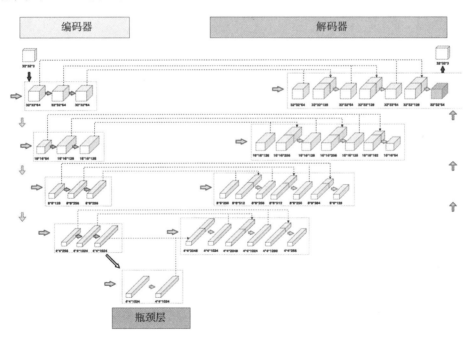

图 11-12 DDPM 模型中 U-Net 网络的架构图

架构的具体信息如下：

1）编码器和解码器路径中有 4 个级别，它们之间有瓶颈层。

2）每个编码器级包括具有卷积下采样的两个残差块（Residual Block），除了最后一级。

3）每个相应的解码器级包括三个残差块，并且使用具有卷积的 2x 最近邻居来对来自前一级的输入进行上采样。

4）编码器路径中的每一级在跳跃连接（Skip Connection）的帮助下连接到解码器路径。

5）模型使用单一特征图分辨率的自注意力模块。

模型中的每个残差块都获得来自前一层（以及解码器路径中的其他层）的输入图像（设为 x_t）和当前时间步长 t 的时间嵌入。输入图像先过卷积 1，之后与经过线性变换的时间嵌入相加，然后对相加后的结果进行卷积 2 操作。如果 in_c = out_c，则残差连接之上引入的虚线框卷积直接与卷积 2 的输出相加；否则，对通道数为 in_c 的图像进行一次卷积，使得其通道数等于 out_c，然后再与卷积 2 的输出相加。具体架构如图 11-13 所示。

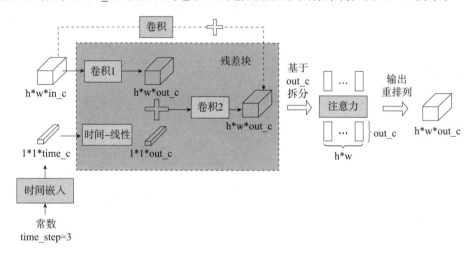

图 11-13　DDPM 模型中 U-Net 中的残差块架构

对 U-Net 网络结构使用的残差块取代了传统 U-Net 网络中每个级别的双卷积模块，为何要这个修改？使用残差块取代双卷积模块有哪些优势？接下来就这些问题进行说明。

11.2.6　用残差块取代双卷积模块的优势

在传统的 U-Net 网络中，每个级别通常由一对卷积层组成，其中包括一个卷积层和一个分辨率相同的上采样层或下采样层。这种结构在一定程度上可以提取图像中的特征，但由于通过卷积层进行信息传递的限制，它可能存在以下不足：

- 特征损失：在卷积层中，信息的传递主要通过卷积核的滑动窗口实现。这意味着每个像素的特征都是通过相对较小的局部感受野计算得到的。因此，一些全局或远程特征可能会因为感受野的限制而丢失掉，从而影响模型的性能。
- 梯度消失和梯度爆炸：在传统的 U-Net 网络中，通过多次叠加卷积层，特征的深度逐渐增加，有时可能导致梯度消失或梯度爆炸问题。这会使得网络难以训练，特别是对于较深的网络结构来说。

为了解决以上问题，DDPM 使用了残差块来代替传统 U-Net 网络中的双卷积模块。残差块的主要特点是引入跳跃连接来保留原始特征。

使用残差块替代传统的双卷积模块可以带来以下优势：

1）提高信息传递能力。残差块通过跳跃连接保留了输入特征，可以更好地传递全局或远程特征，从而提高了网络的信息传递能力。

2）解决梯度问题。残差块通过跳跃连接避免了梯度消失或梯度爆炸的问题，使得网络更容易训练，特别是对于较深的网络结构。

11.2.7 创建扩散类

创建一个名为 SimpleDiffusion 的扩散类，此类包含：

1）执行正向和反向扩散过程所需的调度程序常量。

2）一种定义 DDPM 中使用的线性方差调度器的方法。

3）一种使用更新的正向扩散内核执行单个步骤的方法。

```python
class SimpleDiffusion:
    def __init__(
        self,
        num_diffusion_timesteps=1000,
        img_shape=(3, 64, 64),
        device="cpu",
    ):
        self.num_diffusion_timesteps = num_diffusion_timesteps
        self.img_shape = img_shape
        self.device = device
        self.initialize()
    def initialize(self):
        # 算法中不同位置所需的 beta 和 alpha
        self.beta  = self.get_betas()
        self.alpha = 1 - self.beta
        self_sqrt_beta  = torch.sqrt(self.beta)
        self.alpha_cumulative = torch.cumprod(self.alpha, dim=0)
        self.sqrt_alpha_cumulative = torch.sqrt(self.alpha_cumulative)
        self.one_by_sqrt_alpha = 1. / torch.sqrt(self.alpha)
        self.sqrt_one_minus_alpha_cumulative = torch.sqrt(1 - self.alpha_cumulative)
    def get_betas(self):
        """ 线性调度表 """
        scale = 1000 / self.num_diffusion_timesteps
        beta_start = scale * 1e-4
```

```
        beta_end = scale * 0.02
        return torch.linspace(
            beta_start,
            beta_end,
            self.num_diffusion_timesteps,
            dtype=torch.float32,
            device=self.device,
        )
```

11.2.8 正向扩散过程

下面实现正向扩散过程。forward_diffusion 函数获取一批图像和相应的时间步长，并使用更新的正向扩散核方程添加噪声 / 破坏输入图像。

```
def forward_diffusion(sd: SimpleDiffusion, x0: torch.Tensor, timesteps: torch.Tensor):
    eps = torch.randn_like(x0)  # 噪声
    mean = get(sd.sqrt_alpha_cumulative, t=timesteps) * x0  # 对输入图像进行缩放
    std_dev = get(sd.sqrt_one_minus_alpha_cumulative, t=timesteps) # 对噪声进行缩放
    sample = mean + std_dev * eps # 缩放过的输入图像 * 缩放过的噪声
    return sample, eps  # 返回模型预测的噪声
```

11.2.9 可视化正向扩散过程

下面将在一些采样图像上可视化正向扩散过程，以便了解它们在经过 *T* 时间步长的马尔可夫链时是如何被破坏的。

```
sd = SimpleDiffusion(num_diffusion_timesteps=TrainingConfig.TIMESTEPS, device="cpu")
loader = iter(  # 将数据加载器转换为迭代器
    get_dataloader(
        dataset_name=BaseConfig.DATASET,
        batch_size=6,
        device="cpu",
    )
)
```

对一些特定的时间步长执行正向处理，并存储原始图像的噪声版本。

```
x0s, _ = next(loader)
noisy_images = []
specific_timesteps = [0, 10, 50, 100, 150, 200, 250, 300, 400, 600, 800, 999]
for timestep in specific_timesteps:
    timestep = torch.as_tensor(timestep, dtype=torch.long)
    xts, _ = forward_diffusion(sd, x0s, timestep)
```

```
    xts = inverse_transform(xts) / 255.0
    xts = make_grid(xts, nrow=1, padding=1)
    noisy_images.append(xts)
```

绘制不同时间步长的采样被损坏的情况。

```
# 绘制并查看不同时间步长的样本
_, ax = plt.subplots(1, len(noisy_images), figsize=(10, 5), facecolor="white")
for i, (timestep, noisy_sample) in enumerate(zip(specific_timesteps, noisy_images)):
    ax[i].imshow(noisy_sample.squeeze(0).permute(1, 2, 0))
    ax[i].set_title(f"t={timestep}", fontsize=8)
    ax[i].axis("off")
    ax[i].grid(False)
plt.suptitle("Forward Diffusion Process", y=0.9)
plt.axis("off")
plt.show()
```

运行结果如图11-14所示，从中可以看到，随着时间步长的增加，原始图像的噪声越来越严重，最后变成纯噪声。

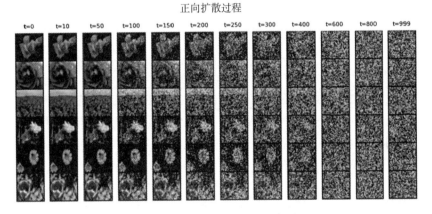

图11-14 正向扩散过程示意图

11.2.10 基于训练算法和采样算法的训练

先定义 train_one_epoch 函数。该函数用于执行一个训练回合，即通过在整个数据集上迭代一次来训练模型，并将在我们的最终训练循环中调用。我们还使用混合精度训练来更快地训练模型并节省 GPU 内存。具体算法可参考图11-9 的左图。

```
# 算法1: 训练
    def train_one_epoch(model, sd, loader, optimizer, scaler, loss_fn, epoch=800,
base_config=BaseConfig(), training_config=TrainingConfig()):
```

```
    loss_record = MeanMetric()
    model.train()
    with tqdm(total=len(loader), dynamic_ncols=True) as tq:
    tq.set_description(f"Train :: Epoch: {epoch}/{training_config.NUM_EPOCHS}")
        for x0s, _ in loader:
            tq.update(1)
            ts = torch.randint(low=1, high=training_config.TIMESTEPS, size=(x0s.
shape[0],), device=base_config.DEVICE)
            xts, gt_noise = forward_diffusion(sd, x0s, ts)
            with amp.autocast():
                pred_noise = model(xts, ts)
                loss = loss_fn(gt_noise, pred_noise)
            optimizer.zero_grad(set_to_none=True)
            scaler.scale(loss).backward()
            # scaler.unscale_(optimizer)
            # torch.nn.utils.clip_grad_norm_(model.parameters(), 1.0)
            scaler.step(optimizer)
            scaler.update()
            loss_value = loss.detach().item()
            loss_record.update(loss_value)
            tq.set_postfix_str(s=f"Loss: {loss_value:.4f}")
        mean_loss = loss_record.compute().item()
        tq.set_postfix_str(s=f"Epoch Loss: {mean_loss:.4f}")
    return mean_loss
```

定义 reverse_diffusion 函数，它负责推理，即使用反向扩散过程生成图像。该函数采用经过训练的模型和扩散类，可以生成显示整个扩散过程的视频，也可以仅生成最终生成的图像。具体算法可参考图 11-9 的右图。

```
# 算法2: 采样
@torch.no_grad()
def reverse_diffusion(model, sd, timesteps=1000, img_shape=(3, 64, 64),
                      num_images=5, nrow=8, device="cpu", **kwargs):
    x = torch.randn((num_images, *img_shape), device=device)
    model.eval()
    if kwargs.get("generate_video", False):
        outs = []
    for time_step in tqdm(iterable=reversed(range(1, timesteps)),
                          total=timesteps-1, dynamic_ncols=False,
                          desc="Sampling :: ", position=0):
        ts = torch.ones(num_images, dtype=torch.long, device=device) * time_step
        z = torch.randn_like(x) if time_step > 1 else torch.zeros_like(x)
```

```
        predicted_noise = model(x, ts)
        beta_t  = get(sd.beta, ts)
        one_by_sqrt_alpha_t= get(sd.one_by_sqrt_alpha, ts)
        sqrt_one_minus_alpha_cumulative_t = get(sd.sqrt_one_minus_alpha_cumulative, ts)
        x = (
            one_by_sqrt_alpha_t
            * (x - (beta_t / sqrt_one_minus_alpha_cumulative_t) * predicted_noise)
            + torch.sqrt(beta_t) * z
        )
        if kwargs.get("generate_video", False):
            x_inv = inverse_transform(x).type(torch.uint8)
            grid = make_grid(x_inv, nrow=nrow, pad_value=255.0).to("cpu")
            ndarr = torch.permute(grid, (1, 2, 0)).numpy()[:, :, ::-1]
            outs.append(ndarr)
    if kwargs.get("generate_video", False): # 生成并保存整个反向扩散过程的视频
        frames2vid(outs, kwargs['save_path'])
        display(Image.fromarray(outs[-1][:, :, ::-1])) # 在反向扩散过程的最后一个时间步
长显示图像
        return None
    else: # 在反向扩散过程的最后一个时间步长显示并保存图像
        x = inverse_transform(x).type(torch.uint8)
        grid = make_grid(x, nrow=nrow, pad_value=255.0).to("cpu")
        pil_image = TF.functional.to_pil_image(grid)
        pil_image.save(kwargs['save_path'], format=save_path[-3:].upper())
        display(pil_image)
        return None
```

11.2.11 从零开始训练 DDPM

前面已经定义了培训所需的所有必要类和功能，现在要做的就是整合它们，开始训练过程。在开始训练之前，先做一些准备工作。

1）定义所有与模型相关的超参数。

```
@dataclass
class ModelConfig:
    BASE_CH = 64  # 64, 128, 256, 256
    BASE_CH_MULT = (1, 2, 4, 4) # 32, 16, 8, 8
    APPLY_ATTENTION = (False, True, True, False)
    DROPOUT_RATE = 0.1
TIME_EMB_MULT = 4 # 128
```

2）初始化 U-Net 模型、AdamW 优化器、MSE 损失函数以及其他必要的类。

```
model = UNet(
    input_channels = TrainingConfig.IMG_SHAPE[0],
    output_channels = TrainingConfig.IMG_SHAPE[0],
    base_channels = ModelConfig.BASE_CH,
    base_channels_multiples = ModelConfig.BASE_CH_MULT,
    apply_attention = ModelConfig.APPLY_ATTENTION,
    dropout_rate = ModelConfig.DROPOUT_RATE,
    time_multiple = ModelConfig.TIME_EMB_MULT,
)
model.to(BaseConfig.DEVICE)
optimizer = torch.optim.AdamW(model.parameters(), lr=TrainingConfig.LR)
dataloader = get_dataloader(
    dataset_name = BaseConfig.DATASET,
    batch_size = TrainingConfig.BATCH_SIZE,
    device = BaseConfig.DEVICE,
    pin_memory = True,
    num_workers = TrainingConfig.NUM_WORKERS,
)
loss_fn = nn.MSELoss()
sd = SimpleDiffusion(
    num_diffusion_timesteps = TrainingConfig.TIMESTEPS,
    img_shape = TrainingConfig.IMG_SHAPE,
    device = BaseConfig.DEVICE,
)
scaler = amp.GradScaler()
```

3）初始化日志记录和检查点目录，以保存中间采样结果和模型参数。

```
total_epochs = TrainingConfig.NUM_EPOCHS + 1
log_dir, checkpoint_dir = setup_log_directory(config=BaseConfig())
generate_video = False
ext = ".mp4" if generate_video else ".png"
```

4）编写训练循环。由于已经将所有代码划分为简单、易于调试的函数和类，接下来要做的就是在训练循环中调用它们，也就是在循环中调用上一小节中定义的训练和采样函数。具体代码如下：

```
for epoch in range(1, total_epochs):
    torch.cuda.empty_cache()
    gc.collect()
    # 调用算法1：训练
    train_one_epoch(model, sd, dataloader, optimizer, scaler, loss_fn, epoch=epoch)
    if epoch % 20 == 0:
```

```
        save_path = os.path.join(log_dir, f"{epoch}{ext}")
        # 调用算法2：采样
        reverse_diffusion(model, sd, timesteps=TrainingConfig.TIMESTEPS, num_images=32,
generate_video=generate_video,save_path=save_path, img_shape=TrainingConfig.IMG_
SHAPE, device=BaseConfig.DEVICE,
        )
        # 输出路径
        checkpoint_dict = {
            "opt": optimizer.state_dict(),
            "scaler": scaler.state_dict(),
            "model": model.state_dict()
        }
        torch.save(checkpoint_dict, os.path.join(checkpoint_dir, "ckpt.tar"))
        del checkpoint_dict
```

运行的部分结果如图 11-15 所示。

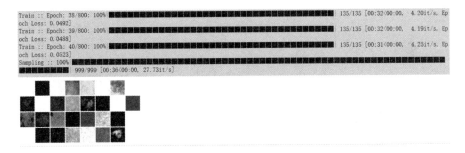

图 11-15 训练 DDPM 的部分结果

11.2.12 使用 DDPM 生成图像

要使用已训练过的 DDPM 生成图像，只需重新加载保存的模型，从隐空间进行采样，再使用反向扩散生成图像。

1）恢复模型。

```
# 从保存的检查点重新加载模型
model = UNet(
    input_channels = TrainingConfig.IMG_SHAPE[0],
    output_channels = TrainingConfig.IMG_SHAPE[0],
    base_channels = ModelConfig.BASE_CH,
    base_channels_multiples = ModelConfig.BASE_CH_MULT,
    apply_attention = ModelConfig.APPLY_ATTENTION,
    dropout_rate = ModelConfig.DROPOUT_RATE,
    time_multiple = ModelConfig.TIME_EMB_MULT,
```

```
)
model.load_state_dict(torch.load(os.path.join(checkpoint_dir, "ckpt.tar"), map_
location='cpu')['model'])
model.to(BaseConfig.DEVICE)
sd = SimpleDiffusion(
    num_diffusion_timesteps = TrainingConfig.TIMESTEPS,
    img_shape = TrainingConfig.IMG_SHAPE,
    device = BaseConfig.DEVICE,
)
log_dir = "inference_results"
os.makedirs(log_dir, exist_ok=True)
```

2）推理代码只是使用经过训练的模型调用 reverse_diffusion 函数。

```
# 将 generate_video 设置为 True 以生成视频，如果设置为 False，则生成图像
generate_video = True
ext = ".mp4" if generate_video else ".png"
filename = f"{datetime.now().strftime('%Y%m%d-%H%M%S')}{ext}"
save_path = os.path.join(log_dir, filename)
reverse_diffusion(
    model,
    sd,
    num_images=256,
    generate_video=generate_video,
    save_path=save_path,
    timesteps=1000,
    img_shape=TrainingConfig.IMG_SHAPE,
    device=BaseConfig.DEVICE,
    nrow=32,
)
print(save_path)
```

运行结果（mp4 的部分截图）如图 11-16 所示。

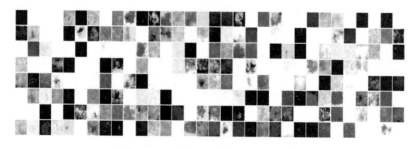

图 11-16　利用 DDPM 生成的图像

第 12 章

多模态模型

上一章介绍了扩散模型及其改进版 DDPM 的原理和实现方法。扩散模型是一种基于马尔可夫链的生成模型，通过模拟数据的扩散过程来生成新的样本。DDPM 则利用归一化的流动向量表示数据的扩散路径，进一步提高生成质量。这一章介绍多模态模型，它结合了图像生成和文本生成，在生成能力上更加多样化。

首先介绍对比语言 - 图像预训练（Contrastive Language-Image Pre-training，CLIP）模型能够同时理解图像和文本，并将二者进行互相解释。CLIP 通过训练一个联合编码器，将图像和文本嵌入同一个向量空间中，从而实现文本 - 图像之间的语义对齐。

接着介绍 Stable Diffusion 模型，它是扩散模型的一个重要改进。Stable Diffusion 通过引入临界区域和收敛机制，解决了扩散过程中的溢出和崩溃问题，提高了生成的稳定性和可控性。

最后介绍 DALL·E 模型，它是使用扩散模型生成图像的一个成功案例。DALL·E 可以根据给定的文本描述生成相应的图像，具备强大的创造力和想象力。

12.1 CLIP 简介

CLIP 是一种联合训练图像和文本表示的预训练模型。作为多模态架构，CLIP 通过在相同的潜在空间中学习语言和视觉表现，在二者之间建立了桥梁。CLIP 允许我们利用其他架构，使用它的"语言 - 图像表示"执行下游任务。它是一个基于超 4 亿张图像及其描述的数据集的预训练模型，目前最流行的 DALL·E 2、Stable Diffusion 都把 CLIP 作为打通文本和图像关联的核心模块，因此了解 CLIP 是深入了解后续扩散模型非常重要的一环。

如图 12-1 所示，CLIP 由两个主要组件图像编码器和文本编码器组成。每个编码器能够分别理解来自图像或文本的信息，并将这些信息嵌入向量中。CLIP 的思想是在图像 - 文本对的大型数据集中训练这些编码器，并使嵌入变得相似。

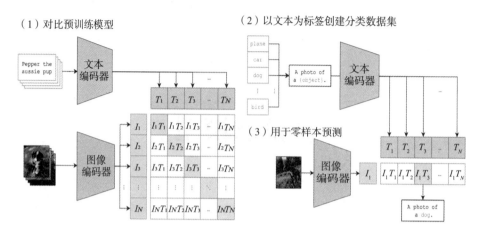

图 12-1   CLIP 架构

12.1.1   CLIP 如何将图像与图像描述进行对齐

    CLIP 是一种基于对比文本 - 图像对的预训练方法或者模型，CLIP 的训练数据是文本 - 图像对：一张图像和它对应的文本描述。这里希望通过对比学习，模型能够学习到文本 - 图像对的匹配关系。CLIP 包括文本编码器和图像编码器两个主要组件，其中：文本编码器用来提取文本的特征，可以采用 NLP 中常用的 Text Transformer 模型；而图像编码器用来提取图像的特征，可以采用常用 CNN 模型或者 Vision Transformer。

    这里对提取的文本特征和图像特征进行对比学习。对于一个包含 N 个文本 - 图像对的训练批次，将 N 个文本特征和 N 个图像特征两两组合，CLIP 模型会预测出 N^2 个可能的文本 - 图像对的相似度。这里的相似度直接计算文本特征和图像特征的余弦相似性，即图 12-1 左图中的矩阵。这里共有 N 个正样本，即真正属于一对的文本和图像（矩阵中的对角线元素），而剩余的 N^2-N 个文本 - 图像对为负样本，那么 CLIP 的训练目标就是最大化 N 个正样本的相似度，同时最小化 N^2-N 个负样本的相似度。

    假设获得的图像嵌入和文本嵌入批次大小为 64，那么这个 [64, 64] 矩阵的第 1 行代表第 1 张图片与 64 个文本的相似度，其中第 1 个文本是正样本。将这一行的标签设置为 1，那么就可以使用交叉熵进行训练。尽量把第 1 张图片和第 1 个文本的内积变得更大，这样它们的相似度就更高。

    对每一行都进行同样的操作，那么 [64, 64] 的矩阵，它的标签就是 [1,2,3,4,5,6,…,64]，由于在计算机中，标签从 0 开始，所以实际标签为 [0,1,2,3,4,5,…,63]。

    提示词文本利用文本模型转换成嵌入表示，作为 U-Net 网络的条件。语义信息和图片信息属于两种模态，CLIP 模型如何找到两者之间的关系？它又是如何训练出来的？

首先要有一个具有大量文本 - 图像对的数据集。CLIP 模型所使用的训练集拥有超过 4 亿张图片，以及这些图片相应的标签（或者描述）。CLIP 模型的输入数据示例如图 12-2 所示。

图像

描述

图 12-2　CLIP 模型的输入数据示例

CLIP 模型结构如图 12-3 所示，更新 CLIP 模型的过程如下：

1）训练时，从训练集随机取出一些样本（图像和标签匹配的话就是正样本，不匹配的话就是负样本），CLIP 模型的训练目标是预测图像和文本（标签）是否匹配。

2）取出文本和图像后，用图像编码器和文本编码器将其分别转换成两个嵌入（Embedding）向量，称作图像嵌入和文本嵌入。

3）用余弦相似度来比较两个嵌入向量的相似性，并根据标签和预测值的匹配程度计算损失函数，用来反向更新两个编码器参数。

4）在 CLIP 模型完成训练后，输入配对的图像和文本，这两个编码器就可以输出相似的嵌入向量，输入不匹配的图片和文本，两个编码器输出向量的余弦相似度就会接近于 0。

5）推理时，输入文本可以通过文本编码器转换成文本嵌入，也可以把图片用图像编码器转换成图像嵌入，两者就可以相互作用。在生成图像的采样阶段，文本嵌入作为 U-Net 网络的条件。

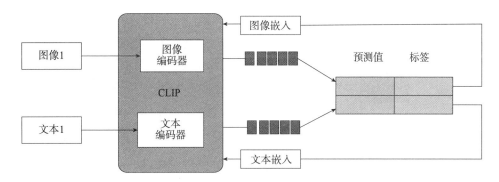

图 12-3　CLIP 模型结构示意图

CLIP 虽然是多模态模型，但它主要用来训练可迁移的视觉模型。论文"Learning Transferable Visual Models From Natual Language Supervision"中文本编码器固定选择一个

包含 6300 个参数的 Text Transformer 模型，而图像编码器采用了两种不同的架构：一是常用的 CNN 架构 ResNet，二是基于 Transformer 的 ViT。其中，ResNet 包含 5 个不同大小的模型，即 ResNet50、ResNet101、RN50x4、RN50x16 和 RN50x64（后面 3 个模型是按照 EfficientNet 缩放规则对 ResNet 分别增大到 4 倍、16 倍和 64 倍得到的），而 ViT 选择 3 个不同大小的模型，即 ViT-B/32、ViT-B/16 和 ViT-L/14。所有的模型都训练 32 个回合，采用 AdamW 优化器，而且训练过程采用了一个较大的批量大小：32 768。

12.1.2　CLIP 如何实现零样本分类

与计算机视觉中常用的先预训练后微调不同，CLIP 可以直接实现零样本学习（zero-shot）的图像分类，即不需要任何训练数据就能在某个具体下游任务上实现分类。这也是 CLIP 的亮点和强大之处。用 CLIP 实现零样本学习分类很简单，如图 12-4 所示，只需要简单的两步：

1）首先根据任务的分类标签构建每个类别的描述文本，即 A photo of {label}，然后将这些文本送入文本编码器，得到对应的文本特征。如果类别数目为 N，那么将得到 N 个文本特征。

2）首先将要预测的图像送入图像编码器得到图像特征，接着将其与 N 个文本特征计算缩放的余弦相似度（和训练过程一致），然后选择相似度最大的文本对应的类别作为图像分类预测结果。最后，可以将这些相似度看成 logits（未经 softmax 函数处理的网络输出），送入 softmax 后可以得到每个类别的预测概率。

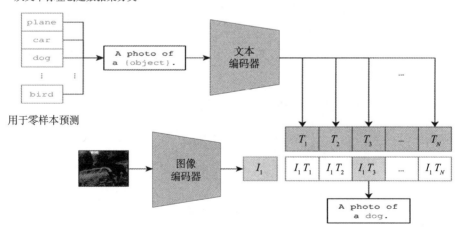

图 12-4　CLIP 实现零样本学习分类示意图

12.1.3　CLIP 原理

CLIP 是一种联合训练图像和文本表示的模型。它基于自然语言处理和计算机视觉领域的最新研究成果，使用大规模的无标签数据集对模型进行预训练，从而获得高质量的图像和文本嵌入向量，并在各种计算机视觉和自然语言处理任务中取得了良好的表现。CLIP 的基本原理可以概括为以下几点：

- 共享编码器：CLIP 使用一个共享的编码器来提取图像和文本的特征向量。这个编码器包含多层卷积神经网络和 Transformer 网络，可以同时处理图像和文本输入，并生成相应的嵌入向量。
- 对比学习：CLIP 使用对比学习的方法来训练模型。具体来说，它使用一个正样本和若干个负样本来训练模型，其中正样本是由给定的图像和文本组成的，而负样本则是由随机选择的图像或文本组成的。CLIP 的目标是使正样本的嵌入向量与负样本的嵌入向量之间的距离最小化，同时最大化正样本之间的距离。
- 多任务学习：CLIP 使用多任务学习的方法来训练模型。它同时处理许多不同的任务，如图像分类、自然语言推理、文本生成等。这样可以帮助模型学习更丰富和复杂的语义表示，并提高其泛化能力。

当 CLIP 模型接收到一段文本时，它会自动提取出文本的特征，并将其映射到向量空间中。然后，模型会在向量空间中查找与这个文本最相似的图像。同样地，当 CLIP 模型接收到一个图像时，它会提取出图像的特征，并将其映射到向量空间中。然后，模型会在向量空间中查找与这个图像最相似的文本。

损失函数用来衡量嵌入向量之间的相似度，包括图像和文本预测的相似性损失以及文本和图像预测的相似性损失。因此，CLIP 的损失函数是其原理的核心内容。

CLIP 的损失函数如下：

```
# 图像编码器 - 使用 ResNet 或 Vision Transformer 模型
# 文本编码器 - 使用 CBOW 或 Text Transformer 模型
# I[n, h, w, c] - 用于存储小批量图像对齐
# T[n, l] - 用于存储小批量的对齐文本
# W_i[d_i, d_e] - 可学习的图像嵌入
# W_t[d_t, d_e] - 可学习的文本嵌入
# t - 可学习的温度参数
# 分别提取图像特征和文本特征
I_f = image_encoder(I) #[n, d_i]
T_f = text_encoder(T) #[n, d_t]
# 对两个特征进行线性投射, 得到相同维度的特征, 并进行 l2 归一化
I_e = l2_normalize(np.dot(I_f, W_i), axis=1)
T_e = l2_normalize(np.dot(T_f, W_t), axis=1)
# 计算缩放的余弦相似度: [n, n]
logits = np.dot(I_e, T_e.T) * np.exp(t)
# 对称的对比学习损失: 等价于 N 个类别的 cross_entropy_loss
labels = np.arange(n) # 对角线元素的 labels
```

```
loss_i = cross_entropy_loss(logits, labels, axis=0)
loss_t = cross_entropy_loss(logits, labels, axis=1)
loss = (loss_i + loss_t)/2
```

12.1.4　从零开始运行 CLIP

本节介绍如何下载和运行 CLIP 模型，计算任意图像和文本输入之间的相似性，以及执行零样本图像分类。

（1）加载 CLIP 模型

```
import clip
# 查看可用的 CLIP 模型
clip.available_models()
```

运行结果如下：

```
['RN50',
 'RN101',
 'RN50x4',
 'RN50x16',
 'RN50x64',
 'ViT-B/32',
 'ViT-B/16',
 'ViT-L/14',
 'ViT-L/14@336px']
```

（2）加载 ViT-B/32 模型

```
model, preprocess = clip.load("ViT-B/32")
model.cuda().eval()
input_resolution = model.visual.input_resolution
context_length = model.context_length
vocab_size = model.vocab_size
print("Model parameters:", f"{np.sum([int(np.prod(p.shape)) for p in model.
parameters()]):,}")
print("Input resolution:", input_resolution)
print("Context length:", context_length)
print("Vocab size:", vocab_size)
```

运行结果如下：

```
Model parameters: 151,277,313
Input resolution: 224
Context length: 77
Vocab size: 49408
```

（3）图像预处理

图像预处理包含以下两步：

1）调整输入图像的大小并对其进行中心裁剪；

2）对数据集进行归一化。

具体代码如下：

```
Compose(
    Resize(size=224, interpolation=bicubic, max_size=None, antialias=warn)
    CenterCrop(size=(224, 224))
    <function _convert_image_to_rgb at 0x0000012AF9EEAD30>
    ToTensor()
    Normalize(mean=(0.48145466, 0.4578275, 0.40821073), std=(0.26862954, 0.26130258,
0.27577711))
)
```

（4）文本预处理

文本预处理使用了一个不区分大小写的标记器，默认情况下，输出被填充维度为 77 的向量。

（5）设置输入图像和文本

向模型提供 8 个示例图像及其文本描述，并比较相应特征之间的相似性，这里标记器是不区分大小写的。

```
# 图像标题及其文本描述
descriptions = {
    "page": "a page of text about segmentation",
    "chelsea": "a facial photo of a tabby cat",
    "astronaut": "a portrait of an astronaut with the American flag",
    "rocket": "a rocket standing on a launchpad",
    "motorcycle_right": "a red motorcycle standing in a garage",
    "camera": "a person looking at a camera on a tripod",
    "horse": "a black-and-white silhouette of a horse",
    "coffee": "a cup of coffee on a saucer"
}
```

（6）显示图像标题与对应的图像描述

```
# 获取 skimage 包下的图像
for filename in [filename for filename in os.listdir(skimage.data_dir) if filename.
endswith(".png") or filename.endswith(".jpg")]:
    name = os.path.splitext(filename)[0]
    # 过滤图像标题与这里描述匹配的图像
    if name not in descriptions:
```

```
        continue
    image = Image.open(os.path.join(skimage.data_dir, filename)).convert("RGB")

    plt.subplot(2, 4, len(images) + 1)
    plt.imshow(image)
    plt.title(f"{filename}\n{descriptions[name]}")
    plt.xticks([])
    plt.yticks([])
    original_images.append(image)
    images.append(preprocess(image))
    texts.append(descriptions[name])
plt.tight_layout()
```

运行结果如图 12-5 所示。

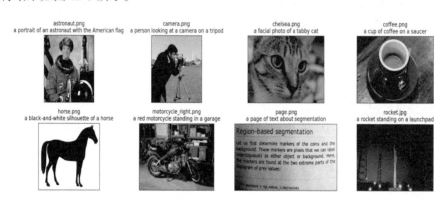

图 12-5　CLIP 运行结果：显示标题与对象图像

（7）构建特征

对图像进行归一化，对每个文本输入进行标记，并运行模型的正向传递以获得图像和文本特征。

```
image_input = torch.tensor(np.stack(images)).cuda()
text_tokens = clip.tokenize(["This is " + desc for desc in texts]).cuda()
with torch.no_grad():
    image_features = model.encode_image(image_input).float()
    text_features = model.encode_text(text_tokens).float()
```

（8）计算余弦相似度

对特征进行归一化，并计算每个文本 - 图像对的点积。

```
image_features /= image_features.norm(dim=-1, keepdim=True)
text_features /= text_features.norm(dim=-1, keepdim=True)
similarity = text_features.cpu().numpy() @ image_features.cpu().numpy().T
```

```
count = len(descriptions)
plt.figure(figsize=(20, 14))
plt.imshow(similarity, vmin=0.1, vmax=0.3)
# plt.colorbar()
plt.yticks(range(count), texts, fontsize=18)
plt.xticks([])
for i, image in enumerate(original_images):
    plt.imshow(image, extent=(i - 0.5, i + 0.5, -1.6, -0.6), origin="lower")
for x in range(similarity.shape[1]):
    for y in range(similarity.shape[0]):
        plt.text(x, y, f"{similarity[y, x]:.2f}", ha="center", va="center", size=12)
for side in ["left", "top", "right", "bottom"]:
  plt.gca().spines[side].set_visible(False)
plt.xlim([-0.5, count - 0.5])
plt.ylim([count + 0.5, -2])
plt.title(" 计算文本特征与图像特征之间的余弦相似度 ", size=20)
```

运行结果如图 12-6 所示。

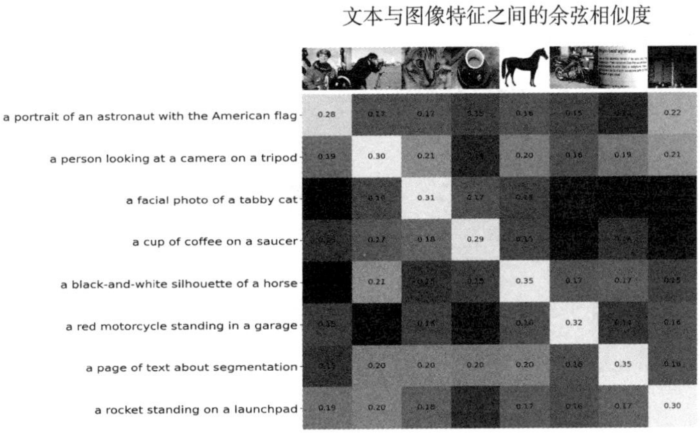

图 12-6　文本特征与图像特征之间的余弦相似度

（9）零样本图像分类

使用余弦相似度（乘以 100）对图像进行分类，作为 softmax 操作的 logits。

```
from torchvision.datasets import CIFAR100
# 加载 CIFAR100 数据集
cifar100 = CIFAR100(os.path.expanduser("~/.cache"), transform=preprocess, download=True)
text_descriptions = [f"This is a photo of a {label}" for label in cifar100.classes]
text_tokens = clip.tokenize(text_descriptions).cuda()
with torch.no_grad():
    text_features = model.encode_text(text_tokens).float()
```

```
    text_features /= text_features.norm(dim=-1, keepdim=True)
text_probs = (100.0 * image_features @ text_features.T).softmax(dim=-1)
top_probs, top_labels = text_probs.cpu().topk(5, dim=-1)
plt.figure(figsize=(16, 16))
for i, image in enumerate(original_images):
    plt.subplot(4, 4, 2 * i + 1)
    plt.imshow(image)
    plt.axis("off")
    plt.subplot(4, 4, 2 * i + 2)
    y = np.arange(top_probs.shape[-1])
    plt.grid()
    plt.barh(y, top_probs[i])
    plt.gca().invert_yaxis()
    plt.gca().set_axisbelow(True)
    plt.yticks(y, [cifar100.classes[index] for index in top_labels[i].numpy()])
    plt.xlabel("probability")
plt.subplots_adjust(wspace=0.5)
plt.show()
```

运行结果如图 12-7 所示。

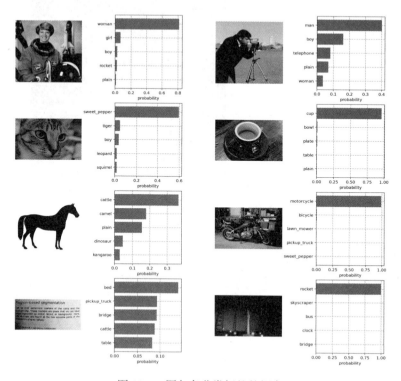

图 12-7　图与各分类标签的概率

12.1.5 CLIP 应用

CLIP 模型将图像和文本结合起来进行预训练，使模型能够理解图像和文本之间的联系。它有多种应用。

首先，CLIP 能够实现零样本图像分类。通过将图像和对应的文本描述进行编码，CLIP 可以在没有任何标签数据的情况下对图像进行分类。这对于数据稀缺的领域非常有用。

然后，CLIP 可以进行图像搜索和推荐。CLIP 模型通过将给定的文本描述转换为特征向量，然后通过计算图像与文本描述之间的相似度来实现图像搜索。这使用户可以通过文本输入来查找与其描述相符的图像，提供了一种非常方便的方式来查找感兴趣的图像。

最后，CLIP 还可以用于图像生成与编辑。通过从文本描述中提取语义信息，CLIP 可以生成与描述相匹配的图像，或者通过修改文本描述来实现图像编辑，调整图像的属性和特征。

12.2 Stable Diffusion 模型

Stable Diffusion 的发布可以说 AI 图像生成发展过程中的一个重要里程碑，它不仅可以生成高质量的图像，根据提示词生成图像、修改图像，而且运行速度快，所用资源较少。

Stable Diffusion 是如何做到这些的呢？本节就来介绍 Stable Diffusion 及其工作原理。

12.2.1 Stable Diffusion 模型的直观理解

朴素的 DDPM 每一步都在对图像进行加噪、去噪操作。而在 Stable Diffusion 模型中，可以理解为对图像进行编码后的图标记（image token）进行加噪、去噪。在去噪（生成）的过程中，加入了文本特征信息来引导图像生成。这部分功能很好理解，与 VAE 中的条件 VAE 和 GAN 中的条件 GAN 原理是一样的，通过加入辅助信息，生成需要的图像。Stable Diffusion 模型的主要流程如图 12-8 所示。

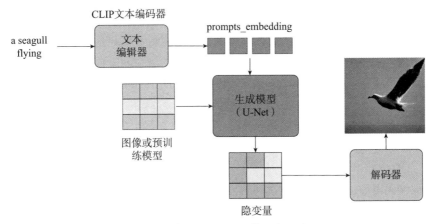

图 12-8　Stable Diffusion 模型主要流程

Stable Diffusion 模型要根据提示词画图，需要实现以下功能：

1）理解提示词。

2）根据提示词在预训练模型中找到匹配度高的图像。

3）生成这个匹配高的图像。

如何实现这些功能呢？接下来从 Stable Diffusion 原理及实例进行说明。

12.2.2　Stable Diffusion 模型的原理

在 Stable Diffusion 模型中，CLIP 的嵌入向量可以用于表示图像和文本的语义信息，如图 12-9 所示。

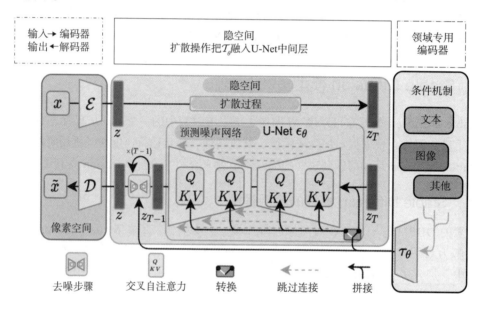

图 12-9　Stable Diffusion 模型架构

Stable Diffusion 的数据会在像素空间（Pixel Space）、隐空间（Latent Space）、条件机制（Conditioning Mechanism）三者之间流转，其算法逻辑大概分这几步：

1）图像编码器将图像从像素空间压缩到更小维度的隐空间，捕捉图像更本质的信息；

2）为隐空间中的图片添加噪声，进行扩散过程（Diffusion Process）；

3）通过 CLIP 文本编码器将输入的描述转换为去噪过程的条件机制；

4）基于一些条件对图像进行去噪（Denoising）以获得生成图片的潜在表示，去噪步骤可以灵活地以文本、图像和其他形式为条件（以文本为条件即 text2img，以图像为条件即 img2img）；

5）图像解码器通过将图像从隐空间转换回像素空间来生成最终图像。

首先需要训练好一个自编码模型（AutoEncoder，包括一个编码器 $\mathcal{E}$ 和一个解码器 $\mathcal{D}$），接着利用编码器对图片进行压缩，把压缩后的向量作为隐空间的输入 z，在隐表示空间上进行扩散操作，得到 z_T，然后进入反向扩散过程，即去噪声过程。去噪声的关键是通过 U-Net 预测噪声 ϵ_θ。可以进行无条件图片生成，也可以进行条件图片生成，这主要是通过拓展得到一个条件时序去噪自编码器（conditional denoising autoencoder）$\epsilon_\theta(z_t, t, y)$ 来实现的，这样就可通过 y 来控制图像的合成过程。具体来说，就是通过在 U-Net 主干网络上增加交叉自注意力（Cross-Attention）机制来实现。

图 12-9 右边为领域专用编码器（Domain Specific Encoder）$\mathcal{T}_\theta$，它用来将 y 映射为一个中间表示 $\mathcal{T}_\theta(y)$，这样就可以很方便地引入各种形态的条件（如文本、类别、图像等等），进而从多个不同的模态预处理 y。最终模型就可以通过一个交叉自注意力层将控制信息融入 U-Net 的中间层。交叉自注意力层的实现如下：

$$\text{Attention}(\boldsymbol{Q}, \boldsymbol{K}, \boldsymbol{V}) = \text{softmax}\left(\frac{QK^{\mathrm{T}}}{\sqrt{d}}\right) \cdot V \tag{12.1}$$

其中，$\boldsymbol{Q} = \boldsymbol{W}_{\boldsymbol{Q}}^i \cdot \varphi_i(z_t)$，$\boldsymbol{K} = \boldsymbol{W}_{\boldsymbol{K}}^i \cdot \mathcal{T}_\theta(y)$，$\boldsymbol{V} = \boldsymbol{W}_{\boldsymbol{V}}^i \cdot \mathcal{T}_\theta(y)$。$\varphi_i(z_t)$ 是 U-Net 的一个中间表征。对应的目标函数为

$$E_{\mathcal{E}(x), y, \epsilon \sim \mathcal{N}(0, I), t}\left[\left\|\epsilon - \epsilon_\theta\left(z_t, t, \mathcal{T}_\theta(y)\right)\right\|^2\right] \tag{12.2}$$

最后再用解码器将输出恢复到原始像素空间即可。

常规的扩散模型是基于像素空间的生成模型，而 Stable Diffusion 是基于隐空间的生成模型，它先采用自编码器的编码器将图像压缩到隐空间，然后用扩散模型来生成图像的隐向量，最后送入自编码器的编码器模块生成图像。

12.3　从零开始实现 Stable Diffusion

本节介绍 Stable Diffusion 的主要应用，并用 PyTorch 代码实现这些应用，包括文生图、图生图、图像修改等。其中文生图是 Stable Diffusion 的基础功能，即根据输入文本生成相应的图像，而图生图和图像修改是在文生图的基础上延伸出来的两个功能。限于篇幅，这里主要介绍文生图和图生图。

12.3.1　文生图

根据文本提示生成图像是文生图的核心功能。图 12-10 所示为 Stable Diffusion 的文生图流程。首先根据输入文本提示（"a seagull flying"）用文本编辑器提取提示嵌入向量（prompts_embedding），然后将提示嵌入向量和图像或预训练模型送入扩散模型 U-Net 中生成去噪后的隐向量，最后将去噪后的隐向量送入自解码器的解码器得到生成的图像。

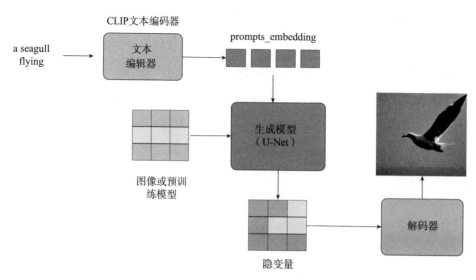

图 12-10　Stable Diffusion 的文生图流程

（1）加载 U-Net 模型

先根据配置 unet_init_config 构建模型，然后从预训练模型 model.ckpt 的 state_dict.
model.diffusion_model 中获取参数。这里使用 Stable Diffusion 1.4 版本预训练模型。加载
U-Net 的代码如下：

```python
from ldm.modules.diffusionmodules.openaimodel import UNetModel
# 加载 U-Net 模型
def load_unet():
    unet_init_config = {
            "image_size": 32, # unused
            "in_channels": 4,
            "out_channels": 4,
            "model_channels": 320,
            "attention_resolutions": [ 4, 2, 1 ],
            "num_res_blocks": 2,
            "channel_mult": [ 1, 2, 4, 4 ],
            "num_heads": 8,
            "use_spatial_transformer": True,
            "transformer_depth": 1,
            "context_dim": 768,
            "use_checkpoint": True,
            "legacy": False,
    }
    unet = UNetModel(**unet_init_config)
    pl_sd = torch.load("../data/sd-v1-4.ckpt", map_location="cpu")
```

```
sd = pl_sd["state_dict"]
model_dict = unet.state_dict()
for k, v in model_dict.items():
    model_dict[k] = sd["model.diffusion_model."+k]
unet.load_state_dict(model_dict, strict=False)
unet.cuda()
unet.eval()
return unet
```

（2）定义调度器

Stable Diffusion 文生图的整个过程会经过多个 U-Net 的推理步骤，而每个步骤会有不同参数。为此需要编写一个调度器的类（lms_scheduler() 类），在该类中定义时间步的函数 set_timesteps、获取相关参数的函数 get_lms_coefficient 及 step 函数来处理每个步骤的计算。

（3）文生图

有了上面各个组件作为基础，便可以将它们组装起来，实现 Stable Diffusion 文生图和图生图的功能。以下函数 txt2img() 是文生图的实现，其实就是各组件的组合。

guidance_scale 是一个 CFG（Classifier Free Guidance，无分类器指引）指数，是一个控制文本提示对扩散过程的影响程度的值。简单来说，就是在加噪阶段将条件控制下的预测噪声和无条件下的预测噪声组合在一起来确定最终的噪声。通常 guidance_scale 可以选 7～8.5 之间，如果使用非常大的值，图像可能看起来不错，但多样性会降低。具体代码如下：

```
def txt2img():
    # 加载 U-Net 模型
    unet = load_unet()
    # 调度器
    scheduler = lms_scheduler()
    scheduler.set_timesteps(100)
    # 文本编码
    #prompts = ["a photograph of an astronaut riding a horse"]
    #prompts = ["a photograph of a girl riding a horse"]
    prompts = ["paradise consmic beach"]
    text_embeddings = prompts_embedding(prompts)
    text_embeddings = text_embeddings.cuda()     # (1, 77, 768)
    uncond_prompts = [""]
    uncond_embeddings = prompts_embedding(uncond_prompts)
    uncond_embeddings = uncond_embeddings.cuda() # (1, 77, 768)
    # 初始隐变量
    latents = torch.randn( (1, 4, 64, 64))  # (1, 4, 64, 64)
```

```
latents = latents * scheduler.sigmas[0]      # sigmas[0]=157.40723
latents = latents.cuda()
# 循环步骤
 for i, t in enumerate(scheduler.timesteps):  # timesteps=[999.  988.90909091
978.81818182 ...100 个
     latent_model_input = latents  # (1, 4, 64, 64)
     sigma = scheduler.sigmas[i]
     latent_model_input = latent_model_input / ((sigma**2 + 1) ** 0.5)
     timestamp = torch.tensor([t]).cuda()

     # 使用有条件和无条件组合方式，有利于提升生成图像质量（这是一个经验值）
     with torch.no_grad():  # 参数 guidance_scale 越大时，生成的图像应该会和输入文本更一致
         noise_pred_text = unet(latent_model_input, timestamp, text_embeddings)
         noise_pred_uncond = unet(latent_model_input, timestamp, uncond_embeddings)
         guidance_scale = 7.5
         noise_pred = noise_pred_uncond + guidance_scale * (noise_pred_text -
noise_pred_uncond)
         latents = scheduler.step(noise_pred, i, latents)
 vae = load_vae()
 latents = 1 / 0.18215 * latents
 image = vae.decode(latents.cpu())  #(1, 3, 512, 512)
 save_image(image,"txt2img.png")
```

运行程序可以得到提示词为 a photograph of an astronaut riding a horse 时生成的图像，如图 12-11 所示。

图 12-11　文生图示例 1

提示词为 paradise consmic beach 时生成的图像如图 12-12 所示。

图 12-12 文生图示例 2

提示词为 a seagull flying 时生成的图像如图 12-13 所示。

图 12-13 文生图示例 3

12.3.2 根据提示词修改图

除了由文本得到图像之外，Stable Diffusion 还有一种得到图像的方式是根据提示词改变图像（输入是文本＋图像）。其效果如图 12-14 所示。

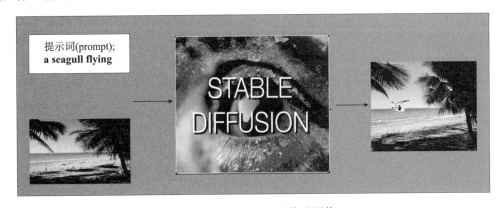

图 12-14 根据提示词修改图像

　　输入一张有关海滩的图像，希望在该图像的合适位置添加一只海鸥，所以这里的提示词为 a seagull flying。通过 Stable Diffusion 模型，就生成了图 12-14 右边的图像，该图像正是我们看到的：在一个海滩边多了一只正在飞翔的海鸥。具体实现代码如下：

```python
def img2img():
    # 加载 U-Net 模型
    unet = load_unet().cuda()
    # 调度器
    scheduler = lms_scheduler()
    scheduler.set_timesteps(100)
    # 输入的提示词
    prompts = ["a seagull flying"]
    text_embeddings = prompts_embedding(prompts)
    text_embeddings = text_embeddings.cuda()        # (1, 77, 768)
    uncond_prompts = [""]
    uncond_embeddings = prompts_embedding(uncond_prompts)
    uncond_embeddings = uncond_embeddings.cuda()  # (1, 77, 768)
    # VAE
    vae = load_vae()
    # 输入的图像
    init_img = load_image("beach.png")
    init_latent = vae.encode(init_img).sample().cuda()*0.18215
    # 初始隐变量
    noise_latents = torch.randn( (1, 4, 64, 64),device="cuda")
    START_STRENGTH = 45
    print("xxxx init_latent ",init_latent.shape)
    print("xxxx noise_latents ",noise_latents.shape)
    latents = init_latent + noise_latents*scheduler.sigmas[START_STRENGTH]
    # 循环步骤
    for i, t in enumerate(scheduler.timesteps):  # [999.  988.90909091 978.81818182
...100 个
        print(i,t)
        if i < START_STRENGTH:
            continue
        latent_model_input = latents  #torch.Size([1, 4, 64, 64])
        sigma = scheduler.sigmas[i]
        latent_model_input = latent_model_input / ((sigma**2 + 1) ** 0.5)
        timestamp = torch.tensor([t])
        with torch.no_grad():
            noise_pred_text = unet(latent_model_input.cuda(), timestamp.cuda(),
text_embeddings.cuda())
```

```
        noise_pred_uncond = unet(latent_model_input.cuda(), timestamp.cuda(),
uncond_embeddings.cuda())
        guidance_scale = 7.5
        noise_pred = noise_pred_uncond + guidance_scale * (noise_pred_text -
noise_pred_uncond)
        latents = scheduler.step(noise_pred, i, latents)
    latents = 1 / 0.18215 * latents
    image = vae.decode(latents.cpu())
    save_image(image,"img2img.png")
```

运行结果如图 12-15 所示。

图 12-15　根据提示词修改图像的示例

12.4　Stable Diffusion 升级版简介

前文介绍的是 Stable Diffusion 1.0，它是一种流行的深度生成模型，被广泛应用于图像生成以及其他领域。Stable Diffusion 2.0 和 Stable Diffusion XL 是 Stable Diffusion 1.0 的两个升级版本，它们进一步优化了模型的性能和生成图像的质量。

Stable Diffusion 2.0 在训练过程中采用了更高效的算法和训练策略，从而可以在更短的时间内训练出更高质量的模型。此外，它还采用了更先进的硬件和技术，例如分布式训练和 GPU 加速等，从而可以更快地训练出高质量的模型。相比 Stable Diffusion 1.0，Stable Diffusion 2.0 在生成图像的质量和效果方面有很大提升。

Stable Diffusion XL 进一步提高了生成图像的质量和效果，并提供了更多的可调节参数和支持更多的输入输出格式。它采用了更大的扩散核，从而可以捕捉到更多的图像细节，同时减少了计算资源的消耗。在训练过程中，它采用了逐步扩散的方法，即逐步添加更多的细节和复杂性到生成的图像中，这样可以更好地控制生成图像的质量和效果。此外，Stable Diffusion XL 也采用了更先进的硬件和技术，例如分布式训练和 GPU 加速等，从而可以更快地训练出高质量的模型。

相比之下，Stable Diffusion 2.0 更注重对模型性能的优化，而 Stable Diffusion XL 更注重对生成图像质量和效果的提升。用户可以根据自己的需求和偏好选择适合的升级版本来实现更好的生成效果和应用性能。

12.4.1　Stable Diffusion 2.0

相较于 Stable Diffusion 1.0，Stable Diffusion 2.0 有以下更新：

1）采用了新的文本编码器 OpenCLIP，有助于提高生成的图像的质量。

2）默认支持 768×768 像素和 512×512 像素两种分辨率，此前默认分辨率仅为 512×512 像素。

新的模型基于 LAION-5B 数据集的美学子数据集进行训练，另外，还通过 NSFW 过滤器过滤掉了一些成人敏感内容。

3）分辨率放大，Stable Diffusion 2.0 的放大扩散模型可以将图像分辨率提升至原来的 16 倍，如图 12-16 所示。

图 12-16　分辨率放大功能示意图

Stable Diffusion 2.0 可以将 128×128 像素的图像放大为 512×512 像素的图像，结合用文字生成的图像，可以生成 2048×2048 像素及以上分辨率的图像。

4）利用深度信息生成图像。新增深度信息生成图像模块 depth2img，新增的一些特性带来了更多玩法，比如 depth2img 可以对输入图像的深度信息进行推理，然后，用文本和深度信息来共同生成新的图像。如图 12-17 所示，depth2img 模块由一个小人儿生成了右面的 4 个小人儿，新生成的小人儿整体保持了原有的形状和结构。

5）图像修改功能增强。Stable Diffusion 2.0 进行了一些微调，使得修图更快速也更智能。

Stable Diffusion 2.0 继续优化在单个 GPU 上的运行表现，使得更多人能接触并用上这款软件，用它来创造令人惊叹的内容。

图 12-17　深度信息生成图像模块

12.4.2　Stable Diffusion XL

Stable Diffusion XL 是 Stable Diffusion 的最新优化版本，由 Stability AI 发布。比起 Stable Diffusion 2.0，Stable Diffusion XL 做了很多优化，具体包括：

1）对 Stable Diffusion 原先的 U-Net、VAE、CLIP Text Encoder 三大件都做了改进。

2）增加一个单独的基于 Latent 的 Refiner 模型，来提升图像的精细化程度。

3）设计了很多训练技巧，包括图像尺寸条件化策略、图像裁剪参数条件化以及多尺度训练等。

4）增加数据集和使用了 RLHF 技术。

5）架构上做了很多修改，如图 12-18 所示。

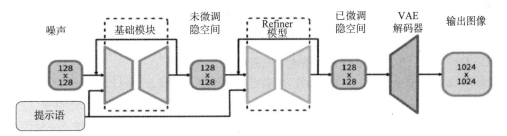

图 12-18　Stable Diffusion XL 架构

Stable Diffusion XL 的参数量增加到了 66 亿，其中 Base 模型 35 亿，Refiner 模型 31 亿。Stable Diffusion XL 使用更多训练集和 RLHF 来优化生成图像的色彩、对比度、光线及阴影，使得生成的图像更加鲜明准确。

12.5　DALL·E 模型

　　DALL·E 是一种由 OpenAI 开发的人工智能模型，自 2021 年初发布之后，迅速引起广泛的关注和讨论。DALL·E 这个名字的灵感来源于两个名字——西班牙画家 Salvador Dalí（萨尔瓦多·达利）和皮克斯动画电影 *Wall-E*（机器人总动员），这也反映了 DALL·E 的主要功能和特点。

　　DALL·E 2 是一种深度生成模型，它通过与用户的对话来生成与对话相关的图像。在训练过程中，DALL·E 2 使用了大量的文本和图像数据，学习了如何将文本转换为图像。它采用了 Transformer 模型，通过自回归的方式逐步生成图像的每一个像素。DALL·E 2 模型可以生成高质量的图像，但需要大量的计算资源和时间来训练与生成图像。DALL·E 3 结合 ChatGPT 的方法来生成文本描述，使其对文本的理解能力更强。

12.5.1　DALL·E 简介

　　CLIP+DALL·E 模型是一个基于对比学习的多模态生成模型，可以由未经过标记的图像和语句生成与多媒体相关的文字描述和图像。其原理可以概括如下：

- CLIP 模型：CLIP 模型作为一个多模态的预训练模型，可以同时处理图像和文本输入，并生成相应的嵌入向量。
- 对比学习：CLIP+DALL·E 模型使用对比学习的方法来训练模型。

　　首先，CLIP+DALL·E 模型使用一个正样本及其对应文本、若干负样本来训练模型。正样本是由给定图像和相应文本组成的，而负样本则是随机选取的图像或文本。模型的主要目标是让正样本的嵌入向量与负样本的嵌入向量之间的距离最小化，同时尽量增大正样本之间的距离。

　　其次，DALL·E 模型用于根据给定的文本描述生成图像。DALL·E 模型是一个预训练的生成模型，它运用了自注意力机制和生成对抗网络（GAN）等技术。这些技术使 DALL·E 模型可以根据给定的文本描述生成高质量的图像。

　　最后，CLIP+DALL·E 模型将 CLIP 模型与 DALL·E 模型进行联合优化。通过在 CLIP 模型中引入反向传播梯度，我们可以调整 DALL·E 模型的生成结果。通过这一过程，CLIP+DALL·E 模型能够自动为用户生成符合特定要求的图像和文本，例如"一只绿色的鸟"或"一个画着太阳的沙漏"。

12.5.2　DALL·E 2 简介

　　DALL·E 2 基于 unCLIP 模型，而 unCLIP 模型本质上是 GLIDE 模型的增强版。通过在文本到图像的生成流程中添加基于预训练的 CLIP 模型的图像嵌入，uuCLIP 模型得以优化。

　　与 GLIDE 相比，unCLIP 可以生成更多样化的图像，在照像真实感和标题相似性方面损失最小。unCLIP 中的解码器也可以产生多种不同图像，并且可以同时进行文本到图像和图像到图像的生成。unCLIP 架构如图 12-19 所示。

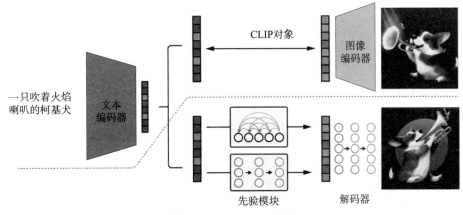

图 12-19　unCLIP 架构

如图 12-19 所示，虚线上方为 CLIP 训练过程，通过它我们学习了文本和图像的联合表示空间。虚线下方为文本到图像的生成过程：CLIP 文本嵌入首先输入先验模型生成图像嵌入，然后使用该嵌入来调节扩散解码器生成最终图像。不过 CLIP 模型在先验和解码器的训练期间被冻结。由于是通过反转 CLIP 图像编码器来生成图像的，因此该框架被命名为 unCLIP。

unCLIP 主要包括三个部分：CLIP 模型、先验模块（Prior）和图像解码器。其中，CLIP 模型包含文本编码器和图像编码器。

unCLIP 的训练过程如图 12-20 所示。

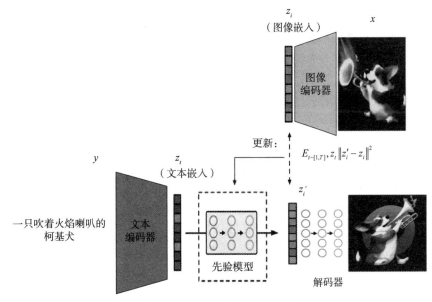

图 12-20　unCLIP 的训练过程

输入：数据集（图像 x，文本 y）

1）通过 CLIP 模型，得到 x, y 的嵌入表示，即

$$z_t = \mathrm{CLIP}(y), z_i = \mathrm{CLIP}(x)$$

2）把 y, z_t 输入先验模型得到 z_i'：

$$p(z_i' \mid z_t, y)$$

3）解码器将 z_i' 生成图像（或还原图像 x）：

$$p(x \mid z_i', y)$$

12.5.3　DALL·E 2 与 GAN 的异同

DALL·E 2 和 GAN 都是生成模型的一种，但它们的工作原理和应用场景略有不同。DALL·E 2 主要基于文本输入来生成图像，并且在训练时使用了大量的文本 - 图像对。GAN 则是通过学习真实图像的数据分布来生成类似真实图像的新图像。

虽然 DALL·E 2 在生成特定类型的图像方面表现出色，但它可能无法完全替代 GAN。这是因为 GAN 可以生成更加多样化的图像，可以应用于各种应用场景，例如图像处理、图像编辑等。此外，GAN 还可以基于少量样本进行训练，而 DALL·E 2 需要大量的文本 - 图像对进行训练。

因此，DALL·E 2 和 GAN 可能在不同的应用场景中拥有不同的优势，也可能会在某些应用场景中发挥互补的作用。

12.5.4　DALL·E 3 简介

DALL·E 3 相比之前的版本最大的创新点是直接集成到了 ChatGPT 中。这种集成不是简单地在对话框或者提示词中放上工具的入口，而是用 ChatGPT 的语言能力帮助 DALL·E 3 理解和生成更准确的图像，让用户更加轻松地将自己的想法转化为非常准确的图像。

例如，对于同一句提示词"一名篮球运动员扣篮被描绘成一个星云爆炸的油画"，使用 DALL·E 2 和 DALL·E 3 分别进行图片生成，两代模型生成图像的效果存在明显的差异，如图 12-21 所示。

由于 DALL·E 3 被大模型赋能，图像和文字的模态实现自由转换。用 ChatGPT 辅助用户使用 DALL·E 3 的过程不仅包含对用户意图的解读，还将具有一定智能的大模型将思维链引入其中，使得图像生成始终沿着用户的指示词进行，在多轮对话中体现出了很好的一致连贯性。如图 12-22 所示，你可以给这只刺猬起个名字叫 Larry，并为其配上不同插画，然后 ChatGPT 会记住这一点，在接下来的交互中，DALL·E 3 始终知道 Larry 是谁。

图 12-21　DALL · E 2 和 DALL · E 3 生成图

图 12-22　DALL · E 3 能记住用户的上下文生成图像

第 13 章

AIGC 的数学基础

数学在 AIGC 中扮演着重要的角色。数学提供了一种精确、形式化的工具，用于描述和推理 AIGC 算法中的核心概念与原理。各种数学理论和方法为 AIGC 提供了有效的算法与技术，例如通过概率论建立有效的生成模型，通过线性代数操作矩阵进行高效的神经网络训练，通过强化学习方法优化智能体的决策策略等。

数学的应用将 AIGC 从理论推导到实际应用，并帮助解决复杂的现实问题。数学的重要性在于它为 AIGC 提供了一种共同的语言和严谨的思考方式，使研究者和开发者可以构建与共享更强大的算法和模型。

13.1 矩阵的基本运算

矩阵基本运算包括加法、减法、乘法和数乘等。矩阵加法和减法直接将对应每个位置上的元素进行运算，是整个矩阵中对应元素之间的逐元素操作。矩阵乘法是将一个矩阵的行与另一个矩阵的列进行加权叠加，得到新的矩阵。这个运算在线性代数和统计学中是非常重要的。矩阵数乘是将一个数与矩阵的每个元素相乘得到新的矩阵。

点积是指两个相同维度的矩阵对应位置元素相乘后相加得到的标量值。点积常用于衡量向量的相似性和计算投影。阿达马积是将两个矩阵的对应位置元素相乘得到新的矩阵。阿达马积常用于元素级别的操作，如矩阵的逐元素平方、乘方等。

矩阵运算在提升并发能力和 GPU 效率方面有显著的优势。由于矩阵运算可以并行处理，矩阵乘法等复杂运算可以通过并行计算加速。GPU 在处理大规模矩阵运算时，可以充分发挥其并行计算能力，提高运算效率。因此，矩阵运算在并行计算中具有重要意义。

在深度学习中，矩阵运算也是至关重要的。神经网络等算法中需要处理大量的矩阵运算，如正向传播和反向传播过程中的矩阵乘法、激活函数等。并行计算的效率使得 GPU 成为深度学习的主要计算平台之一。矩阵运算的高效执行可以大大加速深度学习模型的训练和推理过程，从而提高模型的效率和性能。

13.1.1　矩阵加法

矩阵加法是矩阵运算中最常用的操作。两个矩阵相加，需要它们的形状相同，进行对应元素的相加，如 $C=A+B$，其中 $C_{i,j}=A_{i,j}+B_{i,j}$。矩阵也可以和向量相加，只要它们的列数相同，相加的结果是矩阵每行与向量相加。这种隐式地将向量复制到很多位置的方式称为广播（broadcasting）。

13.1.2　矩阵点积

两个矩阵相加，需要它们的形状相同，那么如果两个矩阵相乘，如 A 和 B 相乘，结果为矩阵 C，矩阵 A 和 B 需要满足什么条件？条件比较简单，只要矩阵 A 的列数和矩阵 B 的行数相同即可。如果矩阵 A 的形状为 $m \times n$，矩阵 B 的形状为 $n \times p$，那么矩阵 C 的形状就是 $m \times p$，例如 $C=AB$，则它们的具体乘法操作定义为

$$C_{i,j} = \sum_k A_{i,k} B_{k,j}$$

即矩阵 C 的第 i,j 个元素 $C_{i,j}$ 为矩阵的 A 第 i 行与矩阵 B 的第 j 列的点积。

矩阵乘积有很多重要性质，如满足分配律，即 $A(B+C)=AB+AC$，以及满足结合律，即 $A(BC)=(AB)C$。大家思考一下：矩阵乘积是否满足交换律？

一般情况下，不满足，即 $AB \neq BA$。

两个矩阵可以相乘，矩阵也可和向量相乘，只要矩阵的列数等于向量的行数或元素个数。如：

$$WX=b$$

其中，$W \in \mathbb{R}^{m \times n}$，$b \in \mathbb{R}^m$，$X \in \mathbb{R}^n$。

13.1.3　转置

转置以主对角线（左上到右下）为轴进行镜像操作，通俗一点来说就是行列互换。将矩阵 A 的转置表示为 A^{T}，定义如下：

$$(A^{\mathrm{T}})_{i,j} = A_{j,i}$$

例如：

$$A = \begin{pmatrix} a_{1,1} & a_{1,2} & a_{1,3} \\ a_{2,1} & a_{2,2} & a_{2,3} \end{pmatrix}, \quad A^{\mathrm{T}} = \begin{pmatrix} a_{1,1} & a_{2,1} \\ a_{1,2} & a_{2,2} \\ a_{1,3} & a_{2,3} \end{pmatrix}$$

向量可以看作只有一列的矩阵，将列向量 x 进行转置，得到行向量：

$$x^{\mathrm{T}} = \left(x_1, x_2, \cdots, x_n\right)$$

另外，相乘矩阵的转置也有很好的性质，如：$(AB)^{\mathrm{T}} = B^{\mathrm{T}} A^{\mathrm{T}}$，满足穿脱原则，如 A、B 像两件衣服，A 先穿，B 后穿，脱时反过来，B^{T} 在前，A^{T} 在后。

13.1.4　矩阵的阿达马积

与向量的阿达马积相同，两个矩阵（如 A、B）的阿达马积也是对应元素相乘，记为 $A \odot B$。例如：

$$A = \begin{pmatrix} 1 & 2 & 3 \\ 4 & 5 & 6 \end{pmatrix}, B = \begin{pmatrix} 1 & 2 & 4 \\ 3 & 5 & 0 \end{pmatrix}$$

$$A \odot B = \begin{pmatrix} 1 & 2 & 3 \\ 4 & 5 & 6 \end{pmatrix} \odot \begin{pmatrix} 1 & 2 & 4 \\ 3 & 5 & 0 \end{pmatrix} = \begin{pmatrix} 1 \times 1 & 2 \times 2 & 3 \times 4 \\ 4 \times 3 & 5 \times 5 & 6 \times 0 \end{pmatrix} = \begin{pmatrix} 1 & 4 & 12 \\ 12 & 25 & 0 \end{pmatrix}$$

两个矩阵对应元素的运算除相乘外，还有 $A+B$、$A-B$、A/B 等。

例如：点积、对应元素运算在神经网络中的应用。

神经网络的结构如图 13-1 所示。

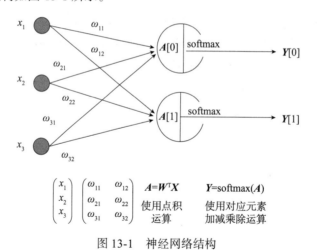

图 13-1　神经网络结构

13.1.5　行列式

一个 $n \times n$ 的方阵 A 的行列式记为 $\det(A)$ 或者 $|A|$，一个 2×2 矩阵的行列式可表示如下：

$$\begin{vmatrix} a & b \\ c & d \end{vmatrix} = ad - bc$$

把一个 n 阶行列式中的元素 a_{ij} 所在的第 i 行和第 j 列划去后，剩下来的 $n-1$ 阶行列式叫

作元素 a_{ij} 的**余子式**，记作 M_{ij}。记 $A_{ij} = (-1)^{i+j} M_{ij}$，它叫作元素 a_{ij} 的**代数余子式**。

一个 $n \times n$ 矩阵的行列式等于其任意行（或列）的元素与对应的代数余子式乘积之和，即

$$\begin{vmatrix} a_{11} & \cdots & a_{1n} \\ \vdots & & \vdots \\ a_{n1} & \cdots & a_{nn} \end{vmatrix} = a_{i1}A_{i1} + a_{i2}A_{i2} + \cdots + a_{in}A_{in} = \sum_{j=1}^{n} a_{ij}A_{ij} = \sum_{j=1}^{n} a_{ij}(-1)^{i+j}M_{ij}, i = 1, 2, \cdots, n$$

行列式的性质如下：

1）n 阶矩阵 A 可逆的充分必要条件是 $|A| \neq 0$。

2）如果矩阵 A 和 B 是大小相同的 n 阶矩阵，则有

$$|AB| = |A||B|$$

3）n 阶矩阵的转置矩阵 A^{T} 的行列式等于 A 的行列式，即 $|A^{\mathrm{T}}| = |A|$

行列式的初等行变换如下：

1）将行列式的两行交换；

2）将行列式的某一行乘以 k 倍之后加到另一行。

第 1 种变换将使行列式的值反号，第 2 种变换不会改变行列式的值。

13.2　随机变量及其分布

图 13-2 为概率论的知识体系。

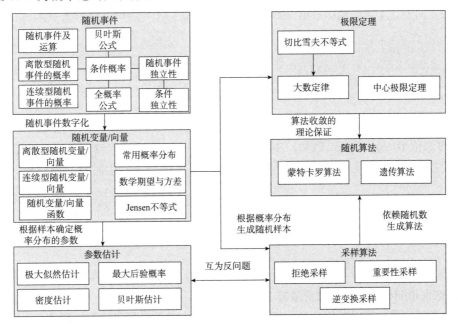

图 13-2　概率论的知识体系

13.2.1　从随机事件到随机变量

在随机试验中，每一个可能的结果在试验中发生与否都带有随机性，所以称为随机事件。而所有可能结果构成的全体，称为样本空间。为了更好地分析和处理随机事件，人们想到了把随机事件数量化，数量化的载体就是随机变量。随机变量一般用大写字母表示，如 X,Y,Z,W 等，随机变量的取值一般用小写字母表示，如 x,y,x_i 等。图 13-3 为随机事件与随机变量的对应关系示意图。

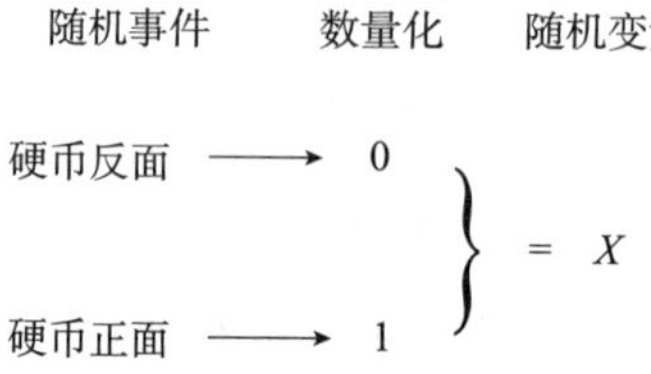

随机事件　　数量化　　随机变量

硬币反面 $\longrightarrow$ 0

硬币正面 $\longrightarrow$ 1 $\Bigg\} = X$

图 13-3　随机事件与随机变量的对应关系示意

随机变量表示随机试验各种结果的实值单值函数。随机事件不论与数量是否直接有关，都可以数量化，即都能用数量化的方式表达。例如，投掷硬币的正反面、掷骰子的点数、某一时间内公共汽车站等车乘客人数、灯泡的寿命等，都可用随机变量表示。

例如: 将一枚硬币抛掷三次，观察出现正面和反面的情况，样本空间是

$$\Omega = \{正正正, 正正反, 正反正, 反正正, 正反反, 反正反, 反反正, 反反反\}$$

以 X 记三次投掷得到正面的总数，那么，对于样本空间 Ω 中的每一个样本点 ω，X 都有一个数与之对应，X 就是把随机事件数量化的随机变量。X 与随机事件的关系为

$$X = X(\omega) = \begin{cases} 3, & \omega = 正正正 \\ 2, & \omega = 正正反, 正反正, 反正正 \\ 1, & \omega = 正反反, 反正反, 反反正 \\ 0, & \omega = 反反反 \end{cases}$$

随机变量的取值由试验的结果而定，而试验各个结果的出现有一定概率，因而随机变量的取值有一定概率。例如，本例中的 X 取值为 2，记成 $X=2$，对应样本点的集合 $A=\{$正正反, 正反正, 反正正$\}$，这是一个事件，当且仅当 A 发生时有 $X=2$。我们称概率 $p(A)=p\{$正正反, 正反正, 反正正$\}$ 为 $X=2$ 的概率，记为 $p(X=2)=\dfrac{3}{8}$。类似地，有

$$p(X \leqslant 1) = p\{正反反, 反正反, 反反正, 反反反\} = \frac{4}{8} = \frac{1}{2}$$

对于一个随机变量，不仅要说明它能够取什么值，更需要关心取这些值的概率（分布函数），这也是随机变量与一般变量的本质区别。

引入随机变量，就可利用数学分析的方法对随机试验的结果进行分析研究了。

13.2.2　离散型随机变量及其分布

如果随机变量 X 的取值是有限的或者是可数无穷尽的值，如 $x_1, x_2, x_3, \cdots, x_n$，则称 X 为离散随机变量。

1. 离散型随机变量及其分布概述

设 $x_1, x_2, \cdots, x_n$ 是随机变量 X 的所有可能取值，对每个取值 x_i，$X=x_i$ 是其样本空间 S 上的一个事件，为描述随机变量 X，还需知道这些事件发生的可能性（概率）。

设离散型随机变量 X 的所有可能取值为 x_i $(i=1,2,\cdots,n)$，则

$$P(X=x_i) = P_i, \ i=1,2,\cdots,n$$

称为 X 的概率分布或分布律，也称概率函数。

X 的概率分布如表 13-1 所示。

表 13-1　随机变量 X 的概率分布

X	x_1	x_2	$\cdots$	x_n
P_i	P_1	P_2	$\cdots$	P_n

由概率的定义，P_i $(i=1,2,\cdots)$ 必然满足：

- $P_i \geqslant 0$，$i=1,2,\cdots,n$

- $\sum\limits_{i=1}^{n} P_i = 1$

例如，某篮球运动员单次投篮投中的概率是 0.8，求他两次独立投篮投中次数 X 的概率分布。

解：X 可取 0,1,2 为值，记 $A_i = \{$ 第 i 次投中 $\}$，$i=1,2$，则 $P(A_1) = P(A_2) = 0.8$，由此不难得到下列各情况的概率：

投了两次没一次投中，即

$$P(X=0) = P\left(\overline{A_1}\right) P\left(\overline{A_2}\right) = 0.2 \times 0.2 = 0.04$$

投了两次只投中一次，即

$$P(X=1) = P\left(\overline{A_1} A_2 \cup A_1 \overline{A_2}\right) = P\left(\overline{A_1} A_2\right) + P\left(A_1 \overline{A_2}\right)$$

$$= 0.2 \times 0.8 + 0.8 \times 0.2 = 0.32$$

投了两次两次都投中，即

$$P(X=2) = P\left(A_1 A_2\right) = P\left(A_1\right) P\left(A_2\right) = 0.8 \times 0.8 = 0.64$$

且

$$P(X=0) + P(X=1) + P(X=2) = 0.04 + 0.32 + 0.64 = 1$$

于是，随机变量 X 的概率分布如表 13-2 所示。

表 13-2   随机变量 X 的概率分布

X	0	1	2
P_i	0.04	0.32	0.64

根据概率函数的定义，表 13-1 中的随机变量 X 的累加值为

$$F(x)=P(X \leqslant x)= \sum_{x_k \leqslant x} P(X = x_k)$$

例如，设 X 的概率分布由表 13-2 给出，则

$$F(2)=P(X \leqslant 2)=P(X=0)+P(X=1)=0.04+0.32=0.36$$

2. 伯努利分布

伯努利分布又称为二点分布或 0-1 分布。服从伯努利分布的随机变量 X 取值有 0 或 1 两种情况，若它的分布列为 $P(X=1)=p$，$P(X = 0) = 1 - p$，其中 $0 < p < 1$，则称 X 服从参数为 p 的伯努利分布，记作 $X \sim B(1, p)$。其概率函数可统一写成

$$P(X = x) = p^x(1-p)^{1-x}$$

其中，$x \in \{0,1\}$，X 服从伯努利分布。

随机变量 X 的期望为

$$E(X) = \sum_{i=1}^{2} x_i p_i = 1 \times p + 0 \times (1-p) = p$$

其中，$x_1 = 1$，$x_2 = 0$。

随机变量 X 的方差为

$$D(X) = E(X-EX)^2 = \sum_{i=1}^{2}(x_i - p)^2 p_i = (1-p)^2 p + (0-p)^2 \times (1-p) = p(1-p)$$

其分布函数为

$$F(X) = \begin{cases} 0, & x < 0 \\ 1-p, & 0 \leqslant x < 1 \\ 1, & x \geqslant 1 \end{cases}$$

当 $p = \dfrac{1}{2}$ 时，伯努利分布为离散型平均分布。

伯努利分布在机器学习中十分常见，比如逻辑回归模型拟合的就是这种模型。

3. 二项分布

二项分布是重要的离散概率分布之一，由瑞士数学家雅各布·伯努利（Jakob Bernoulli）

提出。一般用二项分布来计算概率的前提是，每次抽出样品后再放回去，并且只能有两种试验结果，比如黑球或红球、正品或次品等。二项分布指出，假设某样品在随机一次试验中出现的概率为 p，那么在 n 次试验中出现 k 次的概率为

$$P(X=k)=\binom{n}{k}p^k\left(1-p\right)^{n-k}$$

4. 多项分布

多项分布是伯努利分布的推广，假设随机向量 X 的取值有 k 种情况，即可表示为 $X=i,i\in\{1,2,\cdots,k\}$，则有

$$p\left(X=i\right)=p_i,i=1,2,\cdots,k$$

随机变量 X 有 k 种情况，在实际使用时，往往把 k 种情况用独热编码来表示，如 $X=1$ 可表示为 $[1,0,0,\cdots,0]$，$X=2$ 可表示为 $[0,1,0,0,\cdots,0]$。这里用 $[y_1,y_2,\cdots,y_k]$ 表示独热编码。

这样多项分布可表示为

$$p\left(X=i\right)=p_1^{y_1}p_2^{y_2}\cdots p_k^{y_k}=p_1^0p_2^0\cdots p_i^1\cdots p_k^0=p_i$$

多项分布在机器学习中应用非常广泛，如 softmax 回归模拟的就是多项分布，神经网络多分类的模型也是拟合的多项分布。

5. 泊松分布

若随机变量 X 所有可能取值为 $0,1,2,\cdots$，它取各个值的概率为

$$P(X=k)=\frac{\lambda^k}{k!}\mathrm{e}^{-\lambda}\quad(k=0,1,2,\cdots)$$

这里介绍了离散型随机变量的分布情况，如果 X 是连续型随机变量，其分布函数通常通过密度函数来描述，具体请看下一小节。

13.2.3　连续型随机变量及其分布

如果 X 由全部实数或者由一部分区间组成，如 $X=\{x\mid a\leqslant x\leqslant b\}$，其中 $a<b$，它们都为实数，则称 X 为连续随机变量。连续型随机变量的取值是不可数及无穷尽的。

1. 连续型随机变量及其分布概述

与离散型随机变量不同，连续型随机变量采用概率密度函数来描述变量的概率分布。如果一个函数 $f(x)$ 是密度函数，满足以下三个性质，我们就称 $f(x)$ 为概率密度函数。

1）$f(x)\geqslant0$，注意这里不要求 $f(x)\leqslant1$。

2）$\int_{-\infty}^{\infty}f\left(x\right)\mathrm{d}x=1$。

3）对于任意实数x_1和x_2，且$x_1 \leqslant x_2$，有

$$P(x_1 < X \leqslant x_2) = \int_{x_1}^{x_2} f(x)\mathrm{d}x$$

第 2 个性质表明，概率密度函数$f(x)$与x轴形成的区域的面积等于 1。第 3 个性质表明，连续型随机变量在区间$[x_1, x_2]$的概率等于密度函数在区间$[x_1, x_2]$上的积分，即与x轴在$[x_1, x_2]$内形成的区域的面积，如图 13-4 所示。

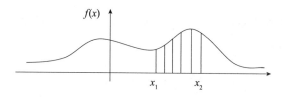

图 13-4　概率密度函数

连续型随机变量在任意一点的概率处处为 0。

假设有任意小的实数Δx，由于$\{X=x\} \subset \{x - \Delta x < X \leqslant x\}$，由分布函数的定义可得

$$0 \leqslant P(X = x) \leqslant P(x - \Delta x < X \leqslant x) = F(x) - F(x - \Delta x) \qquad (13.1)$$

令$\Delta x \to 0$，根据夹逼准则，由式（13.1）可求得

$$P(X=x) = 0 \qquad (13.2)$$

式（13.2）表明，连续型随机变量在任意一点的取值的概率都为 0。因此，在连续型随机变量中，当讨论区间的概率定义时，一般对开区间和闭区间不加区分，即$P(x_1 \leqslant X \leqslant x_2) = P(x_1 < X \leqslant x_2) = P(x_1 \leqslant X < x_2) = P(x_1 < X < x_2)$成立。

2. 均匀分布

若连续型随机变量X具有概率密度

$$f(x) = \begin{cases} \dfrac{1}{b-a}, & a \leqslant x \leqslant b \\ 0, & x<a, \ x>b \end{cases}$$

则称X在区间$[a,b]$上服从均匀分布，记为$X \sim U(a,b)$。由此可得

$$f(x) \geqslant 0, \int_{-\infty}^{\infty} f(x)\mathrm{d}x = 1$$

3. 指数分布

若连续型随机变量X的概率密度为

$$f(x)=\begin{cases}\dfrac{1}{\theta}\mathrm{e}^{-\frac{x}{\theta}}, & x>0\\[2mm]0, & x\leqslant 0\end{cases}$$

其中，$\theta>0$ 为常数，则称 X 服从参数为 θ 的指数分布，记为 $X\sim E(\theta)$。

4. 正态分布

若连续型随机变量 X 的密度函数为

$$f(x)=\frac{1}{\sigma\sqrt{2\pi}}\mathrm{e}^{-\frac{(x-\mu)^2}{2\sigma^2}},\ -\infty<x<\infty \tag{13.3}$$

其中，μ 是平均值，σ 是标准差（平均值、标准差在稍后介绍）。这个连续分布被称为正态分布或者高斯分布。其密度函数的曲线呈对称钟形，因此又被称为钟形曲线。正态分布是一种理想分布，记为 $X\sim N(\mu,\sigma^2)$。

13.2.4　随机变量的分布函数

概率分布用来描述随机变量（含随机向量）在每一个可能状态的可能性大小。概率分布有不同方式，这取决于随机变量是离散的还是连续的。

对于随机变量 X，其概率分布通常记为 $P(X=x)$，或 $X\sim P(x)$，表示 X 服从概率分布 $P(x)$。

概率分布描述了取单点值的可能性或概率，但在实际应用中，我们并不关心取某一值的概率。如对离散型随机变量，我们可能关心多个值的概率累加。对连续型随机变量来说，关心在某一段或某一区间的概率等。特别是对连续型随机变量，它在任意点的概率都是 0。因此，我们通常比较关心随机变量落在某一区间上的概率，为此，引入分布函数的概念。

定义：设 X 是一个随机变量，x_k 是任意实数值，则函数

$$F(x_k)=P(X\leqslant x_k) \tag{13.4}$$

称为随机变量 X 的分布函数。

由式（13.4）不难发现，对任意的实数 x_1,x_2（$x_1<x_2$），有

$$P(x_1<X\leqslant x_2)=P(X\leqslant x_2)-P(X\leqslant x_1)=F(x_2)-F(x_1) \tag{13.5}$$

成立。式（13.5）表明，若随机变量 X 的分布函数已知，那么可以求出 X 落在任意区间 $[x_1,x_2]$ 上的概率。

如果将 X 看成数轴上的随机点的坐标，那么，分布函数 $F(x)$ 在 x 处的函数值就表示 X 落在区间 $(-\infty,x)$ 上的概率。

分布函数是一个普通函数，为此，我们可以利用数学分析的方法研究随机变量。

1. 分布函数的性质

设 $F(x)$ 是随机变量 X 的分布函数，则 $F(x)$ 有如下性质。

（1）非降性

$F(x)$ 是一个不减函数，对任意 $x_1 < x_2$，有 $F(x_2) - F(x_1) = p(x_1 < X < x_2) \geqslant 0$，即 $F(x_1) \leqslant F(x_2)$。

（2）有界性

$$0 \leqslant F(x) \leqslant 1$$

$$F(-\infty) = 0$$

$$F(+\infty) = 1$$

（3）右连续

$$F(x+0) = F(x)$$

2. 离散型随机变量的分布函数

设离散型随机变量 X 的分布律为

$$p(X = x_i) = p_i, i = 1, 2, \cdots$$

由概率的可列可加性得 X 的分布函数为

$$F(x) = p(X \leqslant x) = \sum_{x_i \leqslant x} p(X = x_i)$$

可简写为

$$F(x) = \sum_{x_i \leqslant x} p_i$$

3. 连续型随机变量的分布函数

设 X 为连续型随机变量，其密度函数为 $f(x)$，则有

$$F(x) = p(X \leqslant x) = \int_{-\infty}^{x} f(x) \mathrm{d}x$$

对上式两边求关于 x 的导数可得

$$F'(x) = \left[\int_{-\infty}^{x} f(x) \mathrm{d}x \right]' = f(x)$$

这是连续型随机变量 X 的分布函数与密度函数之间的关系。

几种常见连续型随机变量的分布函数如下：

1）设 $X \sim U(a,b)$，则随机变量 X 的分布函数为 $F(x) = \begin{cases} \dfrac{x-a}{b-a}, a \leqslant x < b \\ 1, x \geqslant b \end{cases}$。

2）设 $X \sim E(\theta)(\theta > 0)$，则随机变量 X 的分布函数为 $F(x) = \begin{cases} 0, & x \leqslant 0 \\ 1 - \mathrm{e}^{-x/\theta}, & x > 0 \end{cases}$。

3）设 $X \sim N(\mu, \sigma^2)$，则随机变量 X 的分布函数为 $F(x) = \dfrac{1}{\sqrt{2\pi}\sigma} \int_{-\infty}^{x} \mathrm{e}^{-\frac{(t-\mu)^2}{2\sigma^2}} \mathrm{d}t$。

13.2.5　多维随机变量及其分布

有些随机现象需要同时用多个随机变量来描述。例如对地面目标射击，弹着点的位置需要两个坐标 (X,Y) 才能确定。X,Y 都是随机变量，而 (X,Y) 称为一个二维随机变量或二维随机向量，多维随机向量 $(X_1, X_2, \cdots, X_n)$ 含义以此类推。

1. 二维随机变量

设 W 是一个随机试验，它的样本空间为 Ω，设 $X_1, X_2, \cdots, X_n$ 是定义在 Ω 上的 n 个随机变量，由它们构成的随机向量 $(X_1, X_2, \cdots, X_n)$ 称为 n 维随机向量或 n 维随机变量。当 $n=2$ 时，即 (X_1, X_2)，称为二维随机向量或二维随机变量。

设 (X,Y) 是二维随机变量，对于任意实数 x,y，均存在二元函数 $F(x,y) = p((X \leqslant x) \cap (Y \leqslant y))$（记作 $p(X \leqslant x, Y \leqslant y)$），则将 $F(x,y)$ 称为二维随机变量 (X,Y) 的分布函数，或称为随机变量 X 和 Y 的联合分布函数。

2. 二维离散型随机变量

如果二维随机变量 (X,Y) 全部可能取到的值是有限对或可列无限多对，则称 (X,Y) 是离散型随机变量，对应的联合概率分布（或简称为概率分布或分布律）为

$$p(X = x_i, Y = y_j) = p_{ij}, i, j = 1, 2, \cdots$$

例如：将一枚均匀的硬币抛掷 4 次，X 表示正面朝上的次数，Y 表示反面朝上的次数，求 (X,Y) 的概率分布。

解：X 的所有可能取值为 0,1,2,3,4，Y 的所有可能取值为 0,1,2,3,4，因为 $X+Y=4$，所以 (X,Y) 概率非 0 的数值对如表 13-3 所示。

表 13-3   随机变量 X,Y 的联合概率

X	Y	$p\left(X=x_i, Y=y_j\right)$
0	4	$p\left(X=0, Y=4\right)=\left(\dfrac{1}{2}\right)^4=\dfrac{1}{16}$
1	3	$p\left(X=1, Y=3\right)=C_4^1 \dfrac{1}{2}\left(\dfrac{1}{2}\right)^3=\dfrac{1}{4}$
2	2	$p\left(X=2, Y=2\right)=C_4^2 \left(\dfrac{1}{2}\right)^2\left(\dfrac{1}{2}\right)^2=\dfrac{3}{8}$
3	1	$p\left(X=3, Y=1\right)=C_4^1 \left(\dfrac{1}{2}\right)^3 \dfrac{1}{2}=\dfrac{1}{4}$
4	0	$p\left(X=4, Y=0\right)=\left(\dfrac{1}{2}\right)^4=\dfrac{1}{16}$

二维随机变量（X,Y）的联合概率分布如表 13-4 所示。

表 13-4   随机变量 X,Y 的联合概率分布

X	Y				
	0	**1**	**2**	**3**	**4**
0	0	0	0	0	1/16
1	0	0	0	1/4	0
2	0	0	3/8	0	0
3	0	1/4	0	0	0
4	1/16	0	0	0	0

（1）性质

1）非负性：$p_{ij} \geqslant 0$。

2）规范性：

$$\sum_{i=1}^{\infty}\sum_{j=1}^{\infty}p_{ij}=1$$

（2）概率分布

二维离散型随机变量 (X,Y) 的分布函数与概率分布之间有如下关系式：

$$F\left(x,y\right)=\sum_{x_i<x}\sum_{y_i<y}p_{ij}$$

3. 二维连续型随机变量

设二维随机变量 (X,Y) 的联合分布函数为 $F(x,y)$，若存在非负可积函数 $f(x,y)$，使得对于任意实数 x、y，有

$$F(x,y) = \int_{-\infty}^{x} \int_{-\infty}^{y} f(u,v) \, \mathrm{d}u \mathrm{d}v$$

则称 (X,Y) 为二维连续型随机变量，函数 $f(x,y)$ 称为 (X,Y) 的联合概率密度函数，简称概率密度或密度函数。

（1）密度函数 $f(x,y)$ 的性质

1）非负性：$f(x,y) \geqslant 0$。

2）规范性：

$$\int_{-\infty}^{\infty} \int_{-\infty}^{\infty} f(x,y) \, \mathrm{d}x \mathrm{d}y = 1$$

3）当 $f(x,y)$ 连续时，$\dfrac{\partial^2}{\partial x \partial y} F(x,y) = f(x,y)$

4）若 D 是 xOy 平面上的任一区域，则随机点 (X,Y) 落在 D 内的概率为

$$p\big((X,Y) \in D\big) = \iint_{(x,y) \in D} f(x,y) \, \mathrm{d}x \mathrm{d}y$$

（2）两种常见的二维连续型随机变量的分布

1）均匀分布。

设 D 是平面上的有界区域，其面积为 A，若二维随机变量 (X,Y) 的概率密度为

$$f(x,y) = \begin{cases} \dfrac{1}{A}, & (x,y) \in D \\ 0, & (x,y) \notin D \end{cases}$$

则称 (X,Y) 服从区域 D 上的均匀分布。

可以验证，均匀分布的密度函数 $f(x,y)$ 满足密度函数的两个性质。

2）正态分布。

如果 (X,Y) 的联合密度函数为

$$f(x,y) = \frac{1}{2\pi\sigma_1\sigma_2\sqrt{1-\rho^2}} \exp\left(-\frac{1}{2(1-\rho^2)} \left(\frac{(x-\mu_1)^2}{\sigma_1^2} - \frac{2\rho(x-\mu_1)(y-\mu_2)}{\sigma_1\sigma_2} + \frac{(y-\mu_2)^2}{\sigma_2^2} \right) \right)$$

其中，$\mu_1, \mu_2, \sigma_1 > 0, \sigma_2 > 0, \rho(|\rho| < 1)$ 是常数，则称 (X,Y) 服从参数为 $\mu_1, \mu_2, \sigma_1, \sigma_2, \rho$ 的二维正态分布，记为

$$(X,Y) \sim N\big(\mu_1, \sigma_1^2; \mu_2, \sigma_2^2; \rho\big)$$

下面用向量来表示正态分布。

随机向量 $\boldsymbol{Z} = \begin{pmatrix} X \\ Y \end{pmatrix}$，令均值向量为 $\boldsymbol{\mu} = \begin{pmatrix} \mu_1 \\ \mu_2 \end{pmatrix}$，协方差矩阵为 $\boldsymbol{\Sigma} = \begin{pmatrix} \sigma_1^2 & \rho\sigma_1\sigma_2 \\ \rho\sigma_1\sigma_2 & \sigma_2^2 \end{pmatrix}$，其中

$0 \leqslant \rho \leqslant 1$ 称为相关系数，如果其值为 0，则 X、Y 互相独立。

二维正态分布的联合密度函数可表示为

$$f(z) = \frac{1}{2\pi\sqrt{|\Sigma|}} \exp\left(-\frac{1}{2}(z-\mu)^{\mathrm{T}} \Sigma^{-1}(z-\mu)\right)$$

推广到 n 维正态分布的联合密度函数可表示为

$$f(z) = \frac{1}{(2\pi)^{\frac{n}{2}}\sqrt{|\Sigma|}} \exp\left(-\frac{1}{2}(z-\mu)^{\mathrm{T}} \Sigma^{-1}(z-\mu)\right) \tag{13.6}$$

其中，z 为 n 维向量，μ 为 n 维均值向量，Σ 为 n 阶协方差矩阵。n 维正态分布可简记为 $N(\mu,\Sigma)$。

如果 $n=1$，$\mu = \mu$，$\Sigma = \sigma^2$，则式（13.6）为一维正态分布 $N(\mu,\sigma^2)$。如果 $\mu = 0$，$\Sigma = I$，则式（13.6）称为标准正态分布 $N(0,I)$。

例如：若 (X,Y) 的密度函数为

$$f(x,y) = \begin{cases} ae^{-(2x+3y)}, x \geqslant 0, y \geqslant 0 \\ 0, \qquad\quad 其他 \end{cases}$$

求：1）常数 a；

2）$p(X < 2, Y < 1)$；

3）$p((X,Y) \in D)$，其中 D 为 $2x+3y \leqslant 6$。

解：

1）

$$\int_0^\infty \int_0^\infty ae^{-(2x+3y)}\mathrm{d}x\mathrm{d}y = a\int_0^\infty e^{-2x}\mathrm{d}x\int_0^\infty e^{-3y}\mathrm{d}y$$

$$= a\left(-\frac{1}{2}e^{-2x}\right)\Big|_0^\infty \left(-\frac{1}{3}e^{-3y}\right)\Big|_0^\infty = \frac{a}{6} = 1$$

所以，$a=6$。

2）由 $p((X,Y) \in D) = \iint_D f(x,y)\mathrm{d}x\mathrm{d}y$ 可知

$$p(X < 2, Y < 1) = \iint_{(X<2,Y<1)} f(x,y)\mathrm{d}x\mathrm{d}y = \int_0^2 \int_0^1 6e^{-(2x+3y)}\mathrm{d}x\mathrm{d}y$$

$$= 6\int_0^2 e^{-2x}\mathrm{d}x\int_0^1 e^{-3y}\mathrm{d}y = (1-e^{-4})(1-e^{-3})$$

3）$p((X,Y) \in D) = \iint_D f(x,y)\mathrm{d}x\mathrm{d}y = \iint_{2x+3y \leqslant 6} f(x,y)\mathrm{d}x\mathrm{d}y$

D 的范围如图 13-5 中阴影部分所示。

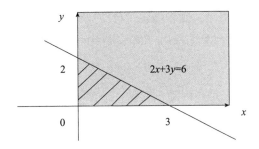

图 13-5　坐标轴与直线 $2x+3y=6$ 围成的阴影部分

由此可得

$$p\big((X,Y)\in D\big)=6\int_0^3 e^{-2x}\int_0^{\frac{6-2x}{3}} e^{-3y}\mathrm{d}y\mathrm{d}x=1-7e^{-6}$$

4. 边缘分布

对于多维随机变量，如二维随机变量 (X,Y)，假设其联合概率分布为 $F(x,y)$，我们经常遇到求其中一个随机变量的概率分布的情况。这种定义在子集上的概率分布称为边缘分布。

例如：假设有两个离散型随机变量 X,Y，且知道 $P(X,Y)$，那么我们可以通过下面的求和方法得到边缘概率 $P(X)$ 和 $P(Y)$：

$$P(X=x)=\sum_y P\big(X=x,Y=y\big)$$

$$P(Y=y)=\sum_x P\big(X=x,Y=y\big) \tag{13.7}$$

对于连续型随机变量 (X,Y)，我们可以通过联合密度函数 $f(x,y)$ 来得到边缘密度函数。

$$f(x)=\int_{-\infty}^{\infty} f\big(x,y\big)\mathrm{d}y \tag{13.8}$$

$$f(y)=\int_{-\infty}^{\infty} f\big(x,y\big)\mathrm{d}x \tag{13.9}$$

边缘概率如何计算呢？我们通过一个实例来说明。假设有两个离散型随机变量 X,Y，其联合分布概率如表 13-5 所示。

表 13-5　X 与 Y 的联合分布

X	Y			行合计
	-1	0	1	
1	0.17	0.05	0.21	0.43
2	0.04	0.28	0.25	0.57
列合计	0.21	0.33	0.46	1

如果要求 $P(Y=0)$ 的边缘概率，则根据式（13.7）可得

$$P(Y=0)=P(X=1,Y=0)+P(X=2,Y=0)=0.05+0.28=0.33$$

5. 条件分布

前面介绍了边缘分布，它是多维随机变量在一个子集（或分量）上的概率分布。在含多个随机变量的事件中，经常遇到求某个事件在其他事件发生时发生的概率。例如，在表 13-5 的分布中，假设我们要求当 $Y=0$ 时 $X=1$ 的概率。这种概率叫作条件概率。条件概率如何求？我们先看一般情况。

设有两个随机变量 X,Y，我们将 $X=x$，$Y=y$ 发生的条件概率记为 $P(Y=y|X=x)$，那么这个条件概率可以通过以下公式计算：

$$P(Y=y|X=x)=\frac{P(Y=y,X=x)}{P(X=x)} \tag{13.10}$$

条件概率只有在 $P(X=x)>0$ 时才有意义，如果 $P(X=x)=0$，即 $X=x$ 不可能发生，以它为条件就毫无意义。

现在我们来看上面这个例子，根据式（13.10），我们要求的问题就转换为

$$P(X=1|Y=0)=\frac{P(X=1,Y=0)}{P(Y=0)} \tag{13.11}$$

其中，$P(Y=0)$ 是一个边缘概率，其值为 $P(X=1,Y=0)+P(X=2,Y=0)=0.05+0.28=0.33$，而 $P(X=1,Y=0)=0.05$，故 $P(X=1|Y=0)=0.05/0.33=5/33$。

式（13.10）为离散型随机变量的条件概率，对连续型随机变量也有类似公式。假设 (X,Y) 为二维连续型随机变量，它们的密度函数为 $f(x,y)$，关于 Y 的边缘概率密度函数为 $f_Y(y)$，且满足 $f_Y(y)>0$。假设

$$f_{X|Y}(x|y)=\frac{f(x,y)}{f_Y(y)} \tag{13.12}$$

为在 $Y=y$ 条件下关于 X 的条件密度函数，则

$$F_{X|Y}(x|y)=\int_{-\infty}^{x}f_{X|Y}(x|y)\mathrm{d}x \tag{13.13}$$

称为在 $Y=y$ 的条件下关于 X 的条件分布函数。

同理可以得到，在 $X=x$ 的条件下关于 Y 的条件密度函数

$$f_{Y|X}(y|x)=\frac{f(x,y)}{f_X(x)} \tag{13.14}$$

在 $X=x$ 的条件下关于 Y 的条件分布函数为

$$F_{Y|X}(y|x)=\int_{-\infty}^{y}f_{Y|X}(y|x)\mathrm{d}y \tag{13.15}$$

6. 条件概率的链式法则

条件概率的链式法则又称为乘法法则，把式（13.10）变形，可得到条件概率的乘法法则：

$$P(X,Y)=P(X)P(Y|X) \tag{13.16}$$

式（13.16）可以推广到多维随机变量，如 $P(X,Y,Z)=P(Y,Z)P(X|Y,Z)$，而 $P(Y,Z)=P(Z)P(Y|Z)$，由此可得

$$P(X,Y,Z)=P(X|Y,Z)P(Y|Z)P(Z) \tag{13.17}$$

推广到 n 维随机变量的情况，可得

$$P\left(X^1,X^2,\cdots,X^n\right)=P\left(X^1\right)\prod_{i=2}^{n}p\left(x^i|x^1,\cdots,x^{i-1}\right) \tag{13.18}$$

7. 独立性及条件独立性

两个随机变量 X,Y，如果它们的概率分布可以表示为两个因子的乘积，且一个因子只含 x，另一个因子只含 y，那么我们就称这两个随机变量互相独立。这句话可能不好理解，我们换一种方式来表达：

如果 $\forall x \in X$，$y \in Y$，有 $P(X=x,Y=y)=P(X=x)P(Y=y)$ 成立，那么随机变量 X,Y 互相独立。

在机器学习中，随机变量为互相独立的情况非常普遍。随机变量如果互相独立，那么其联合分布的计算就变得非常简单。

这是不带条件的随机变量的独立性定义，如果两个随机变量带有条件，如 $P(X,Y|Z)$，它的独立性如何定义呢？与上面的定义类似，具体如下：

如果 $\forall x \in X$，$y \in Y$，$z \in Z$，有 $P(X=x,Y=y|Z=z)=P(X=x|Z=z)P(Y=y|Z=z)$ 成立，那么随机变量 X,Y 在给定随机变量 Z 时是条件独立的。

为便于表达，如果随机变量 X,Y 互相独立，又可记为 $X \perp Y$，如果随机变量 X,Y 在给定随机变量 Z 时互相独立，则可记为 $X \perp Y|Z$。

以上介绍了离散型随机变量的独立性和条件独立性，对于连续型随机变量，只要把概率换成随机变量的密度函数即可。

假设 X,Y 为连续型随机变量，其联合概率密度函数为 $f(x,y)$，$f_x(x)$ 和 $f_y(y)$ 分别表示关于 X,Y 的边缘概率密度函数。如果 $f(x,y)=f_x(x)f_y(y)$ 成立，则称随机变量 X,Y 互相独立。

8. 全概率公式

前面介绍了随机事件的全概率公式，这个公式可以推广到离散型随机变量。假设离散型随机变量 X 的分布律为 $p(x_i)=p_i$，$i=1,2,\cdots,N$，离散型随机变量 Z 与随机变量 X 的联合概率为 $p(x_i,z_j)$，可得

$$p(x_i) = \sum_{j=1}^{M} p(x_i, z_j), i = 1, 2, \cdots, N; j = 1, 2, \cdots, M$$

这里我们可以把 Z 看成一个隐变量。从全概率这个角度来理解隐变量的定义或功能，是一个不错的视角。

9. Jensen 不等式

Jensen 不等式（Jensen's Inequality）是以丹麦数学家 Johan Jensen 命名的，它在概率论、机器学习等领域应用广泛，如利用其证明 EM 算法、KL 散度大于或等于 0 等。

Jensen 不等式与凸函数有关。何为凸函数？假设 $f(x)$ 为定义在 n 维欧氏空间 $\mathbb{R}^n$ 中某个凸集 S 上的函数，如对任何实数 t（$0 \leqslant t \leqslant 1$）及 S 中任意两点 x_1、x_2，恒有

$$f(tx_1 + (1-t)x_2) \leqslant tf(x_1) + (1-t)f(x_2) \tag{13.19}$$

则称函数 $f(x)$ 在 S 集上为凸函数。

式（13.19）的几何意义如图 13-6 所示。

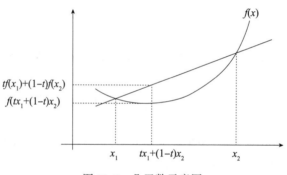

图 13-6　凸函数示意图

由图 13-6 可知，凸函数任意两点的割线位于函数图形上方，这也是 Jensen 不等式的两点形式。

对于任意属于 S 中数据集 $\{x_i\}$，如 $a_i \geqslant 0$ 且 $\sum_{i=1}^{m} a_i = 1$，则利用归纳法可以证明凸函数 $f(x)$ 满足

$$f\left(\sum_{i}^{m} a_i x_i\right) \leqslant \sum_{i}^{m} a_i f(x_i) \tag{13.20}$$

式（13.20）就是 Jensen 不等式，是式（13.19）的两点到 m 个点的一个推广。如果 $f(x)$ 是凹函数，只需将不等式反号即可。

如果把 x 作为随机变量，$p(x = x_i) = a_i$ 是 x 的概率分布，Jensen 不等式可表示为

$$E(X) = \sum_i^m x_i a_i$$

$$f\big(E(X)\big) \leqslant E\big(f(X)\big) \qquad (13.21)$$

如果函数 $f(x)$ 为严格凸函数，当且仅当随机变量 x 是常数，即 $x_1 = x_2 = \cdots = x_m$ 时，式（13.21）中的不等式取等号，即有

$$f\big(E(X)\big) = E\big(f(X)\big)$$

Jensen 不等式可用归纳法证明，这里就不展开说明了。

13.2.6　随机变量的数字特征

在机器学习、深度学习中经常需要分析随机变量的数字特征及随机变量间的关系等，对于这些指标的衡量在概率统计中有相关的内容，如用来衡量随机变量的取值大小的期望值或平均值、衡量随机变量数据离散程度的方差、揭示随机向量间关系的协方差等。

1. 数学期望

数学期望是平均值的推广，是加权平均值的抽象。对于随机变量，期望是在概率意义下的均值。普通的均值没有考虑权重或概率，对于 n 个变量 $x_1, x_2, \cdots, x_n$，它们的算术平均值为

$$\frac{x_1 + \cdots + x_n}{n} = \frac{1}{n}\sum_{i=1}^n x_i$$

这意味着变量取每个值的可能性相等，或每个取值的权重相等。但在实际生活中，变量的每个取值存在不同的权重或概率，因此计算平均值这种统计方式太简单，无法刻画变量的性质。如何更好地刻画随机变量的性质？使用变量的数据期望效果更好，变量的数学期望是一种带概率（或权重）的均值。

首先我们看随机变量的数学期望的定义。

对于离散型随机变量 X，设其分布律为

$$P(X = x_k) = p_k, \ k = 1, 2, 3, \cdots \qquad (13.22)$$

若级数 $\sum_{k=1}^\infty x_k p_k$ 绝对收敛，则称级数 $\sum_{k=1}^\infty x_k p_k$ 的值为随机变量 X 的数学期望，记为

$$E(X) = \sum_{k=1}^\infty x_k p_k \qquad (13.23)$$

对于连续型随机变量 X，设其概率密度函数为 $f(x)$，若积分

$$\int_{-\infty}^\infty x f(x)\,\mathrm{d}x \qquad (13.24)$$

绝对收敛，则积分的值称为随机变量 X 的数学期望，记为

$$E(X)=\int_{-\infty}^{\infty}xf(x)\mathrm{d}x \tag{13.25}$$

如果是随机变量函数，如随机变量 X 的 $g(x)$ 的期望，公式与式（13.24）或式（13.25）类似，只要把 x 换成 $g(x)$ 即可，即随机变量函数 $g(x)$ 的期望计算如下。

设 $Y=g(X)$，则

$$E(Y)=E(g(X))=\sum_{k=1}^{\infty}g(x_k)p_k$$

或

$$E(g(X))=\int_{-\infty}^{\infty}g(x)f(x)\mathrm{d}x$$

期望有一些重要性质，具体如下。

设 a,b 为常数，X 和 Y 是两个随机变量，则有

1）$E(a)=a$；

2）$E(aX)=aE(X)$；

3）$E(aX+bY)=aE(X)+bE(Y)$；

4）当 X 和 Y 相互独立时，有 $E(XY)=E(X)E(Y)$。

数学期望也常称为均值，即随机变量取值的平均值之意，当然，这个平均是指以概率为权的加权平均。期望值可大致描述数据的大小，但无法描述数据的离散程度，这里我们介绍一种刻画随机变量在其中心位置附近离散程度的数字特征——方差。

2. 方差与标准差

假设随机向量 X 有均值 $E(X)=a$。试验中，X 取的值当然不一定恰好是 a，可能会有所偏离。偏离的量 $X-a$ 本身也是一个随机变量。如果我们用 $X-a$ 来刻画随机变量 X 的离散程度，不能取 $X-a$ 的均值，因为 $E(X-a)=0$，说明正负偏离抵消了。取 $|X-a|$ 可以防止正负偏离抵消的情况，但绝对值在实际运算时很不方便。人们考虑了另一种方法，先对 $X-a$ 进行平方以消去符号，然后再取平均得 $E(X-a)^2$ 或 $E(X-EX)^2$ 把它作为度量随机变量 X 的取值的离散程度衡量，这个量就叫作 X 的方差（即差的方）。随机变量的方差记为

$$\mathrm{var}(X)=E(X-E(X))^2$$

方差的平方根被称为标准差，即 $\sigma=\sqrt{\mathrm{var}(X)}$

根据方差的定义不难得到

$$\mathrm{var}(X)=E(X^2)-E(X)^2$$

$$\mathrm{var}(kX)=k^2\mathrm{var}(X)$$

3. 协方差

对于多维随机向量，如二维随机向量 (X,Y)，如何刻画这些分量间的关系？显然均值、方差都无能为力，这里我们引入协方差的定义。我们知道方差是 $X-E(X)$ 乘以 $X-E(X)$ 的均值，如果我们把其中一个换成 $Y-E(Y)$，就得到 $E(X-E(X))(Y-E(Y))$，其形式接近方差，又有 X,Y 两者的参与，由此得出协方差的定义：随机变量 X,Y 的协方差

$$\text{Cov}(X,Y)=E(X-E(X))(Y-E(Y))$$

协方差的另一种表达方式为

$$\text{Cov}(X,Y)=E(XY)-E(X)E(Y)$$

方差可以用来衡量随机变量与均值的偏离程度或随机变量取值的离散度，而协方差则可衡量随机变量间的相关性强度。如果 X 与 Y 独立，那么它们的协方差为 0。反之，并不一定成立，独立性比协方差为 0 的条件更强。不过如果随机变量 X,Y 都是正态分布，此时独立和协方差为 0 是同一个概念。

协方差为正，表示随机变量 X,Y 为正相关；协方差为负，表示随机变量 X,Y 为负相关。

为了更好地衡量随机变量间的相关性，我们一般使用相关系数。相关系数将每个变量的贡献进行归一化，使其只衡量变量的相关性而不受各变量尺寸大小的影响。相关系数的计算公式如下：

$$\rho_{XY} = \frac{\text{Cov}(X,Y)}{\sqrt{\text{Var}(X)}\sqrt{\text{Var}(Y)}} \tag{13.26}$$

由式（13.26）可知，相关系数在协方差的基础上进行了归一化，从而把相关系数的值限制在 [-1,1] 之间。如果 $\rho_{xy}=1$，说明随机变量 X,Y 是线性相关的，即可表示为 $Y=kX+b$，其中 k,b 为任意实数，且 $k>0$；如果 $\rho_{xy}=-1$，说明随机变量 X,Y 是负线性相关的，即可表示为 $Y=-kX+b$，其中 $k>0$。

上面我们主要以两个随机变量为例进行介绍，实际上协方差可以推广到 n 个随机变量或 n 维随机向量的情况。对 n 维的随机向量，可以得到一个 $n \times n$ 的协方差矩阵，而且满足：

1）协方差矩阵为对称矩阵，即 $\text{Cov}(X_i,X_j)=\text{Cov}(X_j,X_i)$；

2）协方差矩阵的对角元素为方差，即 $\text{Cov}(X_i,X_i)=\text{Var}(X_i)$。

13.2.7　随机变量函数的分布

1. 一维随机变量函数的分布

随机变量函数是以随机变量为自变量的函数，它将一个随机变量映射成另一个随机变量，二者一般有不同的分布。

定理：设随机变量 X 具有概率密度 $f_X(x)$，$-\infty < x < \infty$，关于 X 的函数

$$Y = g(X)$$

且函数$g(x)$处处可导，$g'(x) > 0$或$g'(x) < 0$，反函数存在，$g(x)$的反函数$g^{-1}(x) = h(x)$，则Y是连续型随机变量，其概率密度为

$$f_Y(y) = f(x) = \begin{cases} f_X(h(y))|h'(y)|, & \alpha < y < \beta \\ 0, & 其他 \end{cases}$$

其中，$\alpha = \min\{g(-\infty), g(\infty)\}$，$\beta = \max\{g(-\infty), g(\infty)\}$。

证明：当$g'^{(x)} > 0$时，设随机变量X, Y的分布函数分别为$F_X(x), F_Y(y)$，先求随机变量Y的分布函数$F_Y(y)$。

$$F_Y(y) = p(Y \leqslant y) = p(g(X) \leqslant y) = p(X \leqslant g^{-1}(y)) = F_X(h(y)) = \int_{-\infty}^{h(y)} f_X(x)dx$$

即有

$$F_Y(y) = F_X(h(y))$$

对该函数求导得随机变量Y的密度函数

$$f_Y(y) = \left(\int_{-\infty}^{h(y)} f_X(x)dx\right)' = f_X(h(y))h'(y)$$

当$g'(x) < 0$时，

$$F_Y(y) = p(Y \leqslant y) = p(g(X) \leqslant y) = p(X \geqslant g^{-1}(y)) = 1 - F_X(h(y))$$

$$= 1 - \int_{-\infty}^{h(y)} f_X(x)dx$$

对该函数求导得随机变量Y的密度函数

$$f_Y(y) = \left(1 - \int_{-\infty}^{h(y)} f_X(x)dx\right)' = -f_X(h(y))h'(y)$$

综合两种情况，有

$$f_Y(y) = f_X(h(y))|h'(y)| \tag{13.27}$$

例：假设$X \sim N(0,1)$，则随机变量$Y = \sigma X + \mu$服从正态分布$N(\mu, \sigma^2)$。

证明：

$Y = \sigma X + \mu$的反函数为

$$X = \frac{Y - \mu}{\sigma}$$

反函数的导数为

$$\frac{dX}{dY} = \frac{1}{\sigma}$$

根据式（13.27）可得，随机变量 Y 的密度函数为

$$f_Y(y) = \frac{1}{\sqrt{2\pi}} e^{-\frac{\left(\frac{y-\mu}{\sigma}\right)^2}{2}} \frac{1}{\sigma} = \frac{1}{\sqrt{2\pi}\sigma} e^{-\frac{(y-\mu)^2}{2\sigma^2}}$$

由此可得，随机变量 Y 服从正态分布 $N(\mu,\sigma^2)$。

用类似的方法可证明其反结论：

假设 $X \sim N(\mu,\sigma^2)$，则随机变量 $Y = \dfrac{X-\mu}{\sigma}$ 服从正态分布 $N(0,1)$。

此外，正态分布具有可加性，即如果 $X \sim N(\mu_1,\sigma_1^2), Y \sim N(\mu_2,\sigma_2^2)$，且 X 与 Y 独立，则 $X+Y \sim N(\mu_1+\mu_2, \sigma_1^2+\sigma_2^2)$。

这个结论可以推广到 n 个互相独立的随机变量的情况。

2. 二维随机变量函数的分布

设二维随机变量 (X,Y) 的联合密度函数为 $f(x,y)$，若函数 $\begin{cases} u = g_1(x,y) \\ v = g_2(x,y) \end{cases}$ 有连续的偏导数，

且存在唯一的反函数 $\begin{cases} x = h_1(u,v) \\ y = h_2(u,v) \end{cases}$，该变换的雅可比行列式

$$J = \frac{\partial(x,y)}{\partial(u,v)} = \begin{vmatrix} \dfrac{\partial x}{\partial u} & \dfrac{\partial x}{\partial v} \\ \dfrac{\partial y}{\partial u} & \dfrac{\partial y}{\partial v} \end{vmatrix}$$

若 $\begin{cases} U = g_1(X,Y) \\ V = g_2(X,Y) \end{cases}$，则随机变量 (U,V) 的联合概率密度为

$$f_{U,V}(u,v) = f_{X,Y}\big(h_1(u,v), h_2(u,v)\big)|J|$$

其中，$|J|$ 为雅可比行列式的绝对值。

3. 重参数化技巧

重参数化技巧的典型应用场景是具有随机性的变分推断模型，其中概率分布通常由编码器网络生成。在传统的变分推断中，我们需要通过采样的方式从概率分布中取样，然后进行计算和优化。然而，这种采样过程通常是不可导的，使得梯度计算和优化困难。

重参数化技巧通过将采样操作转换为对一个固定噪声源的变换，实现了可微分采样过程。具体操作是，将随机性的操作分解为两个步骤：首先，从一个标准分布（如高斯分布）中采样固定的随机噪声 ε；然后，通过一个可微分的函数将这个噪声 ε 映射为我们所需要

的概率分布的随机样本。如令 $z \sim p(z|x) = \mathcal{N}(\mu, \sigma^2)$，则 z 可以重参数化为 $z = \mu + \sigma\epsilon$，其中 $\epsilon \sim \mathcal{N}(0,I)$。这样，我们可以直接对这个映射函数进行梯度计算，从而实现对参数的优化。

重参数化技巧的优势主要体现在两个方面。首先，它使得梯度计算更加容易和高效，因为我们不再需要对随机变量的采样过程进行求导，而是对确定性的映射函数进行求导。其次，重参数化技巧可以提高模型的稳定性，因为通过对固定噪声源的采样，我们可以保证每次训练过程中得到的随机样本是一致的。

重参数化技巧通过将随机性操作转化为固定噪声的变换，实现可微分的采样过程，提高了深度学习中对具有随机性操作的模型的训练效果和效率。重参数化技巧在生成式模型中应用广泛，如 VAE 和 DDPM 中都大量使用了该技巧。

4. 高斯混合模型

高斯混合模型（Gaussian Mixed Model，GMM）指的是多个高斯分布函数的线性组合，其概率密度函数定义为

$$p(\boldsymbol{x}) = \sum_{i=1}^{K} \omega_i N(\boldsymbol{x}|\boldsymbol{\mu}_i, \boldsymbol{\Sigma}_i)$$

其中，$\boldsymbol{x}$ 为随机向量，K 为高斯分布的数量，ω_i 为选择第 i 个高斯分布的概率（或权重），$\boldsymbol{\mu}_i, \boldsymbol{\Sigma}_i$ 分别为第 i 个高斯分布的均值向量、方差矩阵。选择第 i 个高斯分布的 ω 满足概率的规范：

$$\omega_i \geq 0, \sum_{i=1}^{K} \omega_i = 1$$

理论上，GMM 可以拟合出任意类型的分布，图 13-7 为一维 GMM 的概率密度函数图像，该概率密度函数为 3 个高斯分布线性组合，具体表达式为

$$p(x) = 0.2N\left(X|1.0, 1.5^2\right) + 0.3N\left(X|2.0, 1.0^2\right) + 0.5N\left(X|3.0, 1.5^2\right)$$

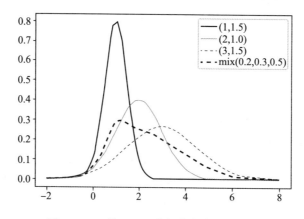

图 13-7   一维 GMM 的概率密度函数图像

可以说，任何一个数据的分布都可以看作若干个高斯分布的叠加，如图 13-8 所示。

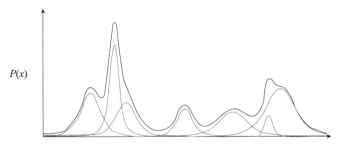

图 13-8　GMM

如图 13-8 所示，如果 $P(X)$ 代表一种分布的话，则存在一种拆分方法能让它表示成图中若干浅色曲线对应的高斯分布的叠加。这种拆分方法已经证明，当拆分的数量达到一定数量（如 512 或更大）时，其叠加的分布相对于原始分布而言误差非常小。

GMM 在生成模型中应用广泛，如 VAE 中隐变量的分布。它通常用于解决同一集合下的数据包含多个不同的分布的情况（或者是同一类分布但参数不一样，或者是不同类型的分布等情况）。图 13-9 所示为由 2 个高斯分布得到二维 GMM 生成的 2 类样本。

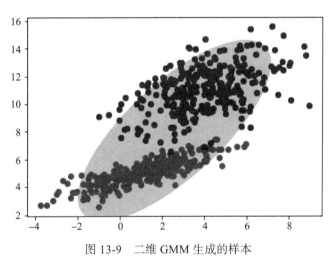

图 13-9　二维 GMM 生成的样本

由图 13-9 可知，很多数据集可以看成 GMM 生成的样本数据，因此，我们可以反过来，根据已知样本数据推导出产生样本数据背后的 GMM。这方面的应用非常广泛，如基于 GMM 的聚类算法就是典型案例之一。

k 均值（k-means）算法是聚类算法的代表，其主要思路如下：

1）选择 k 个类族中心；

2）计算各点到各类族中心的距离，将样本点划分到最近的类簇中心；

3）重新计算 k 个类族中心；

4）不断迭代直至收敛。

不难发现，这个过程和 EM 迭代的方法极其相似。事实上，若将样本的类族数看作隐变量 Z，将类族中心看作样本的分布参数 θ，则 k-means 就是通过 EM 算法来进行迭代的。

与这里不同的是，k-means 的目标是最小化样本点到其对应类族中心的距离之和，基于 GMM 的聚类方法将采用极大化似然函数的方法估计模型参数。

如何计算 GMM 的参数呢？这里我们像单个高斯模型那样使用极大似然法，因为对于每个观测数据点来说，事先并不知道它属于哪个子分布（属于哪个分布，属于隐变量），因此似然函数中的对数里面还有求和，对于每个子模型都有未知的参数 $\omega_i, \boldsymbol{\mu}_i, \boldsymbol{\Sigma}_i$，这就是 GMM 参数估计的问题。要解决这个问题，直接求导无法计算，可以通过迭代的 EM 算法求解。

5. 各向同性的高斯分布

各向同性的高斯分布（球形高斯分布）指的是各个方向方差都一样的多维高斯分布，协方差为正实数与单位矩阵（identity matrix）相乘。因为高斯分布的圆对称性（circular symmetry），只需让每个轴上的长度一样就能得到各向同性，也就是说分布密度值仅与点到均值的距离相关，而与方向无关。

各向同性的高斯分布每个维度之间是互相独立的，因此密度方程可以写成几个一维高斯乘积的形式。需要注意的是，几个高斯分布相乘可以得到各向同性，但几个拉普拉斯分布相乘就得不到各向同性。

各向同性高斯分布的参数个数随维度呈线性增加，只有均值在增加，而方差是一个标量，因此对计算和存储量的要求不大，使用比较方便。其表达式为

$$f\left(x_1, x_2, \cdots, x_n\right) = \frac{\exp\left(-\frac{1}{2}\left(\boldsymbol{X} - \boldsymbol{\mu}\right)^{\mathrm{T}} \boldsymbol{\Sigma}^{-1}\left(\boldsymbol{X} - \boldsymbol{\mu}\right)\right)}{\sqrt{\left(2\pi\right)^k |\boldsymbol{\Sigma}|}}$$

其中，$\boldsymbol{\Sigma} = \sigma \boldsymbol{I}$，$\boldsymbol{I}$ 为单位阵，σ 为标量。

对应的图像如图 13-10 所示。

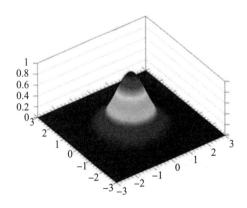

图 13-10   各向同性的高斯分布

13.3　信息论

信息论是应用数学的一个分支，主要研究的是如何对信号所含的信息进行量化。它的基本想法是发生一个不太可能发生的事件，提供的信息要比发生一个非常可能发生的事件多。本节主要介绍度量信息的几种常用指标。

13.3.1　信息量

1948 年，克劳德·香农（Claude Shannon）在其论文《通信的数学理论》中首次对通信过程建立了数学模型，这篇论文和 1949 年发表的另一篇论文一起奠定了现代信息论的基础。信息量是信息论中度量信息多少的一个物理量，它从量上反映具有确定概率的事件发生时所传递的信息。香农把信息看作"一种消除不确定性"的量，而概率正好是表示随机事件发生的可能性大小的量，因此，可以用概率来定量地描述信息。

在实际运用中，信息量常用概率的负对数来表示，即 $I = -\log_2 p$。对此，可能有人会问："为何要用对数，前面还要带上负号？"

用对数表示是为了计算方便。因为直接用概率表示，在求多条信息总共包含的信息量时要用乘法，而对数可以变求积为求和。另外，随机事件的概率总是小于 1，而真数小于 1 的对数是负的，在概率的对数之前冠以负号，其值便成为正数。这样，通过消除不确定性，获取的信息量总是正的。

13.3.2　信息熵

信息熵（entropy）简称熵，是对随机变量不确定性的度量。熵的概念由鲁道夫·克劳修斯（Rudolf Clausius）于 1850 年提出，并应用在热力学中。1948 年，香农第一次将熵的概念引入信息论中，因此它又称为香农熵。

用熵来评价整个随机变量 X 平均的信息量，而平均最好的量度就是随机变量的期望，即熵的定义如下：

$$H(X) = -\sum_{i=1}^{n} p_i \log_2 p_i$$

这里假设随机变量 X 的概率分布为 $P(X=x_i)=P_i (i=1,2,3,\cdots,n)$，信息熵越大，包含的信息就越多，那么随机变量的不确定性就越大。下面我们通过实例进一步说明这个关系。

假设随机变量 X 服从 0-1 分布，其概率分布为

$$P(X=1)=p，P(X=0)=1-p$$

这时，X 的熵为

$$H(X) = -p\log_2 p - (1-p)\log_2(1-p)$$

概率 p 与 $H(X)$ 的关系如图 13-11 所示。

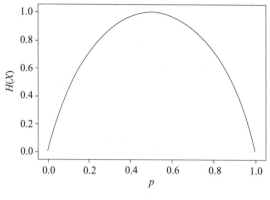

图 13-11　概率与信息熵

从图 13-11 可以看出，当概率为 0 或 1 时，$H(X)$ 为 0，说明此时随机变量没有不确定性，当 p=0.5 时，随机变量的不确定性最大，即信息量最大，$H(X)$ 此时取最大值。

13.3.3　条件熵

设二维随机变量 (X,Y) 的联合概率分布为

$$P(X=x_i,Y=y_j)=p_{ij},\ i=1,2,\cdots,n,\ j=1,2,\cdots,m$$

条件熵 $H(Y|X)$ 表示在已知随机变量 X 的条件下，随机变量 Y 的不确定性，它的计算公式为

$$H(Y|X)=-\sum_{i=1}^{n}\sum_{j=1}^{m}p\left(X=x_i,Y=y_j\right)x\log p\left(Y=y_j|X=x_i\right)$$

注意，这个条件熵不是指随机变量 X 在给定某个数的情况下另一个变量的熵是多少，变量的不确定性是多少，而是期望。因为条件熵中 X 也是一个变量，意思是在一个变量 X 的条件下（变量 X 的每个值都会取），另一个变量 Y 熵对 X 的期望。

条件熵比熵多了一些背景知识，按理说条件熵的不确定性小于熵的不确定性，即 $H(Y|X)\leqslant H(Y)$，事实也是如此，下面这个定理有力地说明了这一点。

定理：对二维随机变量 (X,Y)，条件熵 $H(Y|X)$ 和信息熵 $H(Y)$ 满足如下关系：

$$H(Y|X)\leqslant H(Y)$$

13.3.4　互信息

互信息（mutual information）又称为信息增益，用来评价一个事件的发生对于另一个事件的发生所贡献的信息量，记为

$$I(X,Y)=H(Y)-H(Y|X)$$

在决策树的特征选择中，信息增益为主要依据。给定训练数据集 D，假设该数据集由 n

维特征构成，在构建决策树时，有一个核心问题是，选择哪个特征来划分该数据集能使划分后的纯度最大。一般而言，信息增益越大，意味着使用某属性 a 来划分所得纯度提升越大。因此，我们常用信息增益来构建决策树划分属性。

13.3.5　KL 散度

KL 散度（Kullback-Leibler Divergence，KLD）又称相对熵（relative entropy），是信息论中一个用来衡量两个概率分布之间差异的指标。这里我们假设 $p(x)$ 和 $q(x)$ 是 X 取值的两个概率分布，如 $p(x)$ 表示 X 的真实分布，$q(x)$ 表示 X 的训练分布或预测分布，则 p 对 q 的相对熵为

$$\mathrm{KL}(p(x)\|q(x))=\sum_{x\in X}p(x)\log_2\left(\frac{p(x)}{q(x)}\right)$$

相对熵有以下重要性质：

1）相对熵不是传统意义上的距离，它没有对称性，即

$$\mathrm{KL}(p(x)\|q(x))\neq \mathrm{KL}(q(x)\|p(x))$$

2）当预测分布 $q(x)$ 与真实分布 $p(x)$ 完全相等时，相对熵为 0。

3）如果两个分布差异越大，那么相对熵也越大；反之，如果两个分布差异越小，那么相对熵也越小。

4）相对熵满足非负性，即 $\mathrm{KL}(p(x)\|q(x))\geqslant 0$。

13.3.6　交叉熵

交叉熵（cross entropy）是一种衡量两个概率分布之间差异性的方式。在机器学习中，我们通常将交叉熵作为损失函数来衡量模型预测结果与真实结果之间的差距。具体来说，如果我们有一个真实分布 p 和一个预测分布 q，那么它们之间的交叉熵可以表示为

$$H(p,q)=-\sum_x p(x)\log(q(x))$$

或用数学期望表示为

$$H(p,q)=-E_{X\sim P(X)}\log(q(x))$$

这是随机变量 x 为离散型的情况，如果随机变量 x 为连续型随机变量，只要把交叉熵中连加符号改为积分符号即可：

$$H(p,q)=-\int_x p(x)\log(q(x))\mathrm{d}x$$

其中，x 表示事件的可能取值，$p(x)$ 表示真实分布中事件 x 发生的概率，$q(x)$ 表示模型预测出的事件 x 发生的概率，log 表示以 2 为底的对数。交叉熵越小，表示模型的预测结果与真实结果之间的差距越小，模型的准确性就越高。

交叉熵可在神经网络（机器学习）中作为代价函数。若 p 表示真实标记的分布，q 为训练后模型的预测标记分布，则交叉熵代价函数可以衡量 p 与 q 的相似性。交叉熵作为代价函数还有一个好处是，使用 sigmoid 函数在梯度下降时能避免均方误差代价函数学习率降低的问题，因为学习率可以被输出的误差所控制。

例如：表 13-6 为两个离散型随机分布的概率值，计算它们的交叉熵。

表 13-6　两个分布的概率值

随机变量X	1	2	3	4
p	0.4	0.4	0.1	0.1
q	0.1	0.1	0.4	0.4

解：由交叉熵公式

$$H(p,q)=-\sum_{X=1}^{4}p(x)\log q(x)$$

可得

$$H(p,q)=-0.4\log0.1-0.4\log0.1-0.1\log0.4-0.1\log0.4=2.91$$

$$H(p,p)=-0.4\log0.4-0.4\log0.4-0.1\log0.1-0.1\log0.1=1.87$$

从这个简单实例可以看出，$H(p,p)<H(p,q)$，即两个相同分布的差异程度要小于两个不同分布的差异程度。

1. 交叉熵与信息熵之间的关系

交叉熵和信息熵都是度量概率分布之间差异的指标，它们之间有一定的关系。在信息论中，我们使用信息熵来衡量随机变量的不确定性，它表示一个随机变量的平均信息量。而交叉熵则用来度量两个概率分布之间的差异，它越小，表示这两个分布越接近。具体来说，设 $p(x)$ 为一个随机变量 X 的真实分布，$q(x)$ 为一个概率模型预测的分布，那么 X 的信息熵可以定义为 $H(X)=-\Sigma_x p(x)\log(p(x))$，$X$ 与 $q(x)$ 的交叉熵可以定义为 $H(p,q)=-\Sigma_x p(x)\log(q(x))$。可以看到，当 p 和 q 相等时，交叉熵就等于信息熵。因此，在机器学习中，我们通常使用交叉熵作为损失函数来训练模型，以最小化模型预测分布与真实分布之间的距离，从而提高模型的准确性。

交叉熵的性质如下：

1）交叉熵是不对称的，即 $H(p,q)\neq H(q,p)$。

2）当 p 为已知分布时，交叉熵在 q 等于 p 时达到最小值。

2. 极大似然估计与交叉熵

对于逻辑斯谛回归（logistic regression）、softmax 回归，根据极大似然估计可以推出它们的目标函数就是交叉熵。

（1）逻辑斯谛回归

逻辑斯谛回归的预测函数为

$$h(\boldsymbol{x}) = \frac{1}{1 + \mathrm{e}^{(-\boldsymbol{w}^{\mathrm{T}}\boldsymbol{x}+b)}}$$

其中，$\boldsymbol{x}$ 为输入向量，$\boldsymbol{w}$ 为权重参数，b 为偏移量。$\boldsymbol{w}$ 和 b 为模型参数，通过训练模型得到。

我们把 $[1,\boldsymbol{x}]$ 作为输入 $\boldsymbol{x}$，把 $[\boldsymbol{w},b]$ 作为 $\boldsymbol{w}$，上式就可简化为

$$h(\boldsymbol{x}) = \frac{1}{1 + \mathrm{e}^{(-\boldsymbol{w}^{\mathrm{T}}\boldsymbol{x})}}$$

这是正样本的预测概率，负样本的预测概率为 $1-h(\boldsymbol{x})$，这是一个伯努利分布，接下来我们利用极大似然估计确定模型参数 $\boldsymbol{w}$。

给定训练样本集为 $(\boldsymbol{x}_i, y_i)$，$i=1,2,\cdots,m$，$\boldsymbol{x}_i$ 为 n 维向量，y_i 为类别标签，取值为 1 或 0，样本属于每个类别的概率可表示为

$$p(y|\boldsymbol{x},\boldsymbol{w}) = (h(\boldsymbol{x}))^y (1-h(\boldsymbol{x}))^{1-y}$$

由于样本独立同分布，训练样本集的似然函数为

$$L(\boldsymbol{w}) = \prod_{i=1}^{m} p(y_i|\boldsymbol{x}_i, \boldsymbol{w}) = \prod_{i=1}^{m} \left(h(\boldsymbol{x}_i)\right)^{y_i} \left(1-h(\boldsymbol{x}_i)\right)^{1-y_i}$$

对数似然函数为

$$\ln L(\boldsymbol{w}) = \sum_{i=1}^{m} \ln p(y_i|\boldsymbol{x}_i, \boldsymbol{w}) = \sum_{i=1}^{m} y_i \ln\left(h(\boldsymbol{x}_i)\right) + (1-y_i)\left(1-h(\boldsymbol{x}_i)\right)$$

极大似然估计是对数似然函数的极大值，实际等价于求其负值的极小值。

$$f(\boldsymbol{w}) = -\sum_{i=1}^{m} \ln p(y_i|\boldsymbol{x}_i, \boldsymbol{w}) = -\sum_{i=1}^{m} y_i \ln\left(h(\boldsymbol{x}_i)\right) + (1-y_i)\left(1-h(\boldsymbol{x}_i)\right)$$

这就是样本 $\boldsymbol{x}$ 的交叉熵。

（2）softmax 回归

softmax 回归可以看成逻辑斯谛回归的扩展，用于解决多分类问题。给定训练样本集为 $(\boldsymbol{x}_i, y_i)$，$i=1,2,\cdots,m$，$\boldsymbol{x}_i$ 为 n 维向量，类别数为 c。y_i 为类别标签，把标签值转换为独热编码，即对应正类，取值为 1，其他都是 0，记 $y_i = [y_{i1}, y_{i2}, \cdots, y_{ic}]$，样本属于每个类别的概率可表示为

$$h_w(\boldsymbol{x}_i) = \frac{1}{\sum_{j=1}^{c} \mathrm{e}^{w_j^{\mathrm{T}}\boldsymbol{x}_i}} \begin{pmatrix} \mathrm{e}^{w_1^{\mathrm{T}}\boldsymbol{x}_i} \\ \vdots \\ \mathrm{e}^{w_c^{\mathrm{T}}\boldsymbol{x}_i} \end{pmatrix}$$

预测模型的分布为多项分布，多项分布为伯努利分布的推广，样本 x_i 预测模型为 y_i 的似然函数为

$$p\left(y_i \mid x_i, w\right) = \prod_{j=1}^{c} \left(\frac{e^{w_j^{\mathrm{T}} x_i}}{\sum_{k=1}^{c} e^{w_k^{\mathrm{T}} x_i}} \right)^{y_{ij}}$$

两边取对数，得到对数似然函数

$$\ln p\left(y_i \mid x_i, w\right) = \sum_{j=1}^{c} y_{ij} \ln \left(\frac{e^{w_j^{\mathrm{T}} x_i}}{\sum_{k=1}^{c} e^{w_k^{\mathrm{T}} x_i}} \right)$$

对整个样本集预测模型的对数似然函数为

$$\sum_{i=1}^{m} \ln p\left(y_i \mid x_i, w\right) = \sum_{i=1}^{m} \sum_{j=1}^{c} y_{ij} \ln \left(\frac{e^{w_j^{\mathrm{T}} x_i}}{\sum_{k=1}^{c} e^{w_k^{\mathrm{T}} x_i}} \right)$$

对对数似然函数求最大值等价于对下列目标函数求极小值：

$$L\left(w\right) = -\sum_{i=1}^{m} \ln p\left(y_i \mid x_i, w\right) = -\sum_{i=1}^{m} \sum_{j=1}^{c} y_{ij} \ln \left(\frac{e^{w_j^{\mathrm{T}} x_i}}{\sum_{k=1}^{c} e^{w_k^{\mathrm{T}} x_i}} \right)$$

上式也是样本 x 的交叉熵。这里标签 y 与 x 都视为多项分布。

3. 机器学习如何学习

机器学习的过程就是在训练数据集上使模型分布不断与真实分布靠近。如何描述两个分布的远近？可以使用 KL 散度或交叉熵来衡量。

通过交叉熵可以很好地描述预测模型与实际标签之间的差异程度。真实分布是一种理想状态，在实际环境中，真实分布很难得到，我们一般将训练数据的分布作为真实分布。因此，机器学习的目的就是使模型分布不断接近实际标签的分布。

4. 交叉熵为何可作为损失函数

最小化模型分布 $p(x)$ 与训练数据上的分布 $q(x)$ 的差异等价于最小化这两个分布间的 KL 散度，即最小化 $\mathrm{KL}(p(x)\|q(x))$。

在实际使用时，$p(x)$ 分布对应训练数据的实际分布，如对于一个类别总数为 3 的样本空间，其实际标签分布为 $p_1=[1,0,0]$，$p_2=[0,1,0]$，$p_3=[0,0,1]$。故其分布是给定的，即 $H(X)$ 是固定不变，从而求 $\mathrm{KL}(p(x)\|q(x))$ 可简化为求交叉熵。所以，交叉熵可以用于计算学习模

型的分布与训练数据分布之间的不同。当交叉熵最低（等于训练数据分布的熵）时，我们就学到了"最好的模型"。

由此可知，KL 散度可以被用于计算代价，而在特定情况下最小化 KL 散度等价于最小化交叉熵。而交叉熵的运算更简单，所以将交叉熵当作代价。

13.3.7 JS 散度

JS（Jensen-Shannon）散度是一种用于衡量两个概率分布之间差异的指标。对于两个概率分布 $P(x)$ 和 $Q(x)$，JS 散度的定义如下：$JS(P \parallel Q) = (1/2) KL(P \parallel M) + (1/2) KL(Q \parallel M)$，其中 $M = (P + Q) / 2$ 是 P 和 Q 的平均分布，$KL(P \parallel Q)$ 是 KL 散度。由于 JS 散度同时包含了 P 到 M 和 Q 到 M 的 KL 散度，因此可以看作 P 和 Q 之间的平均散度。

JS 散度具有以下特点。

1）非负性：JS 散度始终大于或等于 0，并且只有当 P 和 Q 完全相同时才为 0。

2）对称性：JS 散度是对称的，即 $JS(P \parallel Q) = JS(Q \parallel P)$。

3）近似性：JS 散度能够在不引入数值稳定性问题的情况下进行计算，并且能够有效地评估两个分布之间的差异。

13.3.8 Wasserstein 距离

Wasserstein 距离又叫推土机（Earth-Mover，EM）距离，定义如下：

$$W\left(p_r, p_g\right) = \inf_{\gamma \sim \Pi\left(p_r, p_g\right)} E_{(x,y) \sim \gamma}\left[\left\|x - y\right\|\right]$$

Wasserstein 距离和 KL 散度都是概率分布之间的距离度量方式，它们的适用场景有所不同。Wasserstein 距离主要应用于两个分布之间的比较，而且在应用过程中存在着一定的优势和限制条件。具体适用场景如下：

1）两个分布具有不同的支撑集，即两个分布具有不同的取值范围和概率密度分布图形。

2）两个分布之间的 KL 散度无法计算或计算困难。

3）两个分布之间的比较具有鲁棒性，并且在计算机视觉等领域有着广泛的应用。

相对于 Wasserstein 距离，KL 散度主要用于度量两个概率分布之间的相似性或差异性，用于衡量一个概率分布在平均信息量上和另一个概率分布的差异。具体适用场景如下：

1）用于对比两个概率分布的相似程度或差异程度。

2）通常在监督学习中用于度量模型的输出与真实分布之间的差异。

总的来说，Wasserstein 距离更适用于两个具有不同支撑集分布之间的距离度量，而 KL 散度更适用于同一支撑集内的概率分布之间的距离度量。

支撑集指的是概率分布中非零概率对应的取值范围。不同支撑集分布指的是两个概率分布分别在不同的取值范围内具有非零概率分布的情况，而同一支撑集指的是两个概率分布在相同的取值范围内具有非零概率分布的情况。

例如，假设要比较两个图像数据集的分布，第一个数据集包含像素值在 0～255 范围内的像素，而第二个数据集包含像素值在 0～1 范围内的像素。这是一个不同支撑集分布的情况，因为它们的支撑集不同。如果两个数据集中的像素值都在 0～255 范围内，那么这就是同一支撑集内的分布比较。

13.3.9　困惑度

困惑度（perplexity）是用来衡量一个概率模型的预测能力如何与实际观测数据相符的指标。在自然语言处理领域中，困惑度通常用于衡量语言模型的性能。

（1）困惑度算法的原理

困惑度通过度量模型对观测数据的预测能力来评估模型的不确定性。较低的困惑度表示模型能够更好地预测观测数据，具有更高的预测准确性。具体来说，对于一个给定的观测序列，困惑度的计算基于模型对该序列的预测概率。算法首先将观测序列的每个元素输入模型，根据模型的输出计算每个元素的条件概率。然后，将这些条件概率取对数并将其加和，最后使用指数函数将其转换回概率的形式。计算出来的概率即为预测概率。最后，通过将预测概率取倒数并取对数，得到困惑度的值。

（2）困惑度的应用场景

困惑度作为评估模型预测能力的指标，广泛应用于自然语言处理领域，特别是语言模型的评估。在语言模型的训练过程中，困惑度常常被用于优化目标函数或判断模型的训练效果。在测试阶段，困惑度常用于比较不同模型的性能，选择最佳的语言模型。

困惑度的计算公式如下：

$$\text{Perplexity} = \exp\left(-\left[\sum\left(\log p\left(x_i\right)\right) / N\right]\right)$$

其中，$p(x_i)$ 是模型对观测序列中第 i 个元素的预测概率，N 是观测序列的长度。$\sum\left(\log p\left(x_i\right)\right)$ 表示对所有观测元素的预测概率的对数求和。

需要注意的是，困惑度的值越小，表示模型的预测能力越好。因此，通常会选择困惑度最小的模型作为最优模型。困惑度也可以用来衡量两个分布之间差异，困惑度越大，表示差异越大。

13.4　推断

推断是机器学习和统计学中的一个重要概念，用于通过已知的数据和模型进行未知的推理与估计。推断可以分为统计推断、近似推断和变分推断等类型，下面将详细介绍它们的原理。

推断在机器学习和深度学习中有多种应用，其中包括参数估计、预测和生成等任务。下面举几个例子进行说明。

（1）参数估计

在机器学习中，模型的参数估计是推断的一种主要应用。通过从观测数据中学习到的参数，可以对未知数据进行预测。例如，在线性回归模型中，通过最小二乘法估计出回归系数，进而对新的输入进行预测。

（2）隐变量推断

在某些模型中，存在未观测到的隐变量。例如，在隐含狄利克雷分配（Latent Dirichlet Allocation，LDA）中，每个文档的主题分布是未知的隐变量。通过推断方法，可以估计这些隐变量的后验分布，从而更好地理解模型。例如，通过变分推断或 MCMC（马尔可夫链蒙特卡罗）方法可以获得 LDA 模型中每个文档的主题分布。

（3）生成模型

推断在生成模型中扮演着重要角色。生成模型通过学习数据分布并进行推断，可以生成新的样本数据。例如，变分自编码器（Variational AutoEncoder，VAE）是一种生成模型，在训练过程中使用变分推断方法来估计隐变量的后验分布，并通过重参数化技巧生成新样本。

（4）扩散模型

通过推断方法，我们能够在 DDPM 中实现图像去噪、参数估计、隐变量推断和图像生成等任务。这些任务在图像生成和去噪领域有着重要的应用，可以帮助我们获得更好的图像质量和更准确的图像分析结果。

（5）强化学习中的策略推断

在强化学习中，推断用于学习最佳策略。通过推断强化学习代理的状态和环境之间的潜在关系，可以预测和优化未来动作。例如，蒙特卡罗树搜索（Monte Carlo Tree Search，MCTS）在 AlphaGo 等强化学习应用中，通过对当前状态和动作进行推断，找到最佳的策略。

13.4.1　极大似然估计

极大似然估计是一种统计学方法，用于从观测数据中估计出最可能的参数值。它基于一个假设，即给定参数值，观测数据的发生概率最大。通过最大化观测数据的似然函数，可以找到最佳的参数估计值。极大似然估计广泛应用于各种领域的统计分析和模型拟合中，它具有数学上的可解释性和良好的性质，因此成为经典的参数估计方法之一。

1. 概率与似然

在统计中，似然与概率是不同的概念。概率是已知参数，对结果可能性的预测。似然是已知结果，对参数是某个值的可能性预测。

对于函数 $p(x|\theta)$，其中 x 表示某一个具体的数据，θ 表示模型的参数，针对 θ 的情况，可分为如下两种情况：

1）θ 是已知确定的，x 是变量，这个函数叫做概率函数，它描述对于不同的样本点 x，θ 出现的概率是多少。

2）x是已知确定的，θ是变量，这个函数叫做似然函数，它描述对于不同的模型参数 θ，出现x这个样本点的概率是多少。

2. 极大似然估计的核心思想

我们通常使用贝叶斯算法完成分类任务，不过求后验概率，如 $P(B|A)$，前提条件比较苛刻，既要求先验概率，如 $P(A)$ 和 $P(B)$，又要知道条件概率 $P(A|B)$，即似然函数。但在实际生活中，由于样本数据可能不足等原因，获取条件概率 $P(A|B)$ 的全部信息较为困难，因此获取这个概率密度函数具有一定的挑战性。

为了解决这一问题，人们另辟蹊径，把估计完全未知的概率密度转化为假设概率密度或分布已知，仅参数需估计，这样就将概率密度估计问题转化为参数估计问题。于是，极大似然估计就诞生了，它是一种参数估计方法。当然，概率密度函数的选取很重要：模型正确，在样本区域无穷时，我们会得到较准确的估计值；如果模型错了，估计出来的参数意义也不大。

极大似然估计的核心思想是什么呢？可以用图 13-12 来说明。

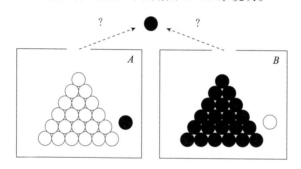

图 13-12　从 *A,B* 箱子中随机抽取一球示意图

假设有两个外观完全相同的箱子 *A,B*，其中 *A* 箱内有 99 个白球，1 个黑球；*B* 箱内有 99 个黑球，1 个白球。一次试验需取出一球，结果取出的是黑球。问：黑球是从哪个箱子中取出的？

大多数人会说："黑球**最有可能**是从 *B* 箱中取出的。"这个推断符合人们的经验。而"最有可能"就是"极大似然"之意，这种朴素的想法就称为"极大似然原理"。

极大似然估计的目的是：利用已知的样本结果，反推最有可能（最大概率）导致这样结果的参数值。

实际上，可以把极大似然估计看作反推。多数情况下我们是根据已知条件来推算结果，而极大似然估计是已经知道了结果（如已知样本数据），寻求使该结果出现的可能性最大的条件（如概率参数），以此作为估计值。

从上面这个简单实例不难看出，极大似然估计是建立在极大似然原理的基础上的一个统计方法，是概率论在统计学中的应用。极大似然估计提供了一种给定观察数据来评估模型参数的方法，即"模型已定，参数未知"。进行若干次试验，观察其结果，再利用试验结果得到某个参数值能够使样本出现的概率最大，这就称为极大似然估计。

以上文字如何用数学式子表示呢？

假设有一个样本集 $D=\{x_1, x_2, \cdots, x_n\}$，其中 n 表示样本数，各样本 x_i 满足独立同分布，那么该分布的联合概率可表示为 $p(D|\theta)$，它又称为相对于样本集 $\{x_1, x_2, \cdots, x_n\}$ 的参数 θ 的似然函数，参数 θ 可以是一个标量或向量。

$$p(D|\theta) = p(x_1, x_2, \cdots, x_n|\theta) = \prod_{i=1}^{n} p(x_i|\theta)$$

假设 $\hat{\theta}$ 为使出现该组样本的概率最大的参数值，即样本集的极大似然估计，则有

$$\hat{\theta} = \arg\max_{\theta} \prod_{i=1}^{n} p(x_i|\theta)$$

为便于计算，一般采用两边取对数 log 的方式来处理，用 $\mathcal{L}(\theta)$ 表示似然函数，即

$$\mathcal{L}(\theta) = \sum_{i=1}^{n} \ln p(x_i|\theta)$$

由此可得

$$\hat{\theta} = \arg\max_{\theta} \mathcal{L}(\theta) = \arg\max_{\theta} \sum_{i=1}^{n} \ln p(x_i|\theta)$$

$\sum_{i=1}^{n} \ln p(x_i|\theta)$ 为凸函数，如果同时可导，那么 $\hat{\theta}$ 就是下列方程的解：

$$\nabla_{\theta} \mathcal{L}(\theta) = \sum_{i=1}^{n} \nabla_{\theta} \ln p(x_i|\theta) = 0$$

极大似然估计一般通过梯度下降法求解。

3. 求极大似然估计的实例

下面通过实例来说明求极大似然估计的具体方法。

例如：假设 n 个样本，它们属于伯努利分布 $B(p)$，其中取值为 1 的样本有 m 个，取值为 0 的样本有 $n-m$ 个，样本集的极大似然函数为

$$L(p) = p^m (1-p)^{n-m}$$

$$\ln L(p) = m\log p + (n-m)\log(1-p)$$

对 $\ln L(p)$ 求导并设为 0：

$$\frac{m}{p} - \frac{n-m}{1-p} = 0$$

解得

$$p = \frac{m}{n}$$

又如，假设 n 个样本 $\{x_1, x_2, \cdots, x_n\}$，它们属于正态分布 $N(u, \delta^2)$，该样本集的极大似然函数为

$$L(u, \delta) = \prod_{i=1}^{n} \frac{1}{\sqrt{2\pi}\delta} \exp\left(-\frac{(x_i - u)^2}{2\delta^2}\right) = (2\pi\delta^2)^{-\frac{n}{2}} \exp\left(-\frac{1}{2\delta^2} \sum_{i=1}^{n}(x_i - u)^2\right)$$

对数似然函数为

$$\ln L(u, \delta) = -\frac{n}{2}\log(2\pi) - \frac{n}{2}\ln\delta^2 - \frac{1}{2\delta^2}\sum_{i=1}^{n}(x_i - u)^2$$

对参数 u 和 δ 求偏导并令其为 0，得到下面的方程组：

$$\begin{cases} \dfrac{\partial\ln L(u, \delta)}{\partial u} = -\dfrac{1}{\delta^2}\sum_{i=1}^{n}(x_i - u) = 0 \\ \dfrac{\partial\ln L(u, \delta)}{\partial \delta} = -\dfrac{n}{\delta} + \dfrac{1}{\delta^3}\sum_{i=1}^{n}(x_i - u)^2 = 0 \end{cases}$$

解得

$$u = \frac{1}{n}\sum_{i=1}^{n}x_i \qquad \delta^2 = \frac{1}{n}\sum_{i=1}^{n}(x_i - u)^2$$

求极大似然函数估计值的一般步骤如下：

1）写出似然函数；

2）对似然函数取对数，并整理；

3）求导数，令导数为 0，得到似然方程；

4）解似然方程，得到估计的参数。

4. 极大似然估计的应用

（1）极大似然估计与分类任务损失函数 - 交叉熵一致

设逻辑回归的预测函数为

$$g(x) = \frac{1}{1 + \exp(-\boldsymbol{w}^{\mathsf{T}}\boldsymbol{x} + b)} \tag{13.28}$$

其中，向量 $\boldsymbol{w}, b$ 为参数，$\boldsymbol{x}$ 为输入向量。把参数及输入向量做如下扩充：

$$[\boldsymbol{w}, b] \to \boldsymbol{w}, [\boldsymbol{x}, 1] \to \boldsymbol{x}$$

式（13.28）可简化为

$$g(x) = \hat{y} = \frac{1}{1 + \exp(-w^{\mathrm{T}}x)}$$

对二分类任务来说,上式为样本为正的概率,样本属于负的概率为 $1 - g(x)$。

假设给定样本为 (x_i, y_i),$i = 1, 2, \cdots, m$。X_i 为 n 维向量(即每个样本有 n 个特征),y_i 为类标签,取值为 0 或 1。根据伯努利分布的概率函数,每个样本的概率可写成下式:

$$p(y | x, w) = (\hat{y})^y (1 - \hat{y})^{1-y}$$

由于各样本独立同分布,训练样本集的似然函数为

$$L(w) = \prod_i^m p(y_i | x_i, w) = \prod_i^m (\hat{y}_i)^{y_i} (1 - \hat{y}_i)^{1-y_i}$$

两边取对数,得

$$\log L(w) = \sum_i^m \left(y_i \log \hat{y}_i + (1 - y_i) \log(1 - \hat{y}_i) \right)$$

而 y 与 $\hat{y}$ 两个分布构成的交叉熵为

$$H(y, \hat{y}) = -\sum_i^m \left(y_i \log \hat{y}_i + (1 - y_i) \log(1 - \hat{y}_i) \right)$$

交叉熵一般作为分类任务的损失函数,由此可得,对数似然函数 $\log L(w)$ 与交叉熵只相差一个负号,即进行极大似然估计与最小化损失函数(交叉熵)在效果上是一致的。

(2)极大似然估计与回归任务中的平方根误差一致

对于线性回归问题,一般先构建预测函数:

$$y = \sum_{i=1}^m w_i x_i$$

然后利用最小二乘法求导相关参数。另外,线性回归还可以从建模条件概率 $p(y|x)$ 的角度来进行参数估计,两种方法可谓殊途同归。

假设预测值 y 为一随机变量,该值的计算式为

$$y = \sum_{i=1}^m w_i x_i + \epsilon = w^{\mathrm{T}}x + \epsilon$$

其中,ϵ 服从标准正态分布,即均值为 0,方差为 σ^2,根据随机变量函数的分布相关性质可知,y 服从均值为 $w^{\mathrm{T}}x$,方差为 σ^2 正态分布,即有

$$p(y | x; w) = \frac{1}{\sqrt{2\pi}\sigma} \exp\left(-\frac{\left(y - w^{\mathrm{T}}x\right)^2}{2\sigma^2} \right)$$

参数 w 在训练集上的似然函数为

$$L(\boldsymbol{w}) = \prod_{i=1}^{m} p(y_i \mid \boldsymbol{x}_i; \boldsymbol{w}, \sigma)$$

$$= \prod_{i=1}^{m} \frac{1}{\sqrt{2\pi}\sigma} \exp\left(-\frac{\left(y_i - \boldsymbol{w}^{\mathrm{T}}\boldsymbol{x}_i\right)^2}{2\sigma^2}\right)$$

对数似然函数为

$$H(\boldsymbol{w}) = \log L(\boldsymbol{w}) = \log \prod_{i=1}^{m} \frac{1}{\sqrt{2\pi}\sigma} \exp\left(-\frac{\left(y_i - \boldsymbol{w}^{\mathrm{T}}\boldsymbol{x}_i\right)^2}{2\sigma^2}\right)$$

$$= \prod_{i=1}^{m} \log \frac{1}{\sqrt{2\pi}\sigma} \exp\left(-\frac{\left(y_i - \boldsymbol{w}^{\mathrm{T}}\boldsymbol{x}_i\right)^2}{2\sigma^2}\right)$$

$$= -\frac{1}{2\sigma^2} \sum_{i=1}^{m} \left(y_i - \boldsymbol{w}^{\mathrm{T}}\boldsymbol{x}_i\right)^2 - m\log\sqrt{2\pi}\sigma$$

令

$$J(\boldsymbol{w}) = \sum_{i=1}^{m} \left(y_i - \boldsymbol{w}^{\mathrm{T}}\boldsymbol{x}_i\right)^2$$

$J(\boldsymbol{w})$ 是线性回归的均方差损失函数，$H(\boldsymbol{w})$ 为似然函数。可见这里最小化 $J(\boldsymbol{w})$ 与极大似然估计是等价的。

13.4.2　极大后验概率估计

极大似然估计将参数 θ 看作确定值，但其值未知，即一个普通变量，它属于频率派。与频率派相对应的是贝叶斯派，极大后验概率、EM 算法等属于贝叶斯派。

1. 频率派与贝叶斯派的区别

关于参数估计，统计学界的两个学派提供了不同的解决方案。

频率派认为参数虽然未知，但是有客观存在的固定值，通过优化似然函数等准则来确定其值。

贝叶斯派认为参数是未观察到的随机变量，其本身也可有分布，因此，可假定参数服从一个先验分布，然后基于观测到的数据来计算参数的后验分布，比如极大后验概率。

2. 经验风险最小化与结构风险最小化

经验风险最小化与结构风险最小化是对于损失函数而言的。可以说经验风险最小化只侧重训练数据集上的损失降到最低，而结构风险最小化是在经验风险最小化的基础上约束模型的复杂度，使得训练数据集上的损失降到最低的同时，模型不至于过于复杂，相当于在损失函数上增加了正则项，防止模型出现过拟合状态。这一点符合奥卡姆剃刀原则——简单就是美。

经验风险最小化可以看作采用了极大似然的参数评估方法，更侧重从数据中学习模型的潜在参数，而且只看重数据样本本身。这样在数据样本缺失的情况下，模型容易发生过拟合的状态。

而结构风险最小化是为了防止过拟合而提出来的策略。过拟合问题往往是训练数据少、噪声、模型能力强等造成的。为了解决过拟合问题，一般在经验风险最小化的基础上引入参数的归一化来限制模型能力，使其不要过度地最小化经验风险。

在参数估计中，结构风险最小化采用了最大后验概率估计的思想来推测模型参数，不仅依赖数据，还依靠模型参数的先验分布。这样在数据样本不是很充分的情况下，我们可以通过模型参数的先验分布，辅以数据样本，尽可能地还原真实模型分布。

根据大数定律，当样本容量较大时，先验分布退化为均匀分布，称为无信息先验，最大后验估计退化为最大似然估计。

3. 极大后验概率估计的原理

极大后验概率估计将参数 θ 视为随机变量，并假设它服从某种概率分布。通过最大化后验概率 $p(\theta|x)$ 来确定其值，即在样本出现的条件下，最大化参数的后验概率。求解时需要假设参数 θ 服从某种分布，这个分布需要预先知道，故又称为先验概率。

假设参数 θ 服从分布的概率函数为 $p(\theta)$，根据贝叶斯公式，参数 θ 对已知样本的后验概率为

$$p(\theta|x) = \frac{p(x|\theta)\,p(\theta)}{p(x)}$$

考虑到其中概率 $p(x)$ 与参数 θ 无关，所以，最大化后验概率 $p(\theta|x)$ 等价于最大化 $p(x|\theta)p(\theta)$，即

$$\arg\max_{\theta} p(\theta|x) = \arg\max_{\theta} p(x|\theta)\,p(\theta) \tag{13.29}$$

由此可得极大后验概率的对数似然估计为

$$\hat{\theta} = \arg\max_{\theta} \log L(\theta) = \arg\max_{\theta}\left(\sum_{i=1}^{n}\log p(x_i|\theta) + \log p(\theta)\right) \tag{13.30}$$

式（13.30）比式（13.29）多了 $\log p(\theta)$ 这项，如果参数 θ 服从均匀分布，即其概率函数为一个常数，则最大化后验概率估计与最大化参数估计一致。或者，也可以反过来，认为最大似然估计是把先验概率 $p(\theta)$ 当作 1，即认为 θ 是均匀分布。

例如：假设 n 个样本，它们属于伯努利分布 $B(p)$，其中取值为 1 的样本有 m 个，取值为 0 的样本有 $n-m$ 个，假设参数 p 服从正态分布 $N(0.3, 0.01)$，样本集的极大后验概率函数为

$$\arg\max_p p\left(p|x\right) = \arg\max_p p\left(x|p\right) p\left(p\right) = \arg\max_p p^m (1-p)^{n-m} \frac{1}{\sqrt{2\pi \times 0.1}} \exp\left(-\frac{(p-0.3)^2}{2 \times 0.01}\right)$$

两边取对数得

$$\arg\max_p \log p\left(p|x\right) = \arg\max_p \log\left(p^m (1-p)^{n-m} \frac{1}{\sqrt{2\pi \times 0.1}} \exp\left(-\frac{(p-0.3)^2}{2 \times 0.01}\right)\right)$$

$$= \arg\max_p \left(m\log p + \left(n-m\right)\log\left(1-p\right) + \log\frac{1}{\sqrt{2\pi \times 0.1}} - 50(p-0.3)^2\right)$$

假设 $L(p) = m\log p + \left(n-m\right)\log\left(1-p\right) + \log\frac{1}{\sqrt{2\pi \times 0.1}} - 50(p-0.3)^2$，为求 $L(p)$ 的最大值，对其求导，并令导数为 0，可得

$$\frac{m}{p} - \frac{n-m}{1-p} - 100\left(p-0.3\right) = 0$$

其中 $0<p<1$，当 $n=100$，$m=30$ 时，可解得

$$p = 0.3$$

这个值与极大似然估计的计算值一样。

4. 极大后验概率估计的应用

极大后验概率估计与极大似然估计相比，多了一个先验概率 $p(\theta)$，通过这个先验概率可以给模型增加一些正则约束。假设模型的参数 θ 服从正态分布，即

$$p\left(\theta\right) = \frac{1}{\sqrt{2\pi}\sigma} \exp\left(-\frac{\left(\theta-\mu\right)^2}{2\sigma^2}\right)$$

其中，正态分布的参数 μ,σ 已知。由式（13.30）可知，随机变量 θ 的极大后验概率估计为

$$\hat{\theta} = \arg\max_{\theta} \sum_{i=1}^{n} \log p\left(x_i|\theta\right) + \log p\left(\theta\right)$$

$$\log p\left(\theta\right) = \log\frac{1}{\sqrt{2\pi}\sigma} - \frac{\left(\theta-\mu\right)^2}{2\sigma^2}$$

$\log\frac{1}{\sqrt{2\pi}\sigma}$ 为常数，设 $\lambda = \frac{1}{2\sigma^2}$，有

$$\hat{\theta} = \arg\max_{\theta} \sum_{i=1}^{n} \log p\left(x_i|\theta\right) + \log p\left(\theta\right) \arg\min_{\theta} - \sum_{i=1}^{n} \log p\left(x_i|\theta\right) + \lambda\left\|\theta-\mu\right\|_2^2$$

在极大似然估计的基础上加了正态分布的先验，这等同于在已有的损失函数上加了 L2 正则。可以看出，最大后验概率等价于平方损失的结构风险最小化。

13.4.3 EM 算法

EM 算法（Expectation-Maximization Algorithm，期望最大化算法），是由 Arthur Dempster、Nan Laird 和 Donald Rubin 于 1977 年提出的一种进行参数极大似然估计的迭代优化策略，用于含有隐变量（latent variable）的概率模型参数的极大似然估计（或极大后验概率估计），它可以从非完整数据集中对参数进行极大似然估计，是一种非常简单实用的学习算法。

如果模型涉及的数据都是可观察数据，那么可以直接使用极大似然估计或极大后验概率估计的方法求解模型参数。但当模型有隐变量时，不能简单使用极大似然估计，需要采用迭代的方法。迭代一般分为两步：E 步，求期望；M 步，求极大值。

先来看几个问题，理解这些问题有助于理解 EM 算法。

- 何为隐变量？如何理解隐变量？采用隐变量的概率分布与全概率公式中完备概率有何区别？
- 为何使用 EM 算法？为何通过迭代方法能不断靠近极值点？迭代结果是递增的吗？

EM 算法是极大似然估计的拓展，是一种对隐变量更复杂的分布的处理方法。

1. 何为隐变量

在统计学中，随机变量，如 $x_1=[1,3,7,4]$，$x_2=[5,2,9,8]$ 等称为可观察的变量，与之相对的是一些不可观察的随机变量，我们称之为隐变量或潜变量。隐变量可以通过使用数学模型依据观察到的数据被推断出来。

为了更好地说明隐变量，我们先看一个简单实例。现在有两枚硬币 1 和 2，假设随机抛掷后正面朝上概率分别为 p_1, p_2。为了估计这两个概率，做如下试验，每次取一枚硬币，连掷 5 次，记录下结果，这里每次试验的硬币为一随机变量，连掷 5 次，每次对应一个随机变量，详细信息见表 13-7。

表 13-7 硬币投掷试验

Z（硬币）	X_1（第1次）	X_2（第2次）	X_3（第3次）	X_4（第4次）	X_5（第5次）	统计结果
1	正	正	反	正	反	3正2反
2	反	反	正	正	反	2正3反
1	正	反	反	反	反	1正4反
2	正	反	反	正	正	3正2反
1	反	正	正	反	反	2正3反

从表 13-7 可知，这个模型的数据都是可观察数据，根据这个试验结果，不难算出硬币 1 和 2 正面朝上的概率：

$$p_1 = \frac{硬币1朝上次数}{硬币1投掷总数} = \frac{3+1+2}{15} = 0.4$$

$$p_2 = \frac{硬币2朝上次数}{硬币2投掷总数} = \frac{2+3}{10} = 0.5$$

每次试验选择的是硬币 1 还是硬币 2，是可观察数据，如果把抛掷硬币 1 或 2 正面朝上的概率作为参数 $\theta = (p_1, p_2)$，也可以通过极大似然估计的方法得到。

输入：样本 $X = \{x_1, x_2, x_3, x_4, x_5\}$，其中 $x_i = (x_{i1}, x_{i2}, x_{i3}, x_{i4}, x_{i5})$

求参数：$\theta = (p_1, p_2)$

目标函数：$\underset{\theta}{\arg\max} \mathcal{L}(\theta) = \underset{\theta}{\operatorname{argmax}} \log p(X|\theta)$

1）构建似然函数。

$$\mathcal{L}(\theta) = \log p(X|\theta) = \log \sum_{j=1}^{5} p(x_j|\theta) = \sum_{j=1}^{5} \log p(x_j|\theta) = \sum_{j=1}^{5} \log p\big((x_{i1}, x_{i2}, x_{i3}, x_{i4}, x_{i5})|\theta\big)$$

$$= \sum_{j=1}^{5} \log p\big((x_{i1}, x_{i2}, x_{i3}, x_{i4}, x_{i5})|\theta\big)$$

$$= \log\left(p_1^{\,3}(1-p_1)^2\right) + \log\left(p_2^{\,2}(1-p_2)^3\right) + \log\left(p_1(1-p_1)^4\right) + \log\left(p_2^{\,3}(1-p_2)^2\right) + \log\left(p_1^{\,2}(1-p_1)^3\right)$$

2）对似然函数求导，令导数为 0，得似然方程，最后解似然方程。

由 $\dfrac{\partial \mathcal{L}(\theta)}{\partial p_1} = 0$，可得

$$p_1 = \frac{3+1+2}{15} = 0.4$$

由 $\dfrac{\partial \mathcal{L}(\theta)}{\partial p_2} = 0$，可得

$$p_2 = \frac{2+3}{10} = 0.5$$

这个通过极大似然估计得到的参数与前面用通常计算频率的方法完全一致。

如果不知道每次投掷的是哪个硬币，此时，每次投掷的是哪个硬币就是一个无法观察的数据，这个数据通常称作隐变量。用隐变量 Z 表示无法观察的数据，其他各项不变，表 13-7 就变成表 13-8。

表 13-8　隐变量 Z 的硬币投掷试验

Z（隐变量）	X_1（第1次）	X_2（第2次）	X_3（第3次）	X_4（第4次）	X_5（第5次）	统计结果
不知道	正	正	反	正	反	3正2反
不知道	反	反	正	正	反	2正3反
不知道	正	反	反	反	反	1正4反
不知道	正	反	反	正	正	3正2反
不知道	反	正	正	反	反	2正3反

说明：这里不妨假设 x_i 与 x_j 互相独立。

2. EM 算法

EM 算法是在存在隐变量的情况下进行参数的极大似然估计，通过迭代的方法进行似然函数 $\mathcal{L}(\theta) = \log p(X|\theta)$ 的极大似然估计，每次迭代分为两步：E 步，求期望；M 步，求极大值。

输入：可观察样本 $X = \{x_1, x_2, \cdots, x_n\}$，隐变量 Z，联合分布 $p(X, Z|\theta)$，隐变量的条件分布 $p(Z|X, \theta)$

输出：模型参数 θ

EM 算法的具体步骤如下：

1）初始化参数 θ_0。

2）E 步：假设 θ_t 为第 t 次迭代参数 θ 的估计值，在第 $i+1$ 次迭代的 E 步，计算 Q 函数。

$$Q(\theta, \theta_t) = \sum_{i=1}^{n} \sum_{z_i} p(z_i | x_i, \theta_t) \log p(x_i, z_i | \theta) = \sum_{i=1}^{m} E_{z_i | x_i, \theta_t} \log p(x_i, z_i | \theta)$$

3）M 步：求使 $Q(\theta, \theta_t)$ 极大化的参数 θ，设第 $i+1$ 次迭代求得的参数的估计值为 θ_{t+1}。

$$\theta_{t+1} = \arg \max_{\theta} Q(\theta, \theta_t)$$

4）重复第 2 步和第 3 步，直到收敛或完成指定迭代次数。

3. EM 算法的简单实例

根据表 13-8 可知，只要知道 Z，就能求出参数 $\theta = (p_1, p_2)$。但要知道 Z，又必须通过参数 θ 推导出来，否则无法推出 Z 的具体情况。为此，我们可以把 Z 看成一个隐变量，这样完整的数据就是 (X, Z)，通过极大似然估计对参数 $\theta = (p_1, p_2)$ 进行估计，因存在隐变量 Z，一般无法直接用解析式表达参数，故采用迭代的方法进行优化，具体步骤如下：

输入样本：$X = \{x_1, x_2, x_3, x_4, x_5\}$，其中 $x_i = (x_{i1}, x_{i2}, x_{i3}, x_{i4}, x_{i5})$，如第一个样本

$$(x_{11}, x_{12}, x_{13}, x_{14}, x_{15}) = (\text{正}, \text{正}, \text{反}, \text{正}, \text{反})$$

输出：模型参数 θ

EM 算法具体步骤如下：

1）初始化参数 $\theta_0 = (p_1^0, p_2^0)$。

2）假设第 t 次迭代时参数为 θ_t，求 Q 函数：

$$Q(\theta, \theta_t) = \sum_{i=1}^{m} \sum_{z_i} p(z_i | x_i, \theta_t) \log p(x_i, z_i | \theta)$$

3）对 Q 函数中的参数 θ 进行极大似然估计，得到 θ_{t+1}：

$$\theta_{t+1} = \arg\max_{\theta} Q(\theta, \theta_t)$$

4）重复第 2 和 3 步，直到收敛或完成指定迭代步数。

其中第 2 步需要求 $p(z_i \mid x_i, \theta_t)$，我们定义为：

$$p(z_i = 1 \mid x_i, \theta_t) = \frac{p(z_i = 1, x_i \mid \theta_t)}{p(z_i = 1, x_i \mid \theta_t) + p(z_i = 2, x_i \mid \theta_t)}$$

$$p(z_i = 2 \mid x_i, \theta_t) = \frac{p(z_i = 2, x_i \mid \theta_t)}{p(z_i = 1, x_i \mid \theta_t) + p(z_i = 2, x_i \mid \theta_t)}$$

根据这个迭代步骤，第 1 次迭代过程如下：

1）初始化参数 $\theta_0 = \left(p_1^0, p_2^0\right)$。

2）E 步，计算 Q 函数。

先计算隐变量的后验概率 $p(z_i \mid x_i, \theta_t)$。

假设 $p_1^0 = 0.2$，$p_2^0 = 0.7$，先进行第一轮投掷，用 μ_1 表示投掷硬币 1 的概率则

$$\mu_1 = p(z_1 = 1 \mid x_1, \theta_0) = \frac{p(z_1 = 1, x_1 \mid \theta_0)}{p(z_1 = 1, x_1 \mid \theta_0) + p(z_1 = 2, x_1 \mid \theta_0)}$$

$$= \frac{0.2 \times 0.2 \times 0.8 \times 0.8 \times 0.2}{0.2 \times 0.2 \times 0.8 \times 0.8 \times 0.2 + 0.7 \times 0.7 \times 0.3 \times 0.7 \times 0.3}$$

$$= \frac{0.00512}{0.00512 + 0.03087} = 0.14$$

同理可得，第 1 轮，投掷硬币 2 的概率为 $1 - \mu_1 = p(z_1 = 2 \mid x_1, \theta_0) = 1 - p(z_1 = 1 \mid x_1, \theta_0) = 0.86$。

按同样方法完成剩下 4 轮投掷，最后得到投掷统计信息如表 13-9 所示。

表 13-9　投掷统计信息

投掷轮次	z	$p(z_i, x_i \mid \theta_t)$	$\mu_i = p(z_i \mid x_i, \theta_t)$
第1轮	$z=1$	0.00512	0.14
	$z=2$	0.03087	0.86
第2轮	$z=1$	0.02048	0.61
	$z=2$	0.01323	0.39
第3轮	$z=1$	0.08192	0.94
	$z=2$	0.00567	0.06
第4轮	$z=1$	0.00512	0.14
	$z=2$	0.03087	0.86
第5轮	$z=1$	0.02048	0.61
	$z=2$	0.01323	0.39

$\mu_i = p(z_i \mid x_i, \theta_t)$ 的实现过程可用二项分布的实现，具体过程如下：

1）计算，假设 $\theta_t = (p_1, p_2)$，k 表示正面朝上的次数，则

$$p(z_i = 1, x_i \mid \theta_t) = C_5^k p_1^k (1 - p_1)^{5-k}$$

$$p(z_i = 2, x_i \mid \theta_t) = C_5^k p_2^k (1 - p_2)^{5-k}$$

2）计算

$$\mu_i = p(z_i \mid x_i, \theta_t) = \frac{p(z_i = 1, x_i \mid \theta_t)}{p(z_i = 1, x_i \mid \theta_t) + p(z_i = 2, x_i \mid \theta_t)}$$

$$= \frac{C_5^k p_1^k (1 - p_1)^{5-k}}{C_5^k p_1^k (1 - p_1)^{5-k} + C_5^k p_2^k (1 - p_2)^{5-k}}$$

$$= \frac{p_1^k (1 - p_1)^{5-k}}{p_1^k (1 - p_1)^{5-k} + p_2^k (1 - p_2)^{5-k}}$$

3）其中二项分布 $C_5^k p_1^k (1 - p_1)^{5-k}$ 可用 Python 统计模块 stats 中的 stats.binom.pmf 来实现。

计算 Q 函数，设 y_i 表示第 i 轮投掷出现正面的次数。

$$Q(\theta, \theta_0) = \sum_{i=1}^{5} \sum_{z_i} p(z_i \mid x_i, \theta_0) \log p(x_i, z_i \mid \theta)$$

$$= \sum_{i=1}^{5} \mu_i \log p(x_i, z_i = 1 \mid \theta_0) + \sum_{i=1}^{5} (1 - \mu_i) \log p(x_i, z_i = 2 \mid \theta_0)$$

$$= \sum_{i=1}^{5} \mu_i \log p_1^{y_i} (1 - p_1)^{5-y_i} + \sum_{i=1}^{5} (1 - \mu_i) \log p_2^{y_i} (1 - p_2)^{5-y_i}$$

4）对 Q 函数中的参数 θ 进行极大似然估计，得到 θ_1：

$$\theta_1 = \arg \max_{\theta} Q(\theta, \theta_0)$$

对 Q 函数求导，并令导数为 0。

$$\frac{\partial Q}{\partial p_1} = \mu_1 \left(\frac{y_1}{p_1} - \frac{5 - y_1}{1 - p_1} \right) + \mu_2 \left(\frac{y_2}{p_1} - \frac{5 - y_2}{1 - p_1} \right) + \cdots + \mu_5 \left(\frac{y_5}{p_1} - \frac{5 - y_5}{1 - p_1} \right)$$

$$= \frac{\sum_{i=1}^{5} (\mu_i y_i - 5 \mu_i p_1)}{p_1 (1 - p_1)} = 0$$

解这个方程得

$$p_1 = \frac{\sum_{i=1}^{5} \mu_i y_i}{5 \sum_{i=1}^{5} \mu_i} = 0.35$$

同理，解方程 $\dfrac{\partial Q}{\partial p_2} = 0$，可得

$$p_2 = \frac{\sum\limits_{i=1}^{5}(1-\mu_i)y_i}{5\sum\limits_{i=1}^{5}(1-\mu_i)} = 0.53$$

所以 $\theta_1 = (0.35, 0.53)$。

进行第 2 轮迭代：

1）基于第 1 轮获取的参数 $\theta_1 = (0.35, 0.53)$，进行第 2 轮 EM 计算。

2）计算每个试验中选择的硬币是 1 和 2 的概率，计算 Q 函数（E 步），然后计算 M 步，得 $\theta_2 = (0.40, 0.48)$。

3）继续迭代，直到收敛到指定阈值或完成指定迭代次数。

4. EM 算法简单示例

最大似然估计的简单示例如图 13-13 所示。假设有两枚硬币 A,B，以相同的概率随机选择一个硬币，进行如下的抛硬币试验：共做 5 次试验，每次试验独立抛 10 次。结果如图 13-13a 所示，例如某次实验产生了 H、T、T、T、H、H、T、H、T、H，其中 H 代表正面朝上，T 表示正面朝下。

假设试验数据记录员是实习生，对业务不一定熟悉，可能出现 a 和 b 两种情况：

a 表示实习生记录了详细的试验数据，我们可以观测到试验数据中每次选择的是 A 还是 B。

b 表示实习生忘记记录每次试验选择的是 A 还是 B，我们无法观测实验数据中选择的硬币是哪个，这时就需要使用迭代的方法——EM 算法了。

5. 从变分推断看 EM 算法

（1）变分推断要解决的问题

首先，我们的原始目标是求样本 x 的分布 $p(x)$，需要根据已有数据推断需要的分布 $p(x)$。当 $p(x)$ 不容易表达、不能直接求解时，可以尝试用变分推断的方法，即寻找容易表达和求解的分布 $q(x)$。当 $q(x)$ 和 $p(x)$ 的差距很小时，q 就可以作为 p 的近似分布，成为输出结果了。在这个过程中，关键点转变了，从"求分布"的推断问题变成"缩小距离"的优化问题。

证据下界（Evidence Lower BOund，ELBO）也叫变分下界（Variational Lower Bound），能够将统计推理问题转换为优化问题，结合梯度下降等优化方法和深度神经网络等现代逼近技术，可以实现对复杂分布的推理。

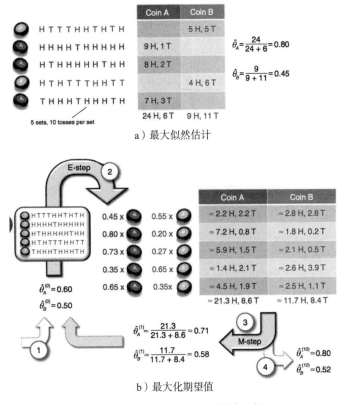

a）最大似然估计

b）最大化期望值

图 13-13 最大似然估计简单示例

（2）复杂分布的构成

给定一些观测数据 x，求其对应的分布 $p(x)$。有时，这种分布可能相当简单。例如，如果观察结果是掷硬币的结果，则 $p(x)$ 将是伯努利分布。在连续的情况下，如果你测量人的身高，$p(x)$ 将是一个简单的高斯分布。然而，我们通常会遇到具有复杂分布的观察结果。例如，图 13-14 显示了这样一个 $p(x)$，它是一个高斯混合分布。

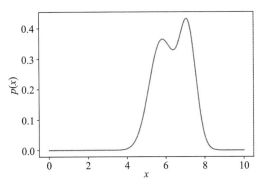

图 13-14 高斯混合模型示例

（3）如何求复杂分布

在概率论中有个重要思想是全概率方法，它把一个复杂分布转换为一些较简单的分布来求。全概率公式离散情况如下：

$$p(x) = \sum_z p(x|z) p(z)$$

其中，随机变量 z 没有被观测到，因此它又被称为隐变量。

如果 x 为连续型随机向量，则其全概率公式为

$$p(x) = \int_z p(x|z) p(z) \mathrm{d}z$$

根据这个思路，我们可以把复杂 $p(x)$ 分布转换为一些简单分布来表示，比如可以假设 $p(z)$ 为简单的高斯分布（其他分布也可以），如图 13-15 所示。

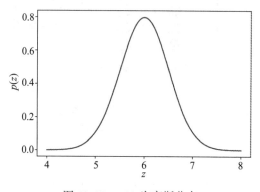

图 13-15 $p(z)$ 为高斯分布

接下来，我们将尝试使用 $p(z)$ 和一些变换 $p(x|z)$（可以把它视为对 $p(z)$ 的权重因子 w）来拟合 $p(x)$。具体来说，我们选择 $p(z)$ 的几个移位副本，并将每个副本与权重 w_i 相乘。结果如图 13-16 所示。

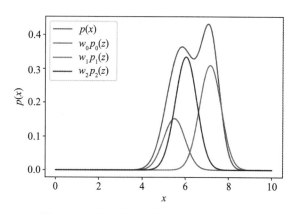

图 13-16   由不同权重构成的高斯混合模型

前面采用不断提升目标函数的下界函数的方法求得目标函数的一种近似解，此外，还可以通过近似推断来寻求目标函数的近似解，这包括采用变分推断或采样算法等近似推断方法。当局部条件分布较为复杂或积分难以计算时，这种方法特别适用。变分推断（Variational Inference）的方法是先引入一个变分分布（通常是比较简单的分布，如均匀分布或正态分布）来近似条件概率，然后通过迭代的方法进行计算。首先可以用交叉熵或 KL 距离来衡量变分分布和条件概率之间的差异，并最小化这种差异，从而进行推断。

EM 算法是一种迭代法，其目标就是在有隐变量的条件下，求极大似然估计或极大后验概率估计。

假设有概率分布 $p(x,\theta)$，由它生成 N 个样本，每个样本包含观察数据 x_i，以及无法观察的隐变量 z_i，这里假设 $p(x,\theta)$ 为离散型概率。这个概率的分布的参数 θ 未知，现在的目标就是根据这些样本估计出参数 θ 的值。如何对带隐变量的概率进行参数估计？如果采用极大似然估计，首先构造对数似然函数

$$L(\theta)=\sum_{i=1}^{N}\log p(x_i|\theta)=\sum_{i=1}^{N}\log\sum_{z_i}p(x_i,z_i|\theta) \tag{13.31}$$

因隐变量的存在，式（13.31）中出现了对数中有连加求和项，这种情况对参数 θ 求梯度为 0 的方程组时，通常无法得到参数的解析解，另外计算量也非常大。假设隐变量有 n 中取值，那么 N 个样本的隐变量将有 n^N 种组合，这是指数级的。为此，必须另辟蹊径——引入变分分布 $q(z)$。

EM 算法采用近似求解的方法，通过构建一个变分分布 $q(z)$ 来近似求解概率分布 $p(x|\theta)$。

如何衡量概率分布 $p(x|\theta)$ 与变分分布之间的近似程度？KL 散度是个较好的指标。

引入变分分布处理似然函数的主要思路如下：

为计算 $\log p(x|\theta)$，引入一个含隐变量的变分分布 $q(z)$。对每个样本 x_i，假设 $q_i(z_i)$ 为隐变量 z_i 的概率函数，该概率函数满足

$$\sum_{z_i}q_i(z_i)=1, q_i(z_i)\geqslant 0$$

利用这个概率分布，将式（13.31）的对数似然函数变形，目标函数为

$$L(\theta)=\sum_{i=1}^{N}\log p(x_i|\theta)=\sum_{i=1}^{N}\log\sum_{z_i}p(x_i,z_i|\theta)$$
$$=\sum_{i=1}^{N}\log\sum_{z_i}q_i(z_i)\frac{p(x_i,z_i|\theta)}{q_i(z_i)}$$

其中，$\sum_{z_i} q_i(z_i) \dfrac{p(x_i, z_i|\theta)}{q_i(z_i)}$ 为数学期望，根据 Jensen 不等式可得

$$\log \sum_{z_i} q_i(z_i) \frac{p(x_i, z_i|\theta)}{q_i(z_i)} \geqslant \sum_{z_i} q_i(z_i) \log \frac{p(x_i, z_i|\theta)}{q_i(z_i)}$$

其中

$$\sum_{z_i} q_i(z_i) \log \frac{p(x_i, z_i|\theta)}{q_i(z_i)} = \sum_{z_i} q_i(z_i) \log p(x_i, z_i|\theta) - \sum_{z_i} q_i(z_i) \log q_i(z_i)$$

其中 $-\sum_{z_i} q_i(z_i) \log q_i(z_i)$ 是熵，是一个常数，所以极大化 $L(\theta)$ 就是极大化下式：

$$\sum_{z_i} q_i(z_i) \log p(x_i, z_i|\theta) \tag{13.32}$$

而该式是一个数学期望：

$$E_z \left[\log p(x_i, z_i|\theta) \right]$$

这就是 EM 算法 E 步的来历。

EM 算法的主要步骤如下：

1）初始化参数 θ_0 的值，输入观察数据 x 和隐变量 z，联合概率分布 $p(x, z|\theta)$，然后循环迭代。

2）E 步。基于当前的参数估计值 θ_t，计算给定观察数据 x 时 z 的条件概率，即隐变量的后验概率。令 $q_{it}(z_i) = p(z_i|x_i, \theta_t)$（下一小节将会说明为何变分分布选择这个概率分布），代入式（13.32），计算数学期望值：

$$\sum_{i=1}^{N} \sum_{z_i} p(z_i|x_i, \theta_t) \log p(x_i, z_i|\theta)$$

3）M 步。

$$\theta_{t+1} = \arg \max_{\theta} \sum_{i=1}^{N} \sum_{z_i} p(z_i|x_i, \theta_t) \log p(x_i, z_i|\theta)$$

4）重复第 2、3 步，直到收敛。

前面我们把参数 θ 视为一般变量，如果把参数 θ 视为随机变量，EM 算法可以用于极大后验概率估计，此时目标函数 $L(\theta) = \sum_{i=1}^{N} \log p(x_i|\theta)$ 将改为

$$L(\theta) = \sum_{i=1}^{N} \log p(x_i|\theta) p(\theta) = \sum_{i=1}^{N} \log p(x_i|\theta) + \log p(\theta)$$

6. 如何选择变分函数 $p(z|\pmb{x},\pmb{\theta})$

假设变分分布 $q(z)$ 为含隐变量的任务分布，可得

$$L(\theta) = \sum_{i=1}^{N} \log p(x_i|\theta) = \sum_{i=1}^{N}\sum_{z} q(z) \log p(x_i|\theta)$$

分子分母都乘以 $q(z)\,p(x_i,z|\theta)$ 可得

$$L(\theta) = \sum_{i=1}^{N}\sum_{z} q(z) \log \frac{p(x_i|\theta)q(z)\,p(x_i,z|\theta)}{q(z)\,p(x_i,z|\theta)}$$

$$= \sum_{i=1}^{N}\left(\sum_{z} q(z) \log \frac{p(x_i,z|\theta)}{q(z)} + \log \frac{p(x_i|\theta)q(z)}{p(x_i,z|\theta)} \right)$$

$$= \sum_{i=1}^{N}\left(\sum_{z} q(z) \log \frac{p(x_i,z|\theta)}{q(z)} + \sum_{z} q(z) \log \frac{p(x_i|\theta)q(z)}{p(x_i|\theta)\,p(z|x_i,\theta)} \right)$$

$$= \sum_{i=1}^{N}\left(\sum_{z} q(z) \log \frac{p(x_i,z|\theta)}{q(z)} + \sum_{z} q(z) \log \frac{q(z)}{p(z|x_i,\theta)} \right)$$

$$= \sum_{i=1}^{N}\left(\sum_{z} q(z) \log \frac{p(x_i,z|\theta)}{q(z)} + \mathrm{KL}\big(q(z)\,\|\,p(z\,|\,x_i,\theta)\big) \right)$$

设 $L(q,\theta) = \sum_{z} q(z) \log \dfrac{p(x_i,z|\theta)}{q(z)}$，$L(q,\theta)$ 称为证据下界，记为 $\mathrm{ELBO}(q,x_i|\theta)$。

则 $\log p(x_i|\theta) = \mathrm{ELBO}(q,x_i|\theta) + \mathrm{KL}\big(q(z)\,\|\,p(z\,|\,x_i,\theta)\big)$，这个表达式可用图 13-17 表示。

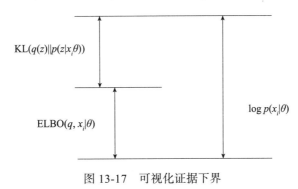

图 13-17　可视化证据下界

由于散度 $\mathrm{KL}\big(q(z)\,\|\,p(z|x_i,\theta)\big) \geqslant 0$，所以 $\mathrm{ELBO}(q,x_i|\theta)$ 是 $\log p(x_i|\theta)$ 的下界。EM 算法在不断迭代的过程中不断提升 $\mathrm{ELBO}(q,x_i|\theta)$，从而提升 $\log p(x_i|\theta)$。

当且仅当$q(z) = p(z|x_i, \theta)$时，$\mathrm{KL}\big(q(z)\,\|\,p(z|x_i, \theta)\big) = 0$，此时$\mathrm{ELBO}\big(q, x_i|\theta\big) = \log p\big(x_i|\theta\big)$，这也是变分分布$q(z)$选择$p(z|x_i, \theta)$的原因所在。

初始化参数θ时，通常$\mathrm{KL}\big(q(z)\,\|\,p(z|x_i, \theta_t)\big) > 0$。E步，固定$\theta_t$，取$q(z) = p(z|x_i, \theta)$，此时$\mathrm{KL}\big(q(z)\,\|\,p(z|x_i, \theta_t)\big) = 0$。M步，固定分布$q_{t+1}(z)$，寻找参数$\theta_{t+1}$使$\mathrm{ELBO}\big(q_{t+1}, x_i|\theta_{t+1}\big)$最大化，此时$\mathrm{KL}\big(q_{t+1}(z)\,\|\,p(z|x_i, \theta_t)\big) > 0$，从而使$\log p\big(x_i|\theta_{t+1}\big)$也变大。EM算法的整个步骤可用图13-18表示。

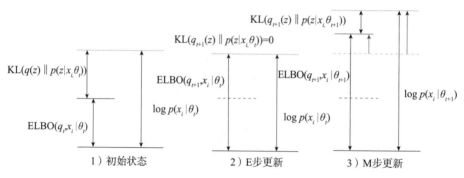

图 13-18   EM 算法的整个步骤

13.4.4　变分推断

变分推断是一种用于近似推断复杂概率模型中未知变量的方法。它的基本思想是将复杂的后验概率分布表示为一个简单的参数化分布，然后通过最小化两者之间的差异来逼近后验概率分布。这样做的好处是，可以将复杂的推断问题转化为一个优化问题，从而可以使用优化算法来求解。

假设有一个概率模型，其中包含观察变量（已知的数据）和隐变量（未知的参数），我们希望推断出这些隐变量的后验分布。我们的目标是找到一个简单的参数化分布，比如高斯分布或指数分布，来近似表示后验分布。为了衡量两个分布之间的差异，我们使用 KL 散度。

变分推断的思路是找到一个参数化分布 $Q(z)$ 来近似表示后验分布 $P(z \mid x)$，然后通过最小化 KL 散度来找到最优的参数值。具体步骤如下：

1）定义参数化分布 $Q(z)$。通常，$Q(z)$ 的参数记为 ϕ。

2）构建似然函数 $P(x, z)$，即观察变量 x 和隐变量 z 的联合分布。

3）计算边缘似然函数 $P(x)$。它是将似然函数关于隐含变量 z 边缘化得到的。

4）最小化 KL 散度。将 $\mathrm{KL}(P(z \mid x) \,\|\, Q(z))$ 表示为一个损失函数，然后使用优化算法来最小化这个损失函数，得到最优的参数 ϕ。

现在，让我们通过一个简单的例子来说明变分推断的原理。假设我们有一个带有隐变量 z 的高斯混合模型：

$$P(x, z) = P(z)\, P(x \mid z)$$

其中，$P(z)$ 是隐变量的先验分布，假设为高斯分布，$P(x \mid z)$ 是给定隐变量 z 时的条件分布，也假设为高斯分布。

我们的目标是在给定观察数据 x 的情况下，推断出隐变量 z 的后验分布 $P(z \mid x)$。

使用变分推断，我们假设后验分布 $P(z \mid x)$ 为另一个高斯分布，参数为 $\phi = (\mu, \sigma)$。然后，我们可以通过最小化 KL 散度来找到最优的 ϕ。具体地，我们计算 KL 散度：

$$\mathrm{KL}(P(z \mid x) \parallel Q(z)) = \int P(z \mid x) \log\big(P(z \mid x)\, /\, Q(z)\big)\, \mathrm{d}z$$

将 $P(z \mid x)$ 和 $Q(z)$ 都设为高斯分布，并进行数学推导和计算，可以得到 KL 散度的表达式。然后，我们可以通过梯度下降等优化算法来最小化 KL 散度，从而找到最优的参数 ϕ。

一旦得到了最优的参数 ϕ，我们就可以用 $Q(z)$ 来近似表示后验分布 $P(z \mid x)$，从而得到隐变量 z 的推断结果。这样，我们就通过变分推断方法，用一个简单的高斯分布来近似复杂的后验分布，实现了对隐变量的推断。

13.4.5　马尔可夫链蒙特卡罗随机采样

马尔可夫链蒙特卡罗（MCMC）随机采样是一种用于模拟复杂概率分布的统计学方法。它基于马尔可夫链的性质，迭代地生成样本序列并逐步收敛到目标分布。MCMC 随机采样适用于维度高且计算困难的问题，例如贝叶斯推断和模型参数估计。它的核心思想是以某个初始状态开始，通过一系列马尔可夫转移，最终得到一组与目标分布接近的样本。这些样本可以用来估计均值、方差，或进行模型的预测和推断。

1. 蒙特卡罗算法

蒙特卡罗算法是一类基于随机采样和统计模拟的计算方法，用于解决一些复杂问题。它的核心思想是通过随机抽样来估计问题的概率、期望值或其他统计量。蒙特卡罗算法通常具有较高的灵活性和适用性。其基本原理是通过生成随机样本，利用大数定律，近似计算出不确定问题的数学期望。

蒙特卡罗算法的几个基本原理如下。

● 随机采样：蒙特卡罗算法通过对概率空间的随机采样来逼近问题的解。采样过程需要满足独立性和均匀性，以保证模拟结果的可靠性。

● 统计平均：蒙特卡罗算法通过对随机采样点的函数值进行平均来估计数学期望、积分等数值计算问题的解。样本数量越多，统计平均的精度也就越高。

● 大数定律：蒙特卡罗算法中使用统计平均近似真实值的核心基础是大数定律。大数定律指出，对于独立同分布的随机变量序列，其样本均值会收敛于该随机变量的期望，当样本数量足够大时，这种收敛是以高概率发生的。

- 方差控制：蒙特卡罗算法在求解复杂问题时，通常需要进行大量的随机模拟，这可能导致模拟误差较大。根据中心极限定理，方差递减的速度与样本数量的平方根成反比。因此，方差降低可能意味着需要更多的样本来获得相同的精度。为了控制误差，可以采用方差缩减技术，如重要性抽样、控制变量法等。

蒙特卡罗算法的步骤如下：

1）定义问题：明确需要估计的数学期望，确定需要模拟的随机现象。

2）生成随机样本：使用随机数生成器生成一系列符合指定分布的随机数样本。

3）计算样本函数值：对于每个随机样本，计算对应的函数值。

4）统计估计：对样本函数值求平均，得到数学期望的估计值。

下面举一个简单的实例。

（1）定义问题

假设随机向量服从概率分布 $p(x)$，要计算 $f(x)$ 的数学期望，即

$$E_{x \sim p(x)}\big(f(x)\big) = \int_{\mathcal{R}^n} f(x)\, p(x)\,\mathrm{d}x$$

（2）生成随机样本

从概率分布 $p(x)$ 随机抽取 N 个样本，即 $\{x_1, x_2, \cdots, x_N\}$。

（3）计算样本函数值

根据 N 个样本 $\{x_1, x_2, \cdots, x_N\}$ 求得样本函数值 $f(x_1), f(x_2), \cdots, f(x_N)$。

（4）统计估计

计算均值：

$$E_{x \sim p(x)}\big(f(x)\big) \approx \frac{1}{N} \sum_{i=1}^{N} f(x_i)$$

这就是随机变量函数 $f(x)$ 期望的估计值。这里 $f(x_1), f(x_2), \cdots, f(x_N)$ 为独立同分布，根据大数定律，它们的平均值收敛到数学期望，即有

$$\lim_{N \to +\infty} \frac{1}{N} \sum_{i=1}^{N} f(x_i) = E_{x \sim p(x)}\big(f(x)\big)$$

当 N 较大时，可保证上式近似成立。

2. 拒绝采样

拒绝 - 接受采样（Acceptance-Rejection Sampling）简称拒绝采样，是一种基本的采样方法，当要采样的概率分布 $p(x)$ 难以直接采样时，算法引入一个容易采样的分布 $q(x)$，又称为提议分布（proposal distribution）。从提议分布采样出一批样本，然后以某种方法拒绝一部分样本，使得剩下的样本服从目标概率分布 $p(x)$。

（1）拒绝采样算法

输入：目标概率分布 $p(x)$，一个简单易采样的提议分布 $q(x)$，常数 c，使 $cq(x) \geq p(x)$，即提议分布乘以常数 c 之后要覆盖住 $p(x)$。从提议分布 $q(x)$ 提取样本 x，从均匀分布 $U[0,1]$ 随机取样，得到随机数 u。如果 $u \leq \dfrac{p(x)}{cQ(x)}$，则接受样本 x，否则拒绝样本 x。

这种采样算法可以生成 R^n 中的任意概率分布的样本。

拒绝采样的优点在于简单易懂，但是对于高维问题，并非所有的候选样本都能被接受，导致采样效率较低。

（2）拒绝采样实例

```python
import numpy as np
import matplotlib.pyplot as plt
from scipy.stats import norm
import seaborn
#seaborn.set()
%matplotlib inline
# 目标采样分布的概率密度函数
def p(x):
    return (0.3*np.exp(-(x-0.3)**2)+0.7*np.exp(-(x-2.)**2/0.3))/1.2113
# 创建建议分布 G
norm_rv=norm(loc=1.4,scale=1.2)
# 定义 c 值
c=2.5
x=np.arange(-4,6.0,0.01)
plt.plot(x,p(x),color='r',lw=5,label='p(x)')
plt.plot(x,c*norm_rv.pdf(x),color='b',lw=5,label='c*g(x)')
plt.legend()
plt.show()
```

运行结果如图 13-19 所示。

3. 重要性采样

重要性采样是一种基于概率分布的加权采样方法，用于有效地生成服从目标分布的样本。

假设要生成的目标概率分布为 $P(x)$，定义一个重要性分布或者采样分布 $Q(x)$，可以生成容易采样的样本。在生成样本的过程中，首先从采样分布 $Q(x)$ 中生成一个样本 x_sample。计算目标分布和提议分布的比值：$r = P(x\_sample) / Q(x\_sample)$。这个比值 r 即为该样本的重要性权重。

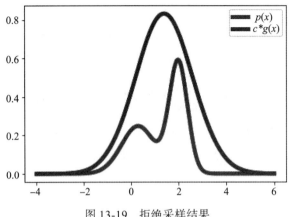

图 13-19   拒绝采样结果

得到样本后，对其进行加权，即样本乘以其对应的重要性权重，然后按照这个加权后的样本进行后续的分析。

重要性采样的优点在于对于一个已知概率分布，可以高效地生成样本，并且通过对样本进行加权处理，可以对概率分布的期望、方差等统计量进行有效估计。但是重要性采样对于采样分布与目标分布的选择较为敏感，如果两者差异较大，可能会导致采样效果较差。

这些采样算法对高维空间的复杂概率分布实现起来比较麻烦，后续还将介绍基于马尔可夫链的采样算法：MCMC 采样算法、M-H 采样算法、Gibbs 算法等。这些采样算法针对高维空间的复杂概率分布效率更高。

下面介绍一个简单的实例。假设随机向量服从概率分布 $p(x)$，要计算 $f(x)$ 的数学期望，即

$$E_{x\sim p(x)}\big(f(x)\big) = \int_{\mathcal{R}^n} f(x)\,p(x)\,\mathrm{d}x$$

如果概率分布 $p(x)$ 比较复杂，无法直接进行采样，此时我们可以采用重要性采样方法，把从概率分布 $p(x)$ 中采样转换为从一个简单分布 $q(x)$（如均匀分布或高斯分布等）中采样。具体转换过程如下：

$$\begin{aligned}
E_{x\sim p(x)}\big(f(x)\big) &= \int_{\mathcal{R}^n} f(x)\,p(x)\,\mathrm{d}x \\
&= \int_{\mathcal{R}^n} f(x)\,p(x)\frac{q(x)}{q(x)}\,\mathrm{d}x \\
&= \int_{\mathcal{R}^n} \frac{f(x)\,p(x)}{q(x)}\,q(x)\,\mathrm{d}x \\
&= E_{x\sim q(x)}\left(\frac{f(x)\,p(x)}{q(x)}\right) \\
&\approx \frac{1}{N}\sum_{x_i\sim q(x_i),\,i=1}^{N} \frac{f(x_i)\,p(x_i)}{q(x_i)}
\end{aligned}$$

4. 马尔可夫性

马尔可夫性是指在一个随机过程中，当前状态的概率分布仅依赖于前一个状态，而与过去的状态序列无关。这意味着给定了前一个状态，当前状态与过去状态的信息是独立的。

举例说明。考虑一个简单的天气模型，假设天气只有两种状态：晴天（S）和雨天（R）。现在我们想要预测第三天的天气情况，假设第三天的天气状态为 X。根据马尔可夫性，第三天的天气状态 X 仅依赖于第二天的天气状态 Y，而与更早的天气状态无关。

那么我们可以写出马尔可夫链关系：$P(X \mid Y) = P(X \mid Y, Z)$，其中 Z 表示更早的天气状态。但由于马尔可夫性，这里 Z 状态对于预测第三天的天气状态 X 并没有影响，所以可以简化为：$P(X \mid Y) = P(X)$。

假设已知过去两天的天气情况是第一天为晴天（S），第二天为雨天（R），现在我们想要预测第三天的天气情况。

根据马尔可夫性，我们只需要考虑第二天的天气状态，即 $Y=$ 雨天（R）。我们可以通过历史数据得知，在雨天的情况下，第三天是晴天（S）的概率为 $P($ 晴天 $\mid$ 雨天 $) = 0.6$，而是雨天（R）的概率为 $P($ 雨天 $\mid$ 雨天 $) = 0.4$。

因此，根据马尔可夫性，我们预测第三天的天气为晴天（S）的概率为 0.6，为雨天（R）的概率为 0.4。

5. 马尔可夫链

马尔可夫链是一种随机过程，其基本含义是在未来状态的概率分布仅依赖于当前状态，而与过去的状态序列无关。它是一个离散的随机过程，由一系列离散的状态组成，且满足马尔可夫性质。

马尔可夫性质可以用数学公式表示为

$$P(X_{n+1} \mid X_n, X_{n-1}, \cdots, X_1) = P(X_{n+1} \mid X_n)$$

其中，X_n 表示当前状态，X_{n+1} 表示下一个状态。这个公式表明，在给定当前状态的情况下，未来状态的概率只与当前状态有关，与过去的状态无关。

举个例子来说明马尔可夫链的基本含义。假设有一个天气模型，用来描述某个城市每天的天气状况。我们将天气分为三种状态：晴天（S）、多云（C）和雨天（R）。我们知道，在这个城市中，明天的天气只与今天的天气有关，而与过去的天气无关，这符合马尔可夫性质。

现在，我们用一个转移矩阵来表示天气的转移概率。假设转移矩阵如下：

	S	C	R
S	0.8	0.15	0.05
C	0.3	0.6	0.1
R	0.2	0.3	0.5

该转移矩阵表示：

- 在晴天（S）的情况下，明天是晴天的概率为0.8，是多云的概率为0.15，是雨天的概率为0.05。
- 在多云（C）的情况下，明天是晴天的概率为0.3，是多云的概率为0.6，是雨天的概率为0.1。
- 在雨天（R）的情况下，明天是晴天的概率为0.2，是多云的概率为0.3，是雨天的概率为0.5。

如果今天是晴天，我们可以用转移矩阵来预测明天的天气。根据转移矩阵，明天是晴天的概率是0.8，多云的概率是0.15，雨天的概率是0.05。类似地，如果今天是多云，明天的天气预测为：晴天的概率是0.3，多云的概率是0.6，雨天的概率是0.1。

这个天气模型符合马尔可夫链的基本含义，因为天气的转移概率只与当前的天气状态有关，而与过去的天气历史无关。

6. 细致平衡条件

很多随机采样应用中，需要在给定状态概率分布 π 的条件下构造一个马尔可夫链，即构造状态转移矩阵 P，使得其平稳分布为 π。如何构建这样一个状态转移矩阵？它需要满足什么条件？细致平衡条件提供了解决这些问题的方法。如果马尔可夫链的状态转移矩阵 P 和概率分布 π 对所有的 i 和 j 均满足

$$\pi_i p_{ij} = \pi_j p_{ji} \tag{13.33}$$

则 π 为马尔可夫链的平稳分布。式（13.33）称为细致平衡条件。

注意，P 和 π 满足细致平衡条件是 π 为 P 的平稳分布的充分条件，而非必要条件。

7. 基于马尔可夫链采样

如果得到了某个平稳分布所对应的马尔可夫链状态转移矩阵，我们就很容易采样出这个平稳分布的样本集。具体算法如下：

1）输入马尔可夫链状态转移矩阵 P，设定状态转移次数为 n_1，需要的样本个数为 n_2。

2）从任意简单概率分布采样得到初始状态值 x_0。

3）for $t=0$ to n_1+n_2-1
从条件概率分布 $p(x|x_t)$ 中采样得到样本 x_{t+1}
　　end for

4）样本集 $\{x_{n_1+1}, x_{n_1+2}, \cdots, x_{n_1+n_2}\}$ 就是符合给定平稳分布的样本集。

知道采样样本的平稳分布所对应的马尔可夫链状态转移矩阵，就可以用马尔可夫链采样得到我们需要的样本集，进而进行蒙特卡罗模拟。但是随意给定一个平稳分布，如何得到它所对应的马尔可夫链状态转移矩阵 P 呢？为此，人们提出了MCMC算法。

8. MCMC 采样算法

一般情况下，目标平稳分布 $\pi(x)$ 和某一个马尔可夫链状态转移矩阵 Q 不满足细致平稳条件，即

$$\pi_i Q_{ij} \neq \pi_j Q_{ji} \tag{13.34}$$

引入一个 α_{ij}，要使

$$\pi_i Q_{ij} \alpha_{ij} = \pi_j Q_{ji} \alpha_{ji} \tag{13.35}$$

成立，根据对称性，只需

$$\pi_i = \pi_j Q_{ji}, \quad \pi_j = Q_{ij} \alpha_{ij} \tag{13.36}$$

成立，这样就可以得到分布 $\pi(x)$ 对应的马尔可夫链状态转移矩阵 $P_{ij} = Q_{ij} \alpha_{ij}$，

从而可得

$$\pi_i p_{ij} = \pi_j p_{ji}$$

由此可知，P 就是满足细致平衡条件要求的状态转移矩阵。其中 a_{ij} 一般称为接受率，取值在 $[0,1]$ 之间，可以理解为一个概率值。这很像拒绝采样，拒绝采样是以一个常用分布通过一定的接受 - 拒绝概率得到一个不常见分布，而 MCMC 采样是以一个常见的马尔可夫链状态转移矩阵 Q 通过一定的接受 - 拒绝概率得到目标转移矩阵 P，两者的解决问题思路是类似的。图 13-20 所示为生成目标转移矩阵 P 的示意图。

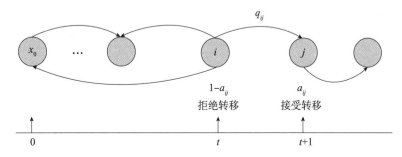

图 13-20 生成目标转移矩阵 P 的示意图

MCMC 采样算法如下。

输入：目标分布 $p(x)$（这里为了更好理解而使用了 $p(x)$，图 13-20 实际就对应上面的 $\pi(x)$），提议分布 $g(x'|x)$（如果状态空间为离散的，提议分布对应任意给定的马尔可夫链状态转移矩阵），状态转移次数阈值 n_1，样本数 n_2，从任意概率分布采样出的初始状态 x_0。

```
for t=0  to n_1+n_2-1 do
    使用提议分布 g(x|x_t)，根据 x_t 采样样本值 x_*。
```

```
    α(x_t, x_*) = p(x_*)g(x_t|x_*)
    从均匀分布 U[0,1] 采样出 u
    if u< α(x_t, x_*) then
        x_{t+1} = x_*  # 接受转移
    else
        x_{t+1} = x_t  # 不接受转移
    end if
end for
```

输出：样本集 $\{x_{n_1+1}, x_{n_1+2}, \cdots, x_{n_1+n_2}\}$

这个采样算法在实际应用中一般比较难实现，因为 $\alpha(x_t, x_*)$ 可能非常小，比如 0.1，导致大部分的采样值都被拒绝转移，采样效率很低。有可能采样了上百万次马尔可夫链还没有收敛，导致 n_1 非常大，训练难度较大，如何解决这一问题？接下来将介绍的 Metropopis-Hastings 采样算法是一个较好的解决方案。

9. M-H 算法

M-H（Metropolis-Hastings）算法是一种著名的 MCMC 方法，用于从复杂的概率分布中进行采样。该算法最初由 Nicholas Metropolis 等人于 1953 年提出，后来由 W. K. Hastings 在 1970 年进行改进和推广，并因此得名。

M-H 采样解决了 MCMC 采样接受率过低的问题。我们可以对式（13.35）两边进行扩大，此时细致平稳条件也是满足的，我们将等式扩大 C 倍，使 $C\alpha_{ij}=1$（精确地说，是使得两边最大的扩大为 1），这样就提高了采样中的跳转接受率，所以我们可以取

$$\alpha_{ij} = \min\left\{\frac{\pi_j Q_{ji}}{\pi_i Q_{ij}}, 1\right\}$$

M-H 采样算法如下。

输入：目标分布 $p(x)$（这里为了更好理解而使用了 $p(x)$，图实际就对应上面的 $\pi(x)$），提议分布 $g(x'|x)$（如果状态空间为离散的，提议分布对应任意给定的马尔可夫链状态转移矩阵），状态转移次数阈值 n_1，样本数 n_2，从任意概率分布采样出的初始状态 x_0。

```
for t=0  to n_1 + n_2 - 1 do
    使用提议分布 g(x|x_t)，根据 x_t 采样样本值 x_*
    α(x_t, x_*) = min{ p(x_*)g(x_t|x_*) / p(x_t)g(x_*|x_t) , 1 }
    从均匀分布 U[0,1] 采样出 u
```

```
  if u< α(x_t, x_*) then
     x_{t+1} = x_*  # 接受转移
  else
     x_{t+1} = x_t  # 不接受转移
  end if
end for
```

输出：样本集 $\{x_{n_1+1}, x_{n_1+2}, \cdots, x_{n_1+n_2}\}$

对于高维概率分布的采样，M-H 采样算法仍然面临效率问题，因为很多时候算法还需要考虑已知随机变量的联合概率分布，但实际应用中的某些问题只知道各分量之间的条件分布。接下来将介绍的 Gibbs 采样算法可以有效解决这个问题。

用 Python 实现 M-H 采样，代码如下：

```python
plt.rcParams['figure.figsize'] = (12, 8)
plt.rcParams['font.sans-serif'] = ['SimHei']
plt.rcParams['axes.unicode_minus'] = False
def norm_dist_prob(theta):
    y = norm.pdf(theta, loc=3, scale=2)
    return y
T = 5000
pi = [0 for i in range(T)]
sigma = 1
t = 0
while t < T-1:
    t = t + 1
    pi_star = norm.rvs(loc=pi[t - 1], scale=sigma, size=1, random_state=None)
# 状态转移进行随机抽样
     alpha = min(1, (norm_dist_prob(pi_star[0]) / norm_dist_prob(pi[t - 1])))
#alpha 值
    u = random.uniform(0, 1)
    if u < alpha:
        pi[t] = pi_star[0]
    else:
        pi[t] = pi[t - 1]
plt.scatter(pi, norm.pdf(pi, loc=3, scale=2),label=' 目标分布 ')
num_bins = 50
plt.hist(pi, num_bins, density=True, facecolor='red', alpha=0.7,label=' 采样分布 ')
plt.legend()
plt.show()
```

运行结果如图 13-21 所示。

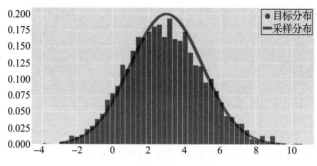

图 13-21　M-H 采样结果

10. Gibbs 算法

如果非周期马尔可夫链状态转移矩阵 $\boldsymbol{P}$ 和概率分布 $\pi(x)$ 对所有的 i,j 满足

$$\pi(i)P(i,j) = \pi(j)P(i,j)$$

则称概率分布 $\pi(x)$ 是状态转移矩阵 $\boldsymbol{P}$ 的平稳分布。

在 M-H 采样算法中通过引入接受率使细致平稳条件满足，这是一种分阶段处理方法。我们受到坐标中的分阶段方法的启发，利用这种方法来构建平稳分布。

从简单的二维数据分布开始，假设 $\pi(x_1, x_2)$ 是一个二维联合概率分布，观察第一个维度相同的两个点 $A\left(x_1^{(1)}, x_2^{(1)}\right)$ 和 $B\left(x_1^{(1)}, x_2^{(2)}\right)$，如图 13-22 所示。

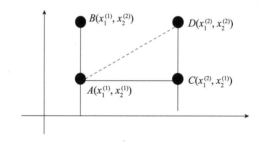

图 13-22　Gibbs 算法类似于坐标优化法

上标表示样本号，A,B 两个样本的第一个分量相等，根据条件概率的计算公式，显然下面的等式成立：

$$\pi\left(x_1^{(1)}, x_2^{(1)}\right)\pi\left(x_2^{(2)} \mid x_1^{(1)}\right) = \pi\left(x_1^{(1)}\right)\pi\left(x_2^{(1)} \mid x_1^{(1)}\right)\pi\left(x_2^{(2)} \mid x_1^{(1)}\right)$$

$$\pi\left(x_1^{(1)}, x_2^{(2)}\right)\pi\left(x_2^{(1)} \mid x_1^{(1)}\right) = \pi\left(x_1^{(1)}\right)\pi\left(x_2^{(2)} \mid x_1^{(1)}\right)\pi\left(x_2^{(1)} \mid x_1^{(1)}\right)$$

因此有

$$\pi\left(x_1^{(1)},x_2^{(1)}\right)\pi\left(x_2^{(2)}\mid x_1^{(1)}\right)0=\pi\left(x_1^{(1)},x_2^{(2)}\right)\pi\left(x_2^{(1)}\mid x_1^{(1)}\right) \tag{13.37}$$

也就是

$$\pi(A)\pi\left(x_2^{(2)}\mid x_1^{(1)}\right)=\pi(B)\pi\left(x_2^{(1)}\mid x_1^{(1)}\right)$$

观察上式和细致平稳条件的公式。由式（13.37）可知，如果限制随机变量的第一个分量的值，即在 $x_1=x_1^{(1)}$ 这条直线上，如果用条件概率分布 $\pi\left(x_2\mid x_1^{(1)}\right)$ 作为马尔可夫链的状态转移概率，则任意两个样本点之间的转移满足细致平稳条件。同理，在 $x_2=x_2^{(1)}$ 这条直线上，如果用条件概率分布 $\pi\left(x_1\mid x_2^{(1)}\right)$ 作为马尔可夫链的状态转移概率，则任意两个点之间的转移也满足细致平稳条件。例如，有一点 $C\left(x_1^{(2)},x_2^{(1)}\right)$，则有

$$\pi(A)\pi\left(x_1^{(2)}\mid x_2^{(1)}\right)=\pi(C)\pi\left(x_1^{(1)}\mid x_2^{(1)}\right)$$

由此可以构造概率分布 $\pi(x_1),\pi(x_2)$ 的马尔可夫链对应的状态转移矩阵 $\boldsymbol{P}$：

$$P(A\to B)=\pi\left(x_2^{(B)}\mid x_1^{(1)}\right),\quad x_1^{(A)}=x_1^{(B)}=x_1^{(1)}$$

$$P(A\to C)=\pi\left(x_1^{(C)}\mid x_2^{(1)}\right),\quad x_2^{(A)}=x_2^{(C)}=x_2^{(1)}$$

$$P(A\to D)=0,\quad \text{其他}$$

基于这个状态转移矩阵，不难验证平面上的任意两点 E,F 满足细致平稳条件：

$$\pi(E)P(E\to F)=\pi(F)P(F\to E)$$

可以把二维的结论推广到 n 维的情况，对于随机向量 $x=(x_1,x_2,\cdots,x_n)$，假设其联合概率密度函数为 π，第 i 个样本为

$$\left(x_1^{(i)},x_2^{(i)},\cdots,x_n^{(i)}\right)$$

下一个样本为

$$\left(x_1^{(i+1)},x_2^{(i+1)},\cdots,x_n^{(i+1)}\right)$$

可以按照下面的条件概率对 $x_1,x_2,\cdots,x_n$ 依次进行采样：

$$\pi\left(x_j^{(i+1)}\mid x_1^{(i+1)},\cdots,x_{j-1}^{(i+1)},x_{j+1}^{(i)},\cdots,x_n^{(i)}\right)$$

$x_1^{(i+1)},\cdots,x_{j-1}^{(i+1)}$ 是本轮采样时已更新的分量，剩余的分量 $x_{j+1}^{(i)},\cdots,x_n^{(i)}$ 则使用上一轮采样的值。按照这种方式构造状态转移概率，细致平衡条件成立。

整个采样过程是在随机向量各个分量之间轮换进行，类似于坐标分段处理方法，对于二维的情况，采样的流程为

$$\left(x_1^{(1)}, x_2^{(1)}\right) \rightarrow \left(x_1^{(2)}, x_2^{(1)}\right) \rightarrow \left(x_1^{(2)}, x_2^{(2)}\right) \rightarrow \cdots \rightarrow \left(x_1^{(n)}, x_2^{(n)}\right)$$

多维 Gibbs 采样算法如下。

输入：目标分布 $p\left(x_1, x_2, \cdots, x_n\right)$（这里为了更好理解而使用了 $p(x)$，图实际就对应上面的 $\pi(x)$），状态转移次数阈值 n_1，样本数 n_2，从任意概率分布采样出的初始状态 $\left(x_1^{(0)}, x_2^{(0)}, \cdots, x_n^{(0)}\right)$

```
for t=0 to n₁+n₂-1 do
```
从条件概率分布 $p\left(x_1 \big| x_2^{(t)}, x_3^{(t)}, \cdots, x_n^{(t)}\right)$ 采样出 $x_1^{(t+1)}$

从条件概率分布 $p\left(x_2 \big| x_1^{(t+1)}, x_3^{(t)}, \cdots, x_n^{(t)}\right)$ 采样出 $x_2^{(t+1)}$

…

从条件概率分布 $p\left(x_j \big| x_1^{(t+1)}, \cdots x_{j-1}^{(t+1)}, x_{j+1}^{(t)} \cdots, x_n^{(t)}\right)$ 采样出 $x_j^{(t+1)}$

…

从条件概率分布 $p\left(x_n \big| x_1^{(t+1)}, x_2^{(t+1)}, \cdots, x_{n-1}^{(t+1)}\right)$ 采样出 $x_n^{(t+1)}$
```
end for
```

输出：$\left\{\left(x_1^{(n_1+1)}, x_2^{(n_1+1)}, \cdots, x_n^{(n_1+1)}\right), \left(x_1^{(n_1+2)}, x_2^{(n_1+2)}, \cdots, x_n^{(n_1+2)}\right), \cdots, \left(x_1^{(n_1+n_2)}, x_2^{(n_1+n_2)}, \cdots, x_n^{(n_1+n_2)}\right)\right\}$

用 Python 实现 Gibbs 采样算法（二维情况），代码如下：

```python
from mpl_toolkits.mplot3d import Axes3D
from scipy.stats import multivariate_normal
samplesource = multivariate_normal(mean=[5,-1], cov=[[1,0.5],[0.5,2]])
def p_ygivenx(x, m1, m2, s1, s2):
    return (random.normalvariate(m2 + rho * s2 / s1 * (x - m1), math.sqrt(1 - rho
** 2) * s2))
def p_xgiveny(y, m1, m2, s1, s2):
    return (random.normalvariate(m1 + rho * s1 / s2 * (y - m2), math.sqrt(1 - rho
** 2) * s1))
N = 5000
K = 20
x_res = []
y_res = []
z_res = []
m1 = 5
m2 = -1
s1 = 1
s2 = 2
```

```
rho = 0.5
y = m2
for i in range(N):
    for j in range(K):
        x = p_xgiveny(y, m1, m2, s1, s2)    #y 给定得到 x 的采样
        y = p_ygivenx(x, m1, m2, s1, s2)    #x 给定得到 y 的采样
        z = samplesource.pdf([x,y])
        x_res.append(x)
        y_res.append(y)
        z_res.append(z)
num_bins = 50
plt.hist(x_res, num_bins, density=True, facecolor='green', alpha=0.5,label='x')
plt.hist(y_res, num_bins, density=True, facecolor='red', alpha=0.5,label='y')
plt.title('Histogram')
plt.legend()
plt.show()
```

运行结果如图 13-23 所示。

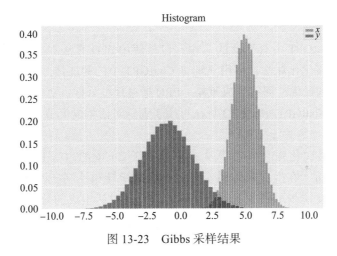

图 13-23 Gibbs 采样结果

然后我们看看样本集生成的二维正态分布:

```
fig = plt.figure()
ax = Axes3D(fig,auto_add_to_figure=False)
fig.add_axes(ax)
ax.scatter(x_res, y_res, z_res,marker='o')
plt.show()
```

运行结果如图 13-24 所示。

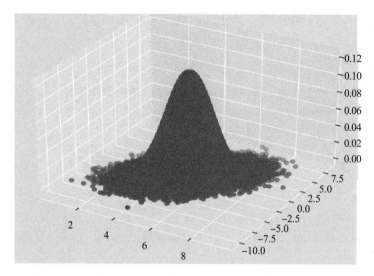

图 13-24   Gibbs 采样样本生成的二维正态分布

13.5   强化学习

强化学习在 ChatGPT 中有广泛的应用，包括使用 PPO 算法和 RLHF 算法等。PPO 算法是一种常用的策略优化算法，可用于训练 ChatGPT 中的智能体。通过与环境进行交互，ChatGPT 可以学习到最优的回答生成策略。PPO 通过反复采样、更新和优化模型参数，最大化预期奖励。在 ChatGPT 中，PPO 算法可用于训练对话生成模型，提高模型生成回答的质量和相关性。

RLHF 是一种层次化强化学习算法，也被用于 ChatGPT 中。RLHF 允许 ChatGPT 学习到不同层次的决策，在生成回答时实现更精确的指导和控制。该算法将对话分解为更小的子任务，然后在这些子任务上进行优化，以提高对话生成的效果。通过 RLHF 算法，ChatGPT 能够更好地理解对话上下文、控制生成输出的风格和内容，以及提供更连贯和准确的回答。

这些强化学习算法在 ChatGPT 中的应用使模型能够从与环境的交互中不断优化自身表达和生成回答的能力。通过大量的训练和迭代，ChatGPT 可以逐步改善对话质量、流畅性和与用户的互动体验。强化学习算法为 ChatGPT 提供了一种有效的方式，可以使其在多个对话任务中得到优化，并提供更加智能的对话生成能力。

13.5.1   强化学习基本概念

强化学习是机器学习中的一种算法，如图 13-25 所示，它不像监督学习或无监督学习有大量的经验或输入数据，基本算自学成才。这是一种通过不断尝试，从错误或惩罚中学习，最后找到规律、达到目的的算法。

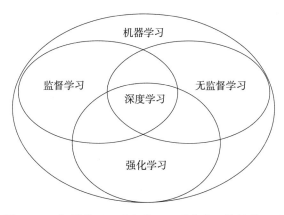

图 13-25　机器学习、监督学习、强化学习等的关系图

强化学习已经在游戏、机器人等领域开花结果。各大科技公司，如百度、阿里巴巴、谷歌、Meta、微软等都将强化学习作为其重点发展的技术之一。可以说强化学习算法正在改变和影响着世界，掌握了这门技术就掌握了改变和影响世界的工具。图 13-26 为强化学习常用算法之间的关系。

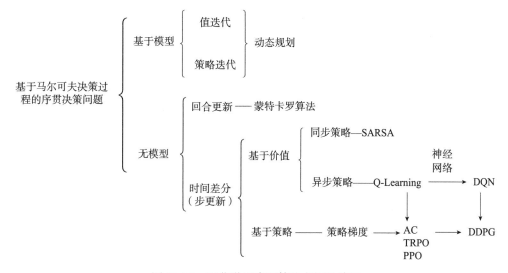

图 13-26　强化学习常用算法之间的关系

1. 智能体与环境交互

强化学习本质上是通过研究智能体（Agent）与环境（Environment）的交互，寻找最优策略（Policy）的过程，如图 13-27 所示。

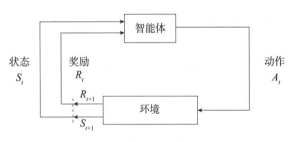

图 13-27   智能体与环境的交互示意图

具体分析如下。

- **环境**：主体被"嵌入"并且能够感知和行动的外部系统。
- **智能体**：动作的行使者，例如配送货物的无人机，或者电子游戏中奔跑跳跃的超级马里奥。
- **状态**：主体的处境，亦即一个特定的时间和地点、一项明确主体与工具、障碍、敌人或奖品等其他重要事物的关系配置。
- **动作**：含义不难领会，但应当注意的是，主体需要在一系列潜在动作中进行选择。在电子游戏中，这一系列动作可包括向左或向右跑、不同高度的跳跃、蹲下和站着不动。在股票市场中，这一系列动作可包括购买、出售或持有一组证券及其衍生品中的任意一种。无人飞行器的动作选项则包括三维空间中的许多不同的速度和加速度等。
- **奖励**：用于衡量主体动作成功与否的度量。

智能体与环境的交互一般使用马尔可夫决策过程（Markov Decision Process，MDP）来描述。具体来说，在每个时间 t=0,1,2,3,$\cdots$，智能体与环境发生了交互，在 t 时刻，智能体处于某个状态 $S_t \in \mathcal{S}$，这里 $\mathcal{S}$ 表示所有可能状态的集合，也就是状态空间。它可以选择一个行为 $A_t \in \mathcal{A}(S_t)$，其中 $\mathcal{A}(S_t)$ 是状态 S_t 时可以选择的所有行为的集合。选择了行为 A_t 之后，环境会在 t+1 时刻给智能体一个新的状态 S_{t+1} 和收益 $R_{t+1} \in \mathcal{R} \subseteq \mathcal{R}$。从而，MDP 和智能体共同给出一个序列：

$$S_0, A_0, R_1, S_1, A_1, R_2, S_2, A_2, R_3, \cdots$$

2. 回报

MDP 和智能体交互的过程中会形成一个序列，智能体的目标是最大化长期的收益 R_t 累加值，我们将这个累加值称为回报。假设 t 时刻之后的收益是 $R_t, R_{t+1}, R_{t+2}, \cdots$，我们期望这些收益的和最大。由于环境是随机的，智能体的策略也是随机的，因此智能体的目标是最大化收益累加和的期望值，记为 G_t，G_t 定义如下：

$$G_t = R_{t+1} + R_{t+2} + R_{t+3} + \cdots + R_T \qquad (13.38)$$

其中 T 表示最后时刻。有些任务会有一些结束的状态，从任务的初始状态到结束状态，我们称之为一个回合（Episode）。一些任务是有限的，还有一些任务没有结束状态，会一直继续下去，这时 $T = \infty$。

由于未来的不确定性，我们一般会对未来的收益进行打折（Discount）。打折后的回报（Discounted Return）定义如下：

$$
\begin{aligned}
G_t &= R_{t+1} + \gamma R_{t+2} + \gamma^2 R_{t+3} + \cdots \\
&= \sum_{k=0}^{\infty} \gamma^k R_{t+k+1}
\end{aligned}
\tag{13.39}
$$

其中，γ 表示折扣率，$0 \leqslant \gamma \leqslant 1$。如果 $\gamma = 0$，那么智能体只关注眼前收益；γ 越接近 1，说明智能体越考虑未来的收益。相邻时刻的回报可以用如下递归方式互相联系起来。

$$
\begin{aligned}
G_t &= R_{t+1} + \gamma R_{t+2} + \gamma^2 R_{t+3} + \cdots \\
&= R_{t+1} + \gamma (R_{t+2} + \gamma R_{t+3} + \cdots) \\
&= R_{t+1} + \gamma G_{t+1}
\end{aligned}
\tag{13.40}
$$

3. 马尔可夫决策过程

智能体与环境的交互作为一个完整系统，通过采取动作 A_0 并接受奖励 R_0，从状态 S_0 变为状态 S_1，然后采取动作 A_1，从状态 S_1 变为状态 S_2，以此类推，直到时间 t。在时间 $t+1$ 处，处于状态 $S_{t+1} = s'$ 的概率可以用下式表示：

$$
P_r\{S_{s+1} = s', R_{t+1} = r \mid S_0, A_0, R_1, \cdots, R_t, S_t, A_t\}
\tag{13.41}
$$

计算这个概率涉及很多状态，为了简化计算，一般假设这些序列满足马尔可夫假设，即在时间 $t+1$ 的概率仅取决于时间 t 的状态和动作，于是，式（13.41）可简化为

$$
p(s', r \mid s, a) = P_r\{S_{s+1} = s', R_{t+1} = r \mid S_t, A_t\}
\tag{13.42}
$$

根据式（13.42）可以得到，状态转移以及给定当前 s、当前 a 和下一个 s' 条件时期望的奖励。

状态转移概率为

$$
\begin{aligned}
p(s' \mid s, a) &= P_r\left(S_{t+1} = s' \mid S_t = s, A_t = a\right) \\
&= \sum_{r \in \mathcal{R}} p(s', r \mid s, a)
\end{aligned}
\tag{13.43}
$$

给定当前 s、当前 a 和下一个 s' 条件时期望的奖励为

$$
r(s, a, s') = E\{R_{t+1} \mid S_t = s, A_t = a, S_{t+1} = s'\}
\tag{13.44}
$$

4. 策略函数与价值函数

（1）策略函数

策略函数表示智能体在状态 s 下，采取动作 a 的概率，可以用函数表示为

$$\pi(a|s) = p(A_t = a|S_t = s)$$

策略又分为确定性策略和随机策略。确定性策略只输出 0 和 1，会有一个明确的动作指示，要么执行要么不执行。而随机性策略会输出一个概率值，是否采取某个动作，还需要通过采样得到，所以随机性策略具备更好的探索能力。

（2）价值函数

价值函数分为两种：状态 - 动作 - 价值函数（$Q_\pi(s_t, a_t)$）和状态 - 价值函数（$V_\pi(s_t)$），它们都是回报的期望。

1）状态 - 动作 - 价值函数。在策略 π 下，由状态 s_t 下采取动作 a_t 的价值函数记作 $Q_\pi(s_t, a_t)$，表示从状态 s_t 开始，采取动作 a_t 能够得到回报的数学期望。数学表达方式为

$$Q_\pi(s_t, a_t) = E_\pi(G_t|S_t = s_t, A_t = a_t) = E_\pi\left(\sum_{k=0}^n \gamma^k R_{t+k+1}|S_t = s_t, A_t = a_t\right)$$

动作 - 价值函数 $Q_\pi(s_t, a_t)$ 依赖于 s_t 与 a_t，而不依赖于 $t+1$ 时刻及其之后的状态和动作，因为随机变量 S_{t+1}，A_{t+1}，$\cdots$，S_n，A_n 都被期望消除了。由于动作 A_{t+1}，$\cdots$，A_n 的概率密度函数都是 π，用不同的 π，求期望得出的结果将不同，因此 $Q_\pi(s_t, a_t)$ 依赖于 π。

如何才能排除掉策略 π 的影响，只评价当前状态和动作的好坏？解决方案是最优动作 - 价值函数：

$$Q_*(s_t, a_t) = \max_\pi Q_\pi(s_t, a_t), s_t \in \mathcal{S}, a_t \in \mathcal{A}$$

2）状态 - 价值函数。假设智能体用策略函数 π 下围棋。智能体想知道当前状态 s_t（即棋盘上的格局）是否对自己有利，以及自己和对手的胜算各有多大，该用什么方法来量化呢？答案是状态 - 价值函数，即从状态 s_t 开始，智能体遵从策略 π 能够得到回报的数学期望。其对应的数学表达式为

$$V_\pi(s_t) = E_\pi(G_t|S_t = s_t) = E_\pi\left(\sum_{k=0}^n \gamma^k R_{t+k+1}|S_t = s_t\right)$$

或基于状态 - 动作 - 价值函数，可表示为

$$V_\pi(s_t) = E_{A_t \sim \pi(\cdot|s_t)}(Q_\pi(s_t, A_t))$$
$$= \sum_{a \in A_t} \pi(a|s_t) \cdot Q_\pi(s, a)$$

价值函数之后，就涉及价值函数的最优化问题了，这时候需要应用贝尔曼方程。

5. 贝尔曼方程

贝尔曼（Bellman）方程是与动态规划相关的优化条件，在强化学习中，它被广泛用

于更新智能体的策略。贝尔曼方程是递归关系，分别由以下价值函数、动作 - 价值函数给出。

$$
\begin{aligned}
v_\pi(s) &= E_\pi\big[G_t|S_t = s\big] \\
&= E_\pi\big[R_{t+1} + \gamma G_{t+1}|S_t = s\big] \\
&= \sum_a \pi(a\,|\,s) \sum_{s'} \sum_r p(s',r\,|\,s,a)[r + \gamma E[G_{t+1}\,|\,S_{t+1} = s']] \\
&= \sum_a \pi(a|s) \sum_{s',r} p(s',r|s,a)\big[r + \gamma v_\pi(s')\big]
\end{aligned}
\tag{13.45}
$$

式（13.45）称为 v_π 的贝尔曼方程。

同理可得动作 - 价值函数。

$$
\begin{aligned}
q_\pi(s,a) &= E_\pi\big[G_t|S_t = s, A_t = a\big] \\
&= \sum_{s',r} p(s',r\,|\,s,a)\big[r + \gamma v_\pi(s')\big]
\end{aligned}
\tag{13.46}
$$

式（13.46）称为 $q_\pi(s,a)$ 的贝尔曼方程。

由式（13.45）和式（13.46）不难得到 $v_\pi(s)$ 与 $q_\pi(s,a)$ 之间的关系：

$$
v_\pi(s) = \sum_a \pi(a\,|\,s) q_\pi(s,a)
\tag{13.47}
$$

6. 贝尔曼最优方程

解决一个强化学习问题也就意味着找到一种能够获得足够多回报的选择动作的策略。如果执行每个动作所产生的转移都是确定的（有限 MDP），那么能够定义出一个最优策略。如果一个策略 π' 的所有状态值函数都大于 π，那么就说策略 π' 更好，但它不一定是最好的，我们将最优策略用 * 表示。由此，可定义最优价值函数和最优动作 - 价值函数。最优价值函数：

$$
v_*(s) = \max_\pi v_\pi(s)
$$

最优动作 - 价值函数：

$$
q_*(s,a) = \max_\pi q_\pi(s,a)
$$

由最优价值函数、最优动作 - 价值函数可得到贝尔曼最优方程：

$$
\begin{aligned}
v_*(s) &= \max_a q_*(s,a) \\
&= \max_a E(r + \gamma v_*(s')\,|\,s,a) \\
&= \max_a \sum_{s',r} p(s',r|s,a)\big[r + \gamma v_*(s')\big]
\end{aligned}
$$

$$q_*(s,a) = E\big(r + \gamma v_*(s') | s, a\big)$$
$$= E\Big(r + \gamma \max_{a'} q_*(s', a') | s, a\Big)$$
$$= \sum_{s',r} p(s', r | s, a)\Big[r + \gamma \max_{a'} q_*(s', a')\Big]$$

v_π 的贝尔曼方程计算如图 13-28 所示。

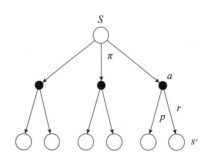

图 13-28   贝尔曼方程计算示意图

图 13-28 是动态规划的状态 - 价值函数迭代的图，可以发现，在计算每一个状态的价值函数时，都需要遍历所有可能的动作，以及这些动作能够转移的所有下一个状态，这是一个穷举的过程。但是实际上在很多场景中，我们无法穷举所有动作，也难以获得所有状态转移的概率分布，因此动态规划是一种理想条件下的方法，也是一种基于模型（model-based）的方法。为此，在实际使用时，强化学习通常采用无模型学习（model-free-learning）。无模型学习通常采用蒙特卡罗采样方法来近似概率分布或期望。

7. 同步策略与异步策略

根据执行策略与评估策略是否一致，强化学习算法可分为同步策略和异步策略。同步策略方法使用相同的策略进行评估，从而对操作做出决策。SARSA、A2C 等算法属于使用同步策略的算法。

异步策略方法使用不同的策略来制定行为决策并评估性能。许多异步策略方法使用重放缓冲区来存储经验，并从重放缓冲区中采样数据以训练模型。Q-Learning、DQL 等属于使用异步策略的算法。

8. 有模型算法与无模型算法

不用学习环境模型的强化学习算法称为无模型算法，相反，训练时需要构建环境模型的算法则称为有模型算法。如使用价值函数或动作 - 价值函数来评估性能的算法就是无模型算法，因为它们没有使用特定的环境模型。如果训练时通过构建环境，实现从一种状态到一种装填的模型，或者确定智能体通过环境获得奖励，那么这类算法就是有模型算法。

13.5.2　强化学习基础算法

强化学习算法有很多，本节主要介绍两种基础算法：蒙特卡罗算法及时序差分算法。

蒙特卡罗算法是一种基础强化学习算法，它通过对智能体与环境的实际交互进行多次模拟来估计状态值或动作 - 价值函数。该算法使用回合制训练，每个回合结束后，根据获得的回报值来更新价值函数。

时序差分算法是另一种基础强化学习算法，它通过不断地估计和更新价值函数，使智能体在不完整的序列下进行学习。时序差分算法使用递归更新规则，在单个步骤中根据当前经验和之前的估计值来调整价值函数。

这两种算法都各有其优点和应用场景：蒙特卡罗算法适用于离散、无模型且收敛于真实值函数的问题，时序差分算法则适用于连续、有模型或不收敛的问题。在实践中，这些算法通常会结合使用，以充分利用它们各自的优势。

1. 蒙特卡罗算法

蒙特卡罗算法是一大类随机算法（randomized algorithm）的总称，也称统计模拟方法，是一种以概率统计理论为指导的数值计算方法。蒙特卡罗算法的核心原理是利用随机数和概率统计方法来模拟问题，通过大量随机样本的采样，得到问题的概率分布或期望值。这种方法特别适用于那些无法用精确数学公式求解的问题，或者公式求解非常困难的问题。蒙特卡罗算法背后的理论依据为大数定律和中心极限定理。

例如，利用蒙特卡罗算法估计状态价值

$$v_\pi\left(s\right) = E_\pi\left[G_t|S_t = s\right] \approx \frac{1}{N}\sum_{i=1}^{N}G_t^{(i)}$$

其中，$G_t^{(i)}, i = 1, 2, \cdots, N$ 表示策略在 MDP 上采样很多条序列。

蒙特卡罗算法简单明了，不过它的计算结果可能存在一定的误差，因为估计值是通过随机样本计算得到的。因此，在实际应用中需要考虑样本数量、采样方式、计算精度等因素，以得到可靠的计算结果。

蒙特卡罗算法每次更新都需要等到智能体到达终点之后，如果智能体的轨迹很长或相关任务一个回合比较耗时，此时蒙特卡罗算法的效率不高。为了解决这个问题，我们可以使用时序差分算法。智能体每走一步时序差分算法都可以更新一次，无须等到智能体到达终点之后再更新，这样就可以大大提高更新模型的效率。

2. 时序差分算法

使用蒙特卡罗算法需要有足够多的样本，特别是对于高维数据分布，每一步的数据量是巨大的，会导致求解效率低下。我们可以从随机梯度下降或者小批量梯度下降的思想中找到一些灵感，我们不需要完整的蒙特卡罗采样，可以把动态规划和蒙特卡罗的思想结合，一步步地缩小求解问题的不确定性，这种方法叫作时序差分（Temporal Difference，TD）。时序差分算法中有两个重要概念，一个是 TD-target，另一个是 TD-error。举个简单的例子来解释一下时序差分的思想。

假设要从北京去上海，模型 Q 预测需要花费 900 分钟，而从北京到济南实际用了 350 分钟，此时根据模型 Q 预估从济南到上海还需要 500 分钟，如图 13-29 所示。

图 13-29　时序差分算法示意图

那么原来估计的 900 分钟就被更新为 850 分钟，这个 850 分钟就被称为 TD-target，它比 900 分钟更可靠，因为其中包含了一部分真实观测值 350 分钟。所以可以把 TD-target 作为目标来更新模型原来的估计 900 分钟，900 分钟和 850 分钟差值（50 分钟）就称为 TD-error。

TD 算法结合了蒙特卡罗和动态规划算法的思想。时序差分算法和蒙特卡罗算法的相似之处在于可以从样本数据中学习，不需要事先知道环境；和动态规划的相似之处在于根据贝尔曼方程的思想，利用后续状态的价值估计来更新当前状态的价值估计。回顾一下蒙特卡罗方法对价值函数的增量更新方式：

$$v(s_t) \leftarrow v(s_t) + \alpha \left(G_t - v(s_t) \right)$$

其中，α 表示对价值估计更新的步长。α 可以取一个常数，此时更新方式不再像蒙特卡罗算法那样严格地取期望。蒙特卡罗算法必须等整个序列结束之后才能计算得到当次的回报 G_t，而时序差分算法只需要当前步结束即可进行计算。具体来说，时序差分算法用当前获得的奖励加上下一个状态的价值估计，即当前获得的奖励 r_t 加上下一个状态的价值估计 $v(s_{t+1})$ 作为在当前状态会获得的回报。

$$v(s_t) \leftarrow v(s_t) + \alpha \left(r_t + \gamma v(s_{t+1}) - v(s_t) \right)$$

其中，$r_t + \gamma v(s_{t+1})$ 是 TD-target，$r_t + \gamma v(s_{t+1}) - v(s_t)$ 是 TD-error。时序差分算法将其与步长的乘积作为状态价值的更新量。

时序差分算法是强化学习中最为核心的算法了，它不需要知道具体的环境模型，可以直接从经验中学习。智能体通过多次尝试，累积奖励来更新价值函数。具体来说，时序差分算法每次对样本进行采样模拟，但并非完整采样，而是每次只采样单步，根据新状态的价值收获来更新策略和价值函数。

时序差分单步学习法简称 TD(0)。单步学习法理论上可以推广到多步学习法。TD(0) 学习法最简单的实现步骤如下：

1）初始化价值函数$v(s_t)$，$s_t \in S$；

2）选择一个状态 - 行为对 (s_t, a_t)；

3）用当前策略函数 π 向后模拟一步；

4）用新状态的奖励$r(s_t, a_t)$更新价值函数v；

5）用新的价值函数v优化策略函数π；

6）跳第 3 步，直到模拟进入终止状态。

价值函数 v 是智能体对给定状态好坏程度的估计。价值函数 v 假设在 s_t 状态，并从环境接受 r_t 奖励后更新。TD(0) 学习将以式（13.48）更新其价值函数：

$$v\left(s_t\right) = v\left(s_t\right) + \alpha\left[r_{t+1} + \gamma v\left(s_{t+1}\right) - v\left(s_t\right)\right] \tag{13.48}$$

其中，α是学习率，且$0 \leqslant \alpha \leqslant 1$。$r_{t+1}$表示从状态$s_t$转移到状态$s_{t+1}$收到的奖励。

13.5.3 策略梯度

Q-learning、SARSA、DQN 都先学习价值函数，再基于价值函数得到最优策略（一般基于 ε -greedy），这种方法属于基于值函数的方法；也可以直接学习策略函数 π_θ，那么就属于基于策略的方法，基于策略的方法相比基于值函数的方法有更好的探索能力。策略函数可以不用值函数，直接优化策略。参数化的策略能够处理连续状态和动作，可以直接学出随机性策略。

基于值函数的方法主要是学习值函数，然后根据值函数导出一个策略，学习过程中并不存在一个显式的策略；而基于策略的方法则是直接显式地学习一个目标策略。策略梯度是基于策略的方法的基础，策略梯度算法能解决什么问题？

策略梯度（Policy Gradient）算法的核心思想是：根据当前状态，直接算出下一个动作是什么或者下一个动作的概率分布是什么，即它的输入是当前状态 s，而输出是某一个具体的动作或者动作的概率分布，而不像 Q-learning 算法那样输出动作的 Q 函数值。

基于价值的强化学习，通过引入一个参数 w，用函数$\hat{Q}$近似价值函数，即

$$\hat{Q}\left(s, a; w\right) \approx Q_\pi\left(s, a\right)$$

基于策略的强化学习，通过引入一个参数，用函数 P 来近似策略，即

$$\pi\theta\left(s, a\right) = P\left(s, a; \theta\right) \approx \pi\left(s, a\right)$$

将策略表示成一个连续的函数后，我们就可以用连续函数的优化方法来寻找最优的策略了。而最常用的方法就是梯度上升法，那么这个梯度对应的优化目标如何定义呢？

1. 策略学习的目标函数

如何衡量一个策略的好坏？我们的目标是寻找一个最优策略并最大化这个策略在环境

中的期望回报。我们将策略学习的目标函数定义为

$$J(\theta) = E_S\left(V_{\pi\theta}(S)\right) \tag{13.49}$$

这个目标函数排除掉了状态 S 的因素，只依赖于策略网络 π 的参数 θ。策略越好，则 $J(\theta)$ 越大。所以策略学习可以描述为这样一个优化问题

$$\max_{\theta} J(\theta)$$

我们希望通过对策略网络参数 θ 的更新，使得目标函数 $J(\theta)$ 越来越大，也就意味着策略网络越来越强。想要求解最大化问题，显然可以用梯度上升更新 θ，使得 $J(\theta)$ 增大。设当前策略网络的参数为 θ_t，做梯度上升更新参数，得到新的参数 θ_{t+1}：

$$\theta_{t+1} = \theta_t + a\nabla_{\theta}J(\theta_t)$$

2. 策略梯度定理

根据式（13.49）可得

$$\begin{aligned}
\nabla_{\theta}J(\theta) &= \sum_s \mu(s)\sum_{a\in A}Q_{\pi}(s,a)\nabla_{\theta}\pi(a|s,\theta) \\
&= \sum_s \mu(s)\sum_{a\in A}\pi(a|s,\theta)Q_{\pi}(s,a)\nabla_{\theta}\log\pi(a|s,\theta)
\end{aligned} \tag{13.50}$$

其中，$\mu(s)$ 为在策略 π 下的状态分布，如果按策略 π 执行，则状态将按 $\mu(s)$ 比例出现，因此上式又可表示为

$$\nabla_{\theta}J(\theta) = E_{\pi}\left[\sum_{a\in A}\pi(a|S_t,\theta)Q_{\pi}(S_t,a)\nabla_{\theta}\log\pi(a|S_t,\theta)\right]$$

用 $A_t \sim \pi$ 采样替换 a，可得

$$\nabla_{\theta}J(\theta) = E_{\pi}\left[Q_{\pi}(S_t,A_t)\nabla_{\theta}\log\pi(A_t|S_t,\theta)\right]$$

其中，期望值是未知的，我们可以用采样近似这个期望。因此，参数 θ 利用随机梯度进行更新。

$$\theta_{t+1} = \theta_t + \alpha\nabla_{\theta}\log\pi(a|s,\theta)q_t(s,a)$$

其中，$\nabla_{\theta}\log\pi(a|s,\theta)$ 称为分值函数，一般不会改变。$q_t(s,a)$ 为 $Q_{\pi}(S,A)$ 的蒙特卡罗近似，对 $q_t(s,a)$ 有不同的近似方法。

对 $Q_{\pi}(s,t)$ 的近似有两种方法：

● REINFORCE 方法：利用期望的蒙特卡罗算法近似，即用实际观测的回报 G 近似。

● Actor-Critic 方法：用神经网络 $Q(s,a;\theta)$ 近似 $Q_{\pi}(s,t)$。

3. 设计策略函数

设计策略函数，通常有两种常用方法：

1）对于离散动作空间，可以使用 softmax 策略函数计算每个可能动作的出现概率。图 13-30 所示为 softmax 策略函数在离散空间中的应用。它主要依赖于描述状态和行为的特征，例如使用策略网络进行近似。

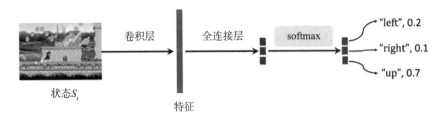

图 13-30 动作空间为离散的策略网络

2）对于连续空间，可以使用高斯分布来获取动作的概率。我们通常使用参数化表示来描述均值，这也可以是一些特征的线性组合，如

$$\mu(s) = \phi(s)^T \theta$$

该策略的动作服从高斯分布 $N(\phi(s)^T \theta, \sigma^2)$，方差可以是固定值，也可以用参数化表示。

4. REINFORCE 算法

在式（13.50）中，$Q_\pi(s, a)$ 一般是未知的，我们可以对 Q_π 做蒙特卡罗近似，把它替换成回报 G。假设一回合游戏有 T 步，一个回合中的奖励记作 $R_1, \cdots, R_T$。t 时刻的折扣回报定义为

$$G_t = \sum_{k=t+1}^{T} \gamma^{k-t-1} R_k$$

而动作价值定义为 G_t 的条件期望：

$$Q_\pi(s_t, a_t) = E_\pi(G_t \mid S_t = s_t, A_t = a_t)$$

用蒙特卡罗近似上面的条件期望。从时刻 t 开始，智能体完成一局游戏，观测到全部奖励 $r_{t+1}, \cdots, r_T$，然后可以计算出

$$q_t(s_t, a_t) = \sum_{k=t+1}^{T} \gamma^{k-t-1} r_k \qquad (13.51)$$

因为 q_t 是随机变量 G_t 的观测值，所以 $q_t(s_t, a_t)$ 是式（13.51）中期望的蒙特卡罗近似。在实践中，可以用 $q_t(s_t, a_t)$ 代替 $Q_\pi(s_t, a_t)$，这种策略梯度算法称为蒙特卡罗策略梯度，又称

REINFORCE。REINFORCE 算法的具体流程如下：

初始化：参数化策略$\pi(a|s,\theta)$，$\gamma \in [0,1)$且$\alpha > 0$

\# 开始迭代

For k in episodes

    选择初始化状态s_0，根据$\pi(a|s,\theta)$生成一回合序列$\{s_0,a_0,r_1,\cdots,s_{T-1},a_{T-1},r_T\}$

    For $t=0,1,\cdots,T-1$

        \# 价值更新

$$q_t(s_t,a_t) = \sum_{k=t+1}^{T} \gamma^{k-t-1} r_k$$

        \# 策略更新

$$\theta_{t+1} = \theta_t + \alpha \nabla_\theta \log \pi(a_t|s_t,\theta_t) q_t(s,a)$$

        $\theta_k = \theta_T$

5. 带基线的 REINFORCE 算法

REINFORCE 算法是一种经典的强化学习方法，用于解决策略优化问题。它通过采样来估计策略梯度，并使用蒙特卡罗算法进行更新。然而，传统的 REINFORCE 算法存在一些局限性，例如高方差、低效率和缺乏稳定性。

带基线的 REINFORCE 是对传统 REINFORCE 算法的改进，它引入了一个值函数作为基线，用于减小梯度估计的方差。基线可以看作对期望回报的估计，与策略无关。通过减去基线估计，我们可以减小方差，从而提高梯度估计的准确性。

带基线的 REINFORCE 算法的更新公式如下：

$$\nabla_\theta J(\theta) = \nabla_\theta \log \pi(a_t|s_t,\theta_t)(q_t(s,a) - b(s))$$

其中，$\nabla \theta$ 表示对参数 θ 的梯度，$J(\theta)$ 表示目标函数，$q_t(s,a)$ 表示时间步 t 的回报，$b(s)$ 表示状态 s 的基线估计，$b(s)$ 可以是与状态 s 相关的任何函数或随机变量，$b(s)$ 不随动作 a 变换，如使用价值函数的估计$\hat{v}(s_t,w)$就是常用方法。$\pi(a|s)$ 表示在状态 s 下选择动作 a 的策略。

带基线的 REINFORCE 算法的具体流程如下：

初始化：参数化策略$\pi(a|s,\theta)$，$\gamma \in [0,1)$

初始化：一个可微的参数化状态价值函数$\hat{v}(s,w)$

算法超参数：$\alpha^\theta > 0$，且$\alpha^w > 0$

初始化网络权重参数：策略参数θ和状态价值函数的权重 w

\# 开始迭代

For k in episodes

    选择初始化状态s_0，根据$\pi(a|s,\theta)$生成一回合序列$\{s_0,a_0,r_1,\cdots,s_{T-1},a_{T-1},r_T\}$

For $t=0,1,\cdots,T-1$
　　　# 价值更新

$$q_t\left(s_t,a_t\right)=\sum_{k=t+1}^{T}\gamma^{k-t-1}r_k$$

$$\delta_t=q_t\left(s_t,a_t\right)-\hat{v}\left(s_t,w\right)$$

　　　# 更新网络参数

$$w_{t+1}=\theta w_t+\alpha^w\delta_t\nabla_w\hat{v}\left(s_t,w\right)$$

$$\theta_{t+1}=\theta_t+\alpha^\theta\nabla_\theta log\pi\left(a_t|s_t,\theta_t\right)q_t(s,a)$$

$$w_k=w_T,\theta_k=\theta_T$$

通过引入基线，带基线的 REINFORCE 算法可以降低梯度估计的方差，从而加速收敛速度并提高算法的稳定性。需要注意的是，选择合适的基线是关键，常用的选择有状态 - 价值函数和状态 - 动作 - 价值函数的估计。

带基线的 REINFORCE 在许多强化学习任务中取得了良好效果，并且可以被扩展以用于更加复杂的问题。然而，每个具体应用场景都可能需要适当调整和优化算法参数，以获得最佳性能。

6. Actor-Critic 算法

Actor-Critic（简称 AC）算法是对 REINFORCE 算法的一种改进。REINFORCE 算法是一种基于蒙特卡罗采样的策略梯度算法，它通过采样轨迹来估计动作 - 价值函数的期望，并使用这些估计值来更新策略。然而，REINFORCE 算法存在的一个问题是高方差，即估计值的波动较大，带基线的 REINFORCE 算法虽然有利于降低方差，但仍然使用的蒙特卡罗算法，而蒙特卡罗的学习比较缓慢，也不便于在线学习或应用于持续性问题。如果使用时序差分算法，就可以避免这些不便，避免蒙特卡罗算法中必须全过程累积回报的缺点，使得能够在过程中利用两步信息学习。

Actor-Critic 算法用一个神经网络近似动作 - 价值函数 $Q_\pi(s,a)$，这个神经网络叫作"价值网络"，记为 $v(s,w)$，其中的 w 表示神经网络中可训练的参数。价值网络的输入是状态 s，输出是每个动作的价值。AC 算法架构如图 13-31 所示。

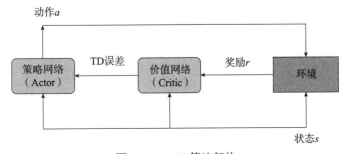

图 13-31　AC 算法架构

Actor-Critic 算法中的价值函数作为"裁判"来评估当前策略的好坏。Actor 代表策略网络（像运动员），负责生成动作 a；Critic 代表价值函数网络，负责评价在状态 s 下做出动作 a 的好坏程度。这两个网络相互配合，进行优化。

Actor 的更新采用策略梯度的原则，Critic 如何更新呢？我们将 Critic 价值网络表示为 $\hat{v}(s,w)$，参数为 w。利用时序差分残差的学习方式，对于单个数据定义价值函数的损失函数：

$$\mathcal{L}(w) = \frac{1}{2}\left(r_t + \gamma \cdot \hat{v}(s_{t+1},w) - \hat{v}(s_t,w)\right)^2$$

其中，$r_t + \gamma \cdot \hat{v}(s_{t+1},w)$ 部分有基于真实观测到的奖励 r_t，比 $\hat{v}(s_t,w)$ 更可靠，所以把这部分固定下来更新 w，$\mathcal{L}(w)$ 的梯度为

$$\nabla_w \mathcal{L}(w) = \left(\hat{v}(s_t,w) - \left(r_t + \gamma \cdot \hat{v}(s_{t+1},w)\right)\right)\nabla_w \hat{v}(s_t,w)$$

设 $\delta_t = \hat{v}(s_t,w) - \left(r_t + \gamma \cdot \hat{v}(s_{t+1},w)\right)$，则有

$$\nabla_w \mathcal{L}(w) = \delta_t \nabla_w \hat{v}(s_t,w)$$

然后，使用梯度下降算法来更新 Critic 价值网络参数 w。

单步带基线的 Actor-Critic 算法的具体流程如下：

初始化：参数化策略 $\pi(a\,|\,s,\theta)$，$\gamma \in [0,1)$

初始化：一个可微的参数化状态 - 价值函数 $\hat{v}(s,w)$

算法超参数：$\alpha^\theta > 0$，且 $\alpha^w > 0$

初始化网络权重参数：策略参数 θ 和状态价值函数的权重 w

```
# 开始迭代
For k in episodes
    观测到当前状态 s_t，根据策略网络做决策：s_t ~ π(.|s,θ)，并让智能体执行动作 a_t
    从环境中观测到奖励 r_t 和新的状态 s_{t+1}
    For t=0, 1, ···, T-1
        # 计算时序差分误差
        δ_t = r_t + γ · v̂(s_{t+1}, w) − v̂(s_t, w)
        # 更新网络参数
        w_{t+1} = w_t + α^w δ_t ∇_w v̂(s_t, w)
        θ_{t+1} = θ_t + α^θ δ_t ∇_θ log π(a_t|s_t, θ_t)
```

Actor-Critic 算法相比于 REINFORCE 算法有以下优点：

- 降低了估计值的方差，加快了算法的收敛速度。
- 充分利用了值函数的信息，使得策略更新更加准确。

Actor-Critic 算法非常重要，目前比较流行的 TRPO、PPO、DDPG、SAC 等深度强化学习算法都基于 Actor-Critic 框架。

7. Advantage Actor-Critic 算法

Advantage Actor-Critic（优势主体 - 评判，A2C）算法是一种强化学习算法，结合了策略梯度和值函数的方法。它旨在通过同时更新策略和值函数来优化智能体的行为策略，并提高其在特定任务中的性能。

A2C 算法基于 Actor-Critic 方法，其中：Actor 是一个策略网络，用于输出动作的概率分布；Critic 是一个值函数网络，用于估计状态的价值。A2C 算法架构如图 13-32 所示。

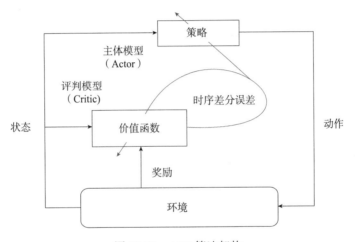

图 13-32　A2C 算法架构

A2C 算法的详细步骤如下：

1）初始化参数。初始化 Actor 和 Critic 的神经网络参数。

2）收集数据。使用当前的策略网络（Actor）与环境进行交互，收集一系列的状态、动作、奖励和下一个状态的样本。

3）估计回报。根据收集到的样本计算每个状态的回报值。回报值可以通过累积未来的奖励或者使用值函数网络（Critic）的估计值来计算。

4）计算优势值。计算每个状态的优势值，即实际回报与估计值之间的差异。优势值用于衡量在给定状态下选择某个动作相对于平均水平的好坏程度。

5）更新 Critic 网络。使用样本中的状态和估计回报来训练 Critic 网络。训练的目标是最小化实际回报与估计值之间的差异，以提高值函数的准确性。

6）更新 Actor 网络。使用样本中的状态、选定动作和对应的优势值来训练 Actor 网络。通过最大化策略梯度，更新 Actor 的参数，使得选择更好的动作的概率增加。

7）重复迭代。重复执行步骤2）~6），直到达到预设的收敛条件或完成指定的迭代次数。

A2C 算法的优点在于同时优化了策略和值函数，并且可以进行实时的单步更新。这种算法结构有效地利用了策略梯度方法的优势，同时减少了对历史轨迹的存储需求。此外，A2C 算法也具有较低的计算复杂度，适用于大规模问题和连续动作空间。

需要注意的是，A2C 算法存在一些变体，如 A3C（Asynchronous Advantage Actor-Critic，异步优势主体 - 评判）和 GAE（Generalized Advantage Estimation，泛化优势估计），这些变体对算法进行了改进与扩展，它们主要关注多线程环境下的并行训练和更准确的优势值估计，以加快训练速度和提高性能。

8. TRPO 算法

前面介绍了 Actor-Critic 算法。Actor-Critic 算法虽然简单、直观，但在实际应用过程中会遇到训练不稳定的情况。Actor-Critic 算法核心是参数化智能体的策略，并使用梯度方法优化策略的目标函数，通常用深度神经网络来拟合目标函数，但沿着策略梯度更新参数，很有可能由于步长太长，使策略突然显著变差，进而影响训练效率。

针对更新策略函数的参数时对学习步长敏感的问题，人们提出一种解决方法。通过在更新时找到一块信任区域（trust region），在这个区域更新策略时能够得到某种策略性能的安全性保证，这就是信任区域策略优化（Trust Region Policy Optimization，TRPO）算法的主要思想。TRPO 算法在 2015 年被提出，信任区域为 TRPO 的一大创新点，TRPO 算法在模型的稳定性方面有较好表现。

TRPO 算法的策略目标：假设当前策略为 π_θ，参数为 θ，目的是借助当前的 θ 找到一个更优的参数 θ'，使得 $J(\theta') \geqslant J(\theta)$。通过推导可得

$$J_\theta(\theta') = J(\theta) + E_{s \sim V_{\pi_\theta}} E_{a \sim \pi_\theta(\cdot|s)} \left[\frac{\pi_{\theta'}(a|s)}{\pi_\theta(a|s)} A_{\pi_\theta}(s,a) \right]$$

如此，我们就可以根据旧策略 π_θ 采样数据来估计并优化新策略 $\pi_{\theta'}$。为保证新旧策略足够接近，TRPO 算法采用 KL 散度来衡量两个策略的距离。故整体的优化公式为

$$\max_{\theta'} J_\theta(\theta'), \text{ 满足} E_{s \sim V_{\pi_\theta}} \left[\text{KL}\left(\pi_\theta(\cdot|s) \| \pi_{\theta'}(\cdot|s) \right) \right] \leqslant \delta$$

这里，$A_{\pi_\theta}(s,a) = Q_{\pi_\theta}(s,a) - V_{\pi_\theta}(s)$ 称为优势函数。优势函数可以这样直观理解：它用于度量在某个状态下选取某个具体动作的合理性，它直接给出动作的性能与所有可能的动作的性能的均值的差值。如果该差值（优势）大于 0，说明动作优于平均，是个合理的选择；如果差值（优势）小于 0，说明动作次于平均，不是好的选择。度量状态下动作的性能的最合适形式是动作 - 价值函数（即 Q 函数）；而度量状态下所有可能动作的性能的均值的最合适形式是状态 - 价值函数（即 V 函数）。